国内外石油科技创新发展报告
（2017）

吕建中　主编

石油工业出版社

内 容 提 要

本书是中国石油集团经济技术研究院在长期跟踪国内外石油科技创新进展的基础之上，结合开展的重点创新战略研究结果组织编写而成，主要包括8个技术发展报告和10个专题研究报告。技术发展报告全面阐述了近年来国内外石油科技创新发展的新动态，总结分析了石油工业上下游各专业领域技术发展的新特点、新趋向。专题研究报告包括低油价下国内外油气技术创新发展新特点、国外油气田经营绩效对标管理的实践与借鉴、大数据在油气行业应用新进展、世界石油工业智能化发展新趋势，以及有关提高采收率、"一趟钻"、二氧化碳输送、储能、非常规"甜点"预测、纳米技术等方面的研究成果。

本书可作为石油行业各专业科技管理人员、科研人员以及石油院校相关专业师生的参考用书。

图书在版编目（CIP）数据

国内外石油科技创新发展报告 . 2017/吕建中主编. —北京：石油工业出版社，2018.8
ISBN 978-7-5183-2859-8

Ⅰ. ①国… Ⅱ. ①吕… Ⅲ. ①石油工程—科技发展—研究报告—世界—2017 Ⅳ. ①TE-11

中国版本图书馆 CIP 数据核字（2018）第 204044 号

出版发行：石油工业出版社
（北京安定门外安华里2区1号楼 100011）
网　　址：www.petropub.com
编辑部：(010)64523738　图书营销中心：(010)64523633
经　销：全国新华书店
印　刷：保定彩虹印刷有限公司

2018年8月第1版　2018年8月第1次印刷
787×1092毫米　开本：1/16　印张：19
字数：475千字
定价：180.00元
（如出现印装质量问题，我社图书营销中心负责调换）
版权所有，翻印必究

《国内外石油科技创新发展报告(2017)》

编 委 会

主　　　任：李建青　钱兴坤
副 主 任：吕建中
成　　　员：刘朝全　姜学峰　张　宏　祁少云　李尔军
　　　　　　廖　钦　程显宝　牛立全

编 写 组

主　　　编：吕建中
副 主 编：刘　嘉　饶利波　李晓光
编写人员：（按姓氏笔画排序）
　　　　　　王祖纲　王晶玫　田洪亮　司云波　毕研涛
　　　　　　朱桂清　刘　兵　刘雨虹　刘知鑫　孙乃达
　　　　　　杨金华　杨　虹　杨　艳　邱茂鑫　余本善
　　　　　　张华珍　张运东　张珈铭　张焕芝　赵　旭
　　　　　　郝宏娜　胡秋平　袁　磊　徐金红　高　慧
　　　　　　郭晓霞　焦　姣
指导专家：高瑞祺　蔡建华　何艳青　李万平　阎世信
　　　　　　吴铭德　孙　宁　贾映萱　徐春明　杜建荣
编写单位：中国石油集团经济技术研究院

在变化的市场环境中寻求发展
——赴印度参加 OGIC 会议总结报告
(代序)

2017年4月4—10日,SPE 石油与天然气印度会议暨展览(OGIC)在印度最大海港城市孟买举行,中国石油集团经济技术研究院吕建中副院长率领专家组全程参加了本次会议。会后,代表团还前往印度石油天然气公司(ONGC)、石油印度有限公司(Oil India Limited,OIL)、印度燃气公司(GAIL)以及 IHS Markit 印度公司等单位进行了调研交流。

一、会议暨展览概况

SPE 石油与天然气印度会议暨展览是 SPE 在印度举办的最重要的活动,也是外界了解掌握印度油气勘探开发技术和装备以及油气工业发展态势的高水平综合性会议,每次会议都吸引了众多业内公司和相关专家参加,2017年是第五次举办,来自全球87家公司的620名代表参加了会议。会议主题为"在变化的环境中管理勘探开发业务"。会议共举办12场技术分论坛、6场专家论坛、1场执行官论坛及专设的女性与学生论坛。ONGC、斯伦贝谢、哈里伯顿、威德福等30余家公司参与了同期举办的展览。印度政府及油气公司高度重视本次会议,参加本次会议的不仅有新一届的 SPE 主席、印度各大油气公司和国际石油公司的管理层,还包括一些国际及印度本地的装备制造、海洋作业、工程技术企业。会议主要围绕能源政策、市场环境、投资合作、企业发展等领域开展了研讨。技术论坛主要交流了钻井、完井、储层管理、提高采收率、非常规油气藏、老油田管理以及一体化项目管理等领域的技术进展。

二、会议主要关注点

在会议举办的6场专家论坛和1场执行官论坛上,与会的政府官员、公司高管及专家学者不仅讨论了面对当前的市场形势,油气行业应该采取的行动,更传递了对于未来油气行业发展的信心。会议主要观点包括三个方面:第一,目前全球石油工业正处于不断变化的环境之中,油价将长期低位振荡;第二,技术创新是石油工业实现可持续发展的根本途径;第三,石油工业应高度重视人才培养,避免陷入人才流失及后继无人困境。

(一)油气公司应着眼未来,加大勘探投资

ONGC、Shell、BP India 等与会公司表示,面对持续低油价,几乎每个公司都在新的财年预算中大幅缩减了勘探投资。投资方式已从过去密集型投资以发现更多油气资源转向更加注重短期回报,比如通过加密钻井的方式获得短期的现金流,很可能造成未来资源接替不足。专家论坛中重点讨论了如何在确保未来油气供应的前提下,实现投资的有效性。在目前的低油价下,有三点建议:第一,更加注重易发现油藏的勘探;第二,在投资可实现的前提下,重点研究机会窗口和风险描述,以帮助做出决策;第三,重点关注现有油田与井眼的建设与开采。

(二)油气企业应设法在动荡的环境下实现资源货币化

持续低油价与经济缓慢增长促使油气公司在油气资源货币化和提高老油田采收率等方面更加积极,在满足短期需求与实现长远目标之间谋求平衡。与会专家围绕勘探开发以及油田服务行业的价格波动所引起的重大挑战、机遇和对策措施展开了讨论。与会专家认为,在目前的市场情况下,不能只通过压低服务成本来削减勘探和生产支出,在进行投资决策时,还应考虑到长期利益,比如技术进步、效率提升的贡献以及资产收购等。在讨论石油进口国的经济贡献时,印度成为研讨会的焦点。一方面,印度作为油气进口大国,可以在低油价下降低进口成本;另一方面,印度国内的油气勘探开发也遭遇严峻挑战。为促进本国油气工业的长远发展,印度推出了新的油气勘探许可政策——HELP,取消了政府柴油补贴,设立了新的政府监管框架,并正在研究新的油气改革方案等。

(三)老油田提高采收率是永恒的主题

虽然全球大部分油藏已经被发现,但油气平均采收率仍低于40%,从老油田开采更多的石油是油公司努力的主要方向。必须将新技术、先进的分析技术和方法、创新思维、提高原油采收率(EOR)和低成本解决方案相结合,延长油田的生命周期,以减缓产量下滑。论坛上,有多个老油田应用新思路的成功例子,以扭转产量下滑。比如,印度Cairn公司在位于印度拉贾斯坦邦Bhagyam油田低产井中,使用芳烃表面活性剂人造举升方法提高采收率。LEAP能源公司研究了一套找到老油田残余油的方法等。

随着印度渴望继续提高国内石油和天然气产量,目前的低油价对项目运行造成了很大的压力。在这种情况下,需要寻求"事半功倍"的做法。比如,通过在成本、进度、技术选择和运行维护要求之间取得最佳平衡来设计承包模式;采用简化和标准化设计或改进流程,防止不必要的过度工程;通过有效评估影响来管控风险,并使所有利益相关者协调一致地采取行动等。

在老油田开采中,健康、安全、安保和环境(HSSE)仍是不能被忽视的问题。今天,HSSE在油气中的最大挑战是通过创新、再设计以及平衡方式,将HSSE管理贯彻到一体化的组织管理中,且在各种压力下保持相关性。论坛上讨论了各公司如何采取各项措施,努力实现零损失的普遍目标。

(四)必须提早重视并布局油气人才

近年来,由于油价暴跌,全球油气勘探开发行业陷入困境,许多公司大幅裁员,大约有35万人失业。目前,勘探开发行业的主要从业群体集中在35岁以下和55岁以上,中间存在着巨大的空心层,而且员工技能与技术需要不匹配。未来5~7年,油气行业中50%的劳动力将面临退休,由于石油业前景不明朗,每退休两人,才能有1人进入,长此以往必将造成严重的人才缺口。当然,挑战也是机遇,印度目前是世界上人口第二大国,人口构成也比较年轻。目前,印度超过一半以上的人口年龄在25岁以下,65%的人口年龄在35岁以下,具有未来弥补油气行业人员短缺的人口基础。

今天,石油公司的领导人都面临着艰难的抉择:既要培养能够承担未来重任的有用之才,又要通过减少人员等方式来控制成本。具体做法包括冻结招聘、冻结工资、削减福利和裁员,同时设法留住顶尖人才。论坛上,与会专家深入探讨了油气行业领导者对于未来人才的构想以及破解油气行业人事管理难题的方案。同期主办的"Energy4me"专题研讨会吸引了大批中学生参加,旨在让学生们了解、喜爱并投身油气事业。

三、主要技术进展

本次会议共举办 12 场技术分论坛,共宣讲论文 54 篇,张贴论文 47 篇,涉及钻井、完井、储层管理、提高采收率、非常规油气藏、老油田开发以及一体化项目管理等领域,其中老油田开发、提高采收率、钻井及非常规油气藏为重点关注技术领域。

（一）油气田开发技术

由于储层地质特征、天然能量、非均质性以及钻完井工艺技术等原因,油藏开采过程中往往采用部分打开的方式完井生产。部分打开井,即打开程度不完善井,是指生产过程中未将储层全部射开,打开部分为裸眼完井的油气井。不完善井分为两类:一类是垂向上打开程度不完善井,该类井主要用于开采存在较强气顶或底水的油藏,油井生产初期地层压力扰动只局限于打开井段,在有限的打开厚度范围内向井内的流动为球形流,随着时间的推移,井的影响不断扩大,直到储层顶部和底部边界,地层内渗流变为径向流;另一类是垂向上完全打开但平面部分打开,即环向打开不完善井,环向不完善井流场中的流线在近井周围发生弯曲,流线只与不完善区域的中心线对称,与完善井相比,打开区域处的流线较为密集,未打开区域处流线较为稀疏。流场及压力所受影响程度与不完善区大小相关,不完善区范围越大,影响程度越大。对于不完善井,通常采用等效半径方法或表皮因子来近似计算井流状况,不能准确预测井附近的流动情况。为了更好地进行井底压力响应解释,获取准确的储层参数,针对环向部分打开井的渗流模型研究具有重要意义。为了分析油井环向不完善程度对井底压力响应及地层压力分布的影响,基于油井环向不完善渗流特征,可建立一种环向部分打开井的三维对称渗流模型,通过定义无量纲压力等变量,利用 Laplace 变换、Fourier 变换及其逆变换,获得数学模型无量纲压力的解析解。分析井底压力响应特征曲线及储层压力分布特征,讨论不完善程度对井底压力响应及储层压力分布的影响,为油气藏试井分析提供了一定的理论基础。

（二）提高采收率技术

提高采收率是油气田开发的永恒主题,在低矿化度水驱、化学复合驱、混合驱和新型驱油体系等方面取得了多项进展。

碳酸盐岩油藏采用低矿化度水驱的机理研究,利用核磁共振（Nuclear Magnetic Resonance, NMR）T2 谱图研究了低矿化度水驱驱替实验,表明稀释 10 倍的低矿化度水驱可以有效改变岩石润湿性,提高驱油效率。添加 0.5% NaI 的低矿化度水驱可以进一步提高采收率 7%。

科威特 Raudhatain Lower Burgan（RALB）油田采用 SP 二元复合驱提高采收率技术。通过表面活性剂筛选得到低界面张力配方，驱油实验表明可以大幅度提高采收率。

聚合物驱后采用组合驱技术提高采收率的研究。针对聚合物驱后油藏非均质性严重、含油饱和度低、剩余油高度分散的特点，采用凝胶—三元组合驱，综合了调剖和驱油的功能来大幅度提高采收率。通过凝胶配方体系研究，优化了不同黏度的延迟凝胶，优化了凝胶注入段塞；通过表面活性剂和聚合物筛选，获得了宽浓度窗口的超低界面张力复合体系，优化了复合驱段塞。通过岩心驱油实验优化了凝胶—三元组合驱段塞体系，优化体系组合驱提高采收率达到 14.7%~18%。

来自中国石油勘探开发研究院的专家在会上交流了 3 篇关于化学驱提高采收率的论文，受到与会者的关注和好评。

（三）钻井技术

在印度西部近海的 Kutch Saurashtra 盆地钻探时遇到机械钻速（ROP）缓慢、高扭矩、井筒不稳定等挑战。A 探井在钻达侏罗系储层之前通过了硬质底层、磨蚀性和玄武岩底层，是目前在印度钻探的最深高温高压（HPHT）井之一。通过进行地质力学辅助研究，对钻井液密度窗口进行优化，提高了钻井性能，优化了井身条件，并增加了机械钻速，以最大限度地减少非生产时间（NPT）和钻机时间及成本。

井眼失稳是水基钻井液的主要问题之一。井筒的不稳定性可能会增加钻井成本和钻井时间。井眼内的膨胀和分散可能导致高扭矩、阻力、黏附和井眼扩大问题。合成接枝共聚物在钻井液体系中的应用表明，可以有效解决上述问题。该聚合物主要采用 FTIR 和 FESEM 技术，由于增强的氢键和协同作用，接枝共聚物在开发的钻井液体系中表现出优异的流变性和过滤性能。与 PHPA 聚合物相比，基于接枝共聚物的钻井液体系具有优异的页岩稳定性。

为了进一步提升机械钻速，近日，OIL 公司进行径向喷射钻井实验，通过增加油藏接触面积，从低密度和近井井面破坏的油藏中获取产量，最终增加总井深，从而提高油气采收率。径向喷射是由勘探和生产（E&P）公司在世界范围内使用的无裂缝井眼增产钻井技术，用来增加油气藏产量。这种良好的增产技术需要在原有井眼的生产套管中铣削 22mm 的孔，然后通过使用高压喷射方法将材料从地层中去除而在储层中产生最大长度为 100m 的直径大约 50mm 的孔，最终实现侧钻。

（四）非常规技术

在北美五大致密油产地，完井通常发生在完钻 3~7 个月之后，有的井经过一段时间的生产，还会进行重新压裂，以提高采收率。由于 2014 年底的油价下行，一些开采公司正在采用新的开发策略，即只钻不完井（DUC）。如果作业必须履行钻井合同，或需要保留后续现金，或有延期付款的额外收益，则一般采取这一策略。

印度本国也在积极开展非常规评价和实验。巴勒姆山组的湖泊沉积物区域分布在印度巴尔默盆地北部。这种层状地层是具有商业价值的气藏。孔隙度高（约 25P.U.）、低渗透性（约

0.2mD)和储层岩石强度中等,具有较好的油气前景。位于巴勒姆盆地南部的 Raageshwari 深层气田(RDG)是一个致密气储层,包括具有基本熔岩流的火山岩(玄武岩)和与玄武岩相互叠加的叠层硅质火山碎屑流(felsic),以及叠加碎屑 Fatehgarh 组。该油田目前正在尝试利用斜井多级水力压裂井方式进行。火山岩对油藏区识别和趋势预测构成了重大挑战。

四、印度油气工业的机遇与挑战

近年来,印度国内经济持续快速增长,GDP 年均增长率保持在 7% 以上,成为全球经济增长速度最快的经济体之一。据多家国际机构和印度政府预测,今后数年,印度经济仍将保持 7% 以上的较高增速。随着经济的快速发展,能源消费大幅增长,2015 年已经超越日本成为全球第三大石油消费国。而国内油气产量不足,导致进口依存度不断攀升。截至 2016 年底,印度的石油和天然气对外依存度分别达到 82% 和 40% 以上。

(一)印度油气资源概况

印度有 26 个沉积盆地,面积 $314 \times 10^4 km^2$,约占全球沉积盆地总面积的 4%。沉积盆地大部分位于海上,其中陆上和水深小于 400m 的陆架面积有 $184 \times 10^4 km^2$,水深大于 400m 的盆地面积有 $130 \times 10^4 km^2$。沉积盆地中,尚未评价的面积约占 48%。截至 2016 年 4 月,印度有 15 个含油气盆地,常规油气资源量为 $281 \times 10^8 t$ 油当量,其中 25% 位于深水,印度待发现资源占总资源量的 60%。

印度非常规油气资源较为丰富。据印度石油和天然气工业部信息,该国煤层气的资源量为 $2.6 \times 10^{12} m^3$,探明可采储量为 $2803 \times 10^8 m^3$。据美国能源信息署(EIA)2013 年对坎贝、克里希纳—戈达瓦里、高韦里和达莫达尔 4 个盆地的数据,印度页岩气资源量为 $16.5 \times 10^{12} m^3$,技术可采储量为 $2.7 \times 10^{12} m^3$;页岩油资源量为 $118.7 \times 10^8 t$,技术可采储量为 $5.2 \times 10^8 t$。印度石油及天然气探明储量中,石油与天然气的采出程度很低,分别占 5% 和 3%,具备较大的勘探开发潜力。

(二)印度油气生产与供需情况

印度油气领域由 11 家国有公司主导,各个国有公司业务范围也有具体分工。其中,ONGC 是最大的国家石油公司,其业务范围较广,但以上游为主;OIL 是另外一家主要的上游国家石油公司;IOCL、HPCL 以及 BPCL 等是专注于下游业务的国家石油公司;印度天然气运输公司(GAIL)主要负责天然气业务。印度多家国有石油公司正积极拓展业务领域,通过持股等方式拓展产业链,朝上下游一体化的综合能源公司方向发展。

近年来,印度原油产量保持在 $3700 \times 10^4 t/a$ 左右的水平,原油产量平稳,天然气产量有所下滑。2016 年,印度原油产量为 $3680 \times 10^4 t$(IHS)。天然气产量为 $313 \times 10^8 m^3$,同比减少 4.8%(IHS)。印度油气生产由国家石油公司主导,私营和外国石油公司参与。

据印度石油和天然气工业部数据,2016 年印度的石油产量中有 70.5% 来自国家石油公司,其中 ONGC 的石油产量约占印度国内石油产量的 61.5%,OIL 占 9%,私营和合资公司占

29.5%。天然气产量也主要来自国家油气公司，占全国天然气产量的78%，其中ONGC天然气产量占印度国内天然气产量的68.7%，OIL占9.3%，私营和合资公司占22%。

印度油气供需矛盾突出，对外依存度高。据IHS数据，2000—2016年，印度石油消费量平均增速为4.1%，但同期石油产量平均增速仅为0.6%。其间印度天然气消费量的平均增速为4.9%，产量增速仅为0.7%。目前，印度依靠进口LNG满足国内天然气消费需求，是当今世界第四大LNG进口国。印度对进口LNG的依存度为45%，主要来自卡塔尔。未来，澳大利亚、美国以及现货市场可能成为新的进口来源。

为弥补国内原油和天然气供应的不足，印度政府不断加强海外油气投资。截至2016年底，以印度国家石油公司为首的印度油气公司开展的海外油气业务涉及25个国家，主要有俄罗斯、委内瑞拉、哥伦比亚、苏丹、南苏丹、莫桑比克、缅甸等，累计投资近328.9亿美元。

（三）印度能源监管与政策

印度的国家能源行业监管职责划分很细。政府设有电力部、新能源和可再生能源部、煤炭部、原子能部和石油天然气工业部，分别管理不同的能源品种，同时地方政府也具有部分监管职能。2014年莫迪政府上台以来，总理办公室在能源政策制定以及油气上游改革等方面发挥着越来越重要的作用。石油天然气工业部是印度石油工业的主管部门，主要负责油气行业规划、管理、监管和服务，也是勘探开发许可证颁发机构。石油天然气工业部下设多个职能部门，包括石油工业理事会、石油工业发展委员会、石油规划和分析办公室、石油安全理事会等。

在过去几十年里，印度油气上游许可制度历经几次变化与发展。2016年印度政府推出了基于利润分成合同的油气勘探许可政策（HELP），新政策引入了利润分成体系。在该体系中，生产商在收回成本前就要与政府进行利润分成。同时，引入从价生产税使得生产商在低油价波动时拥有更多的灵活性。另外，政府允许拿到许可证的作业者开发各种类型的油气资源，包括非常规资源。HELP与NELP相比，对投资者具有一定的利好条款，并允许作业者有定价和销售的自由，可由产量分成模式转向利润分成模式等。印度政府根据新的油气勘探许可政策向国有和当地公司授出了31个合同区（由44个小油田组成），并计划每年按照HELP政策进行两次油气区块拍卖活动。

虽然印度油气上游许可政策历经演变，但该国油气上游领域由印度国家石油公司垄断的局面并未改变。截至2015年底，在已经发放的 $21.5 \times 10^4 km^2$ 油气勘探开发许可证区块中，印度国家石油公司掌控了大约65%的份额，而ONGC一家就占了60%。因此，印度油气上游行业垄断依然严重，致使多个区块的最低工作量承诺难以兑现，勘探成果不佳，这也是印度油气勘探步伐缓慢的主要原因所在。

（四）加强中印油气合作的机遇与挑战

中国、印度同为人口大国和邻国，作为新型经济体的代表，中印两国在世界能源格局中的地位日益凸显，影响巨大。在能源问题上，两国有诸多相似之处，存在着能源需求增量大、结构单一（以煤为主）、国内油气资源相对匮乏、能源对外依存度高等相似问题。与中国能源高度依赖中东一样,印度的石油进口约60%来自中东地区。为保障自身能源安全,印度和中国都在大力寻找长期稳定的能源进口来源,争取同中东、中亚、非洲和拉丁美洲等油气生产国的能源合作。

中印两国在海外油气资源投资中存在着竞争关系,两国在国际能源生产项目等招标中,特别是在中亚、非洲、拉丁美洲、缅甸、东南亚、俄罗斯等地展开了激烈的竞争。随着两国经济和贸易的不断发展以及双方能源外交的不断深入,中印两国在竞争的同时,能源合作的空间也逐渐扩大。目前,印度的海外油气资产中,有7个涉及与中国公司的合作项目,主要分布在缅甸、苏丹、南苏丹、哥伦比亚、加拿大等国,中方公司主要是中国石油和中国石化。

由于受地缘政治、现有政策、管理体制和民族文化等因素的制约,中印两国的油气合作规模还处于较低水平,合作领域也局限于管道和炼化装置等工程建设服务以及石化产品贸易等领域。中国企业至今没有在印度投资的上游项目,也没有油气田工程技术服务企业进入印度市场。因此,如何在"一带一路"的总体框架和战略思路指导下,做好与印度的沟通和协调工作,争取印度对中国"一带一路"倡议的理解与积极响应,实质性地推进双方的油气合作,是一个需要深入研究的课题。

中国石油集团经济技术研究院副院长　吕建中
(SPE石油与天然气印度会议暨展览(OGIC)总结报告)

前　言

石油工业历史上的每一次跨越都得益于技术革命,特别是一些颠覆性技术,在应对挑战的过程中破壳而出。在油价持续低迷的市场环境下,技术创新成为油气行业应对挑战的重要举措。国际大石油公司纷纷将科技创新作为立身之本,越是在困难的条件下,越是倍加重视和依靠技术创新。跟上科技革命步伐,准确把握未来方向,赢得竞争优势和发展空间,培育核心竞争力、占领制高点,已经成为业界共识。大数据分析、3D打印、纳米技术等一大批新材料、新技术、新工艺的发展,正在推动油气技术创新不断迈上新台阶,全球油气行业已经进入科技创新发展的活跃期。

中国石油集团经济技术研究院科技发展和创新管理研究团队,通过对世界石油科技信息的长期持续跟踪研究,为及时准确地了解和把握世界石油科技发展现状与趋势以及国内外石油科技创新成果,更好地服务于国家石油科技发展,每年定期形成一份涵盖石油地质、开发、物探、测井、钻井、储运、炼油、化工等多个领域的科技发展报告,并为上级管理部门提供不同领域的专题研究报告。这些报告为中国石油集团实施科技创新战略,增强公司科技实力,建设世界一流的创新型企业,提供了有力的决策支持。

《国内外石油科技创新发展报告(2017)》由综述、8个技术发展报告、10个专题研究报告和附录组成。其中,技术发展报告包括勘探地质理论、油气田开发、地球物理、测井、钻井、油气储运、石油炼制和化工等技术发展报告,全面介绍了国内外石油科技的新进展和发展动向,归纳总结了世界石油上下游各个领域的重要技术进展及技术发展特点与趋势。根据国外石油科技发展状况,结合国内石油科技发展的实际需求与科技发展规划,专题研究报告深入研究了提高采收率技术、"一趟钻"技术、二氧化碳输送技术、储能技术、非常规"甜点"预测技术、纳米技术在油气田开发中的应用,重点研究了油气行业的大数据、智能化技术,并展望了未来石油科技发展的前景与趋势。

中国石油集团经济技术研究院吕建中副院长对本书进行了总体策划、设计和审核,李建青院长对本书提出了宝贵的修改意见。本书综述由李晓光编写,李万平审核;勘探地质理论技术发展报告由焦姣编写,高瑞祺审核;油气田开发技术发展报告由张华珍编写,蔡建华审核;地球物理技术发展报告由李晓光编写,阎世信审核;测井技术发展报告由朱桂清编写,吴铭德审核;钻井技术发展报告由郭晓霞编写,李万平审核;油气储运技术发展报告由郝宏娜编写,贾映萱审核;石油炼制技术发展报告由赵旭编写,徐春明审核;化工技术发展报告由刘雨虹编写,杜建荣审核。专题研究报告编写人员包括吕建中、杨金华、杨虹、袁磊、田洪亮、郭晓霞、孙乃达、张华珍、张焕芝、李晓光、余本善、郝宏娜、王祖纲、焦姣、邱茂鑫、张珈铭、刘知鑫、毕研涛、司云波等。

由于编者水平有限,书中难免存在疏漏与不足之处,恳请读者谅解并批评指正,真诚地希望听到大家的意见和建议,以不断提高编写质量和水平。

目 录

综 述

一、国内外油气勘探开发形势 …………………………………………………………… (3)
  （一）全球油气勘探开发现状与展望 ………………………………………………… (3)
    1. 全球油气勘探开发投资触底回升 ……………………………………………… (3)
    2. 全球常规油气勘探减少，全球油气发现大幅下降 …………………………… (4)
    3. 国际大石油公司经营业绩下滑，大幅削减上游开支 ………………………… (5)
  （二）全球石油工程技术服务市场持续低迷 ………………………………………… (6)
    1. 全球工程技术服务市场规模进一步萎缩，各板块均大幅下降 ……………… (6)
    2. 全球工程技术业务量明显减少，运营钻机数量缩减 ………………………… (7)
    3. 市场萎缩导致油服公司经营困难，服务价格降低 …………………………… (7)
  （三）油价新常态下上游油气行业呈现新动向 ……………………………………… (8)
    1. 非常规油气助推美国原油产量在低油价下开始反弹 ………………………… (8)
    2. 国际大石油公司积极降本增效的同时布局新能源 …………………………… (8)
    3. 国际大油服公司通过兼并购拓展产业链 ……………………………………… (8)
    4. 上游技术朝着智能化、数字化方向发展 ……………………………………… (9)

二、油气勘探开发理论与技术的创新发展 ……………………………………………… (10)
  （一）石油勘探技术向综合化、数字化、可视化、实时化、定量化方向发展 ……… (10)
    1. 非常规资源"甜点"预测技术 …………………………………………………… (10)
    2. 沉积盆地"源—渠—汇"系统 …………………………………………………… (10)
    3. 储层研究新技术 ………………………………………………………………… (10)
  （二）油气田开发技术方案向高效节能环保发展 …………………………………… (11)
    1. 提高采收率技术 ………………………………………………………………… (11)
    2. 压裂技术 ………………………………………………………………………… (11)
    3. 人工举升技术 …………………………………………………………………… (11)
    4. 油藏描述技术 …………………………………………………………………… (12)
    5. 智能油田技术 …………………………………………………………………… (12)
    6. 综合开发技术 …………………………………………………………………… (12)
    7. 油气行业3D打印技术 ………………………………………………………… (12)

三、油气工程技术服务领域技术创新发展 ······ (13)

(一)地球物理技术开始迈入数字化、智能化时代 ······ (13)
1. "两宽一高"地震勘探技术依然是行业主流和方向 ······ (13)
2. 全波形反演与偏移成像仍是研究热点 ······ (13)
3. 油藏地球物理技术应用持续推进 ······ (13)
4. 地震技术进入大数据时代,定量解释技术快速发展 ······ (13)

(二)测井技术取得多项新进展 ······ (14)
1. 新型测井仪器 ······ (14)
2. 复杂环境测井技术获突破 ······ (14)
3. 随钻前探测井技术进步显著 ······ (14)
4. 油气井封固性测井技术继续受到重视 ······ (14)

(三)钻井技术快步创新发展 ······ (15)
1. "一趟钻"技术助低油价下非常规油气开发降本增效 ······ (15)
2. 沿钻柱测量技术提升钻井自动化水平 ······ (16)
3. 油气钻井将迈入工业互联网新时代 ······ (16)

四、油气储运与炼化领域技术创新发展 ······ (17)

(一)油气储运技术创新发展 ······ (17)
1. 管材技术 ······ (17)
2. 设计施工技术 ······ (17)
3. 监测检测及维抢修技术 ······ (17)
4. 安全运行技术 ······ (17)
5. 输送工艺及防腐技术 ······ (18)
6. 智能管道及节能降耗技术 ······ (18)

(二)炼油技术创新进展 ······ (18)
1. 新型烷基化技术 ······ (18)
2. 新型加氢裂化/加氢处理催化剂与级配技术 ······ (18)
3. 新型催化裂化催化剂 ······ (19)
4. 催化裂化烟气 SCR 脱硝催化剂及成套工艺技术 ······ (19)
5. 环保型超重力液化气深度脱硫 LDS 成套技术 ······ (19)
6. 含硫重质原油催化氧化脱硫新技术及配套催化剂 ······ (19)
7. 催化裂化汽油生产芳烃新技术 ······ (19)
8. 智能炼厂技术 ······ (19)

(三)石油化工技术向绿色环保发展 ······ (20)
1. 基本化工原料生产技术 ······ (20)

2. 合成树脂生产技术 (20)
3. 绿色化工技术 (20)

技术发展报告

一、勘探地质理论技术发展报告 (23)
(一) 油气勘探新动向 (23)
1. 全球油气勘探开发投资触底 (23)
2. 全球油气剩余探明可采储量均略降0.6% (24)
3. 石油巨头大力投资和并购天然气项目 (26)
4. 美国LNG出口强烈冲击全球天然气市场 (26)

(二) 勘探地质理论技术新进展 (27)
1. 复杂地层研究新方法 (27)
2. 海底浊流沉积新模型 (27)
3. 圈闭模拟新思路 (27)
4. 非常规资源"甜点"预测新技术 (28)
5. 孔隙度计算新方法 (28)
6. 非常规储层脆性指数新模型 (28)
7. 沉积盆地"源—渠—汇"系统的新思路 (29)
8. 地质工作新方式 (29)

(三) 地质勘探科技展望 (30)
1. 非常规能源仍将是近期勘探的热点 (30)
2. 近期勘探投资比例将增加 (30)
3. 天然气将在中长期内备受青睐 (30)
4. 海上石油产量可能会在短期内降低 (30)
5. 多学科协同研究的特征越来越明显 (30)

参考文献 (31)

二、油气田开发技术发展报告 (32)
(一) 油气田开发新动向 (32)
1. 大公司出售非核心油气资产提升长期竞争力 (32)
2. 深水油气市场未来大有可为 (32)
3. 数字劳工与自动化技术成为低油价时期的油气革命 (33)
4. 低油价时期的应对策略 (33)

(二) 油气田开发技术新进展 (34)
1. 提高采收率技术 (34)

  2. 压裂技术 ……………………………………………………………… (38)
  3. 人工举升技术 ………………………………………………………… (45)
  4. 油藏描述技术 ………………………………………………………… (50)
  5. 智能油田技术 ………………………………………………………… (52)
  6. 综合开发技术 ………………………………………………………… (54)
  7. 油气行业3D打印技术 ………………………………………………… (57)
 (三)油气田开发技术展望 …………………………………………………… (60)
  1. 提高采收率技术是获得产量的主要途径 …………………………… (60)
  2. 绿色低成本是压裂技术的新趋势 …………………………………… (60)
  3. 新能源用于油气开发前景广阔 ……………………………………… (60)
  4. 3D打印技术在油气行业大有发展 …………………………………… (61)

三、地球物理技术发展报告 ……………………………………………………… (62)
 (一)地球物理行业新动向 …………………………………………………… (62)
  1. 地球物理市场规模和物探公司收入双降 …………………………… (62)
  2. 物探市场作业能力严重供大于求 …………………………………… (63)
  3. 多用户业务成为当前环境下的重点业务 …………………………… (63)
  4. 中国石油地球物理行业由大变强 …………………………………… (63)
 (二)地球物理技术新进展 …………………………………………………… (64)
  1. 地震装备及软件新进展 ……………………………………………… (64)
  2. 地震采集技术新进展 ………………………………………………… (66)
  3. 地震处理解释技术新进展 …………………………………………… (67)
  4. 油藏地球物理技术新进展 …………………………………………… (70)
 (三)地球物理技术发展方向 ………………………………………………… (71)
  1. 地震装备朝着轻便化、智能化、环保化发展 ……………………… (72)
  2. 降本增效地震采集技术是行业发展方向 …………………………… (72)
  3. 高端精细成像技术仍是行业关注焦点 ……………………………… (72)
  4. 物探技术加速向精细—实时—综合化发展 ………………………… (72)
  5. 多学科协同一体化研究是物探业务发展方向 ……………………… (72)
 参考文献 ……………………………………………………………………… (73)

四、测井技术发展报告 …………………………………………………………… (74)
 (一)测井技术服务市场形势 ………………………………………………… (74)
 (二)测井技术新进展 ………………………………………………………… (75)
  1. 电缆测井技术 ………………………………………………………… (75)
  2. 套管井测井 …………………………………………………………… (79)
  3. 随钻测井 ……………………………………………………………… (83)

4. 其他 ··· (85)
　(三)测井技术发展特点 ··· (89)
　参考文献 ·· (90)

五、钻井技术发展报告 ··· (91)
　(一)钻井领域新动向 ·· (91)
　　1. 全球钻井工作量和市场规模减半 ·· (91)
　　2. 钻机利用率创新低,钻机日费下降 ·· (92)
　　3. 技术服务价格明显下降 ·· (92)
　　4. 钻井承包商和技术服务公司经营陷入困境,行业面临重新洗牌 ·········· (92)
　(二)钻井技术新进展 ·· (93)
　　1. 智能钻井技术 ·· (93)
　　2. 固控技术 ··· (96)
　　3. 连续油管钻井技术 ·· (101)
　　4. 钻井新技术、新工具 ·· (103)
　(三)钻井技术展望 ··· (105)
　　1. 钻井技术继续向智能化方向发展 ·· (105)
　　2. "一趟钻"获得大面积推广 ··· (105)
　　3. 油气钻井将迈入工业互联网新时代 ·· (105)
　参考文献 ·· (106)

六、油气储运技术发展报告 ··· (107)
　(一)油气储运领域新动向 ·· (107)
　　1. 全球管道建设企稳回升 ·· (107)
　　2. 中国长输管道建设放缓 ·· (107)
　　3. 管道安全工作稳步推进 ·· (107)
　　4. 油气管网持续深化改革 ·· (107)
　　5. 智能化管道技术快速发展 ··· (107)
　(二)油气储运技术新进展 ·· (108)
　　1. 油气管材技术进展 ·· (108)
　　2. 油气管道设计技术进展 ·· (109)
　　3. 油气管道施工技术进展 ·· (111)
　　4. 油气管道安全技术进展 ·· (113)
　　5. 油气管道检测、监测技术进展 ··· (116)
　　6. 油气管道维抢修技术进展 ··· (118)
　　7. 油气管道输送工艺技术进展 ··· (119)
　　8. 防腐技术进展 ·· (121)

  9. 智能管道技术进展 ……………………………………………………………（124）
  10. 油气储存技术进展 …………………………………………………………（125）
  11. 节能降耗技术进展 …………………………………………………………（127）
 （三）油气储运技术展望 ……………………………………………………………（128）
  1. 新型管材或将引发油气储运行业重大技术变革 ……………………………（128）
  2. 节能降耗技术值得关注 ………………………………………………………（128）
  3. 二氧化碳、氢能等新型介质管道技术亟待发展 ……………………………（128）
 参考文献 ………………………………………………………………………………（128）

七、石油炼制技术发展报告 …………………………………………………………（129）
 （一）石油炼制领域发展新动向 ……………………………………………………（129）
  1. 2016 年世界炼油能力缓慢增长，产业格局持续调整 ………………………（129）
  2. 智能化、数字化炼厂已成为炼油行业发展方向，炼厂已进入分子管理时代 …（129）
  3. 催化裂化仍然是最重要的炼油装置，加氢裂化/处理技术助力清洁燃料生产 …（129）
  4. 渣油加氢和延迟焦化技术是劣质重油加工的关键技术 ……………………（130）
 （二）石油炼制技术新进展 …………………………………………………………（130）
  1. 新型烷基化技术 ………………………………………………………………（130）
  2. 新型加氢裂化/加氢处理催化剂与级配新技术 ……………………………（134）
  3. 新型催化裂化催化剂 …………………………………………………………（137）
  4. 催化裂化烟气 SCR 脱硝催化剂及成套工艺技术 …………………………（137）
  5. 环保型超重力液化气深度脱硫 LDS 成套技术 ……………………………（138）
  6. 含硫重质原油催化氧化脱硫新技术及配套催化剂 …………………………（139）
  7. 催化裂化汽油生产芳烃新技术 ………………………………………………（139）
  8. 智能炼厂技术 …………………………………………………………………（141）
 （三）石油炼制技术展望 ……………………………………………………………（143）
  1. 技术创新向智能炼厂方向发展 ………………………………………………（143）
  2. 新型烷基化技术的不断革新将助力汽油质量升级 …………………………（143）
  3. 加氢催化剂的更新换代依然是加氢技术的主攻方向 ………………………（143）
  4. 渣油加氢裂化技术仍将在催化剂和工艺方面继续攻关 ……………………（144）
 参考文献 ………………………………………………………………………………（144）

八、化工技术发展报告 ………………………………………………………………（145）
 （一）化工领域发展新动向 …………………………………………………………（145）
  1. 原料多元化进程加快，推动全球能源原料结构发生重大变化 ……………（145）
  2. 乙烯产能稳步增长，轻烃原料乙烯份额小幅提升 …………………………（146）
  3. 树脂催化剂仍然发挥先导作用 ………………………………………………（146）
  4. 橡胶主要品种向高性能化和功能化发展，弹性体改性技术仍是发展的重点 …（147）

5. 环保约束日趋强化，绿色低碳成为行业发展的新方向 …………………… (148)
6. 信息技术与石化技术的紧密结合，将给石化工业带来巨大变化 …………… (148)
（二）化工技术新进展 …………………………………………………………… (148)
　　1. 化工原料生产技术 ……………………………………………………… (149)
　　2. 树脂生产技术 …………………………………………………………… (153)
　　3. 化工技术 ………………………………………………………………… (154)
（三）化工技术展望 ……………………………………………………………… (154)
　　1. 新型催化材料与技术 …………………………………………………… (155)
　　2. 大型化生产技术 ………………………………………………………… (155)
　　3. 极限化技术 ……………………………………………………………… (155)
参考文献 ……………………………………………………………………………… (156)

专题研究报告

一、低油价下国内外油气技术创新发展新特点 ………………………………………… (161)
（一）科技革命推动能源转型发展 ……………………………………………… (161)
　　1. 新一轮工业革命时代到来 ……………………………………………… (161)
　　2. 国内外能源技术转型发展 ……………………………………………… (162)
（二）国内外油气技术发展新动向 ……………………………………………… (162)
　　1. 加强经济实用技术 ……………………………………………………… (164)
　　2. 突出集成技术 …………………………………………………………… (165)
　　3. 深化非常规技术常规化 ………………………………………………… (168)
　　4. 重视高精尖技术 ………………………………………………………… (169)
　　5. 发展智能技术 …………………………………………………………… (170)
（三）国内外油气技术展望 ……………………………………………………… (170)
　　1. 提高采收率技术创新发展将为老油田带来新生机 …………………… (171)
　　2. 技术进步推动油气行业不断开拓新区、新领域 ……………………… (171)
　　3. 高新技术在石油工业中的应用潜力巨大 ……………………………… (172)
　　4. 新能源技术创新加速和储能技术突破将对油气行业带来冲击 ……… (172)
二、国外油气田经营绩效对标管理的实践与借鉴 ……………………………………… (173)
（一）油气田经营绩效对标的方法体系 ………………………………………… (173)
　　1. 对标目的 ………………………………………………………………… (173)
　　2. 对标步骤 ………………………………………………………………… (174)
　　3. 对标方式 ………………………………………………………………… (174)

(二)油气田经营绩效对标的关键环节 …………………………………………………… (174)
　　　　1. 按照资产关键要素进行油气田对标分类 ………………………………………… (174)
　　　　2. 提升油气田经营绩效的途径分析 ………………………………………………… (175)
　　　　3. 油气田经营成本关键对标参数设置 ……………………………………………… (175)
　　　　4. 油气田部分经营成本管理能力综合指标 ………………………………………… (176)
　　(三)油气田经营绩效对标的案例及效果 …………………………………………………… (177)
　　　　1. 麦肯锡公司的海洋油气经营对标案例 …………………………………………… (177)
　　　　2. 所罗门-ZIFF公司的上游绩效对标案例 ………………………………………… (177)
　　(四)油气田经营绩效对标分析研究的认识与启示 ………………………………………… (179)
三、大数据在油气行业应用新进展 …………………………………………………………………… (181)
　　(一)油气行业大数据关键技术 ……………………………………………………………… (181)
　　　　1. 大数据时代正向我们走来 ………………………………………………………… (181)
　　　　2. 大数据分析的目的是创造价值 …………………………………………………… (182)
　　　　3. "大数据"意味着"大油气" ……………………………………………………… (182)
　　(二)油气行业大数据技术应用进展 ………………………………………………………… (183)
　　　　1. 大数据技术推动油气地球物理勘探技术快速发展 ……………………………… (183)
　　　　2. 大数据分析技术在地震数据处理与解释领域发展迅速 ………………………… (183)
　　　　3. 大数据分析技术优化油田开发效果显著 ………………………………………… (184)
　　　　4. 大数据分析技术在井位优选方面取得新进展 …………………………………… (185)
　　　　5. 大数据分析技术在指导压裂增产方面成效显著 ………………………………… (185)
　　　　6. 大数据分析技术正在推动页岩2.0时代的到来 ………………………………… (185)
　　(三)油气行业大数据发展展望 ……………………………………………………………… (186)
　　　　1. 国际油气行业已纷纷开展"大数据行动" ……………………………………… (186)
　　　　2. 未来大数据投资还将进一步增长 ………………………………………………… (187)
　　　　3. 大数据将推动油气行业向智能化发展 …………………………………………… (187)
　　　　4. 大数据将推动油气地质向智慧地质发展 ………………………………………… (188)
　　　　5. 大数据分析技术加快地震全弹性波场成像进程 ………………………………… (188)
　　　　6. 大数据将提升全油田实时操作水平 ……………………………………………… (188)
四、世界石油工业智能化发展新趋势 ………………………………………………………………… (190)
　　(一)世界石油工业智能化发展现状 ………………………………………………………… (190)
　　　　1. 世界石油工业的自动化、信息化水平不断提升 ………………………………… (190)
　　　　2. 自动化、信息化已成为世界油气工业降本增效的重要途径 …………………… (190)
　　　　3. 智能化是世界油气工业发展的大趋势 …………………………………………… (190)
　　(二)世界油气工业智能化发展现状与新进展 ……………………………………………… (191)
　　　　1. 智能油田发展现状与新进展 ……………………………………………………… (191)

  2. 智能钻井发展现状与新进展 …………………………………………………… (191)
  3. 智能管道发展现状与新进展 …………………………………………………… (192)
  4. 智能炼厂发展现状与新进展 …………………………………………………… (193)
 (三)油气工业智能化发展前景 ……………………………………………………… (193)
  1. 智能化将推动油气工业进一步提质增效 ……………………………………… (193)
  2. 智能化是未来油气行业降低成本的重要手段 ………………………………… (194)
  3. 智能化将大幅度提升油气工业的运营水平,增强油公司和技术服务公司的
   核心竞争力 …………………………………………………………………… (195)

五、非常规"甜点"预测技术新进展 …………………………………………………… (197)
 (一)非常规油气的重要地位 ………………………………………………………… (197)
 (二)非常规"甜点"预测新技术 ……………………………………………………… (198)
  1. 油气"甜点"综合识别技术 ……………………………………………………… (198)
  2. 页岩资源评价综合方法 ………………………………………………………… (199)
  3. 人工神经网络法 ………………………………………………………………… (199)
  4. GeoSphere 油藏随钻测绘服务 ………………………………………………… (201)
  5. 核磁共振因子分析技术 ………………………………………………………… (202)
  6. OVT 地震资料叠前地震道处理技术 …………………………………………… (202)
  7. 测井数据函数主成分分析法 …………………………………………………… (203)
  8. 油气微生物监测和"4G"勘查模型监测技术 …………………………………… (203)
  9. 应用高分辨率层序地层学识别煤层气"甜点"技术 …………………………… (203)
  10. TIER 量化法"甜点"识别技术 ………………………………………………… (204)
 (三)"甜点"预测新技术发展趋势 …………………………………………………… (205)

六、提高采收率技术新进展 ……………………………………………………………… (206)
 (一)提高采收率技术的发展潜力 …………………………………………………… (206)
 (二)提高采收率技术的最新进展 …………………………………………………… (206)
  1. 水驱 ……………………………………………………………………………… (206)
  2. 气驱 ……………………………………………………………………………… (207)
  3. 热采 ……………………………………………………………………………… (208)
  4. 微生物驱 ………………………………………………………………………… (210)
 (三)提高采收率技术发展趋势 ……………………………………………………… (210)
  1. 提高采收率技术应用领域不断扩大,技术界限不断延伸 …………………… (211)
  2. 提高采收率技术不断集成、融合、创新,催生更多 EOR + 驱油模式 ………… (212)
  3. 驱油体系更加智能、低耗、环保 ………………………………………………… (212)
  4. 提高采收率驱替模拟技术更加准确、高效 …………………………………… (212)
  5. 提高采收率技术应用理念更加超前 …………………………………………… (212)

七、纳米技术在油气田开发中应用新进展 (213)
(一)纳米技术在油田开发中的应用概况 (213)
(二)国外油藏纳米技术研究新进展 (214)
1. 纳米示踪剂研究进展 (215)
2. 纳米-EOR 技术新进展 (217)
3. 纳米传感器研发进展 (222)
4. 纳米工具/材料新应用 (225)
(三)纳米技术在国内的应用现状与发展前景 (225)
1. 国内应用情况 (226)
2. 发展前景 (226)
参考文献 (226)

八、"一趟钻"推动国外页岩油气高效开发分析 (227)
(一)美国页岩油气的钻完井成本大幅度下降 (227)
(二)"一趟钻"在降低成本中起到至关重要的作用 (230)
1. "一趟钻"的概念 (230)
2. "一趟钻"的优势 (230)
3. "一趟钻"的关键技术 (230)
(三)国内外"一趟钻"技术降低成本案例分析 (231)
1. CONSOL 能源公司利用"一趟钻"实现一天钻一英里 (231)
2. Eclipse 资源公司利用"一趟钻"完成超级水平井 (232)
3. 怀俄明州 DJ 盆地应用"一趟钻"降本增效 (232)
(四)"一趟钻"技术发展前景及认识启示 (233)
1. "一趟钻"将成为非常规资源开发提速降本的撒手锏 (233)
2. 在国内页岩气开发中尽快推广"一趟钻"技术 (233)
3. 完善并发挥好远程专家决策支持中心的作用 (233)
4. 依靠科学管理和有效激励,保障"一趟钻"实施 (233)
参考文献 (234)

九、二氧化碳输送技术新进展 (235)
(一)技术概况 (235)
1. CO_2 输送相态 (236)
2. 超临界 CO_2 管道输送工艺 (237)
(二)应用现状与前景 (238)
1. 应用现状 (238)
2. 应用效果 (239)
3. 应用前景 (239)

  4. 应用案例分析 …………………………………………………………………… (239)
 (三)技术发展趋势与前景展望 ……………………………………………………… (240)
  1. 技术发展趋势 …………………………………………………………………… (240)
  2. 技术发展前景展望 ……………………………………………………………… (240)
 (四)国内外技术对比分析 …………………………………………………………… (241)
  1. 中国二氧化碳输送技术发展现状 ……………………………………………… (241)
  2. 中国二氧化碳输送技术与国外差距分析 ……………………………………… (242)
  3. 启示与建议 ……………………………………………………………………… (242)
十、储能技术发展新趋势 ………………………………………………………………… (243)
 (一)储能技术在能源转型、能源互联网中的地位和作用 ………………………… (243)
 (二)储能技术应用现状及新进展 …………………………………………………… (244)
  1. 压缩空气储能技术正向产业化迈进 …………………………………………… (245)
  2. 液流电池仍然是研究和应用的重点 …………………………………………… (245)
  3. 锂离子电池依然是当前储能领域研究的热点 ………………………………… (245)
  4. 锂硫电池是目前最接近产业化的高能量密度电池技术 ……………………… (245)
  5. 氢燃料电池依然是燃料电池主流方向,应用规模逐渐扩大 ………………… (245)
  6. 储热技术发展迅速,市场重视程度逐渐提高 ………………………………… (245)
 (三)储能产业及技术发展前景 ……………………………………………………… (246)
  1. 太阳能、风能发电装机容量继续呈快速增长趋势 …………………………… (246)
  2. 太阳能、风能发电成本继续呈下降趋势 ……………………………………… (246)
  3. 居民住宅储能将呈快速增长趋势 ……………………………………………… (246)
  4. 电池技术未来 10 年有望取得重大突破 ……………………………………… (247)
  5. 电动汽车前景广阔 ……………………………………………………………… (248)

附　录

附录一　石油科技十大进展 ………………………………………………………… (251)
 一、2016 年中国石油科技十大进展 …………………………………………………… (251)
  (一)古老油气系统源灶多途径成烃理论突破有效指导深层勘探 ……………… (251)
  (二)深层碳酸盐岩气藏开发技术突破有力支撑安岳大气田规模开发 ………… (251)
  (三)全可溶桥塞水平井分段压裂技术工业试验取得重大突破 ………………… (251)
  (四)PHR 系列渣油加氢催化剂工业应用试验获得成功 ………………………… (252)
  (五)满足国 V 标准汽油生产系列成套技术有效支撑汽油质量升级 …………… (252)
  (六)医用聚烯烃树脂产业化技术开发及安全性评价取得重大突破 …………… (252)
  (七)微地震监测技术规模化应用取得重大进展 ………………………………… (253)

（八）三品质测井评价技术突破有力支撑非常规油气勘探开发 …………………… (253)
　　（九）膨胀管裸眼封堵技术治理恶性井漏取得重大进展 ………………………… (254)
　　（十）天然气管道全尺寸爆破试验技术取得重大突破 …………………………… (254)
二、2016年国际石油科技十大进展 ………………………………………………………… (254)
　　（一）"源—渠—汇"系统研究有效指导多类沉积盆地油气勘探 ………………… (254)
　　（二）非常规"甜点"预测技术有望大幅提高勘探效率 …………………………… (255)
　　（三）内源微生物采油技术研发与试验取得突破 ………………………………… (255)
　　（四）太阳能稠油热采技术实现商业化规模应用 ………………………………… (255)
　　（五）新型烷基化技术取得重要进展 ……………………………………………… (256)
　　（六）低成本天然气制氢新工艺取得突破 ………………………………………… (256)
　　（七）逆时偏移成像技术研发与应用取得新进展 ………………………………… (256)
　　（八）随钻前探电阻率测井技术取得突破 ………………………………………… (257)
　　（九）"一趟钻"技术助低油价下页岩油气效益开发 ……………………………… (257)
　　（十）天然气水合物储气技术取得突破 …………………………………………… (257)
三、2006—2015年中国石油与国外石油科技十大进展汇总 …………………………… (258)
　　（一）2006年中国石油与国外石油科技十大进展 ………………………………… (258)
　　（二）2007年中国石油与国外石油科技十大进展 ………………………………… (259)
　　（三）2008年中国石油与国外石油科技十大进展 ………………………………… (259)
　　（四）2009年中国石油与国外石油科技十大进展 ………………………………… (260)
　　（五）2010年中国石油与国外石油科技十大进展 ………………………………… (260)
　　（六）2011年中国石油与国外石油科技十大进展 ………………………………… (261)
　　（七）2012年中国石油与国外石油科技十大进展 ………………………………… (262)
　　（八）2013年中国石油与国外石油科技十大进展 ………………………………… (262)
　　（九）2014年中国石油与国外石油科技十大进展 ………………………………… (263)
　　（十）2015年中国石油与国际石油科技十大进展 ………………………………… (264)

附录二　国外石油科技主要奖项 ……………………………………………………… (265)
一、美国《E&P》杂志评出2016年世界18项工程技术创新特别贡献奖 ……………… (265)
　　（一）钻头奖——贝克休斯公司的Talon Force PDC钻头 ……………………… (265)
　　（二）钻井流体/增产作业奖——斯伦贝谢公司的BroadBand合成压裂液 …… (265)
　　（三）钻井系统奖——斯伦贝谢公司的ICE超高温旋转导向系统（RSS）
　　　　和TeleScope ICE超高温MWD服务 ………………………………………… (265)
　　（四）勘探奖——哈里伯顿公司的射孔流动实验室 ……………………………… (265)
　　（五）浮动系统和钻机奖——Trelleborg海洋工程公司的防火系统 …………… (265)
　　（六）浮动系统和钻机奖——ZENTECH公司的R-550D自升式钻井平台 …… (266)

（七）地层评价奖——贝克休斯公司的FTEX地层压力测试技术 …………………(266)
（八）地层评价奖——贝克休斯公司的eXplorer水泥完整性评价系统 …………(266)
（九）HSE奖——威德福公司的手伤预防项目 ……………………………………(266)
（十）水力压裂/完井奖——TAM国际公司的PosiFrac趾端滑套系统……………(266)
（十一）智能系统与完井奖——斯伦贝谢公司和沙特阿美石油公司的
　　　　Manara生产与油藏管理系统 ……………………………………………(266)
（十二）IOR/EOR/修井奖——哈里伯顿公司的SmartPlex井下控制系统 ………(267)
（十三）海上设施建造奖——Trelleborg Sealing Solutions公司的
　　　　SealWelding技术 …………………………………………………………(267)
（十四）陆上钻机奖——FLEXGEN电力系统公司的FLEXGEN固态发电机 ………(267)
（十五）海底系统奖——DEEP TREKKER公司的DTG2水下机器人 ………………(267)
（十六）水管理奖——贝克休斯公司的Brinecare压裂液体系 ……………………(267)
（十七）水管理奖——斯伦贝谢公司的xWATER压裂液服务 ………………………(267)
（十八）水管理奖——Select能源服务公司的AquaView系统 ……………………(267)

二、2016年OTC评出13项"聚焦新技术奖" ……………………………………………(268)
（一）立管气侵处理系统——AFGlobal公司 ………………………………………(268)
（二）Integrity eXplorer™固井评价服务——贝克休斯公司 ……………………(268)
（三）T40运动补偿起重机——Barge Master公司 ………………………………(269)
（四）InLineElectroCoalescer油水分离装置——FMC技术公司 …………………(269)
（五）SeaPrime™ I Subsea MUX防喷器控制系统——通用电气公司 ……………(270)
（六）BaraLogix™密度及流变仪——哈里伯顿公司 ………………………………(270)
（七）LankoDeep软绳系统——Lankhorst Ropes公司 ……………………………(270)
（八）远程遥控及自动控制技术（RPACT）——Oceaneering国际公司 …………(271)
（九）DOPP坠物防控平台——OES油服集团 ………………………………………(271)
（十）AquaWatcher™水分析传感器——OneSubsea公司 …………………………(271)
（十一）HyFleX™水下采油树——OneSubsea公司 ………………………………(272)
（十二）水下回压控制器——SkoFlo公司 …………………………………………(272)
（十三）光电引线（EOFL）——Teledyne油气公司 ………………………………(272)

三、海洋技术会议亚洲年会首次评选5项创新技术 …………………………………(273)
（一）Airborne油气公司的热塑复合管 ……………………………………………(273)
（二）Frigstad工程公司的D90钻机 ………………………………………………(273)
（三）哈里伯顿公司的CoreVault系统 ………………………………………………(273)
（四）MIT技术公司的智能随钻循环工具 …………………………………………(274)
（五）威德福公司的井再生系统 ……………………………………………………(274)

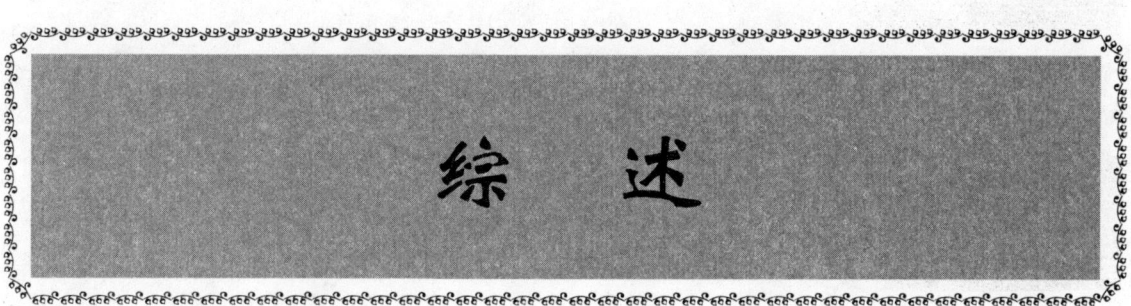

2016年以来,随着国际油价逐步趋于稳定,企业对油气新项目的投资兴趣明显增加,2017年全球油气勘探开发投资开始复苏,投资总额达到3780亿美元,同比增长7%,从而促使业界更加重视技术创新及其在实践中的应用,一大批创新技术在油气勘探开发降本增效中发挥了重要作用。例如,用于非常规油气勘探开发的"甜点"预测技术;用于油气田开发的提高采收率技术、压裂技术、人工举升技术、油藏描述技术、智能油田技术、综合开发技术及3D打印技术;实现油气勘探降本增效的"两宽一高"地震勘探技术;有助于准确进行地层解释与评价的随钻前探电阻率测井技术、超高温高压随钻测井服务、实时连续管诊断等新技术;用于钻井作业的自动化智能化钻井技术、"一趟钻"技术;节能降耗的油气储运创新技术;不断创新的炼油技术装备及催化剂技术,以及向着技术先进、规模经济、产品优质、成本低廉、环境友好方向发展的一系列石化技术等。

一、国内外油气勘探开发形势

尽管国际油价曾一度跌破30美元大关,但之后呈现缓慢回升之势。2016年以来持续保持在40~60美元/bbl❶的低位振荡。持续低迷的油价对石油行业产生了深远的影响,石油公司生产经营面临巨大压力,被迫进一步压缩勘探开发投资,裁减作业项目,压低服务价格,导致全球工程技术服务市场规模进一步萎缩。

(一)全球油气勘探开发现状与展望

上游勘探开发投资大幅下降。全年油气发现量继续减少,新增储量也进一步下降,重要油气发现主要位于海上。全球油气产量表现为油稳气增,全球石油产量达 $42.54 \times 10^8 t$,与2015年基本持平;天然气产量达 $3.66 \times 10^{12} m^3$,同比增长2.1%。

1. 全球油气勘探开发投资触底回升

据IHS发布的市场分析报告,2016年全球油气勘探开发投资仅为3680亿美元,为近10年来的最低水平。随着油价的稳定,企业对油气新项目的投资兴趣明显增加,但石油行业活动的全面复苏还要随油价的缓慢回升而经历一个漫长的过程。IHS认为,2017年全球上游投资状况普遍好转(表1)。

表1 全球油气勘探开发投资

资源类型		投资(亿美元)								
		2007年	2008年	2009年	2010年	2011年	2012年	2013年	2014年	2015年	2016年
陆地	陆地常规	2540	3110	2550	2770	3100	3310	3280	3320	2360	1820
	陆地非常规	490	690	470	850	1380	1650	1770	1690	1020	640
	小计	3030	3800	3020	3620	4480	4960	5050	5010	3380	2460

❶ $1 bbl = 158.9873 dm^3$。

续表

资源类型	投资(亿美元)									
	2007年	2008年	2009年	2010年	2011年	2012年	2013年	2014年	2015年	2016年
海洋	1320	1520	1340	1270	1480	1660	1890	1920	1650	1220
总额	4350	5320	4360	4890	5960	6620	6940	6930	5030	3680

全球陆上各地区勘探开发资本支出均不同程度下降,北美地区降幅最大,中东地区油气勘探开发资本支出受低油价影响最小。陆上油气勘探开发资本支出从2016年触底反弹回升,但海上勘探开发支出则继续下降,投资恢复较慢。主要是因为海上项目周转周期较长,资本支出的恢复过程比陆上要慢,许多推迟的海上油气项目将重新规划,使其在低油价下具有竞争力。

2. 全球常规油气勘探减少,全球油气发现大幅下降

过去5年,常规油气勘探在走下坡路,勘探井数减少了60%。2016年,全球油气勘探新增储量和新发现油气田个数均创2000年以来新低,全球获得的常规发现总数为1952年以来最低。世界石油剩余探明可采储量为 $2394 \times 10^8 t$,与2015年持平,全球共获得229个油气发现,发现油气储量 $14.0 \times 10^8 t$ 油当量,全年油气发现平均规模仅为 $610 \times 10^4 t$ 油当量,均为过去10年最低(图1、表2)。油气新增储量合计约 $8.9 \times 10^8 t$ 油当量,海上油气占到86.3%;原油新增储量 $4.3 \times 10^8 t$,比2015年增加43.8%;天然气新增储量 $4.6 \times 10^8 t$ 油当量,比2015年减少56.2%。全球重要油气发现主要位于海上,其中,马来西亚东海岸、埃及尼罗河三角洲、安哥拉宽扎盆地、尼日利亚尼日尔三角洲和俄罗斯鄂霍茨克海域均有油气发现。美洲的美国和圭亚那有较大石油发现。

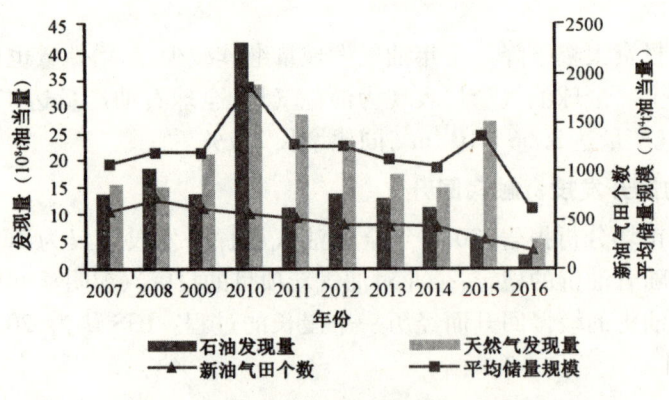

图1 2007—2016年全球油气发现统计

油气发现数据不含北美地区

数据来源:IHS,2017

表2 2016年全球前十大油气发现

排名	国家	公司	油气田名称	海/陆	油气类型	2P可采储量 ($10^8 t$ 油当量)
1	美国	Caelus 能源公司	Tulimaniq	海上	油、气	3.65
2	塞内加尔	BP	Teranga 1	海上	气	1.10

续表

排名	国家	公司	油气田名称	海/陆	油气类型	2P可采储量（10^8t油当量）
3	安哥拉	CIE公司	Zalophus 1	海上	气、油	0.65
4	巴布亚新几内亚	Oil Search有限公司	Muruk 1	陆上	气	0.51
5	美国	康菲	Willow	陆上	油、气	0.47
6	英国	飓风能源公司	205/26b-12	海上	油、气	0.37
7	缅甸	Woodside公司	Thalin 1	海上	气	0.34
8	安哥拉	CIE公司	Golfinho 1	海上	油、气	0.34
9	俄罗斯	俄罗斯天然气工业股份公司	Lunskoye Yuzhnoye	海上	气	0.30
10	美国	雪佛龙	Gibson	海上	油	0.27

3. 国际大石油公司经营业绩下滑，大幅削减上游开支

国际大石油公司仍通过削减成本、提高效率，逐步适应低油价环境，虽然业绩有所下滑，但降幅有所减小。五大石油公司的收入合计比2015年下降14.49%，利润合计比2015年下降14.34%。埃克森美孚、雪佛龙净利润降幅较大。道达尔等公司在低油价下实现净利润增长，主要得益于有力的降本增效举措及原油产量上升（图2、图3）。

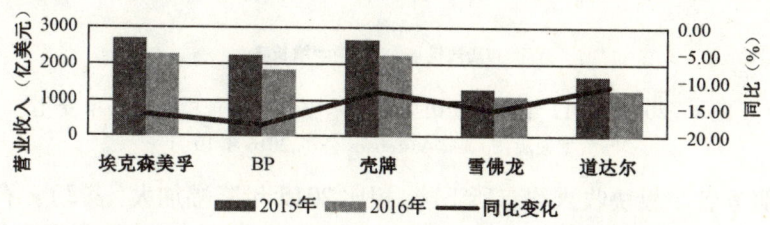

图2　2015—2016国际大石油公司营业收入及同比变化

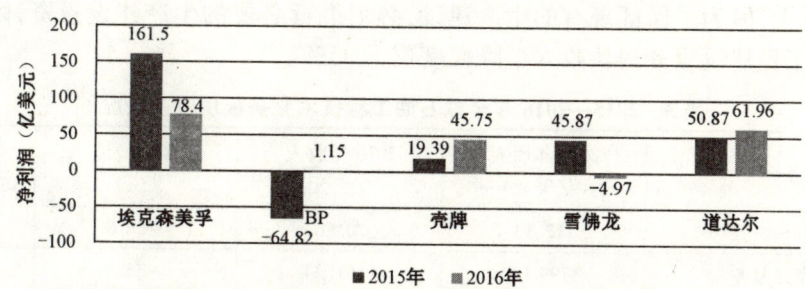

图3　2015—2016年国际大石油公司净利润

国际石油公司连续两年大幅度削减开支，尤其是上游资本支出。2015年上游支出比2014年减少25%，2016年上游支出比2015年减少超过24%。国际石油公司除壳牌外，投资额下降幅度为0.41%～37.83%。2015年，埃克森美孚上游投资同比下降42.76%，下游投资同比下

降14.42%。2015年,壳牌由于收购BG支出529.04亿美元,致使总投资及上游投资额较大,总投资同比增长176.76%。

(二)全球石油工程技术服务市场持续低迷

根据油气行业上游产业链的传导效应,低油价下油服与装备业务虽然受影响较慢,但是受到的伤害最深。全球工程技术服务市场规模进一步萎缩,各个细分板块市场规模均大幅度下降,油服公司和钻井承包商收入锐减,经营陷入困境。

1. 全球工程技术服务市场规模进一步萎缩,各板块均大幅下降

据Spears&Associates公司2016年10月发布的报告显示,全球工程技术服务市场规模约为2213.11亿美元,同比下降33%,规模和降幅均达到近10年之最(图4)。

图4 2006—2017年全球油田工程技术服务市场规模及增长率变化

数据来源:Spears&Associates公司,2016年10月

工程技术服务各个板块收入均有所下降,相比2015年降幅加大(表3)。石油公司压缩投资规模、裁减作业项目导致油气勘探和产能建设受到较大冲击,工程技术服务公司的物探装备与服务以及钻完井业务收入下降幅度最大。相比之下,油田开发受到的冲击较小,虽然勘探及钻井工作量减少,但为了保证现有的生产建设,必须进行必要的生产建设投资,因此在油价低迷时期,油田工程建设服务板块收入下降幅度仅为25%。

表3 2015—2016年全球石油工程技术服务板块收入状况

技术服务板块	2015年收入(亿美元)	2016年收入(亿美元)	年均增长(%)	2016年收入占总收入比例(%)
物探装备与服务	112.13	70.86	-36.8	3
钻井与完井服务	1799.06	1161.34	-35.4	52
测录试服务	191.10	122.59	-35.9	6
油田生产服务	507.86	334.79	-34.1	15
油田工程建设服务	697.80	523.53	-25.0	24
总计	3307.95	2213.11	-33.1	100

数据来源:Spears&Associates公司,2016年10月。

工程技术服务市场的收入由工作量和服务价格共同决定,由于近两年石油公司压低工程技术服务价格,因此工程技术服务工作量不断下降。其中,物探服务板块市场规模同比减少36.8%,海上三维地震工作量也大幅减少。

2. 全球工程技术业务量明显减少,运营钻机数量缩减

受国际油价持续低位徘徊影响,全球勘探开发活动放缓,钻井承包服务需求明显下降,全球动用钻机数延续2015年的跌势,2016年5月降至1999年以来的最低值,仅为1405台。随着油价反弹,动用钻机数量触底回升,全年呈现先抑后扬的态势,截至2016年10月全球动用钻机数为1620台,相比5月的低点增加215台,动用钻机数量触底后缓慢回升也反映了市场景气度的逐步回升。

全球动用钻机触底反弹主要得益于2016年下半年北美地区钻井活动的复苏,北美以外地区的动用钻机数在前三季度持续下降,动用钻机数没有明显回升。中东地区的油气生产成本较低,在这一轮的低油价中,为保市场份额,钻探活动较活跃,动用钻机数量基本保持稳定(表4)。

表4 2016年全球动用钻机数①

时间	布伦特均值(美元/bbl)	动用钻机数(台)								
		南美	欧洲	非洲	中东	亚太	北美以外	加拿大	美国	合计
1月	31.93	243	108	94	407	193	1045	192	654	1891
2月	33.53	237	107	88	404	182	1018	211	532	1761
3月	39.79	218	96	91	397	183	985	88	478	1551
4月	43.34	203	90	90	384	179	946	41	437	1424
5月	47.65	188	95	91	391	190	955	42	408	1405
6月	49.93	178	91	87	389	182	927	63	417	1407
7月	46.53	186	94	82	390	186	938	94	449	1481
8月	47.16	187	96	81	379	194	937	129	481	1547
9月	45.45	189	92	77	386	190	934	141	509	1584
10月	51.5	183	87	77	391	182	920	156	544	1620
11月	47.10	181	97	79	380	188	925	173	580	1678

① 不包括中国和俄罗斯。
数据来源:贝克休斯公司。

据Spears &Associates公司报告统计,2016年全球钻井数从2014年的10.1万口降至4.96万口,下降50.9%。与此同时,全球钻井进尺从2014年的2.57×10^8m减至1.36×10^8m,减少47.1%,降幅最大的是美国,中东钻井数不降反升。中国钻井数首次超过美国,钻井进尺数逼近美国。

3. 市场萎缩导致油服公司经营困难,服务价格降低

油服公司和钻井承包商收入锐减,经营陷入困境。四大国际油服公司盈利全部为负,斯伦贝谢公司亏损约116亿元人民币,哈里伯顿公司亏损395亿元,贝克休斯公司亏损187亿元。

近3年,钻井承包商和技术服务公司营收情况逐年下滑,五大陆上承包商全面亏损,其中知名钻探公司H&P营收降幅接近50%。

工程技术服务价格下跌。据Spears & Associates公司数据统计,2016年陆上钻井承包业务市场规模约下降39%,陆上钻井市场需求疲软,钻井价格下降。其中,美国陆上钻井日费平均约为2.44万美元,同比下降5.6%。海上钻井承包业务市场规模约下降27%,服务需求下降,装备闲置导致各种类型海上钻井日费和钻井平台利用率均有不同程度下降。根据IHS统计资料,作业水深超过7500ft❶的钻井船利用率从2015年的75%左右下降至55%,日费降至约28万美元。相同水深的半潜式钻井平台利用率降至40%,日费降至约30万美元。

(三)油价新常态下上游油气行业呈现新动向

2016年中后期以来,国际油价在40～60美元/bbl间反复振荡,国际油公司、油服公司在油价新常态下积极采取应对措施,创新业务发展模式,拓展全产业/产品链。

1. 非常规油气助推美国原油产量在低油价下开始反弹

北美非常规油气兴起,一定程度上弥补了常规油气勘探的减少。随着页岩油气的到来,油气行业开始聚焦资源而非储量。美国在持续扩张增加可采资源的同时,重振常规油气勘探的道路仍不清晰,尤其是未来几年油价仍可能相对较低。美国原油产量触底反弹后一路上涨,2017年7月原油产量达940×10^4bbl/d,其中70%以上的产量增长来自陆上致密油,其中二叠纪盆地占据了致密油产量净增长的93%。

2. 国际大石油公司积极降本增效的同时布局新能源

自油价下跌以来,国外石油公司持续优化资产结构,专注打造核心优势,并积极开拓新能源领域,为未来市场竞争提前布局。具体表现在以下几个方面:一是国外大石油公司通过大力压缩资本支出,降低承包价格,压缩运营资本以保障公司的运营。近几年国际大石油公司操作成本平均下降超过30%,独立石油公司操作成本平均降幅23%。二是国外石油公司在大幅压缩投资的同时调整投资方向,利用资本市场优化资产结构,集中投资中短期、风险较低、盈利能力强的项目,或具有长远发展前景的项目。三是国外石油公司专注打造优势领域,进一步强化核心优势,上游业务更加集中在深水、天然气、非常规领域。此外,国际大石油公司加快剥离油砂项目,将油砂项目出售给加拿大的石油公司。

尽管业内普遍认为油气在未来较长一段时间内仍将占据主导地位,但是国际大石油公司更加坚信,新能源业务未来将会成为一项重要的增长点,在坚持发展油气业务的同时,主动参与新能源开发,有选择地投资新能源项目,向综合能源公司转型,是油气公司明智的选择。

3. 国际大油服公司通过兼并购拓展产业链

越是油价低迷,越是需要产业链加长,因为加长的产业链容易充分利用到低油价的成本优势,容易出现利润增长点。油服公司通过兼并购拓展产业链,为提供一体化服务奠定坚实基础。

---

❶ 1ft = 30.48cm。

油服巨头斯伦贝谢公司在收购卡梅隆公司后大大丰富了产品及服务范围,能够提供油田技术服务、装备制造、钻井承包、设备安装调制及保养服务的全产品链。业务范围涵盖了从勘探到开发生产的一体化服务。贝克休斯与美国通用电气公司油气部门成功达成合并交易,使新合并公司成为油服行业的第二大公司,将为油气领域带来最好的技术服务、装备制造和数字解决方案,形成延伸产业链,创造协同发展和多元化利润增长点的战略优势。法国油服企业Technip和美国油田装备公司FMC科技公司合并后,充分利用两家公司在高端海洋工程设计与服务、海底技术及基础设施建设服务领域的优势拓展了产业链,具备更优的竞争性,逐渐与油服巨头如贝克休斯公司、哈里伯顿公司及斯伦贝谢公司抗衡。

4. 上游技术朝着智能化、数字化方向发展

智能化和数字化是近年来油气领域发展的重要动向之一,最直接的表现是,信息和数字技术在油气领域的应用更广泛,在帮助石油公司应对低油价时也发挥了重要作用。国际油公司、油服公司均在智能化、自动化及信息化技术方面开始投资。通用电气公司研究认为,以大数据为基础,通过油气设备互联可缩短设备维护时间,减少项目停工周期和成本,如果作业者能实现基于数字技术、可预测的设备维护,可将计划外停工时间减少36%,而目前全球只有3%~5%的油气设备实现了互联。

IHS公司分析了2012—2013年上游45个技术领域的953项技术,以及2014—2015年53个上游技术领域的1172项技术,分析结果表明,低油价下,上游技术研究重点发生转移,2014—2015年,数字化相关技术研究投资增幅最大(图5)。

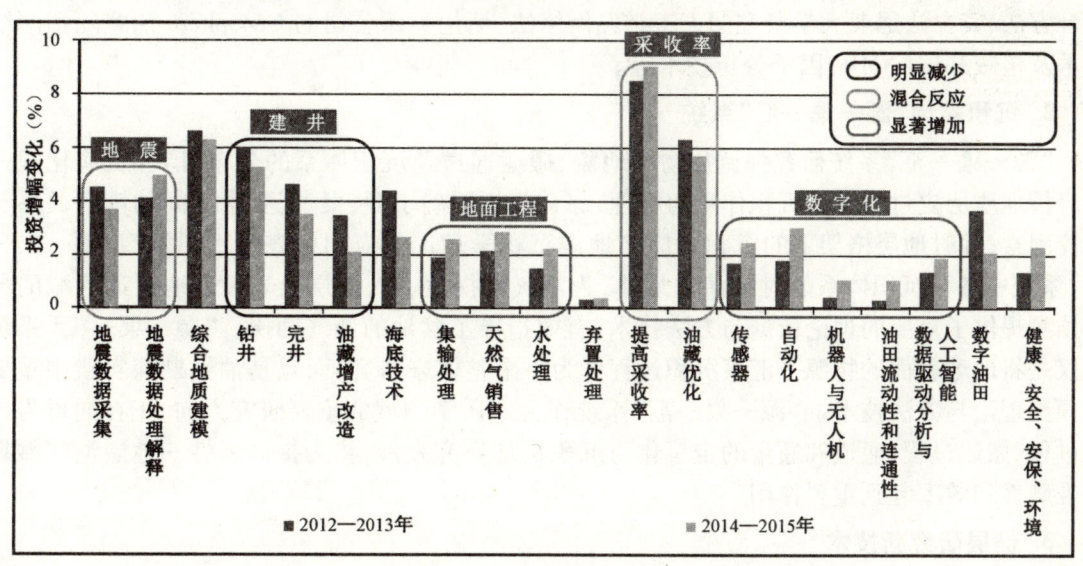

图5 低油价下上游技术发展重点发生转移
资料来源:IHS

二、油气勘探开发理论与技术的创新发展

面对近两年低油价的影响,2016年以来国际石油行业环境整体趋于平稳,企业不断研发推出新的提高效率、增加经济性的技术,涌现了非常规油气"甜点"预测、源—汇有效匹配预测油藏分布,以及储层性质精细研究等一批新技术。

(一)石油勘探技术向综合化、数字化、可视化、实时化、定量化方向发展

1. 非常规资源"甜点"预测技术

非常规油气"甜点"预测技术是油气勘探的重要环节,快速准确地找到油气"甜点",精准布井,可大幅度提高储层钻遇率和油气产量,降低开发成本。鉴于非常规油气日益重要的地位,如何确定"甜点",提高开发效率,成为油气勘探开发的重要研究课题。所谓"甜点"(Sweet Heart),就是油气富集的、在当前经济技术条件下可以有效开发的区域或层段。预测"甜点"是各大石油公司勘探开发不懈追求的目标,近年在地质、物探、测井等各大领域都研发了相关新技术、新方法。例如,CGG公司的"甜点"综合识别技术、斯伦贝谢公司推出的页岩资源评价综合方法、宾夕法尼亚大学研究的人工神经网络法、斯伦贝谢公司的GeoSphere油藏随钻测绘技术及核磁共振(NMR)因子分析技术等。

2. 沉积盆地"源—渠—汇"系统

"源—渠—汇"系统研究强调从物源地貌、搬运通道及沉积体系的分布、耦合及演化规律来分析地质历史过程中的沉积作用与机理,综合分析明确了源、渠、汇要素之间的耦合关系与主控因素;等时地层格架下的沉积响应与地震沉积学理论的应用可表明不同类型"源—渠—汇"系统中各种沉积体系的时空演化规律,为油气勘探生、储、盖层及岩性—地层油气藏的分布预测提供了重要的理论依据与方法技术,有效指导了盆地的油气勘探。"源—渠—汇"系统不仅是将地球表面的物源—汇聚沉积过程作为一个整体来研究,而且是油气勘探实践中重要的预测理论与方法技术。"源—渠—汇"系统作为地质学领域的重要研究方向,正在向母岩风化过程、搬运过程、通道和通量的定量化与沉积机理研究发展,将为提高岩性—地层油气藏勘探准确性和效率起到重要作用。

3. 储层研究新技术

(1)海底浊流沉积新模型。利用声学多普勒海流剖面仪直接记录深度2000m的刚果深海大峡谷的浊积岩沉积状况,建立了新的沉积模型,并与实验室模型进行比对,结果显示,新模型可以准确反映深海浊积沉积的真实状况。刚果峡谷自下而上是薄的底部沉积、厚层的中部和顶部沉积。底部与中部沉积发生变化主要是浊流流动的应力方向发生了改变所致。

(2)圈闭模拟新思路。针对河流沉积体在时空上具有不连续性、非均质性强、结构非常复杂的特点,采用实验地层类比物法对河流相进行建模模拟,河流相包含不同的沉积相组合,从

不同的沉积相中取样获得井震资料,沉积相的叠合模式、非均质性和结构都用于解释系统的复杂性。采用三维模拟方式,从空间上量化复杂性。这种新的模拟法在确定沉积相复杂程度与取样成本间建立了平衡,并将三维模拟从空间可视变为能实际解决量化问题,对储层建模产生深远影响。

(3)孔隙度计算新方法。采用了一种新的、精确的孔隙分析方法对西加拿大 Montney 地层中的圈闭进行了取样分析。该地区资源量超过 $450 \times 10^{12} ft^3$ ❶,但是其孔隙度极低。新的测量方法也是对岩心样品进行清洗、干燥,在岩心室中压入氦气,继而根据压力、注入的气体体积、样品质量和体积等计算孔隙度,但新方法与以往不同的是,此实验在 3 家不同的独立实验室中进行,样品制备的方法及清洁和干燥的时间不同,对整体注气和粉碎注气进行对比,新方法测得的岩心颗粒密度更高,孔隙度较大。

(二)油气田开发技术方案向高效节能环保发展

受低油价环境的影响,油气行业纷纷探寻降低石油和天然气开发成本的方式。多家公司推出了新的技术和研发方案,推动油气田开发向着高效节能、环保和低成本的方向发展,在提高采收率技术、压裂技术、人工举升技术、油藏描述技术、智能油田技术、综合开发技术以及油气行业 3D 打印技术等方面取得了新进展。

1. 提高采收率技术

随着常规原油产量的下降,需要通过其他途径获得原油以满足能源需求,提高油气采收率技术一直是各国获得产量的主要途径。石墨烯两亲性纳米薄膜技术,为三次采油提供了一种化学驱的替代方案,适用于陆上和海上油田,还可以用于地表溢油清理。微生物活化环境采油技术投资少、成本低、见效快,能够起到增加产量、提高采收率和延长油田经济寿命的作用,是开采这些剩余油的经济有效的办法。排水采气是出水气田稳产和提高采收率的主体技术,高效低成本排水采气技术体系与应用,对提升泡排措施效果与效益意义重大。海上平台注水开发项目可以延长区域油藏的生命周期。

2. 压裂技术

随着非常规油气资源的快速开发和环保意识的增强,向压裂技术提出了更为苛刻的要求,同时推动压裂技术向更高效、更环保、更低成本、更精准、更快速、更大规模的方向发展。CO_2混合压裂技术,降低了黏土膨胀效应,返排液更清洁,邻井含水量上升的风险下降,从根本上改变了 CO_2 作为高黏泡沫增能组分的传统方法,降低了页岩油压裂作业的用水量,是一种可持续、可行的操作方式。压裂过程中快速的泵速变化,可以产生更多的裂缝,提高压裂后产量。智能示踪剂可以准确地对增产改造效果进行评价,从而帮助作业者降低成本,将产量最大化。

3. 人工举升技术

人工举升技术一直是油气田开发中最重要的一个环节。近年来,随着人工举升产品设计创新和产品系列的不断丰富,人工举升技术的发展非常迅速,在恶劣环境下的可靠性、性能和

---

❶ $1 ft^3 = 0.028 m^3$。

耐用性均得到大大增强,所适应的流量和深度等应用范围不断拓宽。这些技术进展对优化开采作业起着重要的推动作用。直线式抽油机因其结构紧凑、重量轻、体积小、能耗低等特点得到了越来越广泛的应用。细长管型电动潜油泵(以下简称电潜泵)系统,可以同时克服小直径井的局限性和非常规油藏面临的特有挑战,提供更高的产量和油藏采收率,同时提高系统的可靠性,延长正常运行时间,降低修井需求。

4. 油藏描述技术

油藏描述技术是对油藏进行定性、定量描述和评价的一项综合研究的方法和技术。其任务在于阐明储层参数分布和非均质性及其微观特征、油藏内流体性质和分布,乃至建议油藏地质模型、计算石油储量和进行油藏综合评价,为进行油藏数值模拟、合理选择开发方案、改善开发效果、提高石油采收率提供充分可靠的依据。DNA 测序技术可以判断储层特征,解决非常规油气开发过程中的诸多问题。贯通岩心裂缝诊断技术通过证实和推进裂缝诊断,更加精确地判断裂缝走向和尺寸,同时进行油田数据采集,监测空气和水质量,调查生物腐蚀和储层品质劣化引起的微生物影响,评价水力压裂对浅层含水层、回流水和地层水的影响。

5. 智能油田技术

智能油田在数字油田基础之上,借助先进信息技术和专业技术,全面感知油田动态,自动操控油田行为,预测油田变化趋势,持续优化油田管理,科学辅助油田决策,使用计算机信息系统智能地管理油田。智能油田商业化软件,可用于大批量油气井生产参数的实时跟踪和预测,帮助作业者及时做出调整,最终达到增加产量、提高作业效率及减少举升费用的目的。模块化多产层管理系统可以有效地对多个产层进行监测和控制,从而为运营商制订合理的油气田开发优化方案提供帮助。

6. 综合开发技术

对于大型油气田或某一类油气田来说,依靠单一的技术不能解决油气田的需求,需要针对性研究综合性一体化技术来解决问题,优化生产。特低渗透油藏开发技术,可以解决天然缝、压裂体积缝网及动态缝等多因素困扰的难题,为水驱调整、体积压裂与渗吸驱替相结合的开发模式的建立提供了升级换代的理论技术基础,将成为支撑特低渗透油藏有效开发的新一代接替技术。碳酸盐岩气藏开发技术促成中国首次实现大型含硫气田模块化、橇装化、工厂化快速优质建产。页岩气开发主体技术,实现了公司页岩气的规模效益开发,将页岩气打造成中国石油新的增长极。

7. 油气行业 3D 打印技术

3D 打印技术也称增材制造技术,可以自动、直接、快速、精确地将设计思想转变为具有一定功能的原型或直接制造零件。目前,已在航空航天、医疗器械、工业设计等领域得到了广泛应用。油气行业由于涉及的设备、部件众多且定制化、标准化、模块化的趋势明显,因而与 3D 打印技术具有较好的契合点,海外各大油服公司纷纷将其引入设备、部件的设计和生产,在提高生产效率、增强设备性能及降低成本等方面发挥了重要作用。

三、油气工程技术服务领域技术创新发展

（一）地球物理技术开始迈入数字化、智能化时代

受国际油价影响，整个地球物理行业近两年来一直处于低迷状态。尽管地震服务价格下降，地震数据在整个勘探环节中已经相当廉价，但是油公司勘探意愿仍旧不高。物探公司收入大幅度下滑，裁员规模空前。在这种市场环境下，通过高精尖技术、一体化技术实现油气勘探开发的降本增效成为行业关注的焦点。

1."两宽一高"地震勘探技术依然是行业主流和方向

以高精度叠前深度偏移成像技术为核心的"两宽一高"（宽方位、宽频带、高密度）地震勘探技术依然是当今物探技术发展的主流和方向。近两年频繁举行了宽频技术研讨会，宽频采集、低频可控震源、宽频处理与解释成为行业关注的焦点。CGG公司海上宽频采集技术应用稳步发展，Sercel、BGP、INOVA公司相继推出各具优势的低频可控震源，并取得显著应用效果。宽频数据的处理与解释是行业关注的焦点，宽频数据尤其是低频数据对全波形反演具有重要作用，利用宽频数据改善成像质量，用于精细油藏描述是行业的发展方向与应用重点。

2. 全波形反演与偏移成像仍是研究热点

随着计算机技术的进步，海量数据快速处理、各种偏移成像方法和全波形反演技术发展迅速，始终是地震数据处理方面的研究热点。全波形反演、全走时反演技术发展迅速，成为速度建模的重要手段。各种偏移成像方法不断完善，Q补偿偏移、最小二乘逆时偏移以及垂直对称轴横向同性（VTI）、斜轴横向同性（TTI）、正交晶格逆时偏移成像应用不断发展，为精细油藏描述提供了重要支撑。此外，近两年多次波与绕射波成像研究不断深入，2016年衍射波成像首次实现了商业化应用，并形成商业化软件系统。

3. 油藏地球物理技术应用持续推进

地球物理技术应用向着油藏监测进一步迈进，诱发地震监测引起业内高度重视。节点地震、光纤永久油藏监测成为4D地震技术发展的重要方向，油藏动态描述与监测技术是未来石油物探应用的重要方向。地球物理技术已经跨越了勘探阶段，向油藏评价、油田开发与生产延伸，综合一体化地球物理技术服务是行业发展的必然趋势，以差异化特色产品和服务，致力于向油公司提供一体化综合技术方案，最大限度地改进数据质量，提高对油藏的认识，不断提高作业效率，降低运营成本。应用地球物理技术优化开发方案，提高采收率和寻找剩余油是油企盘活资产、实现集约化经营的关键。

4. 地震技术进入大数据时代，定量解释技术快速发展

地球物理大数据时代已经到来，大数据已经成为物探高新技术实施的重要载体。高性能计算机推动地震数据处理解释技术走进"大数据"时代。国际多家大油公司纷纷开展大数据+地震数据处理研究中心建设。劳伦斯实验室测试了Hadoop大数据开源框架下的地震数

据处理测试。Geophysical Insights 公司建立了一个大数据分析解释流程,采用机器学习方法解决大数据问题,并取得较好应用效果。物探技术的发展必将与信息化、数字化、智能化技术紧密结合,实现降本增效的长期目标。

(二)测井技术取得多项新进展

2016年以来,测井技术取得了诸多新进展:推出了新型核磁共振测井仪器、新型声波测井仪器、小直径过钻头声波测井仪器、小直径脉冲中子测井仪器和大直径随钻核磁共振测井仪器等。此外,还有随钻前探电阻率测井技术、超高温高压随钻测井服务、实时连续管诊断等。这些新技术的出现有助于准确开展地层解释评价工作,满足复杂油气藏勘探开发的需要。

1. 新型测井仪器

开发出了新型核磁共振测井仪器、新型小直径脉冲中子测井仪器等几种新型测井仪器,测井新技术在储层精细评价和储层开发中继续发挥着重要作用。新一代核磁共振测井仪器能够在纳米级孔隙中快速测量弛豫流体组分,结合其他测井(如介电、能谱和核测井)可以用于非常规和重油油藏的全面孔隙流体分析,更好地满足非常规油气测井需求。新一代小直径脉冲中子测井仪器在提高仪器耐温指标和测井质量的同时,还增强了仪器探测低孔隙度地层含气量的能力,有效解决了高温及复杂油气藏中套管井的地层评价和油藏监测难题。

2. 复杂环境测井技术获突破

针对深水、超深井、高温高压、大井眼及各种复杂井况下测井的实际需求,在测井仪器、电缆和工艺等方面进一步进行研究开发,取得较大进展。诸如:各种高温高压电缆测井仪器、高温高压随钻测井仪器、大直径钻随测井仪器、小直径过钻头声波测井仪器、大拉力电缆传输系统等。为了满足深水和超深水油气作业需求推出的大拉力电缆传输系统,可在测深40000ft以上的复杂井况井眼中承载18000~30000lbf[1]的拉力,实现高效、高可靠性的电缆作业。

3. 随钻前探测井技术进步显著

远探测和方位测量受到重视。开发出随钻前探电阻率测井仪器、随钻方位声波测井仪器和远探测声波测井仪器等。随钻前探电阻率测井技术方面取得了较大进展,能够在水平井钻井过程中"看到"钻头前方地层的电阻率特性,有利于在更靠近油气藏顶部的位置钻进,降低上覆层坍塌的风险;在钻入目的层前,更准确地选择取心点;同时探测钻头前方多个地层界面,减少非生产时间,降低钻井风险和保持井眼的封固性。

4. 油气井封固性测井技术继续受到重视

开发出新型水泥胶结质量评价仪器、超声波扫描测井仪和井眼封固性测量系统等。传统的声学传感器一般无法在钻井液密度低于10lb[2]/gal[3]情况下提供可靠的水泥胶结质量评价,新推出的水泥胶结质量评价仪器采用新型电磁声学传感器,能够在钻井液密度为7lb/gal时进

---

[1] 1lbf = 4.448N。
[2] 1lb = 0.454kg。
[3] 1gal(美) = 3.785dm^3。

行准确测量。新型超声波扫描器可提供高分辨率水泥胶结、套管磨损/厚度和流体性质测量。

此外，为了适应复杂油气藏勘探开发的需求，越来越多的配套方法层出不穷，包括实时连续管诊断技术、3D核磁共振岩心成像技术、实时流动测量仪器等，加深了对油藏及岩石与流体间相互作用的了解，利于油藏评价。

（三）钻井技术快步创新发展

持续低迷的国际油价给油气行业带来了沉重的打击，油公司效益严重下滑，钻井业受到的打击更为直接和强烈，钻井市场极度低迷，呈现出市场规模和工作量下滑、钻机闲置、部分公司经营陷入困境、行业面临重新洗牌的格局。2016年，全球钻井工作量和市场规模减半，大量钻机被淘汰出局，可动用的钻机数锐减。尽管如此，仍有大量的可动用钻机闲置，钻机利用率不断创新低。钻井承包商和技术服务公司营收情况逐年下滑，五大陆上承包商全面亏损，四大国际油服公司盈利全部为负。长期的低油价使得并购活动更加趋向于巨头联手的模式，两家以海上业务为主的油服公司——法国Technip与美国FMC技术公司宣布合并，合并后将诞生一家海上装备制造和海工建设为主的大型装备与服务一体化公司。通用电气（GE）与贝克休斯成立了一家共同持股的独立公司，展示出GE坚持看好油气行业前景的态度，与试图将公司的先进工业互联网技术拓展到油气领域，抢占领数字化、智能化油气技术未来制高点的决心。

低油价时期，工程技术公司并未放弃对钻井新技术的研发，在非常规油气开发技术降本增效技术、自动化智能化钻井技术、大数据技术等领域取得进展。

1. "一趟钻"技术助低油价下非常规油气开发降本增效

北美地区非常规油气开发通过进一步降本增效求生存。据统计，2015年，美国Eagle Ford、Bakken、Marcellus和Permian几个主要非常规产区的钻井成本较2014年下降了7%~22%，较3年前下降了25%~30%。2016年，EOG在Delaware盆地作业的平均水平段长度从2015年的4500ft提升到7200ft，钻井周期缩减45%。其中，"一趟钻"技术的普遍应用起到了关键作用。

"一趟钻"技术是指用一只钻头、一套井下钻具组合、一次性下入钻完全部目标进尺的钻井技术。由于可省去起下钻时间，从而消除了大量非生产时间，提高了钻井效率；由于可以简化井身结构，减少钻头和固井水泥用量，从而达到综合降本的目的。该技术是水平井技术长期发展、不断改进的结果，需要优化的钻井方案设计、高效钻头、长寿命井下钻具、个性化的或优质钻井液、地质导向和旋转导向工具等多项技术相互配合实现。其中，地质工程一体化的设计和多学科专家决策是基础，结合信息、通信等现代化技术手段的远程专家决策支持中心使钻井决策更加科学、准确。地质导向和旋转导向钻井技术是成功的关键，多家油田服务公司近年先后推出了造斜率超过15°/100ft的高造斜率旋转导向钻井系统，有效缩短了造斜段长度和靶前距，推动了"一趟钻"技术的进步。

在北美地区的页岩油气开发中，大量水平井的最后开次，包含直井段、造斜段、稳斜段、降斜段、水平段的钻进都可以"一趟钻"完成，使作业效率大幅提升，作业成本大幅降低。CONSOL能源公司在Marcellus页岩机场项目中，广泛应用"三开一趟钻"技术，实现了"一日一英里（约1610m）"的超快钻井速度，钻遇率达100%。在美国Utica页岩产区完钻的超级水平井"一趟钻"完成近6000m的三开井段钻进,其中水平段长度为5652.2m,钻进仅用时17.6d,创下美国陆上水平井水平段长度新纪录。"一趟钻"技术的推广应用使美国页岩油气开发的水平段显著增强,钻遇率显著提升,成本不断下降,经济性不断增强。

2. 沿钻柱测量技术提升钻井自动化水平

传统MWD、LWD、PWD工具只能对靠近钻头的井眼环境进行评估,而不能实现对全井眼的评估,并且多数需要依赖钻井液作为信息传输的媒介,在钻井液流速低或钻井液无流动时,数据无法传输,使得起下钻、接单根等作业过程中无法实现对井底状态的监测。

在有缆钻杆的基础上,国民油井公司(NOV)推出BlackStream ASM沿钻柱测量工具,通过嵌入钻具中的传感器在固定间隔内提供实时测量。该技术通过整合有线钻杆网络,可以提供一个沿井眼方向完整的钻井环境状态。该设计基于一个信号强化接头,包括环空压力传感器、井下动态和温度测量器等进行测量,能够高频(256Hz)获取温度、环空压力、转速和三轴振动数据。数据通过IntelliServ高速有线钻杆遥测网络传输到地面,在高频率下测量全井眼环空压力,不论井眼内是否有流体流动,都可以实时获取。

该技术在北海成功应用,对井底的压力分布、沿着井眼裸眼、套管的流体流动状态有了更好的认识,为制定决策起到了关键作用。

3. 油气钻井将迈入工业互联网新时代

GE公司进一步推动工业互联网平台建设,通过数字解决方案,将实物资产与数字世界相联,将使油气钻井行业迈入一个崭新的时代。

工业互联网基于GE公司的Predix软件平台,该平台负责将各种工业资产设备和供应商相互连接并接入云端,并提供资产性能管理(APM)和运营优化服务。APM系统每天共监控和分析来自1万亿设备资产上的1000万个传感器发回的5000万条数据,终极目标是帮助客户实现100%的无故障运行。工业互联网已经在油气钻井的各个环节中开展了应用:engageDrilling服务可收集、监测和传输防喷器信息,Diamond钻井等公司都已加入该平台;RADAR应用可以在线监测海洋隔水管的完整性,可大幅降低检修时间和成本;BP公司在2015年将全球6000多口井数据开放给GE公司的数字运营平台进行分析优化。

未来,在勘探、钻井、油藏、生产等不同的专业领域之间实现无缝协作,利用不同专业的实时数据以及历史数据管理油气田勘探开发作业,将有效实现油田生产成本最低化、产能最高化、运营最优化、操作灵活化、效益最大化等目标。工业互联网在油气行业前景广阔。

四、油气储运与炼化领域技术创新发展

(一)油气储运技术创新发展

1. 管材技术

随着油气田的开发和用户市场的增加,长输管道发挥了越来越重要的作用,目前正向着高钢级、高压力、大口径的方向发展。1422mm/X80 钢天然气管道成为中国天然气管道的首选钢材。但由于管道运输距离长、所经地形地貌条件复杂,国外虽然在钢材等级研究方面领先于中国,但是随着西气东输工程等一系列世界级管道工程的建设,目前国内钢管研究已经达到世界先进水平,尤其是在 X80 钢的研究方面,取得了很多突破性的技术进步。中国石油独立自主研发的 1422mm/X80 管道已经通过自主建设的爆破场试验,为中俄天然气管线建设打下了良好的基础。

2. 设计施工技术

移动式互联网等技术进步带来的不仅是生活方式的改变,管道设计施工方式方法也深受影响。例如,巴西 At Work Rio 公司设计了一款创新型移动应用设计软件,主要用于改善天然气管道的设计流程,可让首席执行官(CEO)、管理人员和设计师在不同的工作环境中,应对天然气管道设计的挑战,可安装在移动设备上(智能手机、平板电脑和笔记本电脑),支持多平台操作(Mac OSX,Windows,Linux,iOS,Android),同时还能在 Web 浏览器上通过网页运行。美国 CRC - Evans 公司于 2016 年离岸管道技术大会上发布的新型 P - 450 计算机数控全自动管道焊机,将智能化融入管道施工,不仅减少了工作量,提高了施工效率,而且有效地保证了施工质量。

3. 监测检测及维抢修技术

监测检测是保障管道安全运行及决策的重要基础,高精度、远程检测监测技术层出不穷。例如,反射波场外推法(IWEX)的 3D 超声技术——RTD IWEX 系统,其可详细检测管道关键缺陷部位并对缺陷部位直接成像,摆脱了对人为经验的依赖,从而提高了检测精度。MFL - A 漏磁检测工具基于超高清轴向漏磁检测技术,可以到极小尺寸的复杂形状缺陷,例如最小尺寸可达 1mm 甚至更小的针孔状缺陷。新型在线检测工具解决了柔性管内检测技术的难题,从而提高了海底管道的安全性。新型管道夹具,可用于降低海底管道破裂事故风险,标志着海洋工程设计水平达到了一个新的高度。

4. 安全运行技术

无论是储存设施还是油气管道,涉及的都是高危化学品,一旦发生事故,对人身财产和环境都将造成巨大的损失。安全运行一直是国内外油气储运设施研究的重点。浮式储罐比较容易受到直接或间接的雷击,最新防雷产品 RGA®750 可有效防止浮顶储罐受雷击而带来的经济损失。史密斯流量控制公司针对石油和天然气公司的需求,研发了一款帮助其简化阀门使用过程的定制化操作面板,可在危险发生时迅速响应。西南石油大学石油与天然气工程学院针对穿跨越断裂带管道监测预警系统开展研究,该系统分别对断层致灾体、管道承灾体以及土体对管道的作用进行监测,全面、准确、快速地评估管道沿线的安全状态,并进行预警。

5. 输送工艺及防腐技术

重质原油、天然沥青由于黏度高、流动性差,影响了开采的成本和效益,给开采和管道运输带来了诸多不便。俄罗斯科学院研究采用超声波技术降低原油黏度,成功增强原油的流动性。近年来,油气资源上游勘探与生产领域技术不断突破,为了满足这一快速增长的配套要求,提高生产速度,管道流动保障技术起到越来越关键的作用。加拿大研发了 AOT 原油减阻系统来满足上游和中游市场的技术需求,并成功通过了工业测试。在防腐领域,新型材料不断得到应用,例如气凝胶是世界上最轻的固体材料,随着油气行业的发展,更环保及更耐用的气凝胶涂层将会应用于深海"管中管"管道以改善其绝缘性能。该技术可在不降低管道安全性能的前提下,降低涂层涂覆成本,提高管线耐压性,降低管道建设用钢量。

6. 智能管道及节能降耗技术

智能化是管道发展的重大趋势之一,感知系统是智能管道的基础,除在新建管道搭载智能系统外,全球已建的超过 $200 \times 10^4 \text{km}$ 的老旧管道如何实现智能化是目前面临的难题。新型智能管道可以在施工现场通过便携式生产线直接生产,将成型的复合管材直接加工成智能管道插入现有管道,与管道紧密贴合,从而实现老旧管道的智能化。采用智能机器人进行接头密封,不仅可以防止气体泄漏,还可以减少传统管道维修费用以及相关施工许可,这对于天然气管道安全维护是一项革命性的突破。新研发的用于实时效率优化的能耗管理软件可为石油与天然气管道相关操作人员和管理者提供准确的成本数据,最终节省高达 20% 的功耗和高达 5% 的能源成本。

(二)炼油技术创新进展

2016 年以来,全球炼油行业的发展呈现出石油供应宽松,油价或长期低位运行,炼油能力增速趋缓、炼油格局持续调整,炼厂开工率上升、毛利增加,油品质量升级速度加快,技术创新驱动作用增强等新动向。目前,炼油技术发展的主要方向为炼油催化剂的更新换代以及主要炼油设备如反应器等关键设备的不断创新,尤其是炼油催化剂的研发及应用已成为全球主要炼油技术开发的主攻方向,炼油催化剂的发展主要集中在加工轻致密油、提高轻质油收率和渣油转化率、多产化工原料等领域。

1. 新型烷基化技术

世界范围内的烷基化装置以硫酸法和氢氟酸法为主,生产过程中产生大量废酸。固体酸烷基化技术和复合离子液体碳四烷基化技术,分别采用固体酸沸石催化剂和离子液体催化剂代替了硫酸和氢氟酸催化剂,彻底消除了酸油、废酸对环境的污染以及废酸泄漏造成的安全问题,是具有颠覆性突破的清洁汽油生产技术。

2. 新型加氢裂化/加氢处理催化剂与级配技术

Haldor Topsoe 公司钻研攻关,在深度加氢处理催化剂方面取得新进展,推出新一代深度加氢处理催化剂 TK-611,具有良好的脱硫和脱氮性能,拥有良好的市场前景;中国石油研发的柴油加氢改质催化剂(PHU-201)攻克了催化柴油中芳烃加氢饱和、选择性开环的技术难题,可以大幅度提高柴油十六烷值,兼顾脱除硫、氮等杂质,能够直接生产十六烷值、硫含量都满足国V标准的清洁柴油产品;CLG 公司开发的高活性 ISOSLURRY™ 悬浮床催化剂,不仅采用了双金属钼镍配方,而且还将 ISOSLURRY 催化剂直接合成到稳定的油基悬浮配方中,延长其活性储存寿命,大大提高了催化剂的性能和安全可靠性。

3. 新型催化裂化催化剂

催化裂化装置以原料适应性宽、重油转化率高、轻质油收率高、产品方案灵活、操作压力低与投资低等特点,承担着汽油生产的主要任务。Grace 催化剂公司根据炼厂当前的需求,重点开发了多款新型的渣油转化催化裂化催化剂和以页岩油或致密油为原料的催化裂化催化剂,如 ACHIEVE 100、ACHIEVE 200、ACHIEVE 400 催化裂化催化剂,大大提升了炼厂的经济效益和加工机会原油的能力。

4. 催化裂化烟气 SCR 脱硝催化剂及成套工艺技术

中国石油研发的催化裂化(FCC)烟气选择性催化还原(SCR)脱硝催化剂(PDN-102)及工艺成套技术,具有效率高、无二次污染等优点,是中国石油 FCC 装置实现进一步减排的长远解决方案。该技术不仅适用于 FCC 烟气脱硝,还适用于燃油锅炉、硝酸制备、干气动力锅炉、工艺加热炉等脱硝过程,保证了外排烟气 NO_x 含量达标,有力支持了中国石油环保技术升级,具有重大的经济效益、环境效益和社会效益。

5. 环保型超重力液化气深度脱硫 LDS 成套技术

中国石油研发的环保型超重力液化气深度脱硫(LDS)成套技术,攻克了长期制约企业发展的碱渣排放痼疾,低成本地实现了液化气深度脱硫、下游产品质量升级和经济环境效益多重目标。该技术通过过程强化颠覆了传统工艺,可以优化取消现有 MTBE 精馏脱硫装置,降低现有石脑油加氢脱硫负荷和提高污水回用率,在投资、成本、质量和环境等综合性能指标上达到国际领先水平。

6. 含硫重质原油催化氧化脱硫新技术及配套催化剂

传统的加氢脱硫技术依靠化学还原,虽然能脱除大部分硫化物,但辛烷值损失较大,实现深度脱硫效果难度较大,能耗和氢耗也很高。Auterra 公司研发了催化氧化脱硫新技术及 Flex-Ox 专用催化剂,这是一种极具吸引力的加氢脱硫替代工艺,由于操作简单,可以在温和条件下进行深度脱硫,因而被认为是最有发展前景的技术之一。

7. 催化裂化汽油生产芳烃新技术

随着环保意识的不断增强,世界范围内对汽油中硫和芳烃含量的要求也在日趋严格,而丙烯和芳烃作为苯衍生物和聚酯工业的原料,需求在不断增加。GT-BTX PluS 新技术可以直接从催化裂化汽油中抽提芳烃生产高纯度苯、甲苯和二甲苯,同时可以增产芳烃或丙烯;该技术致力于增产芳烃,同时可以重新平衡汽油供需,还可以减少汽油中硫和烯烃的含量;该技术可以使石脑油重整装置增产芳烃和氢气。

8. 智能炼厂技术

"智能炼厂"是指在数字化炼厂的基础上,利用物联网、大数据、云计算等新一代信息技术和设备监控技术加强信息管理和服务,全面准确地掌握产销流程,提高生产过程的可控性,减少生产线上人工的干预,及时准确地采集生产线的各类数据,支持炼油全过程实现本质安全、本质环保。智能炼厂有五大关键技术,也就是自动化技术、数字化技术、可视化技术、模型化技术和集成化技术。通过智能炼厂建设,推动生产方式和管控模式变革,提高安全环保、节能减排、降本增效、绿色低碳水平,促进劳动效率和生产效益提升。

(三)石油化工技术向绿色环保发展

2016年以来,世界石化工业进入了一个以全球化、低油价、多风险、强竞争、注重可持续发展为主要特征的历史发展新时期。目前,新型催化技术、信息技术、生物技术、纳米技术、绿色化工技术、燃料电池技术等新的化工技术正引领石化工业向着技术先进、规模经济、产品优质、成本低廉、环境友好的方向发展。

1. 基本化工原料生产技术

基本化工原料包括氢气、一氧化碳、三烯(乙烯、丙烯、丁二烯)、三苯(苯、甲苯、二甲苯)、甲醇、C_4以上脂肪烃等,其中氢气尤为重要。工业制氢方式中应用最多的依然是利用化石燃料或天然气制氢,但是能源密集型的制造过程和居高不下的成本、副产物二氧化碳以及对化石燃料的依赖,都是工业制氢的主要制约因素。而由澳大利亚Hazer公司和悉尼大学合作开发的Hazer工艺可以采用天然气和铁矿石生产氢气,并副产纯度高达99%的石墨,极大地降低了氢气的生产成本。目前,Hazer工艺处于实验室实验阶段,工业试验装置已于2017年投产,年产氢气30t。该工艺如果成功,将有效促进用氢工业的发展,是一项开创性的革新技术。

2. 合成树脂生产技术

合成树脂催化剂仍然发挥先导作用,气相法聚乙烯冷凝、超冷凝技术继续推广应用。目前,齐格勒—纳塔催化剂和茂金属/单中心催化剂均处于发展态势。茂金属/单中心催化剂的开发重点一是继续实现技术的工业化,开拓需求量大的通用产品市场;二是探索更便宜的非茂金属单中心催化剂。目前,茂金属聚烯烃的需求量还很低,不到世界聚烯烃总需求量的5%。预计今后10年茂金属催化剂仍处于发展阶段,在2015—2020年之后成熟。非茂金属单中心催化剂与茂金属催化剂有相似之处,可以根据需要定制聚合物链。在茂金属/单中心催化剂发展的同时,齐格勒—纳塔催化剂仍保持着旺盛的生命力,低成本和产品优良的加工性是其主要优势。

3. 绿色化工技术

绿色化工技术是指在绿色化学基础上开发的从源头上阻止环境污染的化工技术。这类技术最理想的是采用"原子经济"反应,即原料中的每一原子转化成产品,不产生任何废物和副产品,实现废物的"零排放",也不采用有毒有害的原料、催化剂和溶剂,并生产环境友好的产品。开发环保和低排放的化工生产工艺有助于实现节能减排和环境保护,绿色化学和化工工艺是先导原则和发展方向。其中,加拿大GreenMantra公司开发的可以利用废弃塑料膜和塑料袋生产合成蜡的技术已经达到工业化规模,第一套5000t/a的工业装置已于2016年5月投产。太阳能直接将水与二氧化碳合成烃类燃料的新技术,可能带来新的太阳能热化学的研究方向,未来的研究方向将是提高甲烷的选择性或生产其他的碳氢化合物。

技术发展报告

一、勘探地质理论技术发展报告

2016年,全球油气勘探开发投资降至3年来的最低水平,仅为2015年的72%;全球石油和天然气探明储量均略降0.6%,仅西欧的石油储量和亚太地区的天然气储量有所增长;天然气成为石油公司青睐的能源,这既响应了全球发展清洁能源号召,又满足了公司的既得利益;针对储层、圈闭及生、储、盖配套系统研究的热度始终不减,非常规资源仍是油气勘探研究的热点领域。

(一)油气勘探新动向

1. 全球油气勘探开发投资触底

IHS公司在2017年2月发布的《全球上游投资报告》中指出,2016年全球油气勘探开发投资额约为3550亿美元,比2015年的5030亿美元下降了28%(图1)。陆地与海洋的投资额减少幅度相似,分别为28.7%和27.4%。其中,各公司较为一致地调整了常规油气资源与非常规油气资源的投资比例,统一向勘探风险较小的常规资源倾斜,导致非常规油气的投资额下降幅度最大,下降了42.3%。

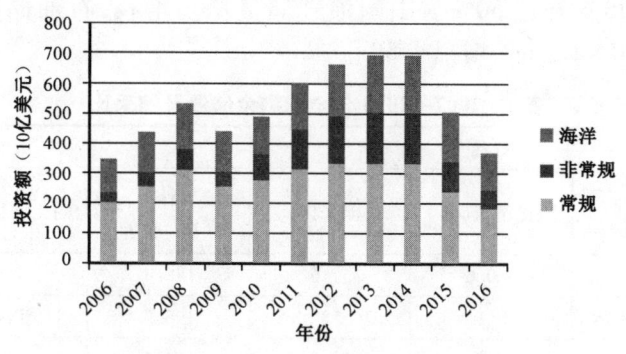

图1 2006—2015年全球上游投资

从各大区域的油气资源投资状况来看(表1),无一例外均缩减了2016年投资支出。尽管北美地区仍以980亿美元的油气勘探开发投资额位居各地区之首,但是其投资缩减幅度也是最大的,减幅为2015年的45.3%;投资较为稳定的两个地区分别为俄罗斯和中东地区,缩减幅度仅为8.6%和12.1%。

表1 各地区勘探开发投资

区域	投资(10亿美元)										
	2006年	2007年	2008年	2009年	2010年	2011年	2012年	2013年	2014年	2015年	2016年
非洲	38	47	55	45	40	45	51	54	59	49	38
亚太地区	60	86	114	108	109	123	147	150	138	113	89
欧洲	19	25	27	28	27	30	33	37	40	35	26

续表

区域	投资(10亿美元)										
	2006年	2007年	2008年	2009年	2010年	2011年	2012年	2013年	2014年	2015年	2016年
中东地区	24	26	30	28	27	29	33	33	36	33	29
北美地区	141	175	216	147	203	269	288	311	315	185	98
俄罗斯和里海地区	22	29	34	30	31	38	42	42	42	35	32
拉丁美洲	40	48	55	50	53	62	68	68	64	53	42
总额	344	436	531	437	489	595	662	694	693	503	355

虽然2016年油气勘探活动低迷，但是据IHS预测，由于目前国际原油价格稳定，为了弥补之前油气开发活动的减少，未来几年国际公司将对新油气项目加大投资及研究力度，2017年将结束投资额3年连跌的局势。

2. 全球油气剩余探明可采储量均略降0.6%

根据美国《油气杂志》发布的最新统计数据，全球石油和天然气剩余探明储量分别为 $2254.6 \times 10^8 t$ 和 $188.3 \times 10^{12} m^3$，均较2015年略降低0.6%（表2）。石油输出国组织（OPEC，音译为欧佩克）石油储量保持在 $1660.5 \times 10^8 t$，占全球的比例由73%升至74%；天然气储量为 $94 \times 10^{12} m^3$，占比由48%升至50%。中国油气储量稳步增长，石油储量 $35.1 \times 10^8 t$，增幅1.9%；天然气储量 $5.0 \times 10^{12} m^3$，增幅4.8%。

表2 2007—2016年全球剩余储量及储采比

年份	石油			天然气		
	储量 ($10^8 t$)	同比增长(%)	储采比	储量 ($10^{12} m^3$)	同比增长(%)	储采比
2016	2254.6	-0.6	57.6	188.3	-0.6	—
2015	2268.8	0.1	58	196.7	0.4	55.6
2014	2268.4	0.5	59.5	195.8	-0.3	56.6
2013	2256.8	0.6	60.2	196.5	2.1	57.6
2012	2243.6	7.5	60.1	192.4	0.7	57.3
2011	2086.6	3.6	56.7	191.1	1.5	64.3
2010	2013.2	8.5	55.4	188.2	0.6	59.2
2009	1855.0	0.9	52.3	187.2	5.7	65.4
2008	1838.6	0.8	50.5	177.1	1.1	58.1
2007	1824.2	1.1	50.6	175.2	0.0	61.2

注：《油气杂志》通常在每年3月发布上年天然气产量数据，故2016年储采比数据空缺。

2016年，全球各资源国总体油气储量表现不同（表3、表4）。西半球石油、天然气储量分别下滑2.1%和11%，如美国石油储量下滑13.1%，天然气下滑25.8%，巴西、墨西哥石油储量大幅降低了20%；亚太地区受澳大利亚、中国和缅甸天然气探明储量上涨的影响，整个地区天然气储量大幅增长至 $14.8 \times 10^{12} m^3$，涨幅达 9.3%；西欧石油储量结束了前两年的跌势，储量达到 $15.3 \times 10^8 t$，涨幅达 11.2%，其中挪威的石油储量增长 22.3%，土耳其增长了 19.7%，德国增长了 8.9%；非洲、中东、东欧及原苏联地区油气储量基本稳定。

表3 2016年世界主要国家或地区石油剩余探明储量及储采比

序号	国家或地区	储量($10^8 t$)	增幅(%)	储采比
1	委内瑞拉	412.2	0.3	366.4
2	沙特阿拉伯	365.0	0	70.2
3	加拿大	232.5	-0.7	129.2
4	伊朗	217.0	0.5	124.3
5	伊拉克	195.2	-0.4	89.3
6	科威特	139.0	0	97.2
7	阿联酋	134	0	89.6
8	俄罗斯	109.6	0	20.2
9	利比亚	66.3	0	288
10	尼日利亚	50.8	0	66.4
11	美国	48.3	-13.1	11
12	哈萨克斯坦	41.1	0	53
13	中国	35.1	1.9	17.3
14	卡塔尔	34.6	0	104.8
15	巴西	17.8	-24.5	14.6
1	中东	1099.9	0.0	85
2	西半球	740.2	-2.1	68.7
3	非洲	172.3	-0.1	50.4
4	东欧及原苏联	164.4	0	23.9
5	亚太地区	62.6	1.3	17.0
6	西欧	15.3	11.2	10.4
	欧佩克总计	1660.5	0.0	99.9
	世界总计	2254.6	-0.6	57.6

表4 2016年世界主要国家或地区天然气剩余探明储量及储采比

序号	国家或地区	储量($10^{12} m^3$)	增幅(%)
1	俄罗斯	46.1	0
2	伊朗	32.3	-1.6
3	卡塔尔	23.4	-1.0
4	沙特阿拉伯	8.3	1.2
5	美国	8.0	-25.8
6	土库曼斯坦	7.2	0

续表

序号	国家或地区	储量($10^{12} m^3$)	增幅(%)
7	阿联酋	5.9	0
8	委内瑞拉	5.5	1.5
9	尼日利亚	5.1	3.3
10	中国	5.0	4.8
11	阿尔及利亚	4.3	0
12	伊拉克	3.0	0
13	莫桑比克	2.7	0
14	印度尼西亚	2.7	-3.6
15	哈萨克斯坦	2.3	0
1	中东	76.2	-0.9
2	东欧及原苏联	59.7	0
3	西半球	17.9	-11.0
4	非洲	16.7	1.0
5	亚太地区	14.8	9.3
6	西欧	2.9	-1.6
	欧佩克总计	94.0	-0.5
	世界总计	188.3	-0.6

3. 石油巨头大力投资和并购天然气项目

自2014年6月以来,国际原油价格暴跌,石油行业整体低迷,但是大型石油公司不但没有减弱对天然气的关注,反而对其更加热衷,加快布局天然气业务。2016年2月,壳牌公司以530亿美元正式完成对英国天然气集团(BG)的收购。通过此次并购,壳牌天然气业务总量增加近50%,总价值达到90亿美元,占到其总业务量的1/3,超过埃克森美孚成为国际石油公司中最大的天然气生产商。同年,英国石油公司(BP)同意以3.75亿美元收购埃尼公司在埃及近海Zohr气田10%的股份,并对埃及Atoll油气田及印度尼西亚$760×10^4 t/a$的唐古LNG项目第三套装置做出最终投资决定。据预测,到2020年,在俄罗斯以外的地区,该公司天然气产量将占60%。

2016年,道达尔公司已启动5个天然气大项目。道达尔公司正在推进阿塞拜疆阿普歇伦气田一期工程,并通过伊朗南帕斯大气田11期项目临时作业协议,完善在中东迅速发展的业务。道达尔公司还投资液化天然气(LNG)进口基础设施,为天然气打开发展中国家新市场创造条件。道达尔公司领导的财团将在象牙海岸建立并运营一座$300×10^4 t/a$浮式存储和再气化装置。

4. 美国LNG出口强烈冲击全球天然气市场

2016年2月,美国使用船舶将$16×10^4 m^3$ LNG出口至巴西,这是美国首度出口LNG,标志着美国由天然气进口国向供应国转变。同年11月,美国日均出口天然气$2.1×10^8 m^3$,日均进

口天然气 $1.98×10^8 m^3$，60 年来首次成为天然气净出口国。由于"页岩气革命"带来美国国内天然气产量快速增长，除向加拿大和墨西哥出口管道天然气外，正通过加速 LNG 终端建设，推动国内剩余天然气产量以 LNG 的形式流向更广泛的国家和地区。

美国的 LNG 出口，将降低欧洲、拉丁美洲和亚洲消费者的能源成本，同时使非洲东部、加拿大西部或俄罗斯的 LNG 工厂建设项目面临激烈竞争。美国很可能成为世界第三大 LNG 出口国，仅次于卡塔尔和澳大利亚，并使 LNG 市场成为买方市场。

（二）勘探地质理论技术新进展

1. 复杂地层研究新方法

西加拿大下三叠统 Montney 地层由砂岩、粉砂岩和介壳灰岩组成，因此其地层结构复杂、岩石颗粒细，存在大范围区域不整合，使得地层属性极难掌握。艾伯塔地质调查局和艾伯塔大学的专家联合提出采用化学地层学的新方法针对这种复杂地层进行研究。利用光谱和质谱数据，总结了化学地层与 Montney 地层的关系。分析露头样品，并与邻近井的取心样品进行比对，建立地表和地下储层的联系。利用皮尔逊相关系数和特征向量建立元素相关性，进而分析沉积物来源和矿物质变化趋势及岩浆侵入现象。通过上述研究，发现该地区的沉积物经历了从富含铁镁质岩石向由花岗岩转化的过程，表明在早三叠世该地区发生了岩浆侵入，同时，还清楚地认识了 Montney 地层的内部结构，为该区的白云质和灰质胶结地层的生产相关信息提供了有利的背景资料。

2. 海底浊流沉积新模型

浊流是将沉积物质从浅海大陆运移至深海洋盆的主要动力，其一次的搬运能力约等于全球所有河流一年的搬运量，并最终控制油气藏的形成。但是，由于浊流难以被检测，几乎没有直接的观察记录，只能依靠露头分析、数值模拟、实验室分析等获取浊流的相关信息。一般情况下认为，小型浊流沉积体由三部分组成：厚度极大沉积序列杂乱的底部、快速运移且薄的中部、快速消失的顶部。英国国家海洋中心、雪佛龙公司、赫尔大学的专家联合研究，利用声学多普勒海流剖面仪直接记录深度 2000m 的刚果深海大峡谷的浊积岩沉积状况，建立了新的沉积模型，并与实验室模型进行比对，结果显示，新模型可以准确反映深海浊积沉积的真实状况。刚果峡谷自下而上是薄的底部沉积、厚层的中部和顶部沉积。底部与中部沉积发生变化主要是浊流流动的应力方向发生了改变所致。

3. 圈闭模拟新思路

圈闭是形成油气藏重要的要素之一，是国内外学者研究的重点领域。2016 年，美国石油地质学家协会年会上雪佛龙公司针对河流沉积体在时空上具有不连续性、非均质性强、结构非常复杂的特点，采用实验地层类比物法对河流相进行建模模拟，河流相包含不同的沉积相组合，从不同的沉积相中取样获得井震资料，沉积相的叠合模式、非均质性和结构都用于解释系统的复杂性。采用三维模拟方式，从空间上量化复杂性。这种新的模拟法在确定沉积相复杂程度与取样成本间建立了平衡，并将三维模拟从空间可视变为能实际解决量化问题，对储层建模产生深远影响。

由中国石油勘探开发研究院自主攻关研发的"含油气盆地成盆、成烃与成藏全过程物理模拟新技术"实现了油气成藏要素物理模拟的定量化、可视化和规范化,为揭示复杂盆地油气成藏规律、指导油气勘探部署提供了新手段。突破了以往成藏单要素模拟的局限性,解决了油气成藏复杂过程的再现难题,实现了成盆、成烃、成储与成藏全过程、多组分物理模拟,创新发展了深层天然气聚集机制和成藏理论,为大北—克拉苏构造带万亿立方米规模天然气勘探提供了技术支撑。该项成果获得哈佛大学、卡尔加里大学等国际同行的高度评价,并依托这些技术开展联合研究,成效显著。

4. 非常规资源"甜点"预测新技术

非常规油气"甜点"预测技术是油气勘探的重要环节,快速准确地找到油气"甜点",精准布井,可大幅提高储层钻遇率和油气产量,降低开发成本。

针对非常规油气"甜点"的新方法、新技术可归纳为5个,即围绕页岩的脆性、裂缝密度、孔隙度、总有机碳含量(TOC)四大要素的页岩油气"甜点"地质综合识别技术;围绕页岩区块油气资源潜力评价、经济效益评估的页岩资源综合评价方法;基于基因检测技术,综合地质、地球物理、地球化学和油气微生物信息的油气微生物检测技术;得益于数字化技术进步,基于老油区勘探开发历史数据,运用人工神经网、机器学习、大数据技术对新区块进行"甜点"预测的技术;基于计算机软件进步,具有更高精度数据处理能力的服务系统。

目前,国内也有很多公司、高校进行"甜点"预测,如中国石油大学(北京)盆地与油藏研究中心多年以前就已经推出了临界成藏理论,与上段中页岩资源评价综合方法的原理相似,但是提出时间早。目前,该理论已经在渤海海域盆地、辽河坳陷、济阳坳陷、柴达木盆地、南堡凹陷等地区的常规及非常规油气藏进行应用,效果良好。

非常规"甜点"预测技术提高了非常规"甜点"资源的预测精度,降低了风险,显著提高了工作效率,为油气资源勘探部署提供重要的支持。

5. 孔隙度计算新方法

确定原始油气地质储量最关键的两个因素是孔隙度和含水饱和度,通常根据实验分析或测井资料确定。D. Kelly等人采用了一种新的、精确的孔隙分析方法对西加拿大Montney地层中的圈闭进行了取样分析。该地区资源量超过$450 \times 10^{12} \text{ft}^3$,但是其孔隙度极低。新的测量方法也是对岩心样品进行清洗、干燥,在岩心室中压入氦气,继而根据压力、注入的气体体积、样品质量和体积等计算孔隙度,但新方法与以往不同的是,此实验在3家不同的独立实验室中进行,样品制备的方法及清洁和干燥的时间不同,对整体注气和粉碎注气进行对比,新方法测得的岩心颗粒密度更高,孔隙度较大。

6. 非常规储层脆性指数新模型

脆性指数(BI)是页岩水力压裂开采常用的指数,通过弹性模量或矿物含量计算得到,但是整个计算过程中忽略了围压和孔隙压力对BI的影响,这不仅会影响计算结果的准确性,还可能最终影响水力压裂的效果。

卡尔加里大学化学与石油工程学院的专家充分考虑围压与孔隙压力对BI的影响。首先,通过引入"断裂韧性"充分考虑围压的影响,建立一个模型。充分考虑K(最小水平有效应力与垂直有效应力的比值)与泊松比之间的关系,以及围压和孔隙压力之间的关系。然后,用孔隙压力代替上一步模型中的围压。X射线衍射分析,三轴压缩和巴西圆盘劈裂数值模拟获得样品矿物含量和岩石力学参数,同时利用凯撒声发射仪监测裂缝在空间中的形成和发育过程。研究发现,低围压比高围压状态下 BI 值更大,孔隙压力的引入会改善 BI 值。储层有效应力及孔隙压力减小,相当于降低围岩压力增加岩石的脆性。新模型中考虑了杨氏模量、泊松比、拉张强度、围岩压力、孔隙压力和裂缝韧性等,可以在不同条件下准确地定量化计算 BI 值。

7. 沉积盆地"源—渠—汇"系统的新思路

源于美国重大基金项目(Margin 计划)和欧洲重大科研项目(Euro-2014),"源汇"(源—渠—汇)系统研究被认为是当今国际地质领域的重大前沿科学问题。"源—渠—汇"系统研究强调从物源地貌、搬运通道及沉积体系的分布、耦合及演化规律来分析地质历史过程中的沉积作用与机理,为油气勘探生、储、盖层及岩性—地层油气藏的分布预测提供了重要的理论依据与方法技术,有效指导了盆地的油气勘探。

物源区基岩性质、年龄及汇水面积决定了母岩风化程度与沉积物供源能力;古地貌特征与沟谷体系(定量表征)确定了沉积物汇聚方向与搬运总量;边界断裂、构造坡折及变换带类型控制了沉积物堆积方式与砂体分布规律;进而可预测受物源与搬运通道控制的沉积体系发育规律。盆地"源—渠—汇"系统的综合分析明确了源、渠、汇要素之间的耦合关系与主控因素;等时地层格架下的沉积响应与地震沉积学理论的应用可表明不同类型"源—渠—汇"系统中各种沉积体系的时空演化规律,进而指导了多类型沉积盆地的勘探开发。

"源—渠—汇"系统不仅是将地球表面的物源—汇聚沉积过程作为一个整体来研究,而且是油气勘探实践中重要的预测理论与方法技术。"源—渠—汇"系统作为地质学领域的重要研究方向,正在向母岩风化过程、搬运过程、通道和通量的定量化与沉积机理研究发展,将为提高岩性—地层油气藏勘探准确性和效率起到重大作用。目前,"源—渠—汇"系统分析思想在国际多类型沉积盆地及中国渤海湾盆地沉积体系研究与油气勘探工作得到应用,取得了明显成效。

8. 地质工作新方式

北京金阳普泰公司(GPT)推出的全数字地质工作台(GeoDesk System)是将现在行业内油藏描述工作中普遍使用的各类专业软件的核心模块进行提炼,并重新进行模块化组合,方便地质研究人员应用。全数字地质工作台有4项特色技术:(1)触控和数字墨迹,为地质工作者提供最好的手绘工作体验,使成图及图件管理更加直观有效,图形交互修改效率提升4倍以上,自动成图效率提升2倍以上。(2)多屏互动融合展示多维度地质信息,支持多屏显示,展示多视图、多维度、多学科的信息,实现信息间的关联和互动,极大地扩充了研究视野。(3)地质约束沉积相自动成图技术,综合考虑沉积模式、相序、相变接触关系、物源方向、河道连通性、河道长宽比等多种条件,形成沉积相自动成图算法,实现了地质模式的数学描述。(4)相控等值线成图技术,使用相控等值线技术,将区域地质研究成果与井点储层发育情况相结合,准确定位目标油气区。

全数字地质工作台能够彻底改变传统地质工作模式,让地质工作者在保持最自然的手绘图件、手工解释工作体验的基础上,融入高科技感的软硬件设施,极大地提高工作效率和精度。

（三）地质勘探科技展望

1. 非常规能源仍将是近期勘探的热点

虽然在低油价的行业背景冲击下，非常规资源的勘探开发投资额在2016年度大幅缩减42.3%，但是这仍然不能降低非常规资源的重要地位。非常规油气的迅速崛起已经改变了世界能源格局，世界油气供需形成了"两带三中心"的新格局，主要供应带由"中东—原苏联"变为"中东—中亚—俄罗斯与美洲"；消费中心由美国、欧洲转变为美国、欧洲和亚太地区。目前，由于页岩气革命的成功，已使美国60年来首次实现天然气净出口。全球对于非常规能源的研究热情势不可当，各大石油公司、高校和研究机构针对非常规"甜点"预测、资源评价，如何规划、制定政策，实现能源安全战略性布局十分关键。

2. 近期勘探投资比例将增加

面对低迷的油价及勘探项目经济性下降，石油公司积极想办法突围。通过五大国际石油公司储量替代率数据分析，埃克森美孚、BP和壳牌均出现大幅下降，只有道达尔和雪佛龙两家公司达到100%以上，即勘探投入下降影响到全局。以道达尔为例，研发投资的50%以上用于提高勘探、地震成像、油藏评价与模拟、低渗透碳酸盐岩储层评价、成熟油田提高采收率技术，实现了储量替代率在低油价下的增长。雪佛龙、壳牌都已表现出追加勘探投资的意象。未来，石油公司将立足自身勘探，适度增加投资，实现理论和技术的创新。

3. 天然气将在中长期内备受青睐

发展清洁能源作为世界的议题已经屡次在国际大会上被重点提及。天然气作为重要的清洁能源，未来必将受到石油公司的青睐。天然气储量丰富，达$188.3 \times 10^{12} m^3$，尤其是页岩气技术的突破，为以后天然气整个行业的发展提供了更加广阔的平台，尤其是在天然气发电和LNG方面。加之向清洁能源转型的政策导向，未来石油公司应将实现致密气、煤层气高效勘探开发，推动页岩油气、致密油和深水油气有效勘探开发作为未来清洁化石能源研究的重点规划。

4. 海上石油产量可能会在短期内降低

由于海上油田项目具有油藏深、规模大、勘探开发难度高、距离现有平台和管道等基础设施距离远的特点，且深水油田从发现到投产要经历一个相当长的周期，通常需要5~10年。目前，海上石油产量的增长主要来自早期已批准建设的成本低、风险小的油藏。而近年受油价低迷的影响，深水项目审批量减少，甚至先前已经开始建设的项目也被迫推迟和取消。在这种大环境下，许多石油公司收缩深水项目，并将战略中心向其他领域转移，由于深水油田的规划期较长，务必会给深水领域的发展带来影响。

5. 多学科协同研究的特征越来越明显

多学科间的交叉、结合；多种勘探方法、勘探技术的综合运用；多个部门间的广泛联盟将是21世纪石油勘探技术发展的主流。随着科研工作的不断深入，各学科之间的界限越来越模糊，数学、物理、机械工程、化学、生物、天文等其他学科的发展向地质方向渗透，结合现代高精度的测量仪器与野外地质工作，会使人们对更多地质现象和规律做出科学的解释和更深入的研究。

参 考 文 献

[1] Ouenes A. Sweet Spot Identification and SRV Estimation by Correlation of Microseismic Data and the Shale Capacity Concept-Application to the Haynesville[C]. Denver:AAPG Rocky Mountain Section Meeting,2014.
[2] Bansal Y,Ertekin T,Karpyn Z,et al. Forecasting Well Performance in a Discontinuous Tight Oil Reservoir Using Artificial Neural Networks[R]. SPE 164542-MS,2013.
[3] Dong C,Dupuis C,Morriss C,et al. Application of Automatic Stochastic Inversion for Multilayer Reservoir Mapping while Drilling Measurements[C]. Abu Dhabi International Petroleum Exhibition and Conference,2015.
[4] Oystein,Jean–Michel,Denichou,et al. 随钻储层成像技术[J]. 国外测井技术,2016(1):64-69.
[5] Tianmin Jiang, Vikas Jain, Anna Belotserkovskaya, et al. Evaluating Producible Hydrocarbons and Reservoir Quality in Organic Shale Reservoirs using Nuclear Magnetic Resonance(NMR)Factor Analysis[C]. SPE/CSUR Unconventional Resources Conference,2015.
[6] Global upstream spending[EB/OL]. https://connectfiles. ihs. com/AkamaiFileDownload. ashx? p = phoenix&p = 405831_1.0_20170216094000688. pdf&name = GlobalUpstreamSpending_Feb2017_PDF. pdf&timestamp = 1487238000&__gda__ = 1488244040_a104f39e3c656d3e08b383124371bb44. 2017-2-15.
[7] 中国石油新闻中心. 低油价下雪佛龙追加勘探投资的启示[EB/OL]. http://news. cnpc. com. cn/system/2016/09/20/001611468. shtml. 2016-9-20.
[8] 中国石油新闻中心. 低油价下全球油气勘探开发新动向[EB/OL]. http://news. cnpc. com. cn/system/2017/02/21/001635018. shtml. 2017-2-21.

二、油气田开发技术发展报告

2016年,受低油价环境的影响,油气行业纷纷探寻降低石油和天然气开发成本的方式。多家公司推出了新的技术和研发方案,推动油气田开发向着高效节能、环保和低成本的方向发展,在提高采收率技术、压裂技术、人工举升技术、油藏描述技术、智能油田技术、综合开发技术以及3D打印技术等方面取得了新进展。

(一)油气田开发新动向

2016年,面对低油价环境,石油公司纷纷研究和制定新的应对策略;深水油气市场的未来大有可为;数字劳工与自动化技术成为低油价时期的油气革命。

1. 大公司出售非核心油气资产提升长期竞争力

壳牌公司通过旗下的壳牌加拿大能源公司,将在加拿大西部出售约 20.6×10^4 acre[①] 的非核心油气资产,总价约为10.37亿美元,其中包括7.58亿美元现金和价值2.79亿美元的 Tourmaline 股份。

这些资产包括加拿大不列颠哥伦比亚省东北部 Gundy 地区 6.1×10^4 acre 的土地,以及加拿大西部中央省西部深水盆地 14.5×10^4 acre 的土地。其中包括已开发和未开发项目,连同相关基础设施,目前这些正在运营的项目每天生产油气约 24850bbl 油当量。

壳牌拥有北美和阿根廷的大型页岩项目组合,目前正在将该项目组合作为2020年以后的油气产量主要增长来源,具有较高的物质价值和巨大的长期潜力。壳牌上游主管 Andy Brown 说:"壳牌在加拿大保留了重要的页岩资产的地位,我们正在积极努力,开发比较重要的 Montney 和 Duvernay 等核心资产。同时,我们正在加强页岩业务,通过出售不适合我们短期开发计划的非核心资产来创造股东价值。

2. 深水油气市场未来大有可为

在过去的15年中,全球油气勘探开发行业深水活动快速扩张,特别是在美国墨西哥湾、巴西和西非。新技术的快速发展加速了深水领域的商业化,除了技术之外,深水领域新发现油田的规模也大大刺激了运营商。根据 IHS 的研究报告,在2007—2012年,在新发现的481个油田当中,平均原始储量为 230×10^6 bbl 油当量。这些增长主要来自深水领域,到2010年中期,能在4000ft或更深水域作业的钻井船队或半潜式平台已经增加到128艘。而当时全球深水舰队还有超过50%的扩张计划,另有67台钻机正在建造或计划中。只有到了2014年底和2015年初的油价快速下跌期,才迫使许多钻机建造项目停工或取消,但许多石油公司依然看好未来大有可为的深水油气市场。

美国深海石油产量已累积了可观的收益。2001年,平均深水石油产量为864100bbl/d,占

---

① 1acre = 4046.856m^2。

墨西哥湾份额石油产量的 56.44%。到 2014 年（可以获取完整数据的最近一年），深水产量已增加 32%，达到 1.141×10^6 bbl/d，一直是墨西哥湾产量份额最高者，占 81.56%。

到 2013 年 11 月，巴西的深水油气项目一直很成功。在之前的 10 年中，巴西石油公司调整勘探力度，新发现了 37×10^9 bbl 新的石油储量。已经发现了 100 多个油田。开发活动继续以疯狂的速度增长，国家石油总产量随之从 2001 年的 1.3×10^6 bbl/d 攀升至 2015 年的 2.47×10^6 bbl/d。虽然一连串不乐观的数据牵制着巴西的扩张，在 2015 年 7 月，巴西国家石油公司将 2015—2019 年的开支预算削减了 40%。然而，亮点依然存在。在 2016 年第一季度，巴西的计划名单上仍然有 39 个海上项目。此外，在 2016 年 4 月进行的超深水盐下项目评估，新增天然气产量 16×10^6 ft^3/d，新增石油产量 4000bbl/d 油当量。

3. 数字劳工与自动化技术成为低油价时期的油气革命

石油、天然气价格的持续下跌，使大大小小的油气公司不得不精简业务并削减开支。油价恢复难以预期，企业必须实施降低成本的可持续战略，进一步开始短期裁员，并将信息技术预算压缩到极限点。在这种情况下，自动化技术将在石油、天然气工业革命中起到重要作用。自动化技术已经在油气市场上使用多年，每个项目平均可节省 10%~20% 的运营成本。而在智能机环境下运行的新一代自动化技术，可以使数字劳工替代大部分人工劳动，节省 35%~50% 的运营成本。数字劳工减少了使用人工必须花费的劳动时间，使员工能够更多地专注于规划未来。特别是，可以投入更多的时间来分析数据，发现进一步改进的方法。

油气公司正在不断面临新的挑战，不仅要面对市场兴衰的影响，还要面对不断出现的竞争对手或新的能源形式的影响。为此，采用数字劳工和平台战略，可以帮助油气公司提高整个企业的知名度；通过一体化环境更加快速地整合并购目标，并且将人力资源战略转变成每月持续改进服务的战略优势。

4. 低油价时期的应对策略

国际大石油公司（IOCs）着力应对资本收益率下降的挑战，重点解决现金流减少的难题。在 2009—2013 年油价高企时期，IOCs 普遍加大了对大型项目的投资，虽然降低了资本收益率，但可以期望未来获得较好的回报和现金流。随着 2014 年的油价暴跌，这种期望化为泡影，2015 年的上游收益率已沦为负值。2016 年，IOCs 面临的最大问题是净现金流的减少。IHS 预计，将所有的 IOCs 综合起来看，2016 年和 2017 年的保本价格可能分别为 77 美元/bbl 和 67 美元/bbl。因此，IOCs 未来两年需要继续缩减资本性支出，估计控制在 1000×10^8 美元以内。

国家石油公司（NOCs）开始从国际"大买家"向"大卖家"转变，并将进一步向 IOCs 开放上游市场。在 2014 年之前，许多 NOCs 基本上扮演的是"国际大买家"角色，现在的情况发生了很大的变化，他们更希望变成"大卖家"，把手里的资产出售出去，以增加收入和现金流。像墨西哥石油、巴西石油、阿尔及利亚石油等，有望开放其上游领域以吸引外资，而尼日利亚石油、哈萨克斯坦石油、俄罗斯石油等可能会采取私有化等措施。这样做的结果，一方面为 IOCs 的进入创造了条件；另一方面也使那些已经市场化、国际化的 NOCs，不得不面临激烈的市场竞争。

独立石油公司（E&Ps）尽管债台高筑，严重入不敷出，但依然坚持以产量为中心，力争薄利多产多销。北美 E&Ps 受本轮油价下跌的冲击最大,E&Ps 纷纷通过裁员、回归核心业务以及削减资本性支出等方式降低成本。尽管如此,E&Ps 继续将产量而非资本收益率作为其追求的首要目标,形成了越是低油价、越要增产多销的薄利竞争格局。

(二)油气田开发技术新进展

2016 年,国外油气田开发活动频繁,不断涌现了大批新技术,提高采收率技术依然是油气田开发中不变的主题,压裂技术向着智能压裂的方向发展。人工举升技术产品不断丰富,所适应的应用范围不断拓宽,对优化开采作业起着重要的推动作用。

1. 提高采收率技术

随着常规原油产量的下降,需要通过其他途径获得原油以满足能源需求,提高油气采收率技术一直是各国获得产量的主要途径。据美国能源部化石能源办公室报道,通常情况下,一次采油只能开采出 10% 的地质储量,二次采油技术通常使用水驱和气驱,可以增加 20%~40% 的采收率,而三次采油,可以开采 30%~60% 的地质储量,经济可行的提高采收率技术是提高产量的有力途径。

1)Janus 纳米薄膜技术

美国休斯敦大学(UH)和中国西南石油大学的研究人员研发了一种纳米技术——Janus 石墨烯两亲性纳米薄膜技术(图 1),为三次采油提供了一种化学驱的替代方案,适用于陆上和海上油田,还可以用于地表溢油清理。

图 1　Janus 石墨烯两亲性纳米薄膜流体

实验室研究中,制作了 4 个人工砂岩岩心,每个岩心具有不同的物理特性,用来进行驱油测试,试验流程包括:(1)岩心清洁;(2)岩心注入饱和盐水;(3)不断注入油,直到没有盐水排出,建立最初的含盐水和含油饱和度;(4)利用盐水驱替,直到没有油排出,制造 100% 的含水率;(5)注入纳米流体驱,直到没有油排出。最终每次驱替试验注入的纳米流体体积是孔隙体积的 3~4 倍。

研究发现,在盐水环境中,纳米流体在油水界面形成强有力的弹性可恢复薄膜,薄膜快速地分离油和水,自发地接近油水界面,降低界面张力,进行段塞状驱油,促使油流向生产井。使用含有石墨烯两亲性纳米片的纳米流体驱油,可以 0.01% 的较低浓度获得较高的驱油效率,在三次采油中提高 15% 的采收率,具有经济和环保双重效益。表 1 记录了试验中不同浓度纳米流体驱替后的采收率。

表 1　不同浓度纳米流体驱替后采收率表

序号	岩心孔隙度(%)	平均流体渗透率(mD)	纳米流体浓度[%(质量分数)]	盐水驱后采收率(%)	纳米流体驱提高采收率(%)	最终原油采收率(%)
1	24.8	54.4	0.005	71.1	6.7	77.8
2	26.0	44.5	0.01	62.5	9.5	72.0
3	27.9	130.0	0.005	68.2	10.2	78.4
4	25.8	132.0	0.01	69.6	15.2	84.8

2) 微生物采油技术

Glori 能源公司的活化环境采油(AERO)技术是一种生物提高采收率方法,通过向油藏注入特定的营养物质来激活地下已有的微生物,随后微生物的活动会提高原油的流动性,进而提高水驱砂岩油藏的产量,号称"从昨天的油井中开采明天的原油"。这项技术投资少、成本低,还可以延长油田设备寿命。先导试验结果表明,这种技术见效快,能够起到增加产量、提高采收率和延长油田经济寿命的作用。

先导试验油田的筛选主要包括油藏分析和作业方案设计两部分内容。油藏分析主要是通过地质评价和历史产量回顾来筛选出最适合采用 AERO 技术的油田。作业方案设计包括生化试验和营养液配方。微生物群落起到明显驱油效果的是注入井近井地带。向注入水中加入低浓度、低成本、无机营养素来激发残余油中土著微生物群落的生长。土著微生物的生长破坏了油水之间的界面张力,增加了原油流动性,通过把水转移到先前未波及的残余油区进而提高水驱的波及效率。这种技术对注入水的水质有特殊要求,就是降低游离油和有机碳的含量。

生物 EOR 方法在加利福尼亚南部油田(水驱老油田)进行了小规模的先导试验,向回注的产出水中连续注入营养素。项目开始前进行了油藏分析和流体取样来评估生物地球化学配伍性。加利福尼亚南部油田是一个东西走向的背斜,向西南倾斜,东北部被一个区域性的断块截断。产层埋深为 600~1250m,净厚度为 7~36m,平均孔隙度为 20%~26%,原油重度为 20~36°API,渗透率为 200~1300mD。岩性主要包括砂岩、页岩和粉砂岩。产层细分为 4 个小层、16 个独立的油藏单元、4 个原始油水界面。

所有上述特点都有利于实施生物 EOR。生化测试表明,大多数水质参数是有利的,但游离原油含量和水性有机碳含量都超过了限制水平,因此需要一个除油过程。生物实验表明,水性有机碳并不具备生物效应,因此在生物采油过程中不会争夺养分。进行了额外的生物实验来验证营养液有助于原有土著微生物群落的生长,经过验证后用于油田先导试验。

通过对监测区域中选定的原水驱产量大约是 500bbl/d 的油井进行监测,运行 3 个半月之后监测到产量开始上涨,5 个月到 5 个半月之后产量达到峰值,接下来的产量下降趋势跟油田对比井的趋势相一致(图 2)。

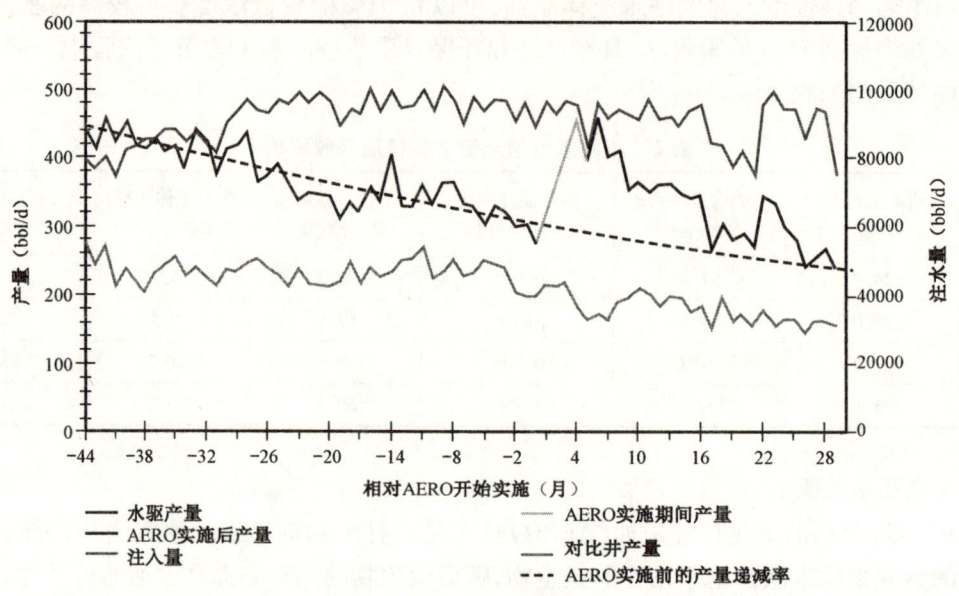

图 2 AERO 先导试验效果

除总产量增加外，产量增加的响应模式也很明显。之前有文献报道（Bauer 等，2011；Havemann 等，2015），该技术的响应模式是结构上倾和向远传播。与本项目的传播方式相似，响应井按照一口或多口注入井形式呈现上倾趋势，一些井距离超过了 2000ft。这和岩心试验中（Jones，1985；Sunde 等，2012）观察到的响应模式相一致，由于响应井中油比注入井流动快，压降出现了快速响应。

该项目以及其他一些区域取得的研究成果表明，对于那些接近经济极限的水驱成熟油田来说，生物 EOR 技术是开采这些剩余油的经济有效的办法。

3）排水采气技术

中国石油已开发气田中 80% 以上为有水气藏，储量占比在 75% 以上。随着开发时间延长，产水气井逐渐增多（2015 年占比为 59.4%），产水将导致产气量、采收率大幅下降。排水采气是出水气田稳产和提高采收率的主体技术，其中泡排措施占 90% 以上。泡排存在三大技术瓶颈：缺乏井筒实际条件下泡排剂模拟评价手段；高温、高盐、高酸性、高凝析油及寒冷条件下，泡排剂适应性差、成本高；缺乏系统的积液诊断预测、工艺优化及效果评价技术。因此，高效低成本排水采气技术体系与应用，对提升泡排措施效果与效益意义重大。

针对上述技术难题，中国石油勘探开发研究院研发了出水气田高效低成本排水采气技术体系，主要创新点包括：

（1）建立了一套高温高压泡排剂模拟评价装置与方法，实现了全过程自动化测控，应用该设备首次揭示了不同泡排剂在低温、常压下性能差异较小，而在高温、高压下差异增大甚至反转的现象，为高效泡排剂研发、现场质检提供了可靠的评价手段。

（2）发明了两种适应不同类型气田的高效低成本泡排剂体系：

① 耐高温、高矿化度、高酸性纳米体系，耐温 160℃，矿化度为 250000mg/L，耐 H_2S 达到

100g/m³（基本满足国内含 H_2S 气田），CO_2 可达100%，解决了深层气田泡沫排水采气久攻不下的技术瓶颈；

② 耐高温、高凝析油、防冻体系，抗凝析油45%，抗低温 –30℃，成本降低20%以上，攻克了苏里格气田泡排剂抗凝析油性能差、不抗冻、成本高的技术难题。

（3）研发了一套系统的排水采气分析决策与优化设计技术及软件，创建了气井积液诊断预测、工艺优化、技术经济效果评价一体化平台，为排水采气现场实施提供了科学的优化设计手段。

该成果在大庆、长庆、西南等5个气区开展了575口、3846井次的应用，与现场其他药剂相比，有效率提高20%，产气量增加20%，成本降低30%，累计增加天然气产量 $2.17 \times 10^8 m^3$，新增效益2.39亿元。该技术已获授权专利6件，已受理发明专利8件，获软件著作权2项，并获中国石油2016年科技进步一等奖。若应用规模能扩大到中国石油的所有出水气井，预计将发挥显著的降本增效作用。

4）改善剖面技术

碳酸盐岩油气藏非均质性强，普遍发育天然裂缝或溶洞，使得钻完井过程容易造成储层伤害。针对中国石油海外复杂碳酸盐岩油藏水平井的井段长、非均质性强的特点，中国石油勘探开发研究院廊坊分院和中国石油天然气勘探开发公司（CNODC）共同研发了碳酸盐岩水平井定量剖面酸化技术，以水平井非均匀伤害剖面评价为核心，在长水平井段内寻找最佳布酸点，优化不平均的注酸剖面，以极小用酸量解除几个关键区域的主要伤害，实现了既保证酸化效果，又能大幅度降低成本达到精准投放的最终目标。

取得了多项技术创新：建立了定量的复杂碳酸盐岩水平井非均匀伤害精细化动态描述数学模型，模拟了水平井酸化双尺度蚓孔生长规律和酸液置放，提出了以全井段和/或局部非均匀注酸、环空惰性液注入、分段次级转向为主的定量剖面配套工艺方法。对4个关键技术环节定量化：一是长井段水平井非均匀定量伤害剖面模型，解决了定量计算水平井伤害剖面难题；二是长井段水平井酸化蚓孔生长及酸液置放模拟，定量计算酸蚀蚓孔参数及分布剖面；三是适用于长井段水平井酸化的工艺优化方法，定量计算井筒内辅助转向的酸液侵入剖面技术；四是适用于海外长井段水平井高效酸化的经济评价方法研究，定量计算措施成本判定最有效的经济高效置酸作业模式。

该技术在中东地区规模化应用296井次，平均用酸量由 $900 m^3$ 以上下降到 $150 m^3$，获得了显著的改造效果，强力助推了油田的快速建产。

5）海上注水开发技术

2016年5月25日，BP表示将在其墨西哥湾地区最大的海上平台Thunder Horse上启动注水开发项目以延长该区域油藏的生命周期。该项目是BP2016年5个主要上游项目中的第二个，也是该公司在墨西哥湾深水地区所实施的持续投资战略的一部分，BP计划在未来5年内持续上马新项目，以完成其新增 $80 \times 10^4 bbl/d$ 的产量目标。

Thunder Horse平台于2008年6月投产，具备 $25 \times 10^4 bbl/d$ 原油及 $200 \times 10^6 ft^3/d$ 天然气的产能。为实施这一项目，BP在过去3年对平台现有的上部结构及水下设备进行了翻新，并钻了两口注水井，预计开展注水作业后可使油田多获得 $6500 \times 10^4 bbl$ 油当量。除此之外，BP

在墨西哥湾地区还有两个项目正在进行中,分别是 Thunder Horse 南扩项目和 Mad Dog 二期项目。

鉴于当前的低油价环境以及深水油气勘探开发的高昂成本,许多作业者纷纷将目光投向了成本相对较低的资源领域,但也不乏 BP 此类的作业者,他们继续加大深水油气勘探开发投资,通过对项目进行优化设计使其在低油价环境下更具竞争力。

2. 压裂技术

随着非常规油气资源的快速开发和环保意识的增强,向压裂技术提出了更为苛刻的要求,同时推动压裂技术向更高效、更环保、更低价、更精准、更快速、更大规模的方向发展。2016年,压裂技术在压裂方法、压裂液、压裂泵和压裂桥塞等方面取得了多项新进展。

1) CO_2 混合压裂技术

远离井筒的裂缝区域状态复杂,支撑剂不易充注,但该区域贡献了主要的裂缝面积,决定了排烃范围。水基压裂虽可以提高裂缝的表面积,但由于致密储层的微细裂缝流动阻力高,改造区域不能形成有效的油气运移通道,因此需要采取新的提高采收率技术。挪威国家石油公司推出了 CO_2 混合压裂技术,CO_2 使原油膨胀,降低了黏土膨胀效应,返排液更清洁,邻井含水量上升的风险下降,从根本上改变了 CO_2 作为高黏泡沫增能组分的传统方法,降低了页岩油压裂作业的用水量,是一种可持续、可行的操作方式。

(1)模拟复杂裂缝系统。

为了掌握不同压裂液的压裂造缝效果,专家利用巴肯中段已有的储层数据建立了离散型裂缝网(DNF),并利用 CFRAC 软件进行裂缝模拟。CFRAC 软件是由斯坦福大学 Mark McClure 和 Roland Horne 在 2010—2012 年研发的计算机程序,模拟软件在二维离散裂缝网中实现液体的流动与裂缝变形的耦合。裂缝变形导致的应力大小可以通过边界元法计算。

图 3 展示的是关井时,3 种注入液在 4 种导流能力下对应的改造裂缝表面积。由于低黏度液体更容易进入微裂缝,因此图中 CO_2 改造的表面积较大。

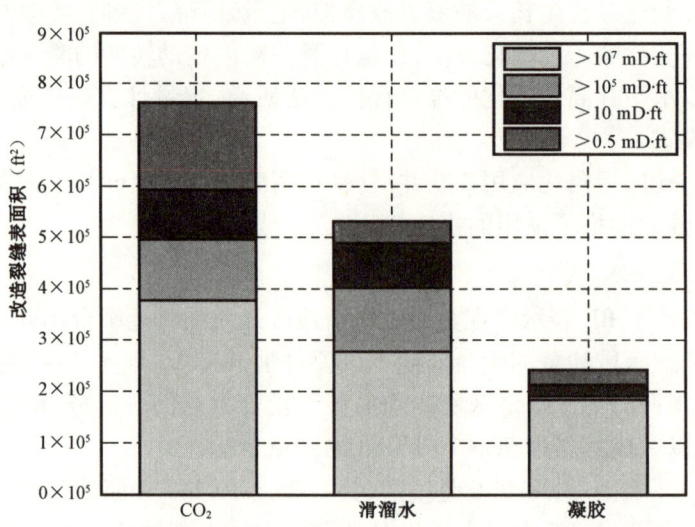

图 3 裂缝的导流能力 e_0($e_0 = 20\mu m$)

针对CO_2作为压裂缓冲液的可能性进行了多项模拟研究,尽管模拟结果在裂缝数量上有差异,但是在其延伸趋势上是非常一致的。CO_2作为缓冲液具有明显的优势:

① 低黏度液体的破裂和延伸膨胀压力小。

② 低黏度液体可以有效提高改造裂缝的面积及密度,提高裂缝的复杂程度。改造的裂缝网主要由剪切或拉伸产生的微裂缝形成。

③ 关井期,裂缝改造仅限于微裂缝,而只有低黏度液体在该阶段对微裂缝改造有效。

④ 由于低导流能力下裂缝张开所需的净压力很大,在低导流、高应力差储层中,改造的天然裂缝在X轴和Y轴方向上的扩展不明显。在这种情况下,沿主应力方向比较容易形成次级裂缝,低黏度的CO_2在改造这种裂缝时没有优势,但是这不妨碍其清洗裂缝、改善返排效果的作用。

(2)CO_2混合压裂技术对原油产量的影响。

为了评价CO_2混合压裂技术对常规水基压裂设计的优化作用,建立了储层模型考察复杂裂缝网对增产的影响。利用CMG-GEM软件模拟巴肯中段的原油产量,水平段为32级压裂,每级间距300ft,井间距1000ft。为了降低计算量,只模拟单分支井的产量,然后根据几何对称性,按类比系数计算整个丛式井的产量。

本次研究仅对比了水基压裂和CO_2混合压裂技术的前置液功效:注入时间(15min前置液,32min凝胶)、注入量(50000bbl)、井底压力变化(前160d从7000psi❶降至2000psi)、支撑剂注入量。

图4是水基压裂和CO_2混合压裂的模拟结果。采用CO_2混合压裂技术形成了大量的微裂缝网,使裂缝的表面积增加了50%,一年后产量提高33%,3年后提高23%。虽然改造裂缝的导流能力是天然主裂缝导流能力的1/50,且随着净围压的增加导流能力还会下降两个数量级,但是这些改造裂缝仍然大大促进了巴肯致密储层内液体的流动,为提高采收率做出了重要

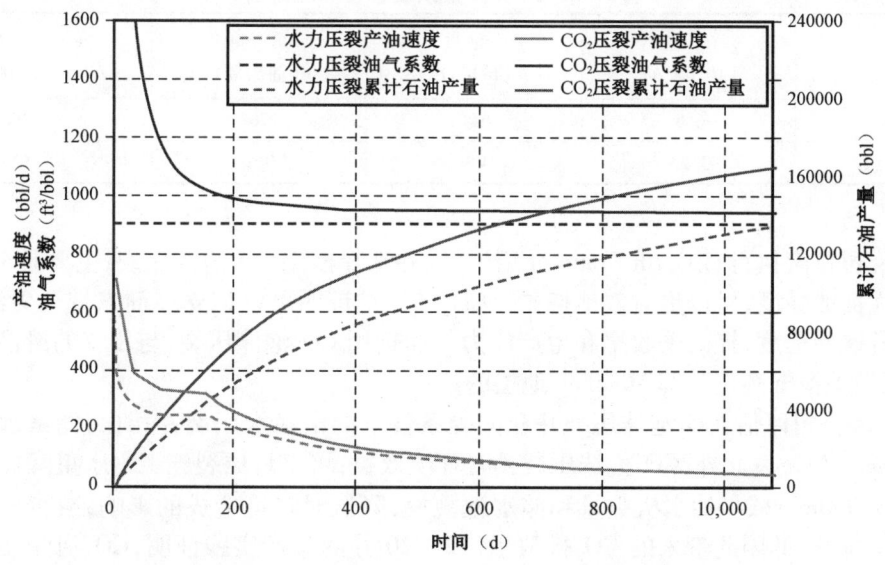

图4 水基压裂和CO_2混合压裂储层模拟结果

---

❶ 1psi=6894.76Pa。

贡献。采用 CO_2 混合压裂技术作业后的第一年产量增加明显，随后增加量降低，符合无支撑裂缝的压实特性。

（3）CO_2 蓄能泡沫压裂技术获得破纪录的成效。

加拿大新兴的能源勘探与生产商黑鸟能源公司最近在位于 Elmworth 2-20-70-7W6 的 Montney 地层 2-20 井中，运用 CO_2 蓄能泡沫压裂技术，注入了破纪录的 CO_2 体积，获得了较高的油气产量，生产效果超过预期，创造了 CO_2 泡沫压裂的新纪录（图5）。

图5　2-20井 CO_2 泡沫压裂施工现场

2-20 井的施工和 CO_2 供应均由 Ferus 公司提供，测量井深 4660m，使用滑套衬管完井，完成 70 级 CO_2 蓄能泡沫压裂，总计注入液量 $10531m^3$，注入 CO_2 $9226m^3$，平均每级注入支撑剂 31.75t。经过 CO_2 压裂后，产油当量高达 1768bbl/d，对比黑鸟公司该地区井产量标准曲线，平均产气量提高 109%，产油量提高 49%，桶油当量提高 80%（表2）。

表2　2-20井产量以及参考标准曲线

井号	产气量 ($10^6 ft^3/d$)	产油量 (bbl/d)	总产量 [bbl(油当量)/d]	油气比 ($bbl/10^6 ft^3$)
2-20	6.8	641	1768	94
标准曲线	3.25	439	981	135

黑鸟公司首席执行官 Garth Braun 介绍说，该井选择使用 CO_2 泡沫压裂，主要是考虑到 CO_2 泡沫具有优良的黏度，可以更有效地携砂。CO_2 已经被证明可以把支撑剂携带至更深地层，从而降低产量递减速度，提高采收率和生产能力。而选用 CO_2 泡沫压裂，与传统的滑溜水压裂相比，可以更早地根据实例了解 Montney 地层的产能。

据 Ferus 公司评估，CO_2 泡沫压裂井和同等条件下的滑溜水压裂井相比，储量远景预测可以增加 25%～30%。此外，CO_2 泡沫压裂具有环境效益：可以将压裂施工用水量降低 2/3，单井可以节水 $30000m^3$；减少抽水机数量和储水池规模，降低对环境造成的影响；减少卡车运输量和施工注水量，降低因此带来的 CO_2 排放量。2-20 井的生产实践证明，CO_2 泡沫压裂是实现经济效益和环境效益双赢的优良压裂液选择。

2）变泵速水平井分段压裂技术

常规水力压裂作业的泵注压力一般是稳定的，但最近美国燃气技术研究院（GTI）发现，快速的泵速变化有助于提高单井产量。这一创新想法源自一口由于操作原因而调整泵速的压裂井,微地震监测结果表明,在压裂过程中调整泵速之后微地震事件明显增多,意味着产生了更多的裂缝,且这口井的压裂后产量也有明显增加。因此,在美国能源安全研究联盟(RPSEA)的资助下,GTI 开始研究改变压裂泵速来提高单井产量的可行性。

为了验证这一理论,GTI 在马塞勒斯页岩气田一口需要压裂 27 段的水平井进行了现场测试,在压裂过程中改变了 14 个奇数层段的压裂液泵速,13 个偶数层段的泵速保持稳定。除快速改变泵速需要对操作人员进行培训外,其他的操作与常规压裂相同。

测试结果表明,改变泵速的 14 个压裂层段产气量为 $6.54 \times 10^4 \text{ft}^3/\text{d}$,而 13 个维持恒定泵速的压裂层段产气量为 $5.55 \times 10^4 \text{ft}^3/\text{d}$。产量平均提高 18%,而且产量排在前六的压裂层段均是采用改变泵速方法之后的层段(图 6)。此外,停泵之后的分析结果表明,改变泵速的压裂层段产生了更宽、更复杂的裂缝。这种改变泵速的压裂方法在二叠纪盆地进行了现场试验,并在试验过程中采用微地震、生产测井和放射性示踪剂方法进行了压裂效果监测。

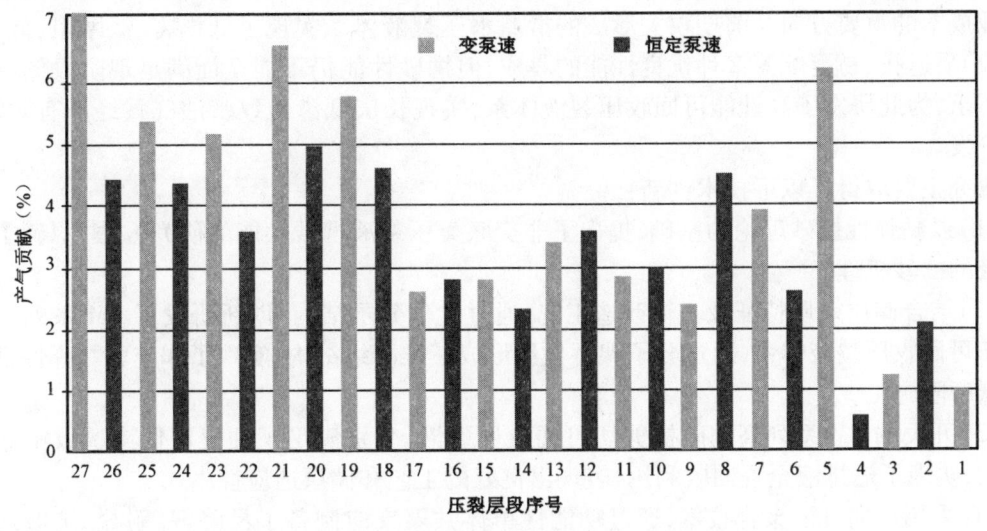

图 6 变泵速与恒定泵速压裂层段产气量贡献

3) 智能示踪剂技术

非常规油气井的成功开发离不开有效的增产改造措施,Tracerco 公司的智能示踪剂可以准确地对增产改造效果进行评价,从而帮助作业者降低成本,将产量最大化。

在压裂过程中向地层中注入智能示踪剂后可以对每个压裂段中的原油、天然气及压裂液进行标记(图 7),随后定期收集采出液样本并对其加以分析,通过分析可以得到以下有用信息:对于某一口生产井,通过智能示踪剂分析可以判断哪几个压裂段是无效的,从而在之后的压裂过程中,避开与这些压裂段性质相似的地层;对于地质条件相似的两口压裂井,可以对不同的压裂措施进行对比,从而确定在该地质条件下的最佳压裂方法。

最近在鹰滩页岩的两口井进行了不同增产措施的对比试验,示踪剂样本分析结果表明,利用增产措施 A 获得月产量为 18000bbl,增产措施 B 带来的月产量为 26000bbl,两口井中都有 8~9 级的压裂段是无效的。在之后类似地层的压裂作业中,如果能避开无效的压裂层位,将在只损失4%产量的前提下减少约20%的成本。同时,采用增产措施B无疑增产效果更好。

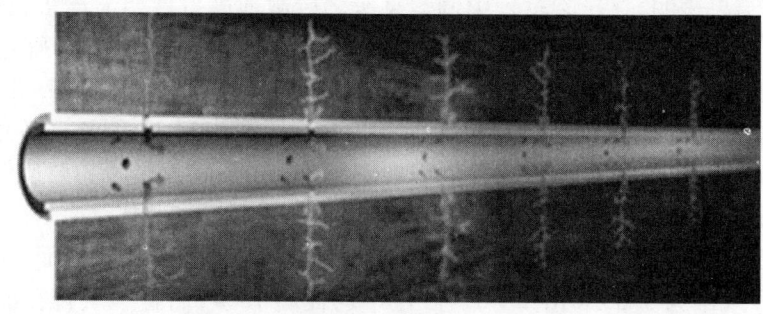

图7　智能示踪剂标记示意图

4）压裂液技术

新的安全环保形势对压裂返排液回收利用提出了更高的要求,同时液体回收利用也是降低作业成本的重要方向。前期攻关形成的滑溜水压裂液体系实现了低伤害、低摩阻、低成本、易回收、易返排、易混配等多种优良性能的集成,但携砂性能仍不能全面满足现阶段储层改造工艺需求,为此研发了高性能可回收压裂液体系,实现长庆低渗透致密油气藏经济有效、绿色环保开发。

研究主要取得了以下技术创新：

（1）以黏弹性携砂理论为基础,提出了非交联类压裂液携砂性能的研究方法,明确了该类压裂液的携砂机理。

（2）结合储层地质特征及主体改造工艺,通过优化分子结构,创新研发了EM系列高携砂抗剪切可回收压裂液体系,通过分子架桥作用形成三维网络结构,实现了非交联黏弹性携砂和全程低摩阻施工。

（3）开发的EM系列高携砂抗剪切可回收压裂液,分别满足了油气田低渗透致密储层改造需求,实现了返排液全程回收利用,表现出良好的工艺和储层适应性。

（4）采用反向乳液聚合技术,通过功能性单体共聚反应制备了易降解、耐盐、抗剪切的梳状分子结构多功能主剂。

（5）创建了助排剂在多孔介质岩心表面接触角的评价方法,研制了适用于致密储层的新型助排剂TGF-1,性能指标达到国际同类产品水平。

（6）构建了适用于致密、低渗透储层的低伤害、低黏、低摩阻、易回收的EM系列高性能可回收压裂液体系。

现场规模试验407口井,其中水平井174口,定向井233口,累计入地液量$97.88 \times 10^4 m^3$,回收利用返排液$26.7 \times 10^4 m^3$,回收利用率达95%,其中气井水平井平均无阻流量为$50.5 \times 10^4 m^3/d$,油井水平井投产初期产量为8.0t/d,表现出良好的工艺和储层适应性。与瓜尔胶压裂液相比,节约成本7871.8万元,返排液处理成本节约5135.2万元,用水节约成本1869万元,累计节约1.49亿元。该体系的推广应用,不但有效缓解了环保压力,又极大地节约了配液用水和入井材料的成本,支撑了长庆油气田的经济有效开发。

5）压裂泵技术

常规的压裂作业通常将压裂液和支撑剂按一定比例混合后由压裂泵加压泵入井内,在此过程中,由于压裂泵需承受高压载荷、支撑剂的磨损以及化学品的侵蚀,阀门及阀座很容易发生故障,从而导致压裂泵维修,使作业成本增加。Energy Recovery 公司研发的 VorTeq 压裂泵送系统可以使压裂泵免受支撑剂的磨损和化学品的侵蚀,减少停工时间及维修费用,从而使桶油成本降低 4~5 美元。

(1)技术原理。

VorTeq 压裂泵送系统的核心是 Energy Recovery 公司的压力交换技术(Pressure Exchanger),该技术目前被广泛应用于全球 16000 台海水淡化装备中,可以在不同压力的液体中进行能量传递且能量损失小于 5%。应用 VorTeq 系统实施压裂作业时,压裂泵只需为清水加压,高压清水和低压压裂液分别从系统两端进入压力交换设备,二者进行压力交换后分别变为低压清水和高压压裂液。低压清水随后进入混砂车用于配制低压压裂液,而高压压裂液则被注入井中实施压裂作业(图8)。由于整个过程中压裂泵不与支撑剂和化学品接触,作业寿命可大幅提高,维修费用及井场设备的冗余度也相应地减少。此外,VorTeq 系统的压力交换器中只有一个由碳化钨制成的活动部件,其耐磨性比钢强 1000 多倍,因此,整个泵送系统可以处理流速大于 110bbl/min、压力大于 15000psi 的流体,完全满足压裂要求。

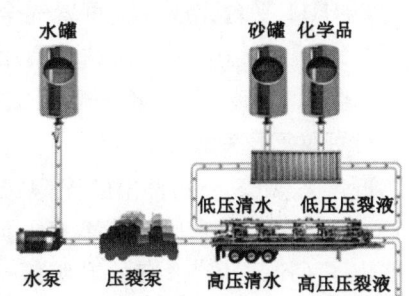

图 8　VorTeq 压裂泵送系统工作流程

(2)应用效果。

在经过数月的室内实验后,Energy Recovery 公司于 2015 年宣布同 Liberty 油田服务公司在北达科他州的巴肯地层开展合作,对 VorTeq 压裂泵送系统进行现场试验,试验内容包括泵送系统的安装调试以及压裂的实施等。2016 年 1 月,Energy Recovery 宣布 VorTeq 压裂泵送系统的现场试验获得成功,据测算,应用该系统实施压裂作业可降低桶油成本 4~5 美元。VorTeq 压裂泵送系统现场试验的成功为其商业化应用奠定了基础。

(3)应用前景。

VorTeq 压裂泵送系统创新性地将在海水淡化装置中已得到成功应用的压力交换技术移植到了压裂泵送系统中,从而成为业内首个通过转移支撑剂流动通道达到保护压裂泵目的的技术。值得一提的是,斯伦贝谢公司于 2015 年 10 月花费 1.25 亿美元从 Energy Recovery 公司获得了 VorTeq 压裂泵送系统为期 15 年的独家使用权,此举表明,该公司看好 VorTeq 技术的应用前景。众所周知,美国近 2/3 的天然气以及近一半的原油产量要依靠压裂作业,该技术若能在较大范围内获得推广应用,必将极大地延长压裂泵的使用寿命,有效降低石油公司的资本支出。

6) 全可溶桥塞技术

水平井多段压裂是非常规油气有效开发的重要手段。目前主要采用传统可钻式桥塞进行分段压裂,压裂后需钻塞才能生产,存在钻塞费用高、风险大、投产慢等诸多问题,严重制约了水平井开发效能。中国石油全球率先成功研发了第四代桥塞——全可溶桥塞,并工业化应用,实现了由跟踪追随到领跑的重大突破。

主要技术创新如下:

(1)高强可溶材料技术,可溶金属材料抗压强度达 600MPa;可溶高分子密封材料耐温

50~150℃，耐压90MPa。

（2）预制破片可溶卡瓦技术，确保桥塞承压可靠、压裂后自行破碎等关键技术。

（3）仿生结构和材质组分优化技术，实现了溶解速度精准可控，适应性广，可实现同一井不同层段溶解可控，也可实现不同区块、不同油气田压裂的个性化需求。该技术具有无限级、低风险、溶解产物对储层无伤害、对环境无任何污染的特点，遇卡可快速溶解，减少了钻完井的总时间和总成本，作业效率可提高50%，施工成本降低1/3，制造成本与传统桥塞价格基本相当，可规模化生产，达到了安全、快速投产的目标，为非常规油气的高效开发提供了关键抓手。

全可溶桥塞技术在西南、大庆等5个油气田现场应用160余段，施工成功率达100%。在威远204H11平台完成首次页岩气全可溶桥塞压裂，最高25段，泵压达86MPa，压裂后平均日产气达到$27.5 \times 10^4 m^3$。仅钻塞费用节省近千万元，大幅降低了作业风险。该技术的研究打破了尖端技术由国外公司掌握的局面，达到国际领先水平。

7) 可重复开关滑套技术

近年来，NCS公司推出的无限级压裂系统在北美地区获得了广泛应用，该系统通过连续油管、GripShift™滑套以及可重复坐封桥塞的配合作业，极大地提高了压裂效率。近期，NCS公司推出了GripShift™滑套的升级版——MultiCycle™滑套（图9），该滑套在作业过程中可以多次打开及关闭，使压裂系统的性能得到了有效提升。

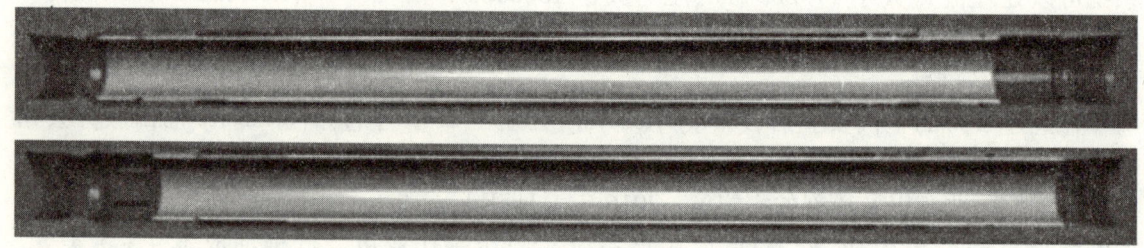

图9 MultiCycle™滑套

相对于GripShift™滑套，MultiCycle™滑套的优势在于滑套不仅可以在压裂之前打开压裂孔，还可以在压裂完成后通过上提连续管将其关闭，从而重新将井筒和地层隔离，由此可以为压裂作业带来诸多便利：（1）可以采用任意顺序对地层实施压裂；（2）防止支撑剂回流；（3）可以选择性关闭产水层、多余的产气层及贼层；（4）对低产层实施重复压裂时可以有效地对相应产层进行封堵而无须使用暂堵剂。此外，MultiCycle™滑套沿袭了GripShift™滑套的诸多优点，如结构精巧，开关成功率较高；压裂完成后保持全通径，可快速投产；压裂速度快、能耗小等。

NCS公司宣布，之前采用MultiCycle™滑套完井的一口井成功实施了重复压裂作业，采用了不同压裂液体系及更大的泵速，对之前完成的25个压裂段全部进行了重复压裂。压裂开始时首先将所有的MultiCycle™滑套关闭，随后对每一段重复进行打开滑套—压裂—关闭滑套的作业，压裂结束后对井筒进行压力测试，最后将所有的滑套打开并投产。整个重复压裂作业持续了将近36h，所有的MultiCycle™滑套都成功地进行了多次打开及关闭，有效确保了压裂作业的顺利实施。

8) 射孔技术

射孔作业是油田勘探开发的重要环节，提高射孔效率、降低作业风险一直是各厂商追求的目标。DynaEnergetics 推出的 DynaStage 射孔系统开创性地将编址技术和选择性技术同改良的机械设计进行整合,提高了射孔作业的安全性和可靠性,同时有效降低了作业成本。DynaStage 具有以下特点:

(1)系统所使用的可编址射频安全点火系统以低电压、数字通信平台为基础,可有效消除由于天电干扰、直流电或电压导致的爆炸风险。同时,在作业的各个阶段可以对所有电路连接和元件功能进行检查确认。在已经进行的 30 万次的射孔作业中未发生一次安全事故,安全性极高。

(2)DynaStage 对电子系统设计及装配过程进行了改进,利用注塑成型的接头替换雷管电缆,消除了电缆破损和电路连接差的风险,雷管也被重新安置在枪身中,从而可采用更短的一次性射孔枪接头短节。此外,DynaStage 的组装极为简单,可实现即插即用(图 10)。

(3)除雷管外,DynaStage 射孔枪模块会预先装配好再运送给电缆客户,发货前装配线已经对大批量装配、最终产品自动化质量控制和电子验证进行了优化,可以有效减少电缆服务提供商的库存和日常开支。

 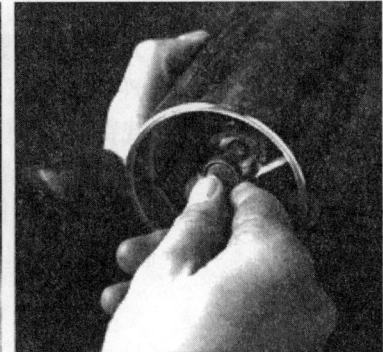 

图 10 　 DynaStage 组装步骤图

2016 年以来,DynaStage 系统已经完成了超过 7500 支射孔枪的井下作业,平均每一级入井可节约 32min,每 100 次射孔能平均减少 2h 的非生产时间。在 420 次入井作业中只有一次失败,射孔效率达到 99.41%。

3. 人工举升技术

人工举升技术一直是油气田开发中最重要的一个环节。近年来,随着人工举升产品设计创新和产品系列的不断丰富,人工举升技术的发展非常迅速,在恶劣环境下的可靠性、性能和耐用性均得到大大增强,所适应的流量和深度等应用范围不断拓宽。这些技术进展对优化开采作业起着重要的推动作用。

1)直线式抽油机技术

近年来,直线式抽油机因其结构紧凑、重量轻、体积小、能耗低等特点得到了越来越广泛的应用。Zedi 公司最近推出的最新型 Zedi Silver Jack 8000 直线式抽油机(图 11),将地面液压举升系统、泵效优化控制器及基于网络的数据管理系统整合,可以有效提高产量,减少停机时间。

图 11　Zedi SilverJack 8000 直线式抽油机

Zedi Silver Jack 8000 直线式抽油机具有以下特点：(1)泵效优化控制器可以实时记录冲程、冲速等参数，并基于特定算法对其进行优化，从而提高产量；(2)利用基于网络的数据管理系统，作业人员可以实现对举升系统的远程监控，通过对悬点载荷、位置及速度等参数的监控及趋势预测，可以实现对有杆泵故障的远程监测，发现问题后可在15min内通知相关的生产运营团队；(3)系统具备氮气辅助举升技术，杆柱最大载荷可达20.41tf，最大冲程为6m，可用于产量较大的深井；(4)在油井初期产量较高时可使用载荷较大的Zedi Silver Jack 8000直线式抽油机，后期产量下降时可以在不损失优化能力的前提下将其替换为Zedi Silver Jack 6000型，从而通过快速调整有关参数使其在油井整个生命周期内优化产量。

2）细长管型电潜泵技术

非常规资源的生产商往往通过选择钻小直径井或安装厚壁套管来降低钻井成本，优化完井设计，提高抗坍塌压力，改善井眼稳定性，力图在经济和技术方面占据优势，使井在生产阶段能够承受更多挑战。但由于非常规井中流体夹带气体和固体等杂质，井产量下降很快，小直径井存在局限性。为了解决这些问题，贝克休斯公司研发了CENesis细长管型电潜泵系统，可以同时克服小直径井的局限性和非常规油藏面临的特有挑战。

图 12　贝克休斯公司 FLEXPumpER 电潜泵

CENesis系统提供了更高的产量和油藏采收率，同时提高了系统的可靠性，正常运行时间更长，修井需求更少。该系统的流量范围较宽(50~3100bbl/d)，生产商可以在产量下降过程中长期使用，不用花费资金去频繁换泵。

贝克休斯公司还推出了专门控制气体的FLEXPumpER电潜泵(图12)，大大提高了高气油比(GOR)井系统的处理能力。该系统安装有贝克休斯公司的相(PHASE)系统，可以自然分离气体，预防停泵发生。流体可以经过电动机再循环,防止电动机过热化。该系统包括一个优化的电动机设计,以提高在更小尺寸套管中的可靠性。通过对电动机磁导线的绝缘层进行升级,承受的机械强度和电力载荷均提高了30%。电动机头重新设计,缩小了电动机的外径。电缆终端头的角度从13°降至10°,在安装过程中为系统提供更大的保护。

FLEXPumpER电潜泵的额定压力高达5000psi,可以下入更深的井中。泵的设计也改善了系统的可靠性。在混流阶段具有较宽的叶片开口,提高了天然气和固体通过泵的能力,防止堵塞。碳化钨轴承减少了产量降低过程中下冲程的磨损,同时当固体出现在液流中时,可以让震动的影响最小化。

在流体流中夹带天然气几乎是所有非常规井要面临的问题,新的超薄电潜泵系统设计的一个重要考虑因素,就是在进入泵之前就将气体分离出去。新系统安装有旋涡气体分离器(流路稍微曲折),不仅提高了气体分离效果,同时也能比传统的旋转式气体分离器更有效地处理固体。

最近,在犹他州一口Wasatch地层的井中,贝克休斯公司采用了超薄电潜泵系统,与常规电潜泵相比,下入深度提高了80%,泵流量提高了150%。

3) 电潜泵延长寿命技术

从电潜泵的性能以及电潜泵最关键的电动机技术改进来讲,Summit电潜泵公司已经成为美国最大的电潜泵供应商之一。据报道,Summit公司最新的外径为3.75in的电潜泵系列,每单位长度的最大功率达到业内最高,可以使电潜泵组件的长度大大缩短,对于定向井作业具有重要意义。

在Summit公司系列电潜泵电动机中,由于线圈效率很高,极少有温度升高现象。正如大多数系统一样,在生命周期中,相当于降低了作业温度,提高了寿命。Summit公司提高电潜泵系统运行寿命的另一个重要的特征是转子轴承设计,其中包含了一个创新的方法,防止轴承自旋。Summit公司新的电动机设计,额定功率可以根据井条件和经济性等因素的需求,向上或向下调整。

Summit公司通过对生产系统的全面优化确保提高持续运行寿命,关键点包括电潜泵设计、运行、监控、优化、故障根源分析,最后合并成课程进行综合研究学习(图13)。这些关键点相互关联,代表着一个进程或运行寿命延长的过程。Summit公司强烈关注可能产生负面影响的任何不正常的事件,这些事件被以适当的方式进行跟踪,以便于Summit公司和操作人员都能及时发现问题。该系统可以推动持续改进,确保不良事件不再重演,先进的设计得到有效实施。

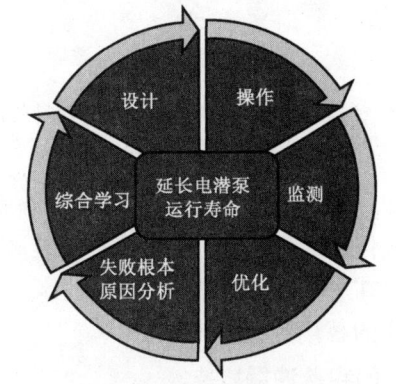

图13 延长电潜泵生命周期的优化方法

4) 电潜泵防砂卡技术

电潜泵在使用过程中通常会遭受严重的腐蚀,以及被压裂砂或其他残余固体造成周围磨损。许多电潜泵厂家也采取了一些技术来处理这些经过电潜泵的砂子。但是,当电潜泵由于电源故障、停泵、生产停工等原因关闭时,先前泵腔中的砂可能回落到电潜泵的上部泵级。当泵重新启动时会引起砂卡,这会对电潜泵造成灾难性的破坏。

Multilift Welltec 有限责任公司引进了独有的 SandGuard 技术,能够解决砂回落的问题。该工具安装在油管柱内电潜泵出口的上方,用以捕获回落的砂子,并将它与泵隔离开,引导这些携砂流体转向进入一个内腔,在内腔室中捕集砂子和固体物,流体则重新返流回到泵中。当重新启动泵时,这些捕获的砂和固体通过抽吸液的流动作用从内腔室中排出,并被流体携带到地面。该系统可以不断地进行循环,在每一次停泵后消除对泵的潜在损坏。同时,SandGuard 技术在每一次重启之后,可以进行自动化自冲洗,在环空中没有出口。

5)应对恶劣环境的电潜泵技术

当油气井含有大量的砂、气体和重油时,使用电潜泵将引起系统的磨损和震动,引起泵过早损坏。针对这一问题,Elite 多相泵解决方案有限公司专门设计了适应恶劣井环境的技术解决方案,克服恶劣环境下传统的电潜泵和多级离心泵寿命较短的问题。

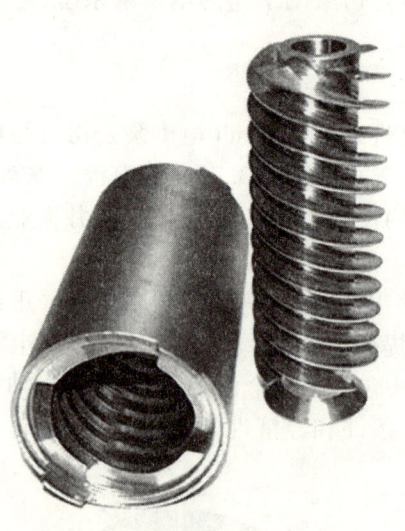

图14 Elite 多相泵解决方案有限公司的 V 型泵(转子和定子)

相对于传统的电潜泵,该公司的 V 型泵是螺旋形轴设计(图14)。流体可以流畅地通过泵,消除了腐蚀或内部压力下降区域,可以很容易地举升固体。消除内部压力下降可以减少传统电潜泵的常见问题,例如,结垢、金属互相撞击以及在较低流量下使泵堵塞的低压区。

V 型泵被专门设计用于处理产出液中的固体、气体和重油,从而提高整个电潜泵组件的运行寿命。该泵适用范围大大拓宽,在5.5in 套管中可以 300~3500bbl/d 的流量进行生产,在7in 或更大套管中可以 900~6000bbl/d 的流量进行生产。在测试数据中,含砂量均超过5%。新系统可以处理高含砂的流体而没有磨损,不需要砂滤器。此外,V 形泵能够处理高含量气体,不需要气体分离器。它能够成功地处理黏度高达 13500mPa·s 的重油,电动机可以即时实现稳定冷却。它的转子和定子之间没有金属对金属的接触,可以直接用螺栓和传统的电潜泵密封部分或保护装置进行连接,易于安装。

在恶劣条件井中,V 型泵技术为生产商提供了一种有效解决井泵送困难和大大减少修井作业的替代方案。

6)电脉冲解堵技术

在油田开发过程中,井筒附近会由于结垢、出砂、结蜡、地层颗粒运移等因素导致渗透能力下降,进而影响油井产量,对该类油井实施解堵措施可以有效提高产量。由 Blue Spark 公司研发的 WASP 电脉冲解堵技术可以将电能转换成流体冲击波,对井筒周围的地层进行解堵,进而起到增产的作用(图15)。

WASP 电脉冲解堵技术具有以下特点:(1)解堵效果好。电能转化的冲击波流速超过 1500m/s,可以对地层造成 10000psi 的压力,从而达到较好的解堵效果。(2)适用性强。在海上、陆上的直井、水平井都成功进行过应用,作业深度从 300m 以浅到 3000m 以深。(3)作业效率高。每小时的作业深度(长度)超过 4m,每口井的作业时间不超过 1d。(4)经济性好。每实施 5m 解堵作业的能耗低于 100W 灯泡 3h 的耗电量,作业过程中无须消耗水和化学剂。

WASP 电脉冲解堵技术已在 25 家油公司的超过 200 口井中获得了应用,作业区域包括加拿大油砂和页岩气项目、挪威北海地区、美国 Permian 盆地以及罗马尼亚的老油田等,作业后油井产量平均可提高 250%。

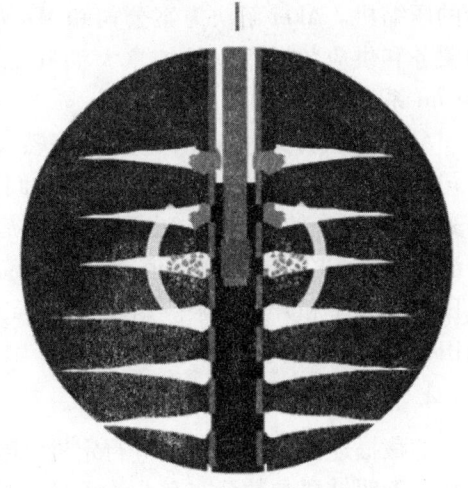

图 15 WASP 技术作业示意图

7) 海底压缩技术

Aker 解决方案公司和 MAN 柴油机与燃气轮机公司合作推出了新一代 Asgard 海底压缩技术,在保持原有性能和效率不变的情况下,使压缩系统变得更纤薄,可以将海底压缩机的尺寸和重量至少减少 50%(图 16),大大降低了投资和安装成本。距离第一代系统投入挪威国家石油公司 Asgard 油田使用仅只一年,在这一年中,Asgard 系统几乎没有停止或中断运行,与传统平台相比,可以多开采 3.06×10^8 bbl 油当量,而且更安全环保。

图 16 新一代 Asgard 压缩系统(右)

压缩系统通常用于在气田的储层压力随时间下降时维持产量,通常安装在海面平台上。Asgard 压缩系统的两台 11.5MW HOFIM 电动压缩机是世界上第一台在海床上安装和投入运行的压缩机。Aker 解决方案公司和 MAN 柴油机与燃气轮机公司、挪威国家石油公司、综合油田服务和供应数据库以及加拿大油气工业的一些采购方等合作伙伴密切合作,共同交付了 Asgard 系统。

Aker 解决方案和 MAN 柴油机与燃气轮机公司于 2015 年 10 月开始合作。Aker 解决方案公司首席技术官 Herve Valla 谈道:"我们为在开发这一突破性技术方面发挥了领导作用感到自豪,投产以来的优良性能也证实了系统的价值。"MAN 柴油机与燃气轮机公司石油和天然气上游主管 Basil Zweifel 也谈道:"新一代海底压缩系统基于成熟的技术,有助于大幅提高许多气田的采收率和开采年限。新一代 Asgard 海底压缩系统,不仅可以用于与 Asgard 一样的大型油田,也可以用于小型海底油田。"

4. 油藏描述技术

油藏描述技术是对油藏进行定性、定量描述和评价的一项综合研究的方法和技术。其任务在于阐明储层参数分布和非均质性及其微观特征、油藏内流体性质和分布,乃至建议油藏地质模型、计算石油储量和进行油藏综合评价,为进行油藏数值模拟、合理选择开发方案、改善开发效果、提高石油采收率提供充分可靠的依据。

1)DNA 测序技术

尽管地层中生存的微生物种类成千上万,但只有特定类别的微生物同油气有着较为紧密的联系。由于该类微生物对于地层温度、压力条件、岩石表面性质、油水性质、孔喉结构等有着较强的选择性,其包含的 DNA 信息也成为储层特征的重要标识。近年来,随着 DNA 测序技术成本不断降低以及计算机性能的提升,利用该技术探明地下储层特征成为可能。来自美国的 Biota 技术公司成功将 DNA 测序技术引入油气行业,推出了地层 DNA 诊断技术(Subsurface DNA Diagnostics™),用于解决非常规油气开发过程中的诸多问题。

地层 DNA 诊断技术包含多个子技术,其应用领域涵盖了压裂段、油井及油藏 3 个尺度:压裂段尺度上,DNA Target™ 技术用于识别压裂"甜点"的位置;油井尺度上,DNA Profile™ 技术用于识别主产层,DNA WellSpace™ 技术用于估计裂缝高度;油藏尺度上,DNA Surveillance™ 技术用于判断井间连通性。各项技术的操作流程大致相同:首先获取微生物样本,主要来自钻井液、岩屑、产出的油和水等,其间需保证样本不受污染;其次,提取样本中的 DNA,每口井提取的 DNA 序列需在 1500 万以上;最后,设置微生物类型、多样性等诸多参数,并在此基础上实施机器学习算法及模型测试,最终确定所需的油藏深度、所在层位及总有机碳含量等信息。

地层 DNA 诊断技术已在 5 个盆地的 70 多口井中进行了应用,取得了较好的效果。在压裂段"甜点"识别应用中,DNA Target™ 技术的识别结果同传统的示踪剂方法一致性高达 90%。

在主产层识别应用中,DNA Profile™ 技术同地球化学方法的误差小于 10%(图 17)。

在井间连通性识别应用中,DNA Surveillance™ 技术通过比较压裂前后监控井中 DNA 统计信息的变化,判断出监控井同 4 号井之间具有较强的连通性,该结果同压力响应测试的结果一致(图 18)。

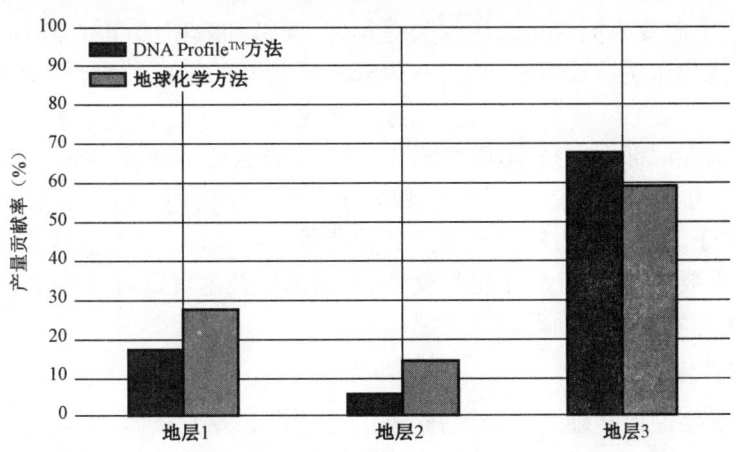

图 17　主产层识别结果对比（DNA Profile™方法和地球化学方法）

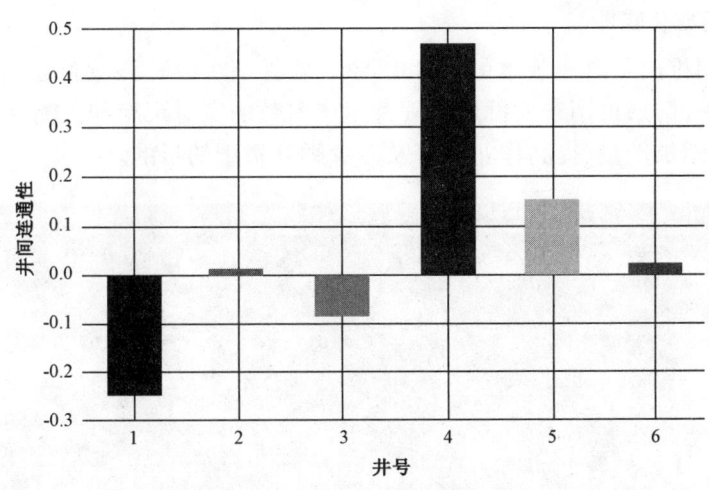

图 18　Surveillance™技术井间连通性识别结果

2）贯通岩心裂缝诊断技术

美国天然气技术研究院（GTI）正在发起一个 1800 万美元的公私合营项目，用于研究页岩气水平井压裂，提高水力压裂效率，降低对环境的潜在影响。通过证实和推进裂缝诊断技术，例如微地震数据获取和分析技术，更加精确地判断裂缝走向和尺寸。同时进行油田数据采集，监测空气和水质量，调查生物腐蚀和储层品质劣化引起的微生物影响，评价水力压裂对浅层含水层、回流水和地层水的影响。

试验由拉雷多石油公司（Laredo）在得克萨斯州西部二叠纪盆地 Wolfcamp 地层进行，在此已有 11 口井完钻，进行了 400 多级压裂，从井中获取关键的地质和油藏资料。有数据表明，水力压裂级数的增多并不能获得更多的产量，大约只有一半的级数承担着几乎全部的压裂产量。GTI 通过建立物理模型，对被压裂岩心的物理性质进行分析研究，比对钻井取出的 600ft 长的贯通裂缝岩心，证实裂缝模型和验证数据分析的正确性。有别于之前任何非常规页岩油气藏，这种全面综合的水力压裂数据集将为人们提供一个前所未有的视角，观察到诱发地下裂缝传播的情况,从根本上改变人们对水力压裂裂缝延伸、模拟和效率的理解,使压裂增产作业从增加压裂级数向着优化压裂层段发展,从而减少未来压裂井的钻井数量,减少用水量和能耗,降低环境影响。

该项目由美国能源部国家技术实验室(NETL)联合岩心实验室、Devon 公司、探索自然资源公司、Encana 公司、Energen 公司、哈里伯顿公司和道达尔公司一起出资。他们投入了超过1亿美元的资金,用于研究与水力压裂相关的各种背景信息。这个由合作者共同出资的项目,对石油行业是非常重要的,将会让整个世界受益,获取的新技术可以对环境影响最小,优化压裂,更安全、更明智地开发非常规油藏。

5. 智能油田技术

智能油田在数字油田基础之上,借助先进信息技术和专业技术,全面感知油田动态,自动操控油田行为,预测油田变化趋势,持续优化油田管理,科学辅助油田决策,使用计算机信息系统智能地管理油田。

1) 智能油田商业化软件

贝克休斯公司推出了商业版本的 FieldPulse™ 软件(图19),该软件是贝克休斯公司智能油田解决方案的一部分,可用于大批量油气井生产参数的实时跟踪和预测,帮助作业者及时做出调整,最终达到增加产量、提高作业效率及减少举升费用的目的。

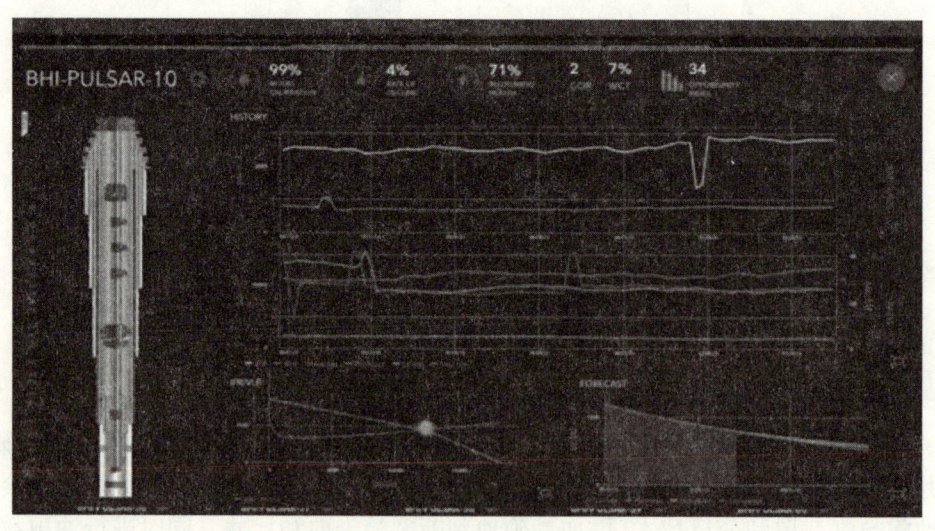

图19 FieldPulse™ 软件界面

FieldPulse™ 软件具有以下特点:(1)FieldPulse™ 可以完成数据的获取、清洗及校验,通过内嵌的油气井生产及预测模型,可以实时检测井的生产状态并进行产量预测。系统中存储的数据涵盖油气井关键生产流程的各个方面,数据库可以容纳1000多口井的资料。(2)通过实时的分析预测,系统可以对产量递减率、模型偏差、异常数据进行检测并在第一时间向作业者反馈异常,达到防患于未然的目的。(3)FieldPulse™ 同市面上应用最为广泛的数值模拟软件以及多相稳态流数值模拟器具有较好的兼容性,同时,软件可以较好地对油气井现有的历史生产及完井数据进行整合处理,无须配备额外的传感器、测量装置等。(4)软件的用户界面是同微软合作研发的,因而具有良好的系统兼容性,可以在台式机、笔记本电脑、平板电脑等设备上使用。

2) 多产层智能管理系统

随着钻井技术的进步,井深及水平井段都有增加的趋势,生产层段的数量也越来越多,由此对多个产层及压裂段产量的监控以及温度、压力等参数的测量带来了挑战。斯伦贝谢公司推出的 IntelliZone Compact 模块化多产层管理系统可以有效地对多个产层进行监测和控制,从而为运营商制订合理的油气田开发优化方案提供帮助(图20)。

图20 IntelliZone Compact 模块化多产层管理系统

IntelliZone Compact 模块化多产层管理系统具有以下特点:(1)该系统仅用5条控制线就可以对至少15个产层进行控制,配套的自动控制软件可以同时对多个层位进行操作,极大地提高了对油井的控制能力,同时减少了操作时间及成本;(2)系统采用了紧凑的模块化设计,每个模块单元长度约30ft,为传统智能完井控制系统的一半,该设计使其可以较为方便地运输及安装;(3)该系统在生产时就已经完成了各个模块的组装和测试,运送到现场后可以直接安装,避免了在钻井过程中组装的过程,控制线数量的减少也进一步简化了系统的安装过程;(4)通过地面的控制软件可以方便地对产层的开关进行控制,操作完成后控制系统会收到反馈信号,有效提升了对井的控制能力。

IntelliZone Compact 模块化多产层管理系统在12个国家完成的150多次应用中,可靠性超过了99%。在马来西亚一个海上边际油田两口井的应用中,该系统同传统的智能完井系统相比,钻井时的安装时间仅为后者的1/3,平均每口井节约成本约40万美元。同时,该系统有效地实现了对多个产层流量、含水率、温度、压力等参数的监测,并在发生水侵及气侵时可以及时关闭相应的产层,在系统安装7个月后,这两口井的含水率仍低于1%(图21)。

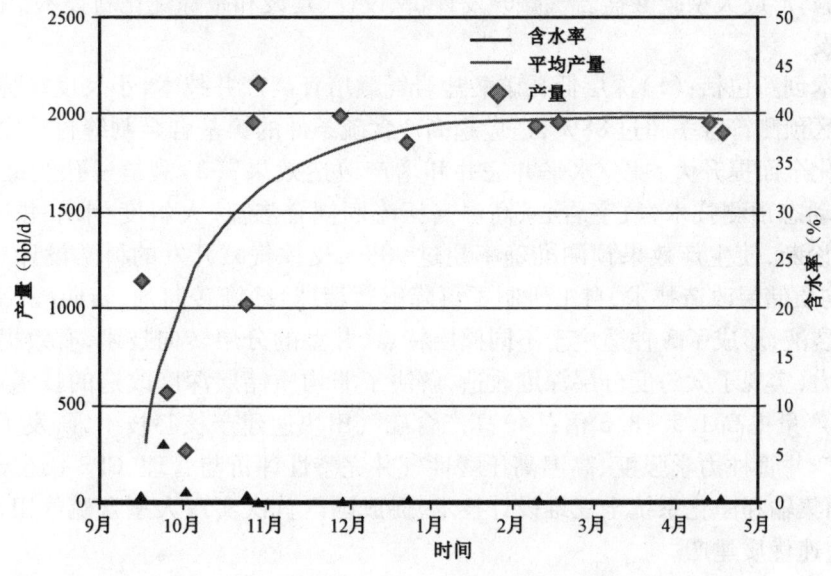

图21 安装 IntelliZone Compact 后油井的产量及含水率状况

6. 综合开发技术

对于大型油气田或某一类油气田来说,依靠单一的技术不能解决油气田的需求,需要针对性研究综合性一体化技术来解决问题,优化生产。

1)特低渗透油藏开发技术

特低渗透油藏目前已成为中国石油增储上产的主体,面临着天然缝、压裂体积缝网及动态缝等多因素困扰的世界性难题,导致水驱规律、水淹程度、动用状况等的模拟难以准确预测。中国石油勘探开发研究院历经十余年的潜心研发,取得了系列重大理论技术突破,现场应用效果显著。核心理论技术突破包括:(1)创立一个理论,即耦合基质、天然缝、人工缝及动态缝等多尺度、多重介质的渗流理论。突破了双重介质渗流机理和模型,实现了对传统达西理论在低渗透领域的升级换代。(2)发明两个方法,即动态裂缝的诊断与预测方法,合理控缝和有效利用缝的水驱调整方法。(3)创新三项技术,即裂缝网络定量表征技术、离散动态裂缝建模技术及复杂缝网动态建模数值模拟一体化技术。与传统建模数值模拟技术相比,符合率由55%提高到85%以上。(4)研制一套模拟系统,即基于四维应力场分布的动态离散裂缝精细模拟系统,在功能、效率及可靠性上与商业软件相比大幅度提高,基本实现了百万级非结构化网格20年周期的模拟在3h内完成。

该成果已成功应用于长庆、新疆、吐哈及青海等油田现场,剩余油量化符合率90%,开发指标预测符合率95%,提高注水效率25%以上,区块含水率降低15%以上,提高采收率6%~8%,为水驱调整、体积压裂与渗吸驱替相结合的开发模式的建立提供了升级换代的理论技术基础,将成为支撑特低渗透油藏有效开发的新一代接替技术。

2)碳酸盐岩气藏开发技术

全球寒武系大型气藏屈指可数,国内以前没有大型碳酸盐岩超压气藏开发先例,优化开发中国最大规模整装碳酸盐岩气藏——安岳气田磨溪区块龙王庙组气藏面临挑战。经大规模攻关研究和试验,形成大型碳酸盐岩气藏开发评价、设计、建设和跟踪优化新技术,支撑磨溪区块优质高效开发。

主要技术创新包括:(1)深层低孔碳酸盐岩气藏培育高产井技术,小尺度裂缝及厘米级溶蚀孔洞发育区预测符合率超过88%,适应超高产含硫条件的镍基合金割缝衬管完井及非机械暂堵转向酸化全面提升大斜度/水平井完井和增产改造效果;(2)裂缝—孔洞型强非均质高压有水气藏动态预测技术,数字岩心、高温高压流固耦合渗流、大斜度/水平井试井、精细数值模拟分析诊断,使生产效果预测准确率超过90%,支撑气藏开发的科学设计和实施优化;(3)深层非均质储层改造技术,自主研制了可降解暂堵球、纤维转向剂、转向酸、耐温180℃的胶凝酸和压裂液,形成了3种适应于不同储层特点、井型的分层转向技术,有效提高了裂缝长度和导流能力,实现了大跨度分层深度改造,解决了非均质储层深度改造的技术难题,作业成功率100%,产量提高1.5~8.6倍;(4)高产含硫气田快速建产核心技术,研发了多相流冲蚀模拟校核高产井管柱力学强度、高温高压酸性气井完整性评价与管理、CPS+还原吸收工艺优化改进、地面集输和净化系统全三维设计技术,促成国内首次实现大型含硫气田模块化、橇装化、工厂化快速优质建产。

依托技术创新,磨溪龙王庙组气藏低孔隙度、非均质地质背景下开发井平均测试产量达

$157\times10^4\mathrm{m}^3/\mathrm{d}$,培育高产井效果好;勘探发现后3年即优质建成生产能力达 $110\times10^8\mathrm{m}^3/\mathrm{a}$ 的现代化大气田,比以前大型深层碳酸盐岩气藏开发建设周期缩短2年以上。

3) 页岩气开发技术

四川盆地页岩气地质、工程及地表条件与北美差异大,经验技术不能简单复制。在开发初期,中国页岩气开发技术处于空白,核心技术、关键工具及液体体系被国外公司垄断,规模建产面临多重难题。通过近10年探索与攻关,创新形成了页岩气开发主体技术,实现了公司页岩气资源的有效开发。主要技术创新包括:(1)页岩储层分类评价和开发优化技术,建立了优质页岩的识别方法与分布模式,确定了最有利的储层位置,为优选地质储层和压裂施工提供了依据,指导页岩气批量布井;(2)创新建立多尺度流动空间复合渗流模型,形成适合页岩气产能评价技术,风险量化页岩气井开发指标,生产动态参数预测符合率达90%以上;(3)创新形成三维丛式水平井优快钻井技术,钻井周期缩短55%,水平段长突破2000m,优质储层钻遇率由47%提高至95%;(4)页岩气水平井增产改造技术,实现配套工具及相关软件国产化,单段增加改造体积超过 $150\times10^4\mathrm{m}^3$,长宁、威远测试日产量分别达 $25\times10^4\mathrm{m}^3$ 和 $18.1\times10^4\mathrm{m}^3$,单井评估最终可采储量在 $1.03\times10^8\mathrm{m}^3$ 以上;(5)建立页岩气地面采输技术,实现了快建快投和自动化生产、智能化管理,平台建设周期缩短50d,三大试验区数字化覆盖率超过90%。

页岩气开发关键技术的突破,使得中国成为继美国、加拿大之后的第三个实现页岩气商业性开发的国家。页岩气产量由2014年的不足 $2\times10^8\mathrm{m}^3$ 增长到2016年的 $27\times10^8\mathrm{m}^3$ 以上,实现了公司页岩气的规模效益开发,支撑了长宁—威远国家级页岩气示范区的建设,将页岩气打造成中国石油新的增长极。

4) 煤层气开发技术

中国煤层气资源丰富,但产业发展相对缓慢,面临资源探明率低、优质资源分布规律认识不清、煤层气开发缺乏成熟配套技术、单井产量较低等困难。中国石油经过5年的不懈攻关,成效显著,形成中国石油煤层气产量占全国65%以上的良好局面。取得的理论和技术创新包括:(1)提出4项地质理论认识,包括中低煤阶煤层气富集理论、中高煤阶煤层气富集高产理论、煤系地层立体勘探理论及煤层气高产区地质控制理论。这些地质理论认识的提出,指导了示范区块新增探明储量 $5294\times10^8\mathrm{m}^3$,优选全国5个一类勘探目标。(2)创新和完善7项技术系列,包括地质选区评价技术、地球物理技术、煤层气钻完井技术、煤层气增产改造技术、煤层气排采技术、集输工艺技术及经济评价与销售管理技术。通过技术创新,重新估算全国煤层气资源量为 $29.8\times10^{12}\mathrm{m}^3$,其中中国石油煤层气资源量为 $3.2\times10^{12}\mathrm{m}^3$,并对中国石油现有的 $4575\times10^8\mathrm{m}^3$ 探明储量进行分级评价;平均单井产量提高40%以上;橇装CNG站建设周期缩短10%以上。(3)孵化两项煤层气国际标准,成为国际标准化组织煤层气技术委员会(ISO/TC 263)成立以来仅发布的两项标准,增强了中国在国际煤层气行业的话语权和影响力。4项地质理论认识和7项技术系列的创新,在沁水、鄂东区块推广应用,累计新增探明储量 $5294\times10^8\mathrm{m}^3$,煤层气日产量超过 $600\times10^4\mathrm{m}^3$,日商品气量为 $550\times10^4\mathrm{m}^3$,使中国石油成为全国最大的煤层气生产企业。同时,提出了煤层气产量与资源量不相匹配的根本原因,为加快煤层气开发提供了指导方向。

5) 山地裂缝性"三超"气藏开发技术

克深气田地表为干旱风化的山地,埋藏深(6500~8000m),地层压力高(116~128MPa),

地层温度高（160～193℃），构造高陡（30°～50°），储层基质致密（孔隙度低于7.0%，渗透率小于0.1mD）。经过多年攻关，攻克了复杂山地地震成像、复杂气藏描述及布井、快速钻进、完井改造等技术，成功支撑了克深气田的规模效益开发。主要技术创新包括：（1）创新发展了复杂山地的地震采集处理解释一体化技术，使目的层预测与实钻深度误差由4%降至2%，钻探成功率由72%提升至100%；（2）优化了超深井井身结构，研发了高温高密度油基钻井液，集成了高速涡轮与孕镶钻头等钻井提速配套技术，平均钻井周期缩短50d，单井费用由2.84亿元降到了1.98亿元；（3）LRET技术无害化处理油基钻井液固废物$8.4 \times 10^4 m^3$并全价值回收循环利用，保护生态环境；（4）揭示了致密气藏天然裂缝走向、最大水平主应力方向夹角与改造产能的关系，规模化应用SRV储层改造技术，单井平均增产50%以上，产量达到$35 \times 10^4 m^3$。

该技术应用效果显著，克深气田较方案缩短半年建成了年产$50 \times 10^8 m^3$产能规模，截至2016年11月，累计产量达到$150 \times 10^8 m^3$；技术可直接应用于克拉苏构造带万亿立方米新增天然气储量的开发，对保障西气东输工程长期安全供气和新疆稳定意义重大。

6）多类型气田整体上产稳产关键技术

阿姆河右岸项目是中国石油海外最大天然气项目，是中国—中亚天然气管道及西气东输的主供气源，对实现中国能源进口多元化、保障国家能源安全、建设"丝绸之路经济带"具有重大战略意义。工程上产稳产面临着气田数量多、储量规模小、储层受控因素多、物性差异大、气藏类型多样、裂缝复杂、边底水活跃等难题。中国石油经过多年的技术攻关，多类型气田整体上产稳产关键技术研究及应用取得重大进展，实现了快速上产稳产。

开展了盐下起伏状缓坡礁滩气藏高产富集规律、三重介质大斜度井试井解释评价技术、多类型气田整体上产稳产配套技术3个方向的攻关。

（1）盐下起伏状缓坡礁滩群气藏高产富集规律：创新提出碳酸盐岩台地—起伏状缓坡沉积模式，丰富了沉积理论，突破了传统斜坡带无规模性礁滩储层发育的认识，显著拓展了阿姆河右岸勘探开发领域；创新古隆起"差异"控藏的认识，不仅是对传统古隆起与油气控藏关系的扬弃，而且极大深化了古隆起对油气的控制作用，明确了二期工程油气富集区，指导了高产井位的部署。

（2）三重介质大斜度井试井解释评价技术：创新建立三重介质大斜度井渗流数学模型，成功解决了大斜度井模型的"假表皮"问题，准确定量评价缝、洞窜流系数及弹性储能比等关键特征参数，为井层再改造和气井产能评价提供了科学依据。

（3）多类型气田整体上产稳产配套技术：针对二期工程不同类型气藏（储层）特征，提出不同类型气藏差异化开发策略；针对裂缝—孔隙型气藏直井产量低的问题，建立裂缝—孔隙型气藏整体大斜度井优化开发技术，为单井和气田大幅提产奠定了坚实基础；形成了不同类型储层高效改造技术；基于水体活跃程度、断裂系统分布等因素分析，总结了碳酸盐岩边底水气藏出水规律并提出整体治水对策；针对气田数量多、储量规模不一、生产动态规律不同，形成了气田群协同开发技术，为二期工程长期稳产提供了技术保障。

7年间，该成果已在土库曼斯坦阿姆河右岸二期工程多个气田应用取得了显著效果，有力支撑了合同区的快速规模上产，为建设和巩固海外大庆发挥了重要作用。截至2015年底，二期工程已建成$90 \times 10^8 m^3/a$产能，累计原料气产量为$101.4 \times 10^8 m^3$，向中亚天然气管道输送$97 \times 10^8 m^3$商品气，节约标准燃煤$2505 \times 10^4 t$，减少CO_2排放$4385 \times 10^4 t$，粉尘排放$34 \times 10^4 t$，

SO_2 排放 48×10^4 t，经济效益和社会效益十分显著。阿姆河天然气项目的成功运行，在加强中土两国能源领域合作、加深中土两国人民感情、改变中亚区域能源政治格局等方面产生了重要作用。本项目攻关成果直接支撑了阿姆河右岸天然气项目二期产能建设，对阿姆河盆地盐下台地—起伏状缓坡礁滩气藏开发和国内外类似气藏的高效开发具有重要指导意义。

7. 油气行业 3D 打印技术

3D 打印技术也称增材制造技术，是通过添加材料直接从三维数学模型获得三维物理模型的综合制造技术，集机械工程、计算机辅助设计、逆向工程技术、分层制造技术、数控技术、材料科学、激光技术于一身，可以自动、直接、快速、精确地将设计思想转变为具有一定功能的原型或直接制造零件。近年来，3D 打印技术迅速发展，目前已在航空航天、医疗器械、工业设计等领域得到了广泛应用。油气行业由于涉及的设备、部件众多，且定制化、标准化、模块化趋势明显，因而与 3D 打印技术具有较好的契合点，海外各大油服公司纷纷将其引入设备、部件的设计和生产，在提高生产效率、增强设备性能及降低成本等方面发挥了重要作用。同时，其未来发展也面临着规模不经济、材料性能不足及行业标准不完善等方面的挑战。

1）3D 打印技术在油气行业应用的优势

（1）提高生产效率，降低用料成本。

3D 打印作为一种"增材制造"（Additive Manufacturing）技术，可实现产品的快速、一体化成型制造，与现有的制造加工技术相比，成本和制造时间显著减少。斯伦贝谢公司将 3D 打印技术用于制造一种检波器外壳，其质量和体积只有传统制造技术的 30%；贝克休斯公司利用 3D 打印技术将一种测井仪器中原本为两个的部件合二为一，使其制造时间缩短了 65%；哈里伯顿公司利用 3D 打印技术制造了一款新型的液压集成块部件，具有精巧的外形和复杂的内部结构。若采用传统制造方法，需在部件表面大量开孔，不仅加工难度增大，而且会产生废料，造成浪费。

（2）增加设计自由度，提高设备性能。

传统的制造技术受生产工具及工艺所限，产品的形状及精度会受到很大限制。3D 打印技术能够生产在传统制造工艺下无法实现的具有复杂形状和较高精度的产品，使工程师们获得前所未有的产品设计自由度，贝克休斯公司井下流体分析工具的除砂筛管和 LWD 设备的声波接收器就是其中的代表。利用 3D 打印技术，除砂筛管中的金属筛网壁厚可低至 100μm，能够大幅度提高其过滤效果（图 22）。LWD 设备的声波接收器原本的设计完全是基于生产便利性的，所有探针都呈直线型且垂直于面板，这样可以减小其组装及焊接难度。3D 打印技术使得工程师们可以基于声波的传播特性，对每根探

图 22　贝克休斯公司井下流体分析工具的除砂筛管

针的形状及总体排列方式进行优化设计,极大地提高了声波接收器的准确性和灵敏度。

(3)革新供应链,降低运输仓储成本。

3D打印技术降低了一些零部件生产的门槛,减少了总装生产商对于零部件供应商的依赖。生产商可以直接在仓库内利用3D打印技术按需生产零部件,从而减少运输及仓储成本。目前,GE公司的石油和天然气部门已经成功利用3D打印技术生产出了用于制造燃气涡轮机的油料喷嘴。在不久的将来,GE公司有望重塑其供应链,并对其零部件生产地按需选址。

2)3D打印技术在油气行业的应用案例

(1)海底管道。

Magma Global公司利用3D打印技术和PEEK树脂材料生产了目前世界上最长的海底液压管道(图23),其长度达到了10000ft,可以连接到墨西哥湾最深的井。该管道与传统的钢管相比强度更高、重量更轻,并具有较强的抗腐蚀能力,可以应对海底的复杂环境。由此,作业者可以使用规格更小的供给船、更轻便的系泊缆及其他费用更低的配套设备,从而大大减少了作业费用,降低了海上油气开发的门槛。

图23 利用3D打印技术生产的海底液压管道检测图

(2)PDC钻头。

BlueFire公司利用SolidWorks软件开发出了一个高度复杂的钻头设计,下一步将通过一家得克萨斯的3D打印公司进行制造。为了使钻头在页岩、砂岩、石灰岩及胶黏土中都具有较高的破岩效率,BlueFire公司采用了较大的PDC切削面。为了提高钻头的清洁和冷却效率,在钻头体上设计了横向水眼。试验证实,这些设计使切削结构表面的温度降低了30%以上,大大减少了切削片的热磨损,延长了钻头寿命。为了提高钻井液的喷射速率,BlueFire公司的钻头采用了特殊设计的喷嘴排列方式,不仅强化了高压喷射的效果,还使钻头的润滑及排屑能力大幅提升。这些新颖的设计使钻头的制造难度大幅增加,采用3D打印技术不仅可以完美地实现这些高复杂度的设计,还能显著节约制造成本。另外,通过一次成型的制造工艺,能够大幅增强钻头应对极端环境的能力。

(3)3D打印数字岩心。

爱荷华州立大学的研究人员使用3D打印技术来研究石灰石储集岩中的孔隙,该项研究可以让人们更好地了解岩石中的孔隙网络,从而获取更多的石油。如图24所示,左边为3D打印的储集岩,右边为岩心的理想模型。3D打印岩心分为以下几个步骤:首先,利用CT设备扫描地下岩心,获得真实的三维数据体,即数字岩心;然后,利用专业软件提取岩石内部的孔隙、喉道即孔隙网络模型;最后,利用3D打印机打印数字岩心和孔隙网络模型。由于实际岩石中的孔洞很小,通过按比例扩大3D打印岩石及其气孔结构,研究人员能够准确地了解岩石中的气体和液体流动,然后判断如何开采。研究结果表明,利用此方法获得的数据可以对石油开采过程做出预测,并且具有较高的准确性。

图24 3D打印的储集岩(左)及岩石的理想模型(右)

欧盟研究与创新项目给予苏格兰赫尔瓦特大学能源学院研究团队300万欧元的拨款,以资助其利用3D打印技术制造先进的岩心模型,从而为油气微观渗流机理的研究打下基础。

此次申请欧盟研究与创新项目的团队超过了1900个,最后仅有16家有幸入围。赫尔瓦特大学研究团队汇集了来自工业制造、传感器及石油等多个领域的专家,他们计划利用3D打印技术制造一个直径为1in的岩心用于微观驱替实验,该岩心的特征在于:①岩心具有真实的孔喉尺寸和结构,可以最大限度地模拟油气在真实岩心中的渗流过程;②岩心在打印过程中会在特定的位置加入微型传感器,研究人员在后续的微观驱替实验中可以方便地获取岩心某一位置流体的温度、压力、流速及剩余油分布状况等信息,从而有助于建立更为准确的数值模拟模型;③聚合物、玻璃、金属等多种材料都会用于岩心的制造,从而有效地模拟常规和非常规地层岩心的地质特性。此外,岩心中还将加入方解石使岩心更加接近真实的地层条件。

3)3D打印技术在油气行业应用面临的挑战

(1)大规模生产不具经济性。

在少量生产复杂零部件时,3D打印技术相对于传统的制造方法有着无可比拟的优势。然而,以目前的技术水平,要提高3D打印的产量只能增加打印机数量,而打印机的价格普遍较高,此举并不可行。当对一些结构简单的部件进行批量生产时,3D 打印的经济性远不如传统的制造技术。同样,对于油气工业中经常使用的一些尺寸较大设备,使用 3D 打印也并不符合成本效益。

(2) 金属粉末性能有待提高。

目前,市面上绝大部分用于 3D 打印的金属粉末是为航空及医疗设备领域研发的,其能否经受住高温、高压、腐蚀性的井下环境考验尚是一个未知数。为此,许多公司不得不花费大量人力物力来检测 3D 打印金属产品的性能。由金属粉末制成的部件有一个重要缺点,就是抗拉强度较差,无法长时间承受较大的拉伸力,因而严重制约了其使用范围。

(3) 业内缺乏统一的技术标准。

放眼整个 3D 打印领域,尚没有一个权威的行业标准对其原材料、设计流程、产品质量等进行约束。致力于 3D 打印产品研发的各大油服公司目前也都处于各自为战的局面,这对于其在石油行业的推广应用是极为不利的。

(三)油气田开发技术展望

2016 年国内外油气田开采领域出现了许多新的技术,具有很好的技术发展前景,有效地推动了全球油气田开发行业的发展。未来的油气发展仍将围绕老油田挖潜和压裂改造等主体技术,非常规油气资源开发技术变得越来越重要。

1. 提高采收率技术是获得产量的主要途径

随着常规原油产量的下降,需要通过其他途径获得原油以满足能源需求。采收率是衡量油田开发水平高低的一个重要指标,提高采收率是油气田开发永恒的主题,随着油气田开采年限的增加,常规原油产量不断下降,提高油气采收率技术一直是各国获得更多原油产量的主要途径。微生物的活动会提高原油的流动性,进而提高水驱后油藏的产量,成本低、见效快,能够起到增加产量、提高采收率和延长油田经济寿命的作用,为接近经济极限的水驱成熟油田提供了开采这些剩余油的经济有效的办法。

2. 绿色低成本是压裂技术的新趋势

在传统的压裂作业中存在很多令人困扰的问题:压裂泵及其阀门阀座很容易发生故障,支撑剂未到达预定位置就发生沉降,消耗大量淡水资源,产生大量废水等。针对这些问题,油气行业内各大公司进行了大量的研发和应用,绿色低成本成为压裂技术的新趋势。新的压裂系统可使桶油成本大幅降低,延长压裂泵的使用寿命,有效降低石油公司的资本支出。压裂水循环利用技术极大地减少了淡水用量,降低了压裂作业的成本,有效降低了环境污染。

3. 新能源用于油气开发前景广阔

传统的重油开采经常需要燃烧大量的天然气来生产高温水蒸气,注入油层提高采收率,这样做会消耗大量的天然气资源,同时产生严重的碳排放,污染环境。在重油蒸汽驱中,高达 60% 的成本来自购买用于生产蒸汽的天然气。利用太阳能进行重油开采无疑是一项节能、降本、环保的良策,给稠油提高采收率带来了新的发展方向。将新能源运用于油田开采中,可以优化油田开采策略,大大提高资产价值。

4. 3D 打印技术在油气行业大有发展

鉴于 3D 打印技术在油气行业所展示出的独特优势,有望在未来得以快速发展。据预测,未来 10 年内,油气行业在 3D 打印领域的年投入将从 2015 年的 0.358 亿美元增长至 14.18 亿美元,发展潜力很大。未来有望在以下几个方面获得广泛应用:(1)结构复杂,在传统制造工艺下无法实现或需要多种常规工艺组合加工的地面装备零部件,如具有复杂型腔结构的各种阀类零部件及多孔过滤或流线型设计的零部件等;(2)材料昂贵、需求量少、定制化要求高的设备及零部件,如测井、完井工具中的关键部件;(3)体积小、装配复杂、安全可靠性要求高的设备及零部件,如连续油管。

三、地球物理技术发展报告

近两年,受低油价影响,地球物理行业受到巨大冲击,但是物探技术创新更加坚定行业信念,通过技术进步,实现油气勘探开发降本增效。2016年以来,在前两年技术创新发展的基础上,物探技术应用稳步推进,节点采集、衍射波成像技术的商业化应用、全波形反演技术与偏移成像技术应用、微地震监测技术应用都取得重大进展,大数据、人工智能技术在地球物理行业崭露头角。

(一)地球物理行业新动向

地球物理行业受油价下跌的影响遵循"乘数效应",在能源产业链中地震行业成为最先被削减、最后被恢复的行业。尽管地震服务价格下降,地震数据在整个勘探环节中已经相当廉价,但是油公司勘探意愿降低,基本不会大量投资新勘探目标,而是选择优化当前资产,利用地震老资料进行重复处理,用修井代替钻新井,提高现有资产的产能。物探公司股票价格下跌,市值大幅缩水,融资变难;地震队伍作业数量下降,人员与设备大量闲置;物探公司收入和利润下滑,资本支出减少;物探公司自由现金流不足,经营风险增加。

1. 地球物理市场规模和物探公司收入双降

从全球可统计主要物探公司历史规模变化情况来看,2013年物探市场规模达到了历史最高峰的180亿美元。据 Spears & Associates 公司报告统计,自2014年开始,地球物理装备与服务市场规模持续下降,物探装备与服务市场规模为164亿美元,相比2013年降低5%。受低油价影响,2015年和2016年市场规模分别降为112亿美元和73亿美元,降幅分别为32%和35%,如图1所示。3年之内,物探市场价值工作量急剧缩减50%以上。2017年,全球油服市场逐渐回暖,但是物探市场仍旧不容乐观,市场规模进一步下降到68亿美元,降幅7%。主要物探技术服务公司股票大幅下跌,收入大幅萎缩,陷入严重亏损,市值大幅缩水,融资变难,多家中小公司倒闭。

图1 物探技术装备市场规模及变化率

2. 物探市场作业能力严重供大于求

物探市场是一个有限市场,过去20年间,可招标市场的最大规模仅为90亿美元。物探市场长期供过于求,25%左右的闲置率是常态。但此轮油价下跌以来,闲置率已经高达60%以上。陆上采集市场产能严重过剩,大型项目减少,陆上大型采集项目的投资需求或欲望减弱。CGG、PGS等行业内老牌的大物探公司退出或压缩陆上采集业务,部分以陆上业务为主的公司破产。深海采集市场惨淡经营,深海油气项目投资大、周期长,成为油公司削减投资的首选。受此影响,3年来行业内有将近一半的3D地震勘探船冻结或退出市场。2012年的高峰期物探市场有65艘地震勘探船,2016年市场上仅剩35艘3D地震勘探船。大量深海地震勘探船只快速退出市场,市场供给量开始大幅下降,并且深海船只服务日费从高峰的30万美元跌到15万美元,物探公司只能通过加大多用户项目投资来维持其所有地震勘探船的日常运维,如CGG公司将仅剩的5艘船全部用于多用户作业。

3. 多用户业务成为当前环境下的重点业务

低油价下多用户业务更受油公司青睐。由于油公司减少了勘探投资,终止了很多地震勘探活动,合同业务受到严重冲击,合同市场萎缩导致国际大型物探公司被迫增加多用户投资,WGC、CGG、PGS、TGS等公司都在积极运营多用户业务,全年多用户市场的前期融资和后期销售都略有增长。WGC公司在墨西哥湾的Revolution项目已经开展了6年多,2016年9月再次开始了XII期和XIII期勘探,此次勘探与TGS公司合作,在Green Canyon等多个地区进行7150 km^2 的宽方位、大偏移距3D地震数据采集。CGG公司也在墨西哥湾地区进行了大规模的多用户业务,同时开展了地震数据再处理业务。在当前市场环境下,各公司收益严重亏损,TGS公司由于没有船队,凭借多用户业务优势,是当年唯一一家盈利的海外物探公司。Polarcus公司与TGS公司签署合作协议,利用Polarcus公司的船队和TGS公司多用户业务优势,联合开展多用户地震勘探研究,到2017年底将完成超过10000 km^2 的3D地震数据采集。

4. 中国石油地球物理行业由大变强

在连续低油价形势下,中国石油东方地球物理公司通过技术创新、降本增效,公司实现了整体不亏损并自由现金流为正,经营业绩和产能规模保持全球行业领先水平。其研发的陆上低频可控震源、"两宽一高"地震勘探配套技术已赶超CGG、INOVA、WGC等公司,建立了行业的新标准,成为全球陆上勘探作业能力第一位的公司。

在2016年第86届勘探地球物理学家协会(SEG)年会上,中国的石油地球物理技术服务企业成为展会上的重要支柱。中国三大油公司的物探专业均设置了大规模的展台,两家民营企业恒泰艾普公司与潜能恒信公司也在显著位置设置大型展台。此外,年会还专门针对中国地球物理技术进展首次举办了"中国应用地球物理新进展"专题分会。来自中国石油勘探与生产分公司、东方地球物理公司、中国石化石油物探技术研究院、同济大学、中国科学院地质与地球物理所及著名民营企业的代表,分别就中国石油地球物理新进展、未来发展展望与面临的挑战做了相关报告,并报告了诸如反演成像技术、定量解释技术高性能计算技术等行业关注热点。本届年会展会及专题研讨会折射出中国地球物理技术的快速进步与发展,以及国际地球物理行业对中国地球物理技术发展的高度认可和期待。

(二)地球物理技术新进展

近两年地球物理行业受到低油价的巨大冲击,在技术研发方面并未推出革新性的重大新技术、新装备,主要集中在软件平台的不断完善更新、降本增效采集技术探索、各类偏移成像技术方法的深入研究,以及定量解释技术的应用等方面。

1. 地震装备及软件新进展

1)无缆节点装备与光纤传感器备受关注

近两年,无缆节点仪器的市场份额逐年上升,受到业界广泛关注。2016年第86届年会上除了Sercel、FirefieldNodel等主要装备供应商展示了其无缆节点仪器外,一些小公司也推出了各具特色的无缆节点仪器,其中最值得关注的是GTI公司推出的新一代地震技术,以及NRU-1CTM单道节点系统和ADS V3布设系统(图2)。NRU-1CTM是一个独立的自动节点记录单元,记录单道24位地震信号,电池与检波器可以内置或外置,采用综合的高灵敏度定位装置GNSS/GPS,电磁无线电数据下载。ADS V3自动布设系统用于NRU-1CTM节点布设,通过高精度的GPS定位,将NRU-1CTM系统垂直插入地面,具有良好的耦合效果。ADS V3系统能够一次性布设48个NRU-1CTM节点系统,大幅提高了生产效率。

图2 NRU-1CTM单道节点系统和ADS V3布设系统

此外,光纤传感器具有抗高温高压的优势,在井中布设永久光纤系统进行地震监测,既可用于常规地震数据采集,也可进行微地震数据采集。Paulsson Inc. 公司展出了OpticSeis耐高温高压井下光纤地震阵列,可以包含1000级3C传感器,每个传感器包含3个道(3C),用来接收来自3轴方向的声波信号,其温度、压力指标分别达320℃和30000psi。

2)推出新型环保震源

GPUSA公司正在研发井下分布式地震震源(以下简称DSS)和海上地震震源两种新型震源。DSS可以显著降低成本和减少对环境的影响。单个DSS震源质量约为16kg[图3(a)],据一家大型的石油公司测试分析,DSS震源组合输出的有效能量比一个40000lb的可控震源车还要大,而且成本仅占到总成本的2%~3%。DSS震源配置的高性能数字加速度计能提供实时数据质量监控和初步处理功能,采用液力耦合设计,不需要使用夹子,并且能有效减少井筒波。

GPUSA 公司研发的海上震源系统[图3(b)]外壳是一个汽车轮胎,里面密封有一个直径为24in的传感器和一个功率能达到6.3hp❶的马达,该震源激发频率范围为0~100Hz,扫描长度范围为3~30s。这款革命性的海上震源系统输出的能量也比常规气枪震源要大,且对环境的影响要比气枪震源小得多。而常规气枪震源由于对海洋哺乳动物的影响广受环保人士的诟病。

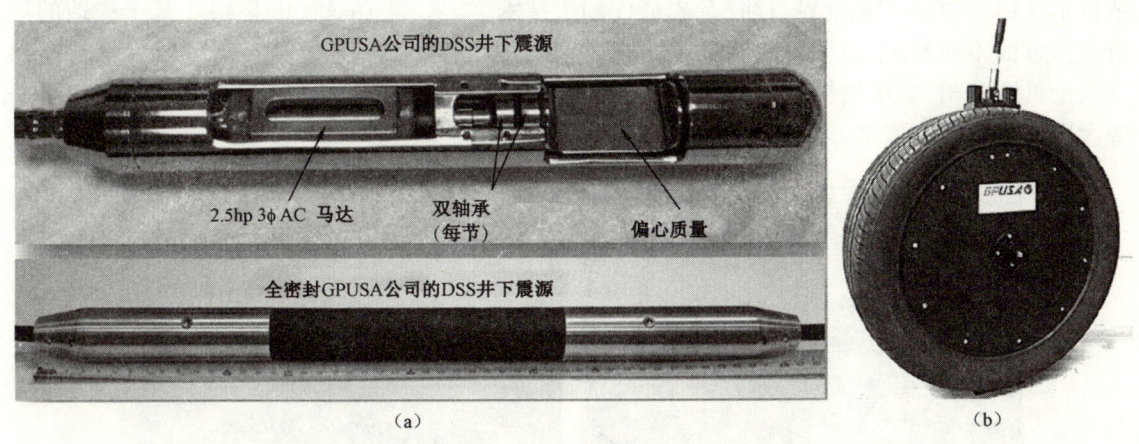

图3 GPUSA 公司井下地震震源和海上地震震源

3) 软件系统不断朝着多学科协同、地质工程一体化的方向发展

软件系统不断朝着多学科协同、地质工程一体化的方向发展,CGG 公司重点推进集成各项软件产品的 GeoSoftware 一体化软件系统,并推出了与伍德麦肯锡公司联合开发的 EV^2 勘探评价平台,该平台目前包含了全球100多个盆地的资料。帕拉代姆公司和斯伦贝谢公司也不断完善一体化软件平台,一些小公司的地震解释软件产品不断升级,朝着更兼容的方向发展,在定量解释和油藏描述方面不断完善。

CGG 公司的 GeoSoftware 软件平台完成了升级与集成,推出了一系列新的软件产品,包括 Jason 9.5、HampsonRussell 10.1、InsightEarth 3.0.2、PowerLog 9.5、EarthModel FT 9.5 和 VelPro 9.5,涉及地质、油藏描述等多学科领域,形成综合的产品组合。升级后的 GeoSoftware 平台涵盖了地球科学各个领域,包括地球物理学、地质学、岩石物理学、地质力学以及油藏工程,由于集成了各学科最新版的软件与先进技术,进一步完善了地震—油藏模拟工作流程,建立了专有的石油技术平台,为油公司提供全新的视点,有助于降低钻探风险,提高采收率,延长油田的生命周期,解决复杂油藏开发带来的难题。

斯伦贝谢公司推出了2016版 Petrel 软件平台,最新版的平台增加了时移地震分析功能,提供油藏监测工作流程。在一个工具包中融入了与油藏监测相关的定性与定量解释4D工作流程、工具与处理程序。油藏弹性建模技术能够生成用于油藏生产的弹性参数,如孔隙度、压力、流体饱和度等,从而分析油藏动态、静态属性。此外,斯伦贝谢公司与 Ikon 公司合作,在2016版 Petrel 中增加了定量解释模块,建立综合的定量解释工作流程。

---

❶ 1hp = 745.7W。

帕拉代姆公司推出了 Paradigm 2016 软件平台,最新版的平台增加了多项新功能:首先,SKUA – GOCAD 软件在其专利技术 GTR 技术的基础上,完善了地质建模功能,开发了高保真建模程序;其次,增加了 Geolog Monte Carlo 不确定性分析功能,能够对高造斜井与水平井数据进行精确的岩石物理分析。最重要的是新版平台在 Earth – Study 360 全方位深度成像软件中增加了衍射成像方法,为高精度地震数据解释提供依据,减少了解释中的不确定性(图4)。这项技术获得了 2016 年《世界石油》杂志最佳勘探技术奖。并且 Geodepth 模块在基于构造的层析成像方面不断改进,能够完整地进行速度模型与地质模型的升级。Paradigm 软件平台能够与斯伦贝谢公司、哈里伯顿公司及其他第三方软件兼容,并开创了 RESQSL 支持功能,朝着开源大数据分析不断发展。

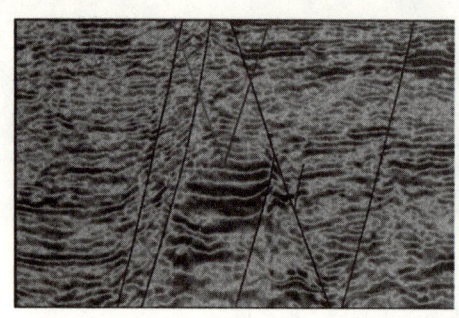 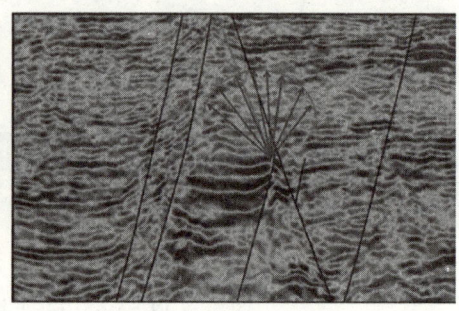

图4 基于射线的振幅谱能量和衍射能量

4)基于大数据、云计算的一体化软件平台是发展的必然趋势

面临油气勘探开发日趋复杂的需求与地震勘探采集技术进步带来的挑战,油气地震勘探呈现出采集处理解释一体化的发展趋势,以及海量地震数据管理和超大规模并行计算问题对油气勘探软件架构提出的新挑战,从而对地球物理勘探软件平台提出了更新换代的要求。

中国石化地球物理公司的 π – Frame 地震勘探软件平台是国际地球物理业界第一个基于 Hadoop 大数据技术体系构建的大型地震勘探软件平台。面向大数据时代油气地震勘探技术发展与应用需求,采用面向海量地震数据高效管理、超大规模并行计算和地震处理解释一体化三大设计理念,实现了海量数据高效管理与快速存取、异构并行计算框架、大规模并行计算作业及工作流引擎、二维与三维图形交互应用框架等功能,支持勘探开发多学科数据的一体化管理与应用,为地球物理应用软件提供了先进的集成开发环境与生产应用环境。

2. 地震采集技术新进展

1)宽频技术应用仍是研究热点

近两年 SEG 年会的"技术进展与发展方向"专题分会均有关于宽频技术的报告,第86届 SEG 年会专门举行了宽频技术专题分会,重点介绍了俄克拉荷马州陆上宽频地震技术、挪威海上宽频地震技术应用进展,以及海上宽频地震采集处理中各种去除鬼波的方法。此外,PGS 公司重点介绍了宽频数据定量解释的应用进展,Apache 公司重点介绍了宽频地震数据对解释工作的重要意义。

2)节点技术将成为未来海上时移地震技术发展重点

近几年,节点地震采集技术取得了巨大的发展,在陆上采集中节点地震采集的平均生产效率是常规电缆地震的两倍多(图5)。节点采集技术逐渐成为海上时移地震的重点,主要内容包括海底节点的布置、传感器设计等。

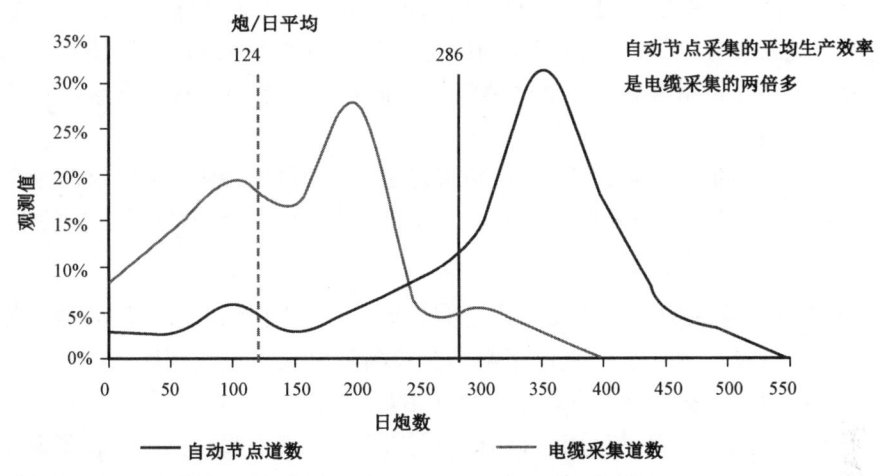

图5 节点采集与常规采集时效对比

对于海洋时移地震而言,研究热点主要集中到了海底节点的研究上。Kanglin Wang 等研究了检波器密度和节点位置非重复性对于时移数据质量的影响。研究表明,不规则的节点配置能取得更好的效果。InApril 公司在水深超过 3000m 的 Caspian 海,完成了 Venator 新一代海底节点系统的首次商业测试。InApril 公司是挪威一家地震装备制造商,其开发的 Venator 节点系统采用灵活的缆绳布设方式(node - on - a - rope),布设与回收速度超过业内常用的 RAU 布设,因此能够有效节约勘探成本。尽管这个产品尚未规模化应用,但是具备强大的竞争优势,具有良好的发展前景。

3) TopSeis 地震采集技术改善浅层油藏成像效果

TopSeis™ 技术通过将震源布设在检波器排列上方进行数据采集,是业内领先的用于改善浅层油藏成像效果的技术方案,在巴伦特海/挪威大陆架的勘探开发中取得重大技术进展。

双船拖缆地震技术需要两只地震勘探船,同步操作。这种技术与常规拖缆采集的不同之处在于其震源拖缆在检波器拖缆之上。双船拖缆技术反射信号强度是常规拖缆采集强度的 10~15 倍,可有效提高资料精度,比常规采集更具成本效益,是业内首项用于改善浅层油藏成像效果的宽频采集技术,可解决常规拖缆采集近偏移距缺失引起的成像质量问题,并含有更为丰富的方位角信息,有利于对深层、高陡构造、各向异性岩体进行成像。

3. 地震处理解释技术新进展

1) 全波形反演技术仍是行业研究热点

全波形反演是地球物理方法发展的方向。在第 86 届 SEG 年会上举行了 11 场全波形反演技术报告会,研究方向从数据域的全波形反演到成像域全波形反演;从常规到层析成像全波形反演;从声波方程到弹性波方程全波形反演,覆盖范围十分宽广。

目前,全波形反演的挑战主要集中在解决周波跳跃和非线性限制方面。Zhang Sanzong 等提出了用成像域的目标函数代替数据域的观测数据和正演数据误差函数与速度的非线性性,新目标函数的梯度函数是常规全波形反演(FWI)与微分相似优化(DSO)梯度函数的结合,可以较好地避免周波跳跃。Pawan Bharadwaj 提出了多目标函数约束加入常规最小二乘法反演过程中,减少对初始速度模型精度的依赖。Michael Warner 等通过低频下移法重建地震低频信息来降低周波跳跃效应。鉴于全波形反演的数据与计算效率限制,业界还发展了一些速度反演算法作为补充,Sangmin Kwak 等提出了频率域同伦算法反演,不需要迭代直接解决真实模型与初始模型的差异。

从物探国际年会的报告中可以看出,层析成像的弹性波动方程全波形反演是全波形反演的未来发展方向;全波形反演技术应用于时移地震的油气藏及注气监控是下步的发展方向。

2) 全走时反演技术研究取得进展

目前,叠前深度偏移成像是解决复杂构造储层地震成像问题的关键技术,研究适用于叠前深度偏移的速度分析及反演方法一直以来都是业界高度重视的热点问题。沙特阿美公司提出的全走时反演技术(FTI)是基于波动方程完全利用走时信息的全自动反演技术。这里"全"是指完全依赖于走时信息的全自动反演。该方法可排除波形或振幅对波动方程走时信息反演的干扰,使得速度反演技术在实用性和稳定性上均得到了明显改进。FTI 技术有以下特点:(1)全自动,不需要人工或自动拾取走时;(2)对起始速度几乎没有什么要求;(3)没有周期跳频的问题;(4)能抗各种振幅误差的干扰;(5)不要求数据中有超低频分量;(6)完全基于波动方程,遵循有限带宽的物理过程,按波路径进行反演;(7)可以用于透射波、回折波和反射波;(8)在数据域和成像域都可以实现。

全走时反演技术是一项全新的反演方法,目前尚未得到实际数据的充分检验。但是,这种方法的提出开创了速度分析方法新思路,克服了全波形反演和传统波动方程速度分析方法(例如,DSO、TFWI 和 AWI)中存在的核心问题,具有良好的应用前景。

3) Q 层析与 Q 补偿偏移成像技术应用新进展

所有地震信号在地层传播过程中能量都会自然衰减,传播距离越长,衰减越严重。随着传播路径加长,高频信息衰减比低频信息更加严重,导致大偏移距、深层地震勘探中低频信号支配着振幅谱,造成深层剖面的分辨率降低。在某些地质条件下,尤其是含浅层气及天然气水合物的地层,地层衰减对地震成像会有明显的、较强的影响,导致地震成像质量降低。通常能量的衰减程度可根据地质类型用质量因子 Q 来表示。计算衰减并进行补偿已成为地震数据处理中的一部分。3D 地震勘探通常用 Q 层析与 Q 补偿偏移成像方法进行衰减补偿,这种方法同时考虑了偏移距和传播路径两个因素。

CGG 公司开发了 Q 层析与 Q 补偿偏移成像方法,并建立了相应的工作流程。CGG 公司开发的 Q 成像软件产品主要包括:基于频率峰值位移法的 Q 层析成像,以及克西霍夫偏移、TTI 逆时偏移等各种 Q 补偿深度偏移算法(Q – PSDM),并发布了一系列世界各地的研究实例,强调了 Q 成像技术的应用效果:在东南亚地区进行了气藏成像与浅层地质灾害描述,在北海和澳大利亚西北大陆架提高了地下构造成像分辨率。图 6 对比了澳大利亚西北大陆架常规叠前深度偏移(PSDM)成像与 Q 补偿叠前深度偏移(Q – PSDM)成像结果,可以看出 Q – PSDM 方法明显提高了深部构造成像分辨率。随着海上宽频拖缆采集技术的发展,有效去除了数据中的鬼波,去除了频谱中的陷频影响,有效拓宽了海上地震数据频宽(2.5 ~ 200Hz),这令与频率相关的衰减效果更加明显。因此，CGG公司将Q层析和Q补偿偏移成像作为宽频数据处理中的重要部分，利用Q补偿技术进行成像，有效恢复吸收衰减降低的数据分辨率。

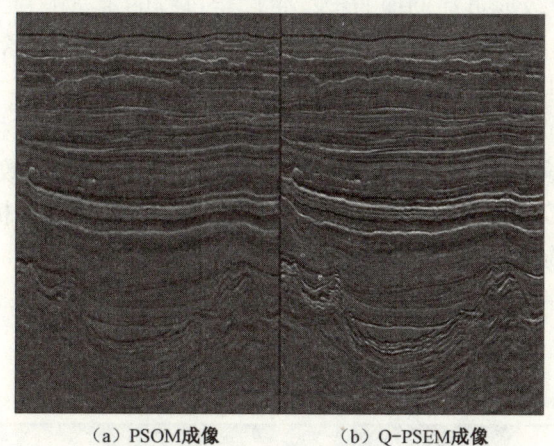

(a) PSDM成像　　　　(b) Q-PSEM成像

图6　CGG公司在澳大利亚西北大陆架进行的常规PSDM成像
与Q-PSEM成像结果对比

4）地震衍射成像技术实现商业化应用

随着对解释精度要求的不断提高，并获得更精确的储层信息，获得精确的高分辨率地质特征描述，尤其是断层、天然裂缝及小尺度构造，成为油公司的战略需求。与高分辨率地质特征（如小断层、地层边界及非均质储层）有关的能量以衍射波能量记录下来。尽管衍射能量的信息编码有助于解释储层划分、渗透率等属性与性能，但是这些信息通常被强反射能量信息掩盖，或在叠加等常规的地震资料处理与成像流程中被强制去除。如果将波场分解为反射能量和衍射能量，用衍射能量补充传统的构造解释流程，可产生精确的、高分辨率的高精度构造结构，用于储层预测、生产决策及油田开发的风险管理。

帕拉代姆公司开发了新的成像方法，建立了全方位衍射成像工作流程。这套地震衍射成像流程首先成功记录并分离衍射波，保持完整的数据记录，然后对每个成像点进行全五维波场分解，进行点衍射射线追踪运算，成像点的各个方位都发出相等的射线；生成一组带数据同相轴成像的入射和散射射线对，并分解成两个全方位角道集；在局部角度域分解入射角与反射角，将分解后的所有角放在一起进行处理和解释。

这套衍射成像方法已经编入帕拉代姆公司EarthStudy 360®软件系统，并实现了商业化应用。这种衍射成像方法已经成功用于巴奈特页岩和其他常规断层、裂缝性油藏，获得了详细的断层信息，改善了储层解释精度。衍射成像方法能够获得丰富的储层信息，提高了断层、裂缝及不连续构造的解释精度，能够有效支持开发决策与风险管理。

5）地震数据解释技术进入大数据时代

近两年定量解释工作流程不断完善，在油藏静态描述方面取得很大进步。地震解释技术进入大数据时代和交互式QI工作流程发展方向引起关注。斯伦贝谢公司Petrel软件系统定量解释模块增加了地震孔隙压力模拟功能，IKON等多家公司完善了定量解释工作流程，PGS

公司也推进了宽频定量地震解释技术应用研究,完善工作流程,通过全波形反演建立高精度低频模型,用于定量地震解释。流水线的定量解释工作流程真正集成了地震、测井及地质多学科数据,将常规定性解释升级成贯穿勘探、开发、生产全过程的定量解释工作流程,进一步优化油藏动态描述结果,优化生产,降本增效。定量解释工作流程的不断完善推动油藏静态描述快速发展,加速油藏地球物理朝着勘探、开发、生产全周期应用迈进。

地震属性是识别地质特征的重要因素,但是在初始数据中无法直接显示,需要进行大量的数据分析。地震属性包含的大量信息构成了"大数据",如何快速有效进行地震属性分析成为地震解释的一大挑战。Geophysical Insights 公司建立了一个大数据分析解释流程,采用机器学习方法对墨西哥湾地震数据的 18 个地震属性进行了大数据分析,取得了较好的应用效果。解释结果用 2D 彩图显示神经单元,清晰描述地质特征(图7)。

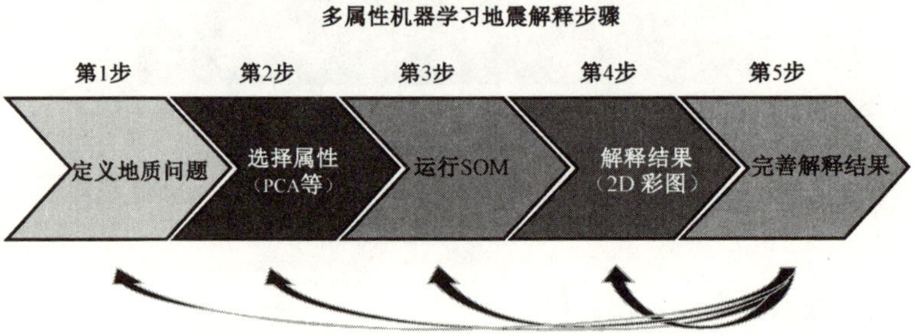

图 7 多属性机器学习的大数据解释工作流程

4. 油藏地球物理技术新进展

处理解释和油藏板块受行业形势影响变化的程度相对较小,2014 年以前基本保持上升势头,但本轮低谷中同样遭遇重创,2015 年比 2014 年下降 21.5%,2016 年进一步大幅下滑,这也说明本轮低谷对物探行业的影响是前所未有的。处理解释和油藏市场具有高技术、高效益和轻资产的"两高一轻"基本特征,这使其成为大物探公司转型升级的首选方向,如 CGG 公司的目标是到 2020 年 GGR(地质、地球物理与油藏)业务的比重占到 60%,公司整体向提供综合一体化解决方案的地球科学公司转型。

1)用微地震方法监测诱发地震受到业界关注

微地震监测技术应用稳步发展,进行微地震监测的井数量也从 1% 升到 5%。受在低油价影响,微地震监测技术应用也有所减少,但是微地震进行"甜点"预测、微地震成像与地质力学、震源机制研究、用微地震进行诱发地震监测研究稳步推进,尤其在美国,微地震进行诱发地震监测引起关注。

壳牌国际勘探开发公司提出一种新方法,用于定位及反演水力压裂作业中微地震震源机制,以及用全波形反演方法监测常规油藏勘探中的诱发地震。

2)闭环油藏监测框架建立动态综合地质模型

像大多数地球学科一样,时移地震(4D)不是一个精密学科,因此在勘探之前通常进行可行性研究,利用多学科数据建立正演模型。斯伦贝谢公司提出了一种闭环油藏监测框架方法,用于高保真 4D 地震正演模拟。利用这个重新定义的闭环油藏监测框架,可以通过定量方法模拟预期的地震响应。早在2000年就提出过闭环方法,但当时这种方法的计算成本太高,而没有用于4D勘探中。随着计算机技术进步,基于测井和岩石物理的模拟方法与基于地震数据的模拟方法在生产中普遍应用。

斯伦贝谢公司重新定义的闭环油藏监测框架,能够模拟真正的4D响应,在模拟中涵盖了上覆层、下伏层和围岩等。这种模拟方法考虑了油藏的动力分量,如流体的各类属性、流体流动特征、油田的开采史、压力分布等,同时还要考虑到由于开发引起的压力变化。此外,这种模拟将地质、储层改造和油藏地质力学模型整合到地质模型中。现代的计算机系统能够支持全面的3D有限差分声波和弹性波模拟,并在模拟过程中进行弹性属性调节。图8显示了闭环模拟的工作流程,在模拟的每一步对测量数据都进行了分析和调节。

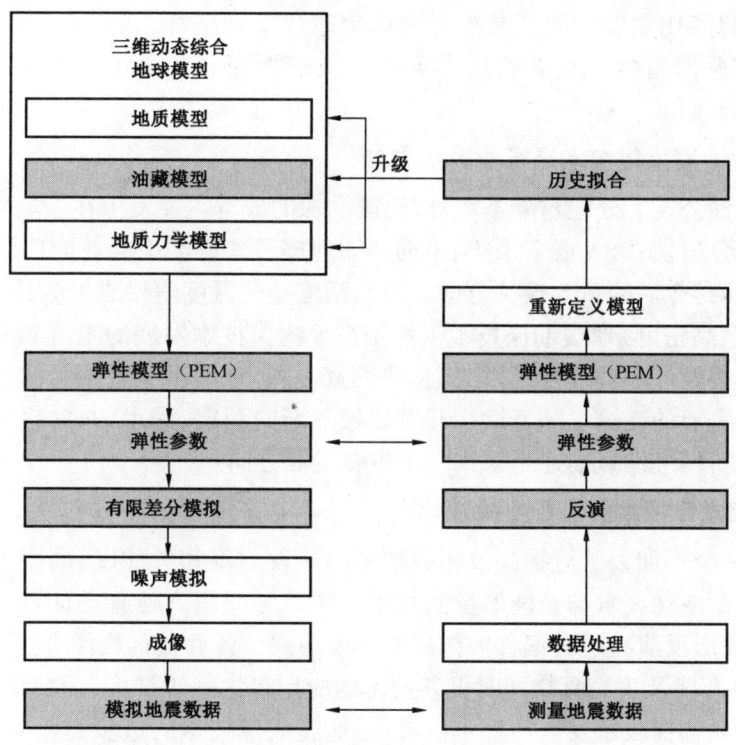

图8 闭环油藏监测框架模拟工作流程

闭环油藏监测框架通过将地质、油藏模拟和地质力学模型综合到全油田的动态地质模型中,通过弹性岩石物理模型正演模拟推导得出了高质量的弹性参数,同时利用有限差分模拟噪声,得到高保真4D信号,减少了模型误差。

(三)地球物理技术发展方向

受低油价影响,地球物理勘探行业首当其冲受到最严峻的冲击,整个行业目前处于低谷期,大批中小公司倒闭,一些公司进行了业务重组与整合,SEG年会由于储备金减少,董事会也进行了大规模裁员,并还在进一步进行战略调整。越是在这种不利的形势下,技术创新更加成为关键因素。尽管技术研发投入有所下降,但是技术创新的战略目标始终未变。低油价下,物探行业更加需要依靠高新尖技术来缩减成本、提升效率,取得新发现。地球物理技术的发展更要从解决油气勘探开发实际问题的需求出发,要以较小的代价获得较高的准确性和分辨率。非常规、深海和陆上高成本区的地球物理技术及相应装备和软件的研发与应用是今后的攻关重点。

1. 地震装备朝着轻便化、智能化、环保化发展

低油价时代,高效、灵活采集的地震装备成为必要工具。物探装备朝着无线化、轻便化、自动化和智能化发展。便携化的节点装备、轻便的光纤装备能够满足更加灵活的采集。近几年,节点装备的市场份额不断增加,陆上、海底节点装备发展迅速,海上地震震源朝着低频、高效采集、绿色化与智能化发展。为了减少对海洋生态环境的破坏,海洋可控震源、低频震源以及无人驾驶地震勘探船的研究受到更多关注。未来物探装备要进一步强化与物探软件的集成度。

2. 降本增效地震采集技术是行业发展方向

低油价时代油公司十分注重降本增效,地震勘探的成本主要发生在采集阶段,研究经济有效的采集技术十分迫切,DSA混合采集、压缩感知地震采集逐渐引起业内广泛关注。"两宽一高"地震采集技术是今后的重要攻关方向。以高精度叠前深度偏移成像为核心的"两宽一高"(宽方位、宽频带、高密度)地震勘探技术依然是当今物探技术发展的主流和方向,技术进步将更多地集中在采集设计和处理技术方法上。"两宽一高"地震采集数据为深层构造成像、精细油藏描述提供了重要的支撑。随着勘探开发领域不断向深层、深水、非常规领域拓展,利用高精度地震数据进行精细油藏描述是未来一个重要发展方向。

3. 高端精细成像技术仍是行业关注焦点

低油价下,油公司加大了对物探及相关技术的研究力度和关注度,高度重视逆时偏移、最小二乘偏移等精细成像技术与全波形反演技术的研发与应用。随着云计算、大数据技术的发展,弹性波的全波形反演与逆时偏移成像研究热度不减。各种偏移成像方法不断完善,最小二乘逆时偏移、VTI、TTI及正交晶格逆时偏移技术的应用将进一步推广,为精细油藏描述提供更加准确的依据。从物探技术发展历程可以看出,地震成像技术的进步是随着计算机技术而发展的,内存堆栈、云计算ARM阵列处理器等计算机技术的发展,将推动地震反演与成像技术发生革命性变化。

4. 物探技术加速向精细—实时—综合化发展

地球物理"大数据"时代已经来临,地球物理技术已经跨越了勘探阶段向油藏评价、油田开发与生产延伸,综合一体化地球物理技术服务是行业发展的必然趋势,以差异化特色产品和服务致力于向油公司提供一体化综合技术方案,最大限度地改进数据质量提高对油藏的认识,不断提高作业效率,降低运营成本。

5. 多学科协同一体化研究是物探业务发展方向

以高精度叠前深度偏移成像技术为核心的"两宽一高"(宽方位、宽频带、高密度)地震勘探技术成为当今物探技术发展的主流和方向。高密度超高密度数据采集、海量数据快速处理

质量控制、深度域成像和建模、多学科一体化协同综合研究是未来的发展趋势,也是未来海上和陆上勘探的主流技术。物探行业已经率先步入大数据时代,大数据一体化综合解释技术是未来的发展重点。

参 考 文 献

[1] Ma Yue, Wu Yan, Cao Lei, et al. Full traveltime inversion[C]. 86th SEG Technical Program Expanded Abstracts, 2016:5285 – 5290. doi:10. 1190/segam2016 – 13780303. 1.

[2] Cyrille Reiser, Tim Bird. Advances in Broadband Quantitative Interpretation[C]. 86th SEG Technical Program, Expanded,2016:5139 – 5143.

[3] GaliDekel, David Chase, RonitStrachilevitz, et al. Q compensation imaging in the local angle domain[C]. 86th SEG Technical Program Expanded Abstracts,2016:4430 – 4433.

[4] Rocky Roden. Seismic interpretation in the age of big data[C]. 86th SEG Technical Program Expanded Abstracts, 2016:4911 – 4915.

[5] EmrahYenier, Michael Laporte, Dario Baturan. Induced – seismicity monitoring: Broadband seismometers and geophone comparison[C]. 86th SEG Technical Program Expanded Abstracts,2016:5034 – 5038.

[6] Jeremy Boak. Patterns of induced seismicity in central and northwest Oklahoma[C]. 86th SEG Technical Program Expanded Abstracts,2016:5039 – 5042.

[7] Thierry Brizard, Jonathan Grimsdale, RistoSiliqi, et al. Will new marine seismic acquisition based on autonomous immersed receiver nodes confirm sustainable production of unrivaled field data quality?[C]. 86th SEG Technical Program Expanded Abstracts,2016:4886 – 4890.

[8] Erik Hicks, Henning Hoeber, Marianne Houbiers, et al. Time – lapse full – waveform inversion as a reservoir – monitoring tool – A North Sea case study[J]. The Leading EDGE,2016,35(10):849 – 858.

四、测井技术发展报告

近年来,测井技术一直处于平稳发展态势,每年都有若干种新型或改进型测井仪器推出。2016 年,推出的新型测井仪器包括新型核磁共振测井仪器、新型声波测井仪器、小直径过钻头声波测井仪器、小直径脉冲中子测井仪器和大直径随钻核磁共振测井仪器等。此外,还有随钻前探电阻率测井技术、超高温高压随钻测井服务、实时连续管诊断等。这些新技术的出现有助于准确开展地层解释评价工作,满足复杂油气藏勘探开发的需要。

(一)测井技术服务市场形势

Spears & Associates 公司发布的油田市场报告显示,2016 年测井技术服务市场规模降至近 10 年的最低水平,总额在 83 亿美元左右,比 2015 年的 131.8 亿美元减少 36.9% 左右(表1、图1)。其中,电缆测井技术服务市场规模约为 68 亿美元[图2(a)];随钻测井技术服务市场规模约为 15 亿美元[图2(b)]。

表1 2007—2016 年测井技术服务市场规模

年份	2007	2008	2009	2010	2011	2012	2013	2014	2015	2016
电缆测井(亿美元)	99.1	118.1	87.5	100.1	115.2	128.5	138.1	149.1	104.9	67.9
随钻测井(亿美元)	22.2	27.4	23.3	26.5	31.7	35.5	40.9	46.2	26.9	15.2
总额(亿美元)	121.3	145.5	110.8	126.6	146.9	164.0	179.0	195.3	131.8	83.1
增幅(%)		19.6	-24.8	14.6	16.3	11.7	8.3	9.1	-32.5	-36.9

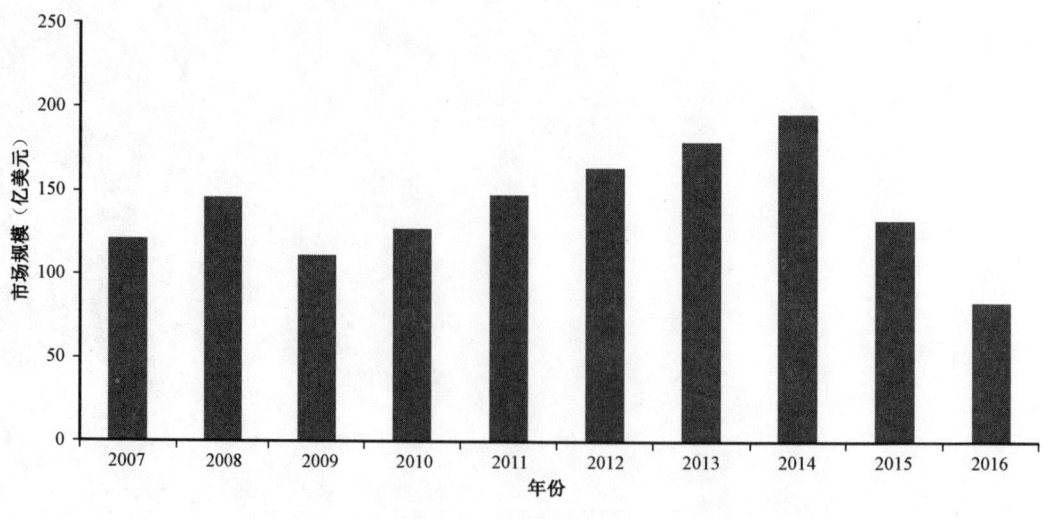

图1 2007—2016 年测井技术服务市场规模

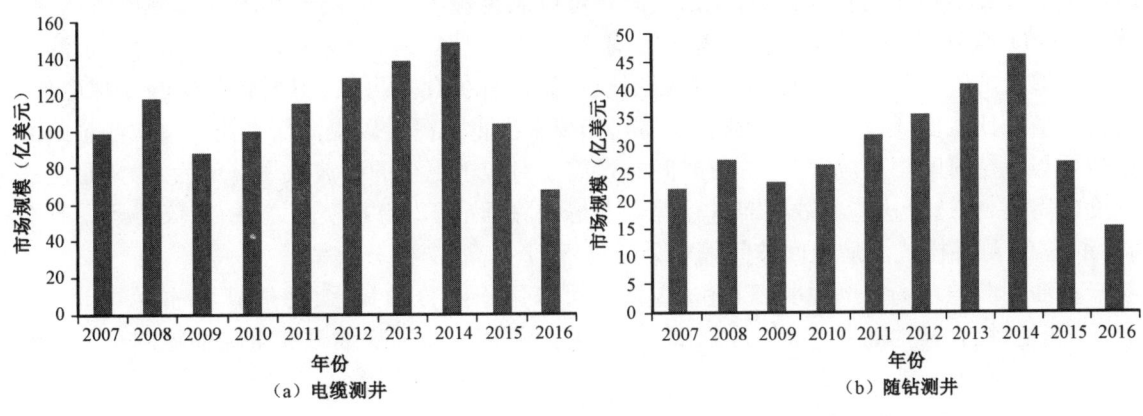

图 2 2007—2016 年测井技术服务市场变化情况

（二）测井技术新进展

2016 年，测井技术取得显著进步。在裸眼井电缆测井方面，推出了新型核磁、电阻率和声波测井仪器；为了满足深水和超深水油气作业需求，推出大拉力电缆传输系统，可在测深 40000ft 以上的复杂井况井眼中承载 18000～30000lbf 的拉力，实现高效、高可靠性的电缆作业。在随钻测井方面，随钻前探电阻率测井技术方面取得了较大进展，能够在水平井钻井过程中"看到"钻头前方地层的电阻率特性，有利于在更靠近油气藏顶部的位置钻进，降低上覆层坍塌的风险；在钻入目的层前，更准确地选择取心点；同时探测钻头前方多个地层界面，减少非生产时间，降低钻井风险和保持井眼的封固性。此外，为了适应复杂油气藏勘探开发的需求，越来越多的配套方法层出不穷，包括实时连续管诊断技术、3D 核磁共振岩心成像技术、实时流动测量仪器等，加深了对油藏及岩石与流体间相互作用的了解，利于油藏评价。

1. 电缆测井技术

1）新型核磁共振测井仪器

核磁共振（NMR）测井是唯一能够在特定条件下估算可产油气体积的测井方法。非常规油气藏对 NMR 测井提出了新的需求，即在纳米级孔隙中测量快速弛豫流体组分。为满足这种需求，斯伦贝谢公司推出了新一代 NMR 仪器。

新 NMR 仪器在硬件、固件和脉冲序列设计方面进行了创新，其固件工作速度是前一代仪器的 20 倍，利于快速采集高信噪比数据。此外，仪器采用了先进的电子元件（能够应对等待时间更短的脉冲序列）以及新的脉冲序列，极大地改善了短 T_1 和 T_2 组分的测量灵敏度，在可接受的测井速度下不仅可以完成连续的 T_1 和 T_2 测量，还大幅提高了孔隙度测量精度。仪器工作频率为 2MHz，是前一代连续测量 T_1 和 T_2 仪器的 2 倍，具有更高的信噪比，提高了对孔隙流体 T_1/T_2 反差的灵敏度。为满足非常规油气藏地层评价的需求，对 4 个脉冲序列参数（回波间隔、等待时间、回波数和重复次数）进行优化。首先，回波间隔是决定 T_2 组分分辨率、孔隙度灵敏度和信噪比的基本参数，短回波间隔可以满足短T2组分测量和提高信噪比的需要。其次，短T1组分测量分辨率需要的等待时间比前一代电缆仪器短得多。同时，至少一个测量具有足够长的等待时间，以确保在非页岩层段达到充分极化。再次，因页岩储层的孔隙度低，测量的信噪比也低，特别是短等待时间测量，需要多次重复测量以提高信噪比。每次测量的回波数要与等待时间相对应，即短等待时间测量需要对应于更少的回波数量。最后，为满足测井速度的需要，在选择这些参数时需进行综合考虑。除标准T2测井模式之外，新仪器还具有短T1和长T1测井模式。最短回波间隔0.2ms，有利于提高T2的分辨率。

重油油藏的现场实例说明，T1和T2测量可以用于区分油和水，并估算含油百分比。T1和T2测量，结合其他测井（如介电、能谱和核测井）可用于非常规油藏和重油油藏的全面孔隙流体分析。

2) 深探测横波成像测井仪器

贝克休斯公司推出新型深探测横波成像测井仪器（XMAC F1）及深探测横波成像（DSWI）处理方法，提供高质量声波数据，探测远离井眼的断层、裂缝等地质特征，有助于降低作业成本和风险，提高油气产量。仪器可以在套管井和裸眼井中使用，包括大井眼、超低速地层及高温高压井。

XMAC F1声波测井服务采用共面正交（X和Y）偶极发射器，一列4个正交接收器，实现交叉偶极测量，在低各向异性环境提供可靠的声波测量结果。这些高功率、宽带换能器具有优异的低频性能，确保采集高质量横波数据，无须频散校正，即便是在大井眼和未固结的低速地层中。即便仪器高速旋转，XMAC F1也可以快速确定横波方位。此外，仪器采用高强度隔声体，消除仪器直达波，可以通过钻杆传送方式在水平井和大斜度井中完成测井作业，确保数据质量不降低。仪器直径为3.877in，长689ft，适用井眼直径4.5~21in，最高耐温、耐压分别为177℃和20000psi。高温版仪器 Nautilus Ultra XMAC F1 的耐温和耐压分别为232℃和30000psi。

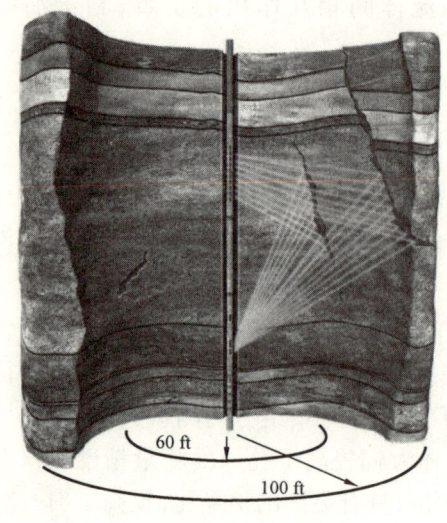

图3 仪器测量示意图

DSWI处理方法与地震处理相似，从交叉偶极横波波形数据中可以提取距井眼100ft地层的反射信号（图3），可以探测远离井眼的垂向裂缝，获取关键的油藏构造信息，利于油田开发和水力压裂设计。此外，用专有的处理方法分析交叉偶极数据，绘制常规井眼成像、地面地震无法探测的小断层和裂缝带及其与井眼距离和走向。生成近井眼区域的径向图形，观测速度变化情况，确定钻井所致地层变化的范围。

仪器测速为30ft/min，一次下井能够同时采集时差、全波单极和交叉偶极波形等各种声波数据，经处理后得到各种有用信息，诸如斯通利波慢度、渗透率指数、方位各向异性、VTI各向异性，可用于薄层分析、岩石力学性质分析、流体识别等。优化的处理流程减少了人工解释工作量，缩短了处理解释时间。

3) 紧凑型油基钻井液电阻率成像仪器

威德福公司推出的紧凑型油基钻井液电阻率成像测井仪器(COI)能够在原油、柴油或合成基钻井液所钻的井中提供全井眼、高分辨率图像。

COI 直径为 4in,有 8 个极板,每个极板上有 9 个测量片,共有 72 个测量电极,利于优化测量覆盖范围,可以在包括水平井和大斜度井的各种井中使用(图4)。新设计的叶片能够划开滤饼,直接与井壁接触。每个叶片为一个测量系统,在电阻率测量期间维持钻井液内的电稳定性。在油基钻井液井中,COI 仪器能够提供比较全面的测井信息,包括详细的构造、地层和沉积地质信息,即便在复杂的成像环境也可获得较好的成像效果。通过 Reveal 360™ 图像处理技术,可以进一步提高图像质量。Reveal 360™ 图像处理技术采用图像中的结构和构造信息,构建极板间的图像。

最近,在拉丁美洲一口直径为 8¾in 的油基钻井液井中使用 COI 和其他岩石物理测量仪器进行了测井。与其他仪器相比,COI 采集到了更优质的图像,有助于详细的地层分析和解释,降低油藏评价的不确定性,优化完井设计。

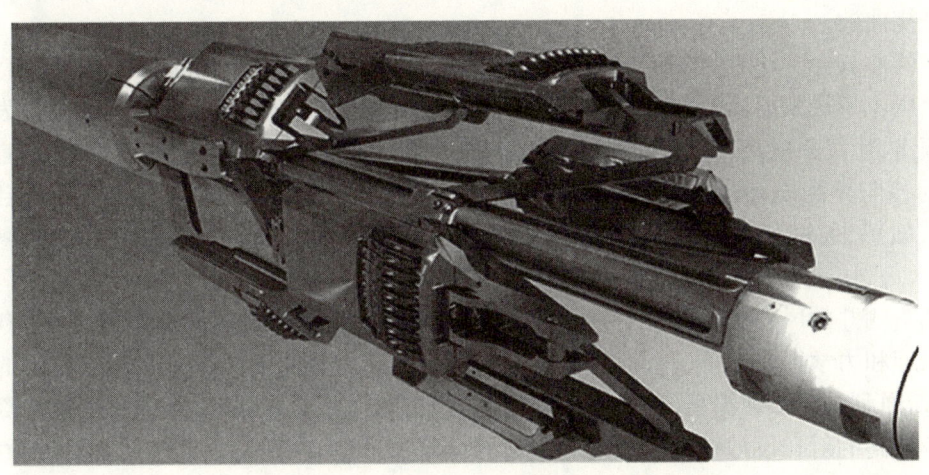

图 4　紧凑型油基钻井液电阻率成像测井仪器示意图

4) 新型声波测井仪器

哈里伯顿公司在 2015 年底推出了新型声波测井仪器——XaminerSM 声波仪器,通过高保真数据和先进的处理方法,可以较好地表征储层特征。

XaminerSM 声波仪器含 104 个接收传感器,接收器阵列长 6ft,具有业界最长的发射器—接收器间距,提供高信噪比信号。仪器具有独特的设计,消除了发射器和接收器间的耦合,同时可以与其他仪器组合使用。此外,仪器可以在高温高压环境下优化井眼压力波响应。仪器可以在弱固结高孔隙度含气砂岩到低孔隙度碳酸盐岩中提供单极和交叉偶极声波信息,获取 P 波和 S 波慢度。

交叉偶极声波用于确定快、慢横波的传播时间。另外,通过组合定向慢度数据与上覆层和孔隙压力数据,可以计算最小、最大主应力和应力场方向。

XaminerSM 声波仪器通过记录从发射器到接收器传播声波的波形,测量地震特性并分析储层特征和地质力学性质。应用包括优化完井和增长设计,降低钻井和完井风险。

该仪器可以在各种地层中使用,尤其适于在软岩石地层和大直径井中使用,克服信号衰减,精确表征地层。

5) 新型小直径过钻头声波测井仪器

完井设计对非常规油气藏水平井的有效压裂至关重要,声波测井可提供完井设计不可缺少的信息。对于水平井测井,通常靠钻杆或牵引器传送测井仪器,这会增加作业时间、成本及风险。过钻头声波测井仪器能够在水平井等各种困难井眼环境下可靠的采集声波数据,用于地层评价和完井设计。

过钻头小直径偶极声波测井仪器直径为2.125in,主要由发射器和接收器组成,能够采集单极纵波和横波信息以及交叉偶极和低频斯通利波数据。接收器部分由12个接收站组成,站间距4in。接收阵列距单极发射器70.2in,距偶极发射器78in。每个接收站由4个方位测量宽带压电传感器组成。组合4个传感器记录的信号可以获得单极波形,通过两个相对传感器间信号的差别消除单极信号,获取偶极波形。用纵向和横向(相应于偶极发射器方向)传感器组记录偶极挠曲波。

发射器部分由两组发射器和隔声体总成组成,隔声体总成用于消除来自仪器的直达挠曲波。一个压电单极发射器发射标准频率及用于斯通利波的低频脉冲。两个压电偶极发射器发射宽带频谱,用以采集高信噪比偶极数据。通过数据处理将纵波、横波和斯通利波信息转换成地层的各向异性模量,将地层划分为各向同性与各向异性。低频斯通利波对开启的渗透性裂缝较敏感,通过分析斯通利波的反射与透射系数评价裂缝,并提取有关天然裂缝的其他信息。

过钻头测井的风险较低(对水平井尤其如此),能够提供高质量的裸眼井数据,利于详细的岩石物理和力学性质评价,优化油藏表征和完井设计。美国 Eagle Ford 等油气田的应用实例证实,斯通利波波形数据可有效地识别开启的天然裂缝,这一点得到了生产测井资料的证实。产量最高的射孔段即是依据斯通利波解释结果选取的,在完井设计中结合声波数据,对于提高射孔效率和产量非常重要。

6) 大拉力电缆传输系统 MaxPull

深水和超深水油气作业面临诸多挑战,测井电缆需要适应高张力、高温、仪器串更长、更重以及供电和数据传输需求,并避免仪器遇卡。为此,斯伦贝谢公司推出 MaxPull 大拉力电缆传输系统(图5),该系统对电缆传输组件(包括 TuffLINE 30000 电缆、SureLOC 电缆释放装置、UltraTRAC 电缆牵引器、WellSKATE 电缆传输配件等)进行了优化集成设计,可在测深40000ft(12192m)以上的复杂井况井眼中承载 18000~30000lbf 的拉力,实现高效、高可靠性的电缆作业。

MaxPull 系统可承载的最大线张力为30000lbf,较传统电缆提升了43%。通过配备业内最大拉力的电缆传输系统,并与电缆牵引器配合使用,可进一步提升复杂井况中的电缆传输效果,并减少测井次数。同时,MaxPull 系统还能够在任何井眼环境下进行高效电缆传输作业,无须钻杆或连续管传送,大幅降低仪器遇卡风险,节约作业时间。

目前,该系统已在中东、欧洲、亚洲、西非、北美和南美等国家和地区的众多井眼条件下完成测试。在墨西哥湾的一口深水井中出现仪器遇卡情况,数值模拟结果显示,测井电缆拉力达到20900lbf,采用现有电缆传输系统(最大承载拉力为21000lbf)极易出现拉力超载情况,而选用MaxPull系统则可较好地完成电缆提拉作业。另外,在某口井的流体采样过程中,仪器串出现遇卡情况,通过采用MaxPull系统进行电缆承载拉力超过29300lbf的提拉作业,有效地解决了遇卡问题,并在保障储层流体数据采集成功的同时,避免了为期4d的打捞作业,节省花费超过300万美元。

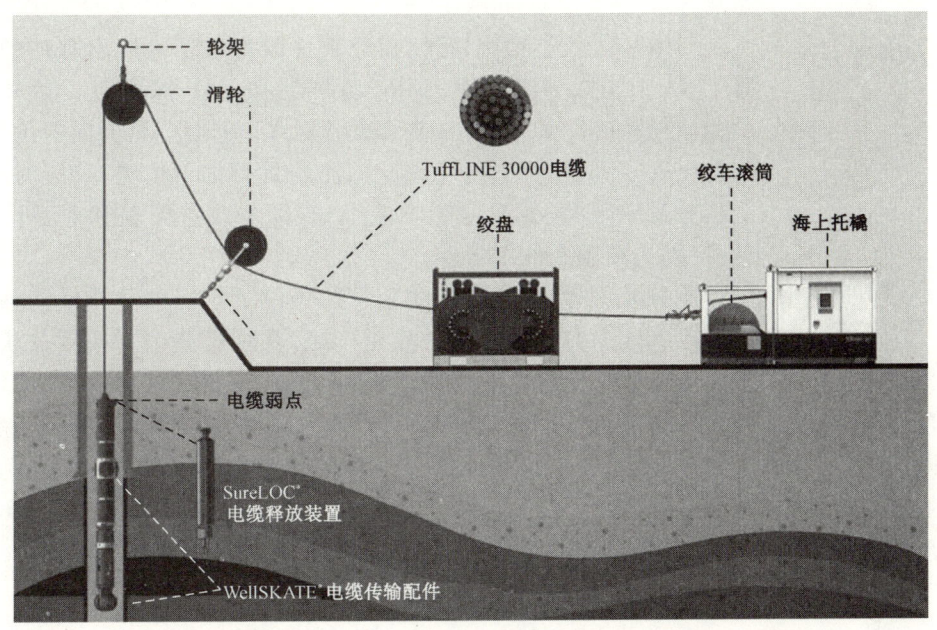

图5 MaxPull大拉力电缆传输系统组成示意图

2. 套管井测井

1)新型小直径脉冲中子测井仪器

脉冲中子测井在地层评价中的应用已有50多年,在套管井地层评价中发挥了重要作用。为解决高温及复杂油气藏中套管井的地层评价和油藏监测难题,斯伦贝谢公司开发了新一代小直径脉冲中子测井仪器,在提高仪器耐温指标和测井质量的同时,还增强了仪器探测低孔隙度地层含气量的能力。

仪器采用了多种新技术,包括溴化镧($LaBr_3$)探测器、钇铝钙钛(YAP)探测器、高输出氘氚(D-T)脉冲中子发生器、快速脉冲处理电子元件、紧凑型中子监测器,极大地提升了能谱测量的质量。此外,仪器采用了独立的快中子测量(与中子孔隙度和俘获截面无关),对含气量的变化高度敏感,利于在低孔隙度储层中探测含气层。

仪器外径为1.72in,长18.3ft,耐温、耐压分别为175℃和15000psi。仪器由脉冲中子发生器和4个探测器组成,如图6所示。4个探测器中有3个是闪烁伽马探测器,靠近中子源的两个探测器含有$LaBr_3$闪烁体,源距最大的探测器采用钇铝钙钛(YAP)闪烁体。这3个探测器与高温光电倍增管和一体式低噪声电源相结合,进一步提升了仪器性能。仪器外壳是耐腐蚀

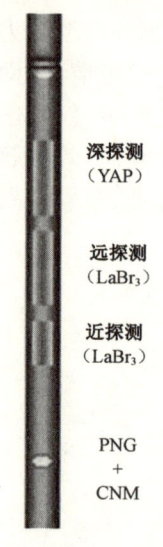

图 6 新型脉冲中子测井仪器示意图

的,可以在含硫化氢或二氧化碳等腐蚀性井眼环境下使用。中子探测器 CNM 主要对快中子敏感,靠近脉冲中子发生器,可以精确测量中子。通过专有的电子设备对探测器脉冲进行计数,仪器能够测量与快中子截面(FNXS)相关的地层特性,用于在低孔隙度地层中探测含气层。此外,仪器采用了新的自补偿算法,能够在更宽泛的井眼条件下提高测量质量。高中子输出量和快速采集系统改善了测量精度,利于提高测速。

与前一代仪器相比,新仪器的硬件改善包括高输出脉冲中子发生器 PNG、中子探测器 CNM、$LaBr_3$ 探测器和 YAP 探测器。CNM 的主要功能包括精确测量 PNG 的中子输出量,归一化 YAP 探测器的计数率,有助于独立测量含气量。$LaBr_3$ 探测器具有如下优势:响应时间快速,能量分辨率极高,受温度影响极小,有助于改善俘获和非弹性能谱测量,特别是高温条件下。

测井实例显示,在复杂的套管井条件下仪器测量结果能够改善地层评价和油藏监测。在某个致密气藏,在套管井中一次测井获取了气体含量、俘获截面、中子孔隙度和能谱测量信息,完成独立的地层评价。气体含量测量可以从低孔隙度层段区分出可投入开采的含气层,以前只用俘获截面或伽马射线之比是无法完成的。即便在测速为 1000ft/h 时,能谱测量也能清晰地划分砂岩和碳酸盐岩。在另一个加利福尼亚蒸汽驱的重油实例中,有能谱测量定量评价含油饱和度,并与岩心分析结果对比,证实碳氧比测量精度有明显提高。

2) 水泥胶结质量评价仪器

传统的声学传感器一般无法在钻井液密度低于 10lb/gal 情况下提供可靠的水泥胶结质量评价。贝克休斯公司新推出的水泥胶结质量评价仪器 Integrity eXplorer 采用新型电磁声学传感器,能够在钻井液密度为 7lb/gal 时进行准确测量。传感器安装在 6 个极板上,通过极板与套管间的磁力确保极板与套管直接接触。仪器适用于任何钻井液环境,耐温、耐压指标分别为 350°F 和 20000psi,可适用的套管井尺寸范围为 $4\frac{1}{2} \sim 16$in。

3) 超声波扫描器 UltraView

最近的一项研究发现,采用标准实验室测试来确定水泥候凝时间和抗压强度不能充分代表在井下条件的实际参数,候凝时间比估算时间要长得多。研究表明,实验室测试需要重新设计来模拟井下条件,进而准确估计测井前的最短候凝时间。在现场,可能需要更长的水泥候凝时间,并需要几天时间完成其他测井作业。

威德福公司推出的超声波扫描器 UltraView(图 7)可提供高分辨率水泥胶结测量、套管磨损/厚度和流体性质。仪器配有一个新型钻井液室来满足流体阻抗的实时测量,从而实现更加准确的窜槽探测。通过采用改进算法,扩展了套管厚度测量范围,提高了分辨率和精度;提高了超声波扫描仪实时套管厚度测量的井周和垂直覆盖率;在常规测速下实现套管厚度的实时井下计算,从而减少作业时间。此外,配备的先进电子器件确保仪器能够适应更多的套管尺寸和厚度。

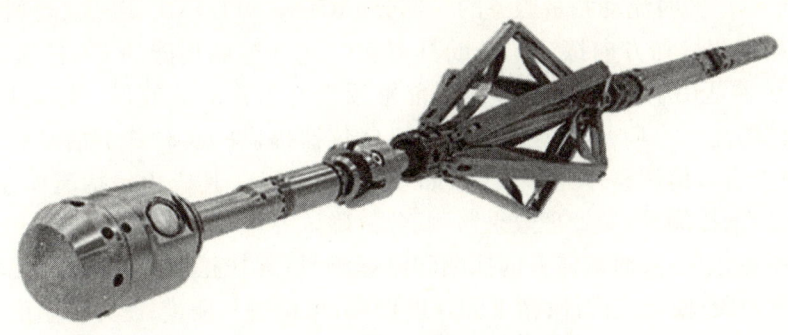

图 7 UltraView 超声波扫描器示意图

4) 井眼封固性测量系统 SecureView

威德福公司推出的井眼封固性测量系统 SecureView(图 8)是一款四组合测井仪器串，仪器可提供实时全面的套管和水泥评价，系统包括数字水泥胶结测井仪 BondView、高分辨率多臂井径仪 CalView、漏磁套管检测仪 FluxView(用来确定套管内外部异常)和超声波扫描器 UltraView(用于确定水泥声阻抗、套管厚度等)。

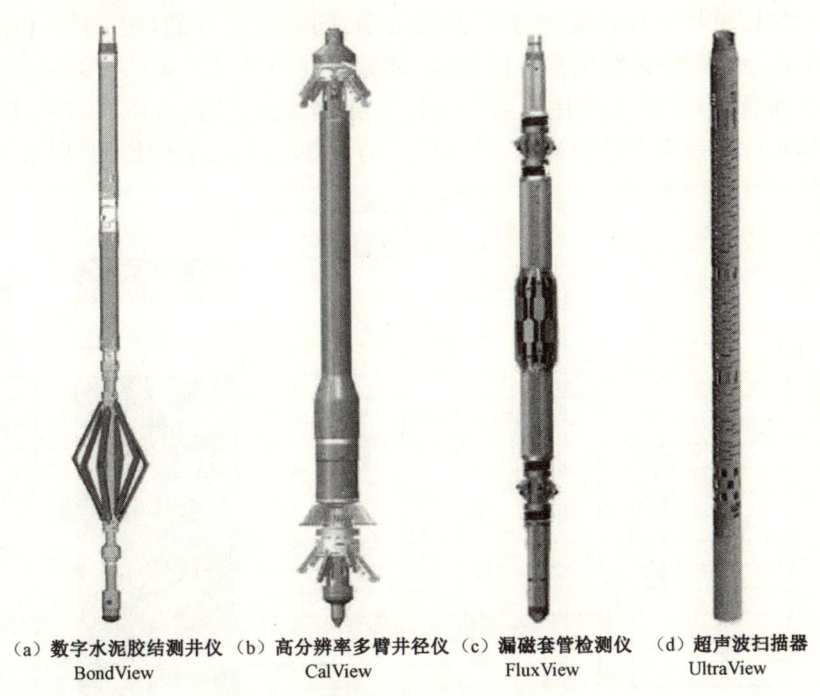

(a) 数字水泥胶结测井仪 BondView　(b) 高分辨率多臂井径仪 CalView　(c) 漏磁套管检测仪 FluxView　(d) 超声波扫描器 UltraView

图 8 井眼封固性测量系统 SecureView

5) 实时流动测量仪器 ACTive DFLO CT

ACTive Q* 服务将实时光纤遥测与热转换流动测量相结合，一次下井可以完成压裂前、压裂后及压裂期间的现场压裂评价和实时诊断，评估注入每个层段的流量、压裂覆盖范围，决定是否进一步调整压裂处理方案，优化处理结果。

作为ACTive Q*实时流动测量服务的一部分,ACTive DFLO CT实时流动测量仪器可实时完成井下流体速度测量和方向探测。借助具有实时光纤遥测功能的CT传送测量数据,ACTive DFLO CT仪器适用于更广的井下环境,能够反馈井下作业的效果。特别是,有助于追踪压裂处理后流体的流动方向。通过ACTive DFLO仪器提供的实时井下信息和Techlog*井眼软件平台,可以更有效地调整作业参数(诸如泵速和流量)。其应用包括流体注入剖面评价、流体注入控制、泄漏探测、压裂处理效果监测、分流确认等。

该仪器的特点包括:实时流体方向探测和流速测量;无扶正器或支撑臂,无转子或凸起部件,抗H_2S、溶剂和酸;模块式设计;精准的深度控制;可选伽马测量;压力和温度传感器监测作业进程;快速遥测;与分布式温度测量兼容。

将CTive DFLO仪器和其他ACTive测量相结合,如压力、温度、伽马、套管接箍和分布式温度等,提高了实时CT服务的有效性。这些关键井下和分布式参数的综合监测,利于更好地了解压裂处理过程,进而提高ACTive服务的效果。

美国中部的两口长水平段裸眼注水井不仅位置偏远,而且有关地层渗透率、孔隙度及裂缝分布的信息很少。为了提高这两口井的酸化压裂效果,需要高质量的实时流动数据来评价水平段的吸液状况。首先,用ACTive Profiling CT实时分布式温度和生产测井及ACTive Q CT实时井下流动测量评价裸眼段的初始压裂覆盖范围,同时以正常的地面泵速和注入压力注水(图9)。基于初始剖面评价结果和压降测试,调整酸化压裂处理策略。在注水期间采用ACTive Q服务确保通过CT将流体注入适当层段。酸化压裂之后,再用ACTive Profiling和ACTive Q服务评价作业效果。结果显示,处理后这两口井的注入指数几乎是原来的300%。

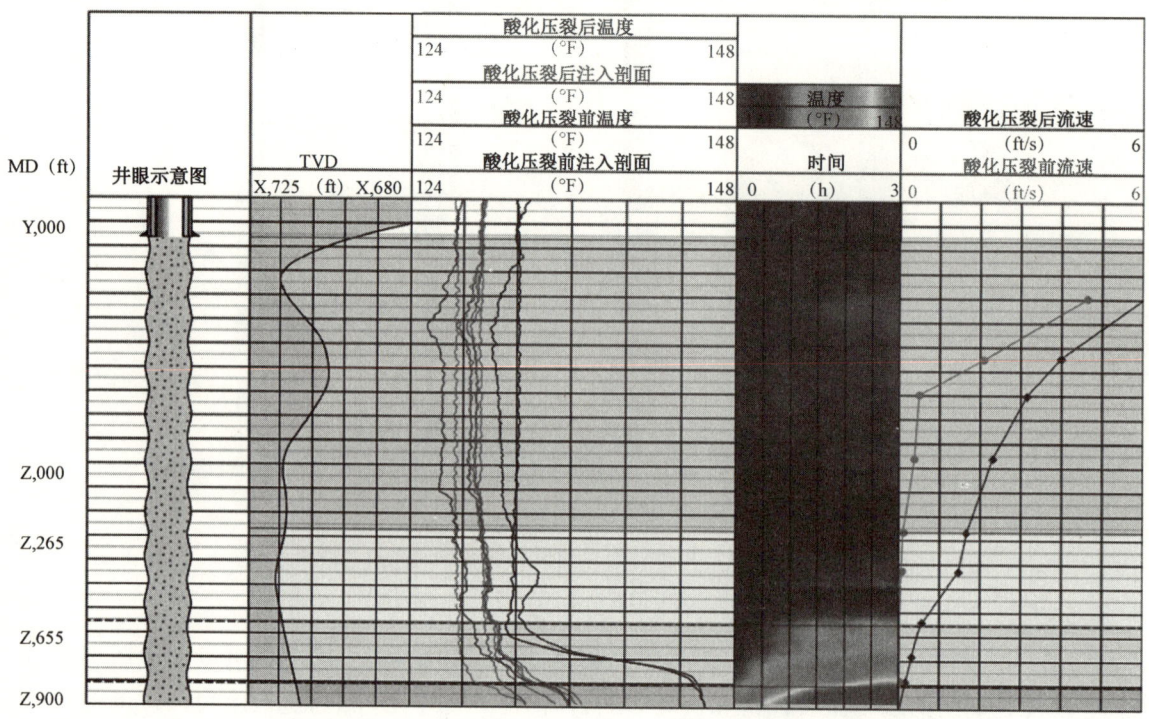

图9 酸化压裂后的DTS和流动监测数据显示,在同等地面注入压力下注水的覆盖范围得到优化

3. 随钻测井

随钻前探电阻率测井技术方面取得了较大进展,能够在水平井钻井过程中"看到"钻头前方地层的电阻率特性,有利于在更靠近油气藏顶部的位置钻进,降低上覆层坍塌的风险;在钻入目的层前,更准确地选择取心点;同时探测钻头前方多个地层界面,减少非生产时间,降低钻井风险和保持井眼的封固性。

1)随钻前探电阻率测井技术

Statoil 公司与斯伦贝谢公司合作开发了随钻前探电阻率测井技术,使得石油工业数十年的愿景变为现实——在钻井期间测量钻头前数米至数十米地层的电阻率。

目前已研制成功电磁前探(EMLA)电阻率测井仪器样机,适用于直径为 $12\frac{1}{4} \sim 14\text{in}$ 的井眼。EMLA 样机的结构和测量原理类似于现有的深探测定向电阻率测量仪器,主要差别是 EMLA 仪器的发射器距钻头只有 1.8m(置于旋转导向钻具)(图 10)。EMLA 仪器采用模块式设计,含一个低频电磁发射器和 2~3 个接收器。发射器能够发射多频电流,用 2~3 个置于钻柱的接收器记录感生磁场。每个接收器由 3 个倾斜天线构成,实现所有三轴耦合测量。接收器与目前商用超深定向电阻率测量仪器使用的接收器类型相同。此外,仪器还能完成电磁波电阻率测量(CDR,距钻头 3m)。

仪器的前探能力取决于发射器和接收器的间距、频率、仪器周围地层的电阻率、目标层的厚度以及钻头前面地层间电阻率的反差。根据现场测试结果,仪器的探测深度为 3~30m。

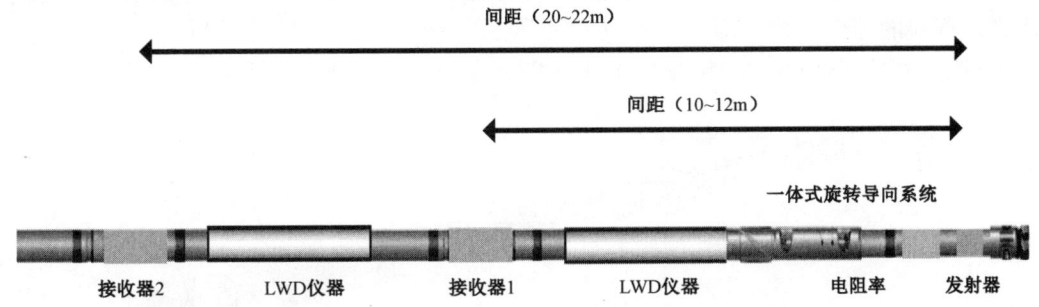

图 10 LWD 仪器由一个发射和多个接收天线组成,发射天线距钻头仅 1.8m

EMLA 仪器使钻头前面数米岩石特性变化的探测精度大幅提高,在钻入潜在的灾害地层之前做出快速、准确的反应。Statoil 公司开发该仪器的主要目的之一是于挪威大陆架在更靠近油气藏顶部的位置钻 $12\frac{1}{4}\text{in}$ 井段,以降低上覆层坍塌的风险,特别是需要钻井液密度大幅降低的衰竭储层。该技术还可用于更准确地选择取心点,利于在上覆层和储层之间的过渡层取心,并降低薄砂层的取心成本。此外,还能及时探测基盐或油水界面。

Statoil 公司近期在墨西哥湾的盐下油气藏成功测试了仪器样机,主要目的是随钻探测盐层底部,确保钻井既快速又安全。盐层对随钻前探是非常理想的测量环境,这次测试采用的是具有 3 个接收器的仪器,最远的接收器距发射器 35.3m。钻前模拟显示,在计划的直井中前探距离会达到 30m。测量是在 3 种频率下完成的,在距盐层底部 36m 时,有两个频率的测量结果有显示,当距盐层底部 30m 时,3 个频率的测量结果均有显示。实际钻井结果证实了测量的准确性。

2)新型大直径随钻核磁共振测井技术

随钻核磁共振测井技术的主要优势是能够在钻井作业期间实时获取地层产能评价结果。大井眼钻井作业的兴起，推动了大井眼（10.25～12.25in）测井技术的发展。早期推出的大井眼 LWD NMR 仪器样机的侧重点是数据质量控制和初始测井的数据获取。新型 LWD NMR 仪器的质量得到提升，目的是在钻井期间尽早完成各种潜在储层的评价。

大直径随钻核磁共振测井仪器直径为 8.25in，具有对称的传感器设计，较之 6.75in 仪器具有更广的作业范围。

在随钻测井中，静态磁场与射频磁场是轴对称的，测量区呈环形（图11）。对 8.25in 仪器，探测直径为 17in。除传感器外，仪器设计中面临的主要问题是稳定性和通过仪器钻井液流的增大。在 NMR 数据采集期间，扶正器对于减缓仪器的运动至关重要，至少有 3 种方式可以减少仪器运动的影响。第一，仪器采用低梯度磁场，横向移动不会明显改变磁场幅度；第二，仪器在底部钻具组合（BHA）中的位移是可以模拟的，利于减轻运动影响；第三，仪器采用欠尺寸（under-guage）稳定器，以满足钻井液流动的需要。对 8.25in 仪器，有 10.0in、10.375in、10.5in、12.0in 和 12.125in 直径的扶正器可选。

新的大直径 LWD NMR 仪器经过了现场测试，两个实例显示了实时和记录模式 LWD NMR 结果对于复杂储层早期地层评价的价值。实例1：井 A 为厄瓜多尔泥质砂岩和碳酸盐岩储层，用 LWD NMR 测井识别出以前未被发现的储层，并完成定量评价，使得该井的控制储量明显增加。实例2是位于墨西哥湾的几口井，完成实时评价、记录模式质量控制，以及和其他 LWD 测井资料的综合分析。对 2 口井使用了因子分析方法，得到相体积和伪毛细压力曲线。大直径井眼中可靠的 LWD NMR 测井正在逐步成为油田勘探开发的重要组成部分。

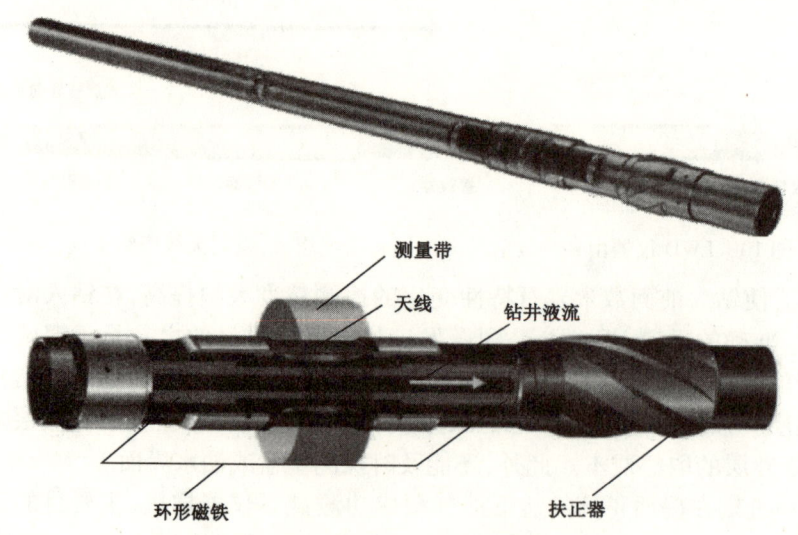

图 11　大直径 LWD NMR 仪器示意图

3）超高温高压随钻测井服务 HEX

目前，业内多数商业化 LWD/MWD 仪器的额定温度和压力可达到 175℃（347℉）和 30000psi（206.8MPa），但随着油气勘探开发不断向着超高温高压地层推进，面对超高温高压作业井况，常规测井仪器越来越难以实现精确地层评价。近日，威德福公司推出了HEX随钻测井服务，仪器主要由耐高温高压传感器和测量模块等构成，所有设备均在高温200℃和高压30000psi条件下经过长达200h的测试校准，大幅度提高了仪器的耐温耐压指标，利于进行精确地层评价。

HEX随钻测井服务（图12）是基于威德福公司HEL恶劣井况随钻测井系统而改进的耐超高温高压版本，配有用于地质导向的定向传感器、伽马传感器、环空压力（BAP）传感器及中子孔隙度测量模块等，最高耐温耐压分别达到210℃（410℉）和30000psi（206.8MPa），可最大限度地降低高温高压环境影响，进而提供精确的地层评价和实时的地质导向数据，密切监测地层参数，提高作业效率，同时还可减少下井次数，节省作业时间。

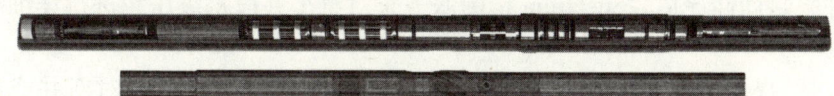

图12 HEX随钻测井服务仪器示意图

HEX服务已成功地在泰国Pattani盆地得到应用，该地区的地热梯度高达每百英尺3.2°，目标地层井温达到200℃（392℉），生产作业难度很大。采用HEX服务在该地区的22口井中进行测量，成功获取了地层参数和相关数据，且仅下井25趟即完成生产任务，平均单井作业时间6.2d，并保障零故障、零事故、零非生产时间，有效节约了生产时间和成本，取得了良好的应用效果。

4) 随钻方位声波测井仪CrossWave

威德福公司推出的方位声波测井仪CrossWave采用单极配置提供高质量、实时的声波测量，以及由纵波和折射横波获取的方位井眼成像数据。该仪器的组成部分包括一个定向聚焦高输出发射器、一个6ft隔声体模块、一列6个定向接收器（间距6in，与钻铤隔离）。接收器内部的方位聚焦传感器能够从方位上区分折射纵横波时差。当钻柱旋转时，X-Y磁力计可监测传感器方位，并将测量波形划分成16个方位扇区。数据处理和压缩在井下进行，图像数据实时传输至地面。该仪器可在4¾in、6¾in、8¼in和9¼in等尺寸的井眼中应用，标准版仪器的额定温度和压力分别为302℉和20000psi，高温高压版仪器的耐温耐压可分别达到329℉和30000psi。

5) 高温高压MWD系统TeleScope ICE

工程技术服务公司一直致力于开发高温高压MWD系统，这类系统能够承受超深水或高热盆地下的极端温度和压力条件。最新型仪器可提供实时方位、井斜、方位伽马测量，进而实现地层评价、地质对比、井眼/环空压力随钻测量等。斯伦贝谢公司推出的高温高压MWD系统TeleScope ICE除提供以上服务外，还提供了冲击和振动测量，以便开展钻井优化和伤害预防等工作。仪器的额定温度和压力分别为392℉和30000psi，适用于4¾in和6¾in井眼。

4. 其他

1) 实时连续管诊断技术Spectrum

近期，哈里伯顿公司宣布推出SpectrumSM实时连续管服务，该服务的目的是提供更加精确、全面的井下测量,提升完井和井下作业的投资回报率。

SpectrumSM 实时连续管服务由 Spectrum 诊断服务和 Spectrum 井下作业服务构成,综合了连续管与井下测量工具、光纤测量与遥测,提供精准、全面的实时数据,降低作业的不确定性,评估油藏性能,监测井眼状况,优化井下作业和油气生产。

该项服务与常规连续管和井下工具相结合,能够获取关键的井下数据,与其他井下作业服务一起提供各种井下作业解决方案,最大化一次下井作业效率。

Spectrum 诊断服务借助连续管提供光纤分布式温度和声波测量,识别初始造缝点和产出剖面,评估井的产能和完井效果。作为替代常规生产测井的一种手段,Spectrum 诊断服务可以监测整个井段的数据。其应用包括确定压裂效果、裂缝成图、注入剖面、产出剖面、泄漏探测、气举优化及井眼封固性评估。Spectrum 诊断服务是对整个井段每级压裂进行详细分析的一种技术(图13)。

其优点包括:提供整个井段的分析结果;实时作业优化改善井性能;对新井或已有井评估产出剖面;识别井眼封固性问题;通过逐级分析了解作业效果。

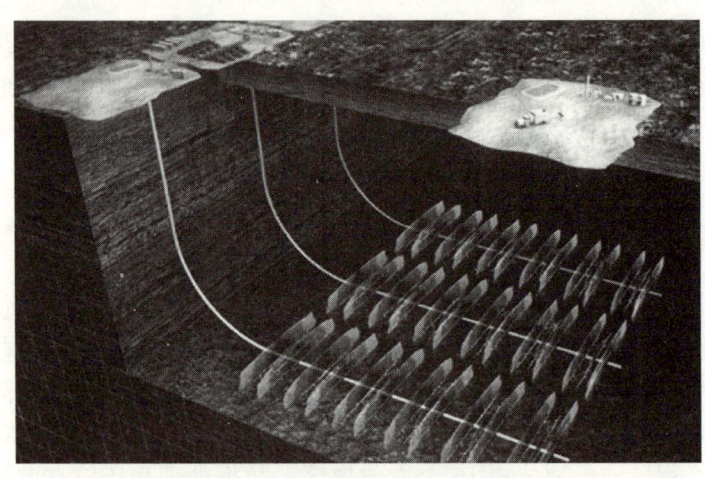

图 13 Spectrum 诊断服务示意图

Spectrum 井下作业服务通过可订制的井底组合(BHA)实时提供关键数据,优化连续管井下作业。与常规连续管作业不同(只提供诸如大钩载荷和循环压力等地面测量参数),Spectrum 井下作业服务可实时监测井下作业,并提供井周环境数据。

该项服务可通过光纤或电缆完成,用套管接箍定位器或伽马测量进行深度对比,测量套管内外部压力和温度、工具面和井斜、扭矩、张力和压力。其优点包括提高作业可靠性,缩短非生产时间,对连续管作业无影响,抗化学腐蚀,利于实时决策。应用包括磨铣、机械工具操控、洗井、打捞、射孔(油管传送射孔和水力喷射射孔)、增产作业优化、水或气体封堵。

在现有的经济环境下,Spectrum 实时连续管服务有助于评价完井方法的效果,减少井下作业次数,改善油藏的连通性,识别最高产层段,优化油藏管理,降低作业不确定性,提高每口井的回报率。

2)新型3D核磁共振岩心成像技术

ImaCore3017 是一种新型3D核磁共振(MRI)岩心成像系统,由 MR Solutions 公司和 Green

成像技术(GIT)公司联合研发,用于油气行业的高分辨率岩心成像。通过采用高强度磁场,ImaCore3017基本可以消除常规岩心成像系统分辨率的局限,增强岩石中所含流体以及孔隙网络的成像效果。

ImaCore系统(图14)在稳定、无制冷剂的成像仪中使用了可调磁场,结合其他可靠的3D成像软件,可以方便地快速获取样品中所有流体的高分辨率3D图像。无制冷剂MRI技术具有高度通用性,根据成像需要,磁场可从0.1T调至3.0T。样品尺寸可以是标准的1~1.5in岩塞,或3~4in直径的岩心,足以完成压力和流动测量,利于在油藏条件下完成流体测量及高分辨率流动研究。灵活的设计使ImaCore能够完成较长岩心的分析研究,高强度磁场可提高分辨率,有助于实时观测流动前缘。除3D成像外,GIT软件能够完成全套岩心分析测量,诸如孔隙尺寸分布、扩散、渗透率、毛细管压力和相对渗透率。

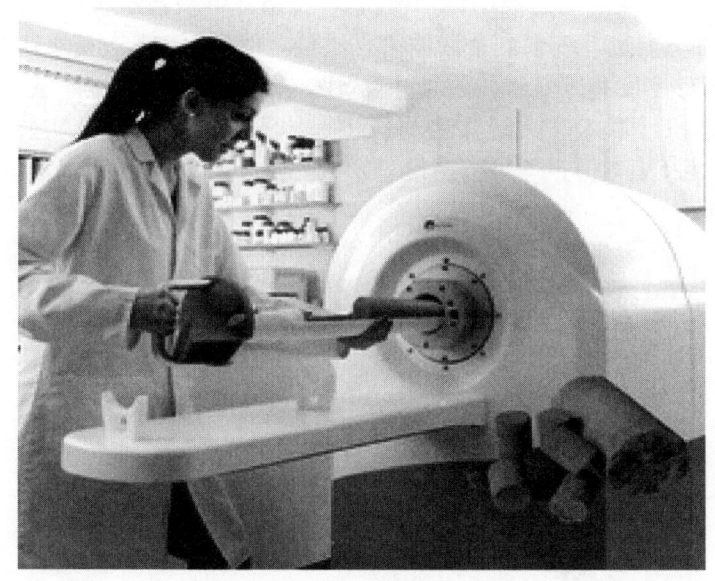

图14 ImaCore系统示意图

ImaCore系统具有如下特点。
(1)超导磁铁:具有高性能、高均质性、稳定的磁场。
(2)无制冷剂磁铁:无须液氮、无须淬火处理(Quenching)。
(3)紧凑、轻便:体积小、重量轻(3T仪器220kg)。
(4)无须特别存放:无须淬火管、无须法拉第笼、无须特别楼层。
(5)变化的磁场强度:从0.1T到3.0T,可以在可变场强下工作。

当标准的NMR岩心分析技术或其他技术达到极限时,ImaCore将准许用户更进一步观测岩心,成为解决油藏难题的关键工具。

3)新的流体性质——地层体积因子

井下流体分析(DFA)已经成功地用于实时评估储层流体组分、密度、黏度、气油比(GOR)以及钻井液滤液污染程度等。然而,却忽略了一个重要的参数——地层体积因子(FVF),即储层条件下储层流体的体积与标准存储状态下的体积之比。因流体流动始于储层,因此需要用

FVF将储层条件下的流体体积转换成地面液体体积,并将地面测量的流量转换成储层条件下的流量。这种转换是储层特性计算和多种油田作业设计的重要工具。

为了获取FVF,开发了一种新方法。新方法基于标准条件下单级闪蒸过程的物质平衡。计算FVF需要输入的参数包括流体密度、组分和GOR。这些参数都可以通过DFA测量得到,确保FVF计算既简单又可靠。

不同的实验室可能采用不同的FVF计算方法和闪蒸流程。首先,将岩样还原到储层压力和温度下(或之上)。之后,将一部分单相流体从岩样室泵到比重瓶中,泵到比重瓶中的流体数量通过泵送前后容器的质量差来确定,即为储层条件下的质量。泵送的流体质量除以恒定组分扩散(CCE)导出的储层条件下的流体密度,即可得到储层条件下的流体体积。其次,将比重瓶与GOR单级闪蒸器相连,使原油处于环境压力和温度下。逸出的气体在剩余液体(储罐油——STO)中循环一段时间达到两相平衡,在环境条件下测量系统中剩余液体的总量。循环之后,在闪蒸条件下测量系统中剩余液体的总质量。然后,使部分液体处于标准状态下,并测量其密度。用STO密度和闪蒸液体质量计算STO体积。最后,通过储层条件下的液体体积和STO条件下的体积计算FVF。新方法与压力—体积—温度(PVT)实验分析及状态方程(EOS)等方法估算的FVF进行了对比,结果显示,新方法与其他方法计算的FVF具有良好的一致性,如图15所示。

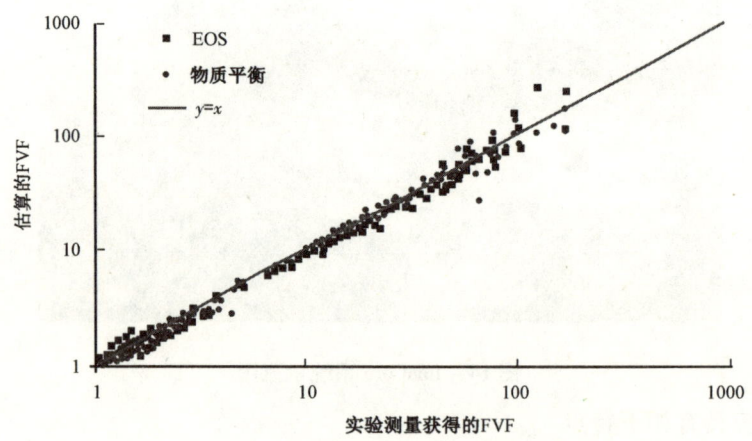

图15 实验室单级闪蒸数据确定的FVF与其他方法计算的FVF对比

4) 微流控SARA分析服务Maze

近日,斯伦贝谢公司在2016年第47届美国海洋石油技术大会(OTC)上发布了Maze微流控SARA(饱和烃、芳烃、胶质和沥青质)分析服务,该项服务是微流控分析技术在油气行业的首次商业应用,主要应用于储层流体特性分析领域。

传统的SARA分析需要耗费大量时间和实验室资源,且很难实现可重复性,Maze微流控SARA分析服务将微流控技术与光谱技术相结合,可完全自动地实现油样的饱和烃、芳烃、胶质和沥青质测试,消除了分析人员的主观性,保障了SARA测量的准确性,并减少了超过85%的操作时间和化学品使用量,从而提供高精度和高效的SARA分析(表2)。通过Maze技术获取的分析结果可用于在进行PVT分析之前验证油样质量、识别流体的物理特性和精炼性质、评估原油质量以及为流动保障和地球化学研究提供支撑等。

表 2 Maze 微流控 SARA 分析与传统分析方法对比

对比	Maze 微流控 SARA 分析方法	传统分析方法
油样测试量	1mL	最大 10mL
测试时长	4h	3～5d
需求溶剂量	0.43L	2.8L
测试方法	全自动	人工
需求设备	Maze 分析平台＋微流控芯片	大量实验设备＋玻璃器皿

微流控芯片技术被美国材料与试验协会的国际标准 ASTM D7996 认证为业界最佳的沥青质测试方法。采用微流控芯片技术已成功完成超过 1900 次的沥青质分析和超过 300 次的 SARA 分析服务。

（三）测井技术发展特点

油田服务公司的利润已经降至 12 年来的最低水平,加之未来全球原油市场的持续不确定性以及美国石油钻机数量的大幅下降,都预示着未来服务市场规模会进一步缩减。尽管油气行业很不景气,但服务公司仍在测井仪器及地层评价系统方面取得了一定进展。

2016 年测井方面的重要进展体现在以下几个方面：

（1）开发出了新型核磁共振测井仪器、新型小直径脉冲中子测井仪器等几种新型测井仪器,测井新技术在储层精细评价和储层开发中继续发挥着重要作用。

（2）针对深水、超深井、高温高压、大井眼和各种复杂井况下测井的实际需求,在测井仪器、电缆和工艺等方面进一步进行研究开发,取得较大进展。诸如,各种高温高压电缆测井仪器、高温高压随钻测井仪器、大直径钻随测井仪器、小直径过钻头声波测井仪器、大拉力电缆传输系统等。

（3）远探测和方位测量受到重视。开发出随钻前探电阻率测井仪器、随钻方位声波测井仪器和远探测声波测井仪器等。

（4）油气井封固性测井技术继续受到重视,开发出新型水泥胶结质量评价仪器、超声波扫描测井仪和井眼封固性测量系统等。

（5）连续管测井以及连续管实时流动测量和诊断技术有较大发展。

以上的一些仪器,有些是针对深部储层、复杂储层和非常规油气储层勘探开发方面较为普遍的需求而开发的;有些则是针对特定油气田在勘探开发中所面临的实际需求而专门开发的。总体在研发中,还表现出以下两个特点：

（1）注重基础理论研究与创新,加强数字模拟与推演研究,广泛开展岩石物理分析与实验。

（2）测井评价注重多学科结合,如测井与地质、地震、录井、压裂、测试等结合,拓展测井应用,同时提高测井评价精度。

参 考 文 献

[1] Itskovich G. An Improved Resistivity Imager for Oil – Based Mud:Basic Physics and Applications[C]. 55th SPWLA,2014.
[2] Brian Ochoa. A New Sensor for Viscosity and Fluid Density Measurements at High Temperature and High Pressure in a Wireline and LWD Tool[C]. 55th SPWLA,2014.
[3] Radu Conan. New Large – Hole Magnetic Resonance Logging – While – Drilling Tool with Short – Echo Time and Improved Vertical Resolution[C]. 55th SPWLA,2014.
[4] Maurice Smith. When Tiny is Mighty[J]. New Technology Magazine,2013(12):26 – 29.
[5] Cheng L K. Toward the Next Fiber Optic Revolution and Decision Making in the Oil and Gas Industry[J]. OTC,2013.
[6] Ahmadzamri A F. Development and Testing of Advanced Wireline Conveyance Technology for Rugose Open Hole Conditions[C]. IPTC,2014.
[7] Richard Bloemenkamp. Design and Field Testing of A New High – Defination Microresistivity Imaging Tool Engineered for Oil – Based Mud[C]. 55th SPWLA,2014.
[8] Vinay K Mishra. Downhole Viscosity Measurements:Revealing Reservoir Fluid Complexities and Architecture[C]. 55th SPWLA,2014.
[9] Mark A Andersen. Digital Core Flow Simulations Accelerate Evaluation of Multiple Recovery Scenarios[J] World Oil,2014(6):50 – 56.

五、钻井技术发展报告

截至2016年底,国际油价已持续低迷两年多,给油气行业带来了沉重的打击,石油行业步入"寒冬",油公司效益严重下滑。钻井业受到的打击更为直接和强烈,钻井业极度低迷,呈现出市场和工作量下滑、钻机闲置、部分公司经营陷入困境、行业面临重新洗牌格局。

(一)钻井领域新动向

1. 全球钻井工作量和市场规模减半

据SPEARS公司的最新估计,2016年全球钻井数从2014年的10.1万口减至4.96万口,下降50.9%。与此同时,2016年全球钻井进尺从2014年的2.57×10^8m减至1.36×10^8m,减少47.1%(图1、图2)。降幅最大的是美国,中东钻井数不降反升。2016年,中国钻井数首次超过美国,钻井进尺数逼近美国。

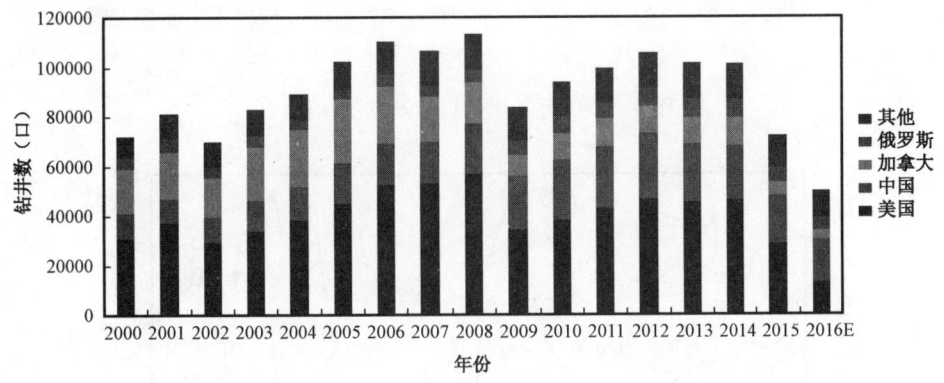

图1 2000—2016年全球钻井数及构成

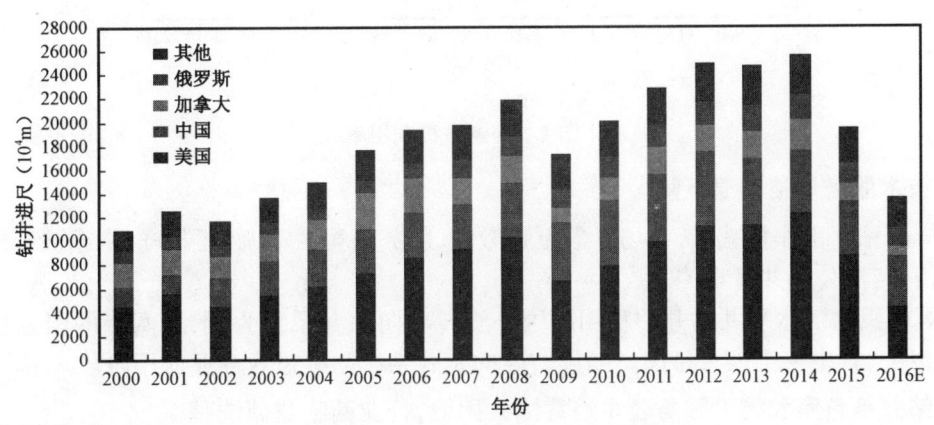

图2 2000—2016年全球钻井进尺数及构成

2. 钻机利用率创新低,钻机日费下降

两年多来,因钻井工作量减半,大量的钻机被淘汰出局,可动用的钻机数锐减。尽管如此,仍有大量的可动用钻机闲置,钻机利用率不断创新低,如图3和图4所示。

以美国为例,2016年可动用钻机数从2014年的大约3200台减至2242台,在用钻机数从2014年的大约2200台锐减至519台,钻机利用率降到23%,创近30年的新低。全球海上移动式钻机的可动用数从2014年的峰值890台降至2016年的740台,在用数从2014年的峰值725台降至2016年的460台,2016年的利用率降至62%。

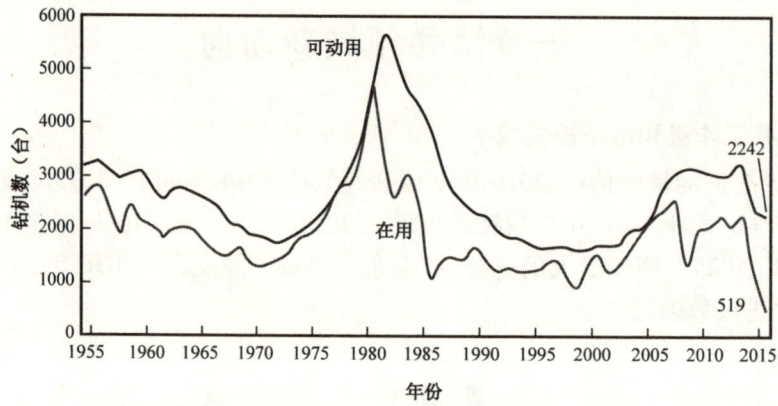

图3 美国可动用钻机数及在用钻机数

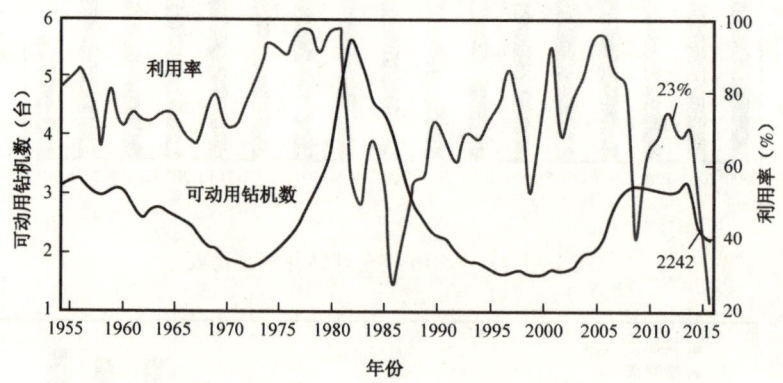

图4 美国钻机利用率

3. 技术服务价格明显下降

同样因钻井工作量减半,市场竞争更趋激烈,服务公司主动调低服务价格或被迫接受低的服务价格,与油公司共渡难关。

以国内页岩气水平井钻井中租用的国外旋转导向钻井系统为例,这两年的服务价格下降了20%以上,其中一个因素是国产的旋转导向钻井系统陆续进入商业应用阶段。

4. 钻井承包商和技术服务公司经营陷入困境,行业面临重新洗牌

近3年,钻井承包商和技术服务公司营收情况逐年下滑,五大国际陆上承包商2016年全

面亏损,其中知名钻探公司H&P营收降幅接近50%(图5)。四大国际油服公司盈利全部为负,其中,2015年仍保持盈利的斯伦贝谢公司也在2016年开始亏损(图6)。

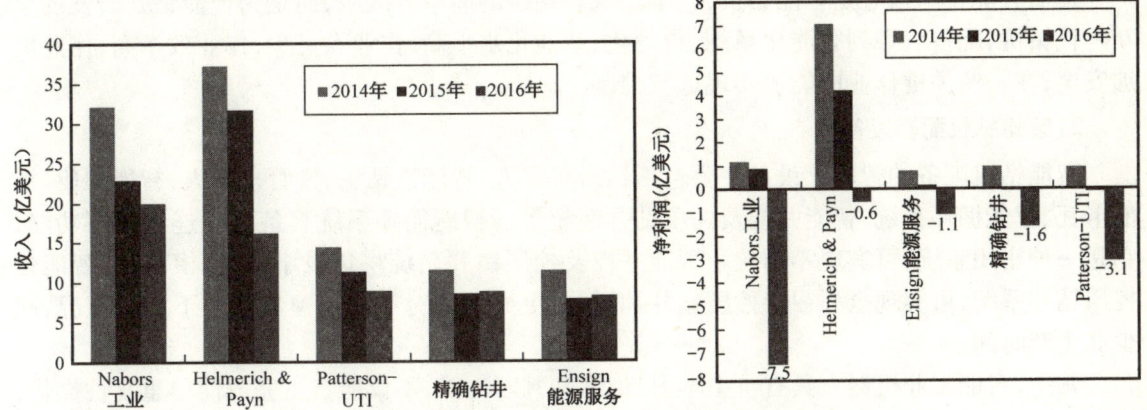

图5 五大国际陆上钻井承包商近3年收入与净利润情况

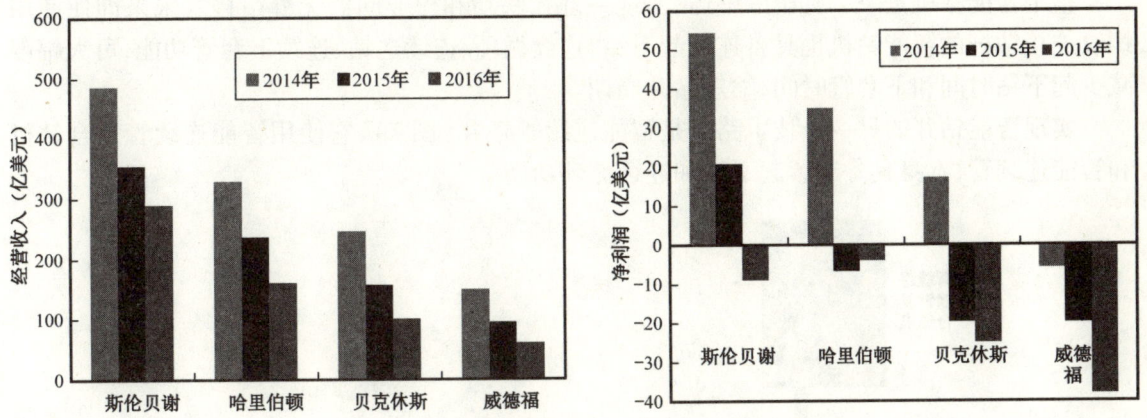

图6 四大国际油服公司近3年收入与净利润情况

(二)钻井技术新进展

低油价下,油气钻井技术越来越向着低成本、高可靠性、高安全性方向发展。2015年,在钻头、井下工具、钻井液等领域推出了一批新技术、新产品、新工具。

1. 智能钻井技术

智能钻井是通过现场智能控制平台("大脑")将地面智能化和井下智能化组成一个有机的整体,实现现场闭环控制;再通过卫星通信或互联网将现场智能钻井与远程实时智能控制中心构成一个大的有机整体,实现现场+远程的大闭环控制。随着技术的进步,钻井技术不断朝着自动化方向发展,自动化水平的不断提高已经成为钻井提速降本的一个重要途径。为持续提速降本,未来石油钻井无疑将继续朝着智能化方向迈进,预计到2030年,石油钻井将有望进入一个全新的时代——智能钻井时代。

1) 智能钻机

地面智能化的核心是智能钻机,它不是现有钻机的简单升级版,而是为智能钻井研发的全新一代钻机,配备一系列智能化系统,自动化、智能化水平高,作业人员少,作业效率高,作业更加安全,在一些关键作业中能够实现远程控制。

2) 智能钻机配套设备

智能钻机配备的智能化设备主要包括钻台机器人、智能铁钻工、排管机器人、智能顶驱、智能卡瓦、智能循环系统、智能井控及控压钻井系统等。智能循环系统具备自动连续循环功能,它是一种密闭系统,可实现零排放。智能井控及控压钻井系统将集成小型化、模块化、智能化控压钻井系统,可实现全程智能控压钻井和固井,更好地应对窄密度窗口和井下复杂情况,减少非生产时间。

其中,智能工业机器人具有自主学习、记忆和判断功能,不仅能自主完成简单重复性操作,还能完成复杂操作,可代替钻台工和井架工。司钻坐在司钻控制椅上操作。智能循环系统可实现自动连续循环,它是一种密闭系统,可实现零排放。

整个智能钻机是一个有机的整体,实现一键式联动和作业间的无缝衔接。未来即使使用螺纹连接钻杆的智能钻机也具备连续起下钻、连续循环、连续送钻、连续下套管功能,可大幅度减少起下钻时间和下套管时间,缩短钻井周期。

实现智能钻井的另一个技术路线是智能连续管钻井(图7),它使用智能连续管复合钻机和智能连续管,本身具备连续起下钻和连续循环功能。

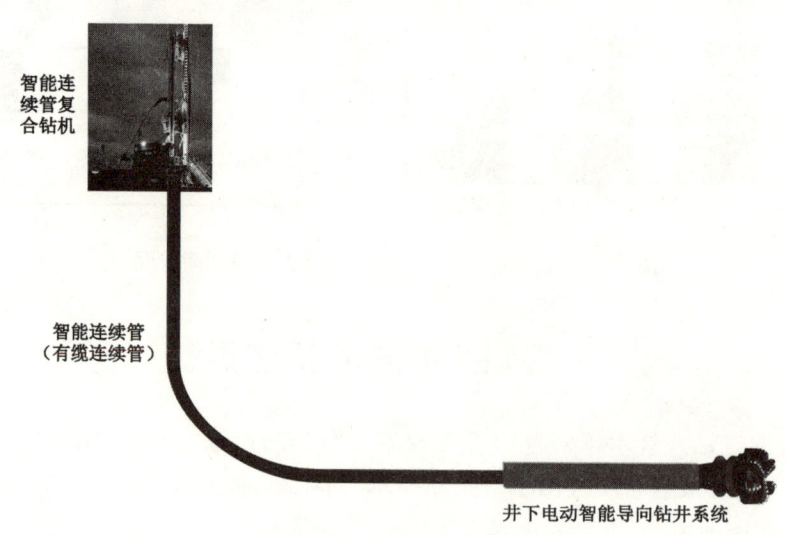

图7 连续管电动智能导向钻井系统

3) 随钻测井及随钻前探

它相当于井下智能化系统的眼睛,测量参数更多、更准、更远(横向、纵向),测量点离钻头更近,甚至可能直接把传感器装在钻头上。在现场智能控制平台、远程实时智能控制中心的支持下,可以实现随钻地层评价。

4）高速、大容量、双向数据传输通道和全井筒监测

传统的井下数据传输方式因数据传输速率低，无法满足未来随钻地层评价对井下实时数据量的需求。现有的高速、大容量、双向信道是智能钻杆（有缆钻杆）、双壁管、智能连续管（有缆连续管）。未来的信道可实现数据实时、高速、大容量、双向传输和全井筒监测，即使应用螺纹连接钻杆，也可向井下供电。

"软连接"智能钻杆是指钻杆中预埋电缆，钻杆紧扣以后，两感应环并不直接接触，而是通过电磁感应实现电缆"软连接"。信号在传输过程中有衰减，需要每隔350～450m安装一个信号放大器（中继站），数据传输速率高达57.6kbps，而且不受流体类型的限制。地面、井下构成一个宽带网络，实现全井筒实时监测（图8）。

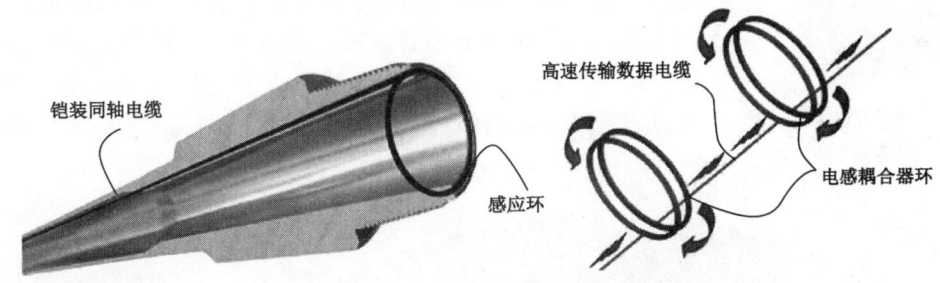

图8 现已商业化应用的智能钻杆

双壁管反循环钻井技术由挪威Reelwell公司研发和试验，使用双壁管（管中管），内管外壁有绝缘涂层，这种双壁管相当于同轴电缆，可向井下供电，还可实现数据的高速、大容量、双向传输，数据传输速率高达64kbps（图9）。

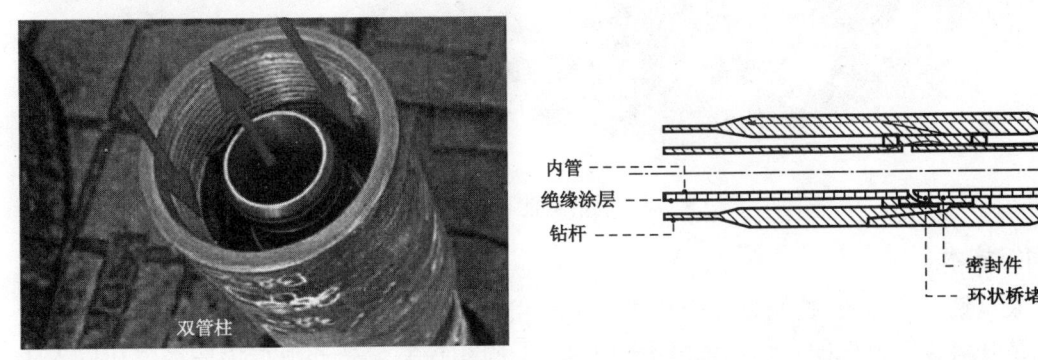

图9 国外正在研发的双壁管

智能连续管里面内置电力线（图10），可向井下供电，驱动井下电动智能导向钻井系统旋转。同时内置信号线，可实现数据高速、大容量、双向传输。智能连续管由复合材料制成，耐腐蚀、重量轻、运输方便、成本低。

5）井下智能导向钻井系统

当前的旋转导向钻井系统是一种机电液一体化系统，结构非常复杂，成本高昂。未来将发展一种井下电动智能导向钻井系统，其结构简单，更利于实现智能导向，将是未来导向钻井技

术的一个新的发展方向。

井下智能导向钻井系统可实现井眼轨迹的闭环控制,能够自动沿着预定的或修正后的最佳井眼轨迹钻进,从而提高井眼轨迹控制的效率及精度。在随钻前探的支持下,它可自动跟踪"甜点",实现随钻"甜点"导向,有助于提高储层钻遇率和油气产量。

6)远程实时智能控制中心

它基于智能油田的大数据虚拟现实中心(图11),可完成钻完井方案设计,钻完井施工过程的实时监控、诊断及最优化,实现全程可视化。远程实时智能控制中心的多学科专家团队利用团队的智慧完善钻完井方案设计,可同时监控若干口井的钻完井作业,并及时修正和优化方案设计。在定向钻井、随钻地质导向、随钻"甜点"导向和事故处理等一些重要作业中,在远程实时智能控制中心可以直接对钻井现场进行远程智能控制,最终有望实现无人化钻井。

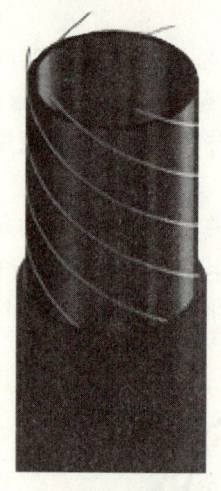

图10 国外研发和试验中的智能连续管

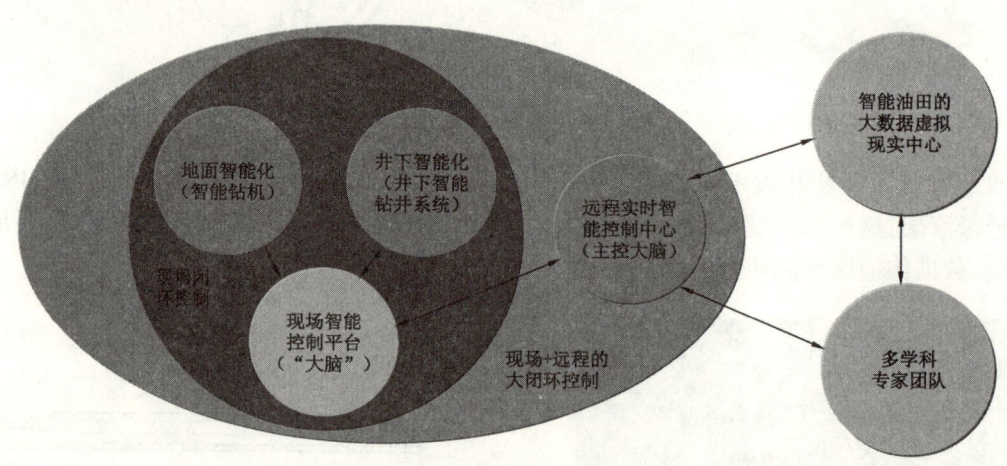

图11 远程实时智能控制中心

2. 固控技术

钻井液是钻井的血液,控制钻井液和井筒中固相是维持井眼质量的关键。尽管钻井行业在钻机和钻井流程等方面的自动化程度不断提高,但固相控制设备和流程仍然停留在以人工为主的阶段,相信近年来出现的固控自动化技术将为固控作业带来新的巨大改变。一些公司研发的固控自动化技术,包括应用超声波传感器及自助式振动筛等,实现了无人作业,可以满足向更深、更长井眼钻进的需求,并可以增加钻井液回收量,使岩屑更加干燥,节约更多成本。对以下技术的介绍,目的是为油田自动化固控技术的推广应用提供一定的信息参考。

1)MultiG 振动筛

目前,市场上广泛使用的振动筛向钻井液施加 $6g \sim 8g$ 的振动加速度,如果大于这个数值,就会对振动筛的筛箱造成结构性破坏,振动筛研究最主要的问题是如何提高施加在筛箱上的加速度以及实际施加在钻井液上的加速度。

常规振动筛可以将钻井固相从钻井液中分离出来,但并不能完全满足日益严格的环保标准,而且行业不景气意味着石油公司需要采用新方式回收高成本的钻井液并实现重复利用。一系列设备可用于实现这些目标,包括离心岩屑烘干机或烘干振动筛、更细的筛布等。在2015年的OTC会议上,流体系统公司发布了MultiG振动筛(图12),可以向钻井液施加最大50g的振动加速度,得到更加干燥的岩屑。该振动筛在筛布面板下添加了一系列获得专利的励磁机,以提高振动筛在振动过程中的加速度。励磁机通过与搅拌器的连接实现前后振动,振动筛的筛箱向筛布施加振动加速度,励磁机将振动加速度翻倍施加在筛布面板上,高振动加速度仅仅施加在振动筛面板表面,而不会施加在设备上。MultiG和常规振动筛的转速都是1800r/min,励磁机可以将施加在钻井液上的振动加速度控制在8g~50g,并通过变频驱动器(VFD)对一个周期内的振动加速度强度进行调整,在一个周期内重复加速或减速可以避免振动筛网眼堵塞。振动筛励磁机的选择来自流体系统公司的一家合资矿业公司,该矿业公司将相同类型的励磁机用于煤矿作业,与钻井作业的振动筛发挥相似的作用。

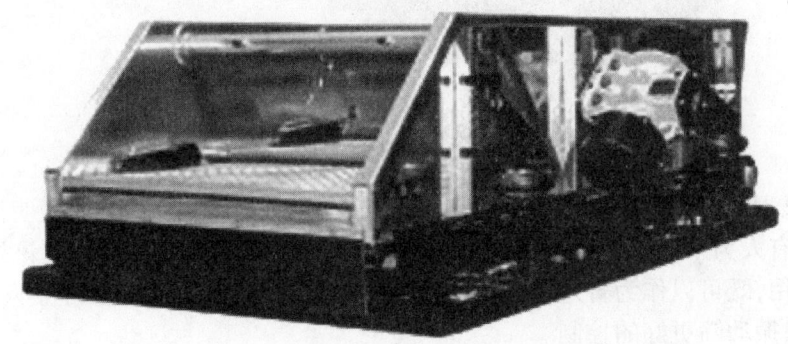

图12 流体系统公司的MultiG振动筛

2015年夏天,在Eagle Ford油田,MultiG振动筛进行油田现场试验以证明其可以实现干燥岩屑的功能,在13d的试验过程中,新的振动筛与常规的FSI振动筛(型号为5111BLE)一起工作,通过对比发现,MultiG能够将岩屑上携带的油减少50%。

2) ProdiG振动筛

在页岩振动筛方面,流体系统公司将主要精力放在完全自动化方面,而当前的振动筛不能实现智能反馈,不能在无人控制的情况下实现自动控制。流体系统公司正在开发一种能够自动作业的振动筛,借助实时测量工具得到的数据(例如,测量密度、流速、颗粒粒度分布以及流变性)自动调节,而不再需要人为干预。这项技术主要通过算法控制,并从钻机上实现数据输入。ProdiG振动筛(图13)能够进行自身调节以实现流动速率的最大化,并将流体滞留降到最低,其内部传感器监测振动筛的运动、振动加速度、振动角度、筛布板面角度、频率以及筛布上材料的瞬时重量等,可以实现24h实时数据输入,根据输入数据自动调整振动筛设置。ProdiG振动筛与反馈控制系统的配合使用类似于汽车的巡航控制系统。振动筛还能够监测筛布上的网眼,理想情况下,只有在筛布更换和其他常规维护作业时才需要人员参与,在出现故障时,例如软件故障,需要人工操作。装备有数据采集系统的振动筛可以发挥最佳效果,如果钻机没有装备数据采集系统，只有一个单独的振动筛设备，则可以对振动筛进行编程，让其对特定的输入数据做出反应，在这种情况下，振动筛仅仅依赖于振动筛内部传感器读取的特征数据，例如流动速度和钻井液密度。

图13　流体系统公司正在研发中的 ProdiG 全自动振动筛

2015年12月，流体系统公司在得克萨斯州南部进行了油田现场实验，证明振动筛可以在钻井过程中没有人为干预的情况下实现自动化作业，并实现了商业化应用。该振动筛将会在陆上和海上应用，既可以作为普通振动筛，还可以作为干燥型振动筛。公司将继续对算法进行优化，以实现对振动筛更好的控制。

3) Hyper-G 振动筛

随着钻井深度的不断增加、钻井速度的不断加快、水平段的不断延长，钻井工艺对传统的振动筛提出了更高的要求。在固相控制和钻井液处理方面，最基本的原则是对胶体固相的处理，要尽全力减少胶体固相在钻井液中的堆积。还需考虑的是灵活性，石油公司希望一套设备可以处理尽可能多的问题。Elgin 公司推出的新型四层排列式 Hyper-G 振动筛（图14）既可以作为流线振动筛，又可以作为干燥型振动筛。Elgin 自2014年发布该原型设计以来，在设计过程中又进行了多项改进，包括单点升降系统，获得专利的"瀑布式"设计以及一个重新设计的控制系统，能够更加容易实现振动加速度和运动控制。在进行 Hyper-G 可变速振动筛设计时，可靠性是放在首位考虑的因素，振动筛的升降系统有两个轴承，这两个轴承用在回旋臂的支点上，通过两个2000lb 的齿轮连接，升降系统可以调整振动筛的倾角，使用一个靠近振动筛后部的旋转手轮，实现振动筛倾角的升高或降低。简化的升降系统大部分部件不会出现损坏，唯一可能会出现损坏的是螺旋千斤顶，改进的结构设计未将所有的重量施加在螺旋千斤顶上，Hyper-G 型振动筛的螺旋千斤顶预期寿命为5年，设备更换能够在15min 内就可以完成，维护和维修不需要专用螺栓或紧固件。为了提高可靠性，添加振动筛层叠"瀑布"技术，这是一系列层叠的振动筛筛板，可以实现钻井液连续流动到另一层筛布上，而不会与筛布垫圈直接接触，最终的目标是减少对垫圈的磨损。该振动筛的设计特点是，当固相通过振动筛时，不会接触到筛布背面。"瀑布式"排列保护了每一层筛布的坐入位置,极大地降低了筛布和振动筛篮之间固相降落的可能性,通过钻井液保护振动筛后部的垫片,"瀑布式"排列能够延长筛布的寿命。振动筛上最灵活的新部件是经过重新设计的重力变量 VFD 控制系统,该系统用于实现对振动加速度、直线运动以及经过平衡的椭圆运动的更好控制,在当最大流速为 750~1000gal/min 时,振动筛的振动加速度可以在 $4g$、$6g$、$8g$ 之间调整,而不需要关停振动筛,运动模式可以在直线运动和平衡的椭圆运动之间切换,而不会影响钻井液的流动。

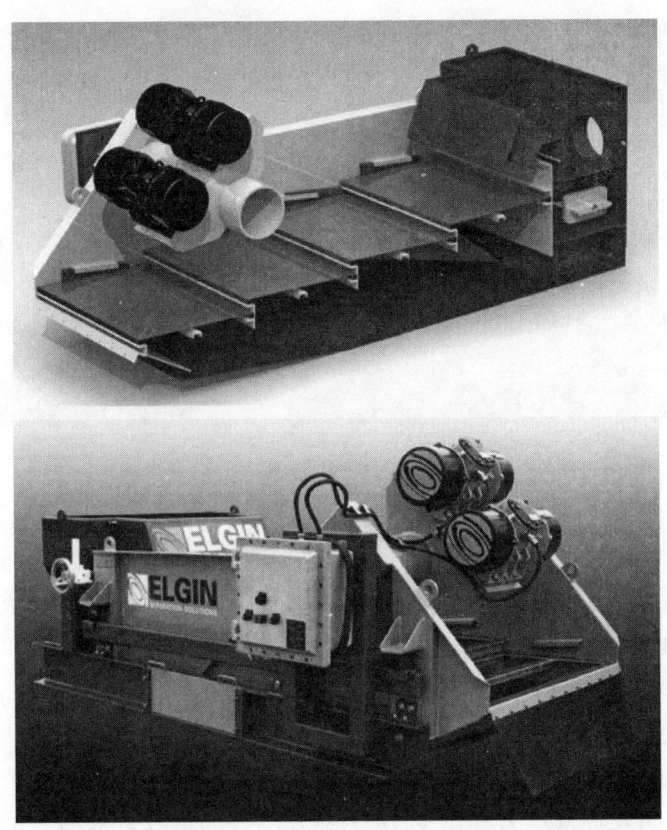

图 14 筛布采用专利"瀑布式"四排列的 Hyper-G 振动筛

2014 年秋季,在 Marcellus 油田对 Hyper-G 振动筛进行了现场试验,与常规三面板振动筛相比,Hyper-G 振动筛在钻井液回收方面提高了 30%,减少了 50% 的维护成本。

4)SCREEN PULSE 钻井液和岩屑分离系统

钻井液是一种高成本的消耗品,成本约为 300 美元/bbl,然而,每天都有大量昂贵的钻井液吸附在岩屑上而被作为废弃物丢弃,尽管流线型振动筛进行了一系列改进,包括多模式运动以及更高的加速度,但是在分离钻井液和岩屑方面仍然存在一定的局限。而且,由于钻井液会在筛布表面形成表面张力,钻井液在振动筛布上的吸附,也会导致在振动筛端部的钻井液损失。减少岩屑上钻井液吸附的一个常规策略是使用一个垂直岩屑烘干机,烘干机体积较大,拥有很多活动部件,操作成本高,而且需要人为操作,振动筛上的岩屑螺旋输送系统存在极大的HSE 风险。

为了解决这些问题，M-I SWACO 研发出 SCREEN PULSE 钻井液和岩屑分离系统（图15）。该气动系统能够直接安装在两类页岩振动筛上，分别是 M-I SWACO MONGOOSE PRO 系列和国民油井华高（NOV）公司的 VarcoKing 眼镜蛇系列，在不久的将来，改进的设计将能够安装在其他系列的振动筛上。SCREEN PULSE 系统包括一个小的控制面板和复合材料盘，复合材料盘安装在振动筛末端，真空辅助技术用于压缩来自钻机或独立式空气压缩机的气体，吸入的气体可以通过控制面板启动或关闭，保证岩屑持续通过振动筛。

图15　SCREEN PULSE 钻井液和岩屑分离系统

2014年，SCREEN PULSE 在 Woodford 页岩气田进行现场试验，在使用 M-I SWACO 解决方案之前，公司使用一揽子岩屑处理方案，包括移动式垂直岩屑烘干机和离心机，成本为8.5美元/ft。使用 SCREEN PULSE 系统，石油公司将钻井废弃物处理总成本减少了10.6万美元，在与邻井相同使用的20d内，通过油基钻井液回收，又节省了4.6万美元的钻井液费用。

5）Rheopipe 超声波传感器

无效或低效的固相控制是导致非生产时间增加的主要原因之一，钻井液固相含量过高会对钻井液体系造成伤害，在很多情况下，还可能由于不能有效处理钻井液中的固相而导致循环漏失，乃至漏失过多引发环空压力骤然变小，突然发生井涌事故。业内人士建议采用一种更加有效的方式来描述固相控制和钻井效率之间的相关性，例如实时密度数据、流速、颗粒粒度分布和流变性等。如果能够实时测量固相设备的效率，石油公司将能够选择实时水力模型，并对固相控制效率进行评估，包括离心机效率、振动筛效率、清扫效率和钻井泵效率等。

利用科氏流量计可以进行这方面的工作，但是，考虑到成本问题，只有不超过5%的井队会配备科氏流量计。另一个可行的解决方案是利用超声波实时测量流体密度、流速、颗粒粒度分布和流变性。Zaxxon 公司从2013年开始开发的 Rheopipe 是一个超声波传感器，可以附着在钻杆外侧，该设备的最终版本能够测量钻杆装满钻井液和部分装满时的参数。将该设备安装在液体通道上，在离心机的进口侧和离心机的出口侧对钻井液的流入和流出分别进行测量，然后计算固相被清除的效率，这样就可以对振动筛和离心机清除岩屑的效率进行量化。流动循环测试证明了传感器阅读数据的能力，检测了钻井液中传感器在测量流体密度、流速、颗粒粒度分布和流变性方面的效率，试验使用160根钻杆，得到的数据噪度比较大，信号需要经过放大处理，传感器仍需要改进。

业内人士预测陆地钻机需要6~8个超声波设备,而深水钻井船则需要20~30个设备,设备既可用于新钻机,也可用于旧钻机。传感器与一个独立的外部PLC一起安装,通过无线网关将数据从传感器传输到PLC,PLC的实时数据与石油公司网络对接,在必要情况下,钻井队和办公室人员可以随时获取相关数据。整体式传感器系统将会减少所用传感器的数目并获取所有必需的数据,对钻井液性能进行优化。Zaxxon公司认为,超声波传感器可以减少无形的时间浪费,利用更加自动化的流程,将是提高钻井效率的必要途径。

3. 连续油管钻井技术

针对这项极具前景的技术所开展的研发活动从未停止,持续的技术改进使连续管从管径、钻深能力到定向工具不断取得突破。特别是在低油价下,连续管钻井作为一种可以提高钻井效率和节约钻井成本的技术,为老油田的经济开发开辟了新的思路。

1)技术进步打破钻深极限

钻深能力一直是制约连续管钻井技术推广应用的重要问题。过去,连续管钻井主要用于开发浅层油气,所钻井深度不超过3000m。为了进一步发挥连续管的优势,相关公司持续研究提高连续管钻深能力的新技术,其中包括深井连续管钻机。例如,加拿大Xtreme公司于2009年推出了额定钻深达到3500m、大钩载荷为40×10^4lb的复合连续管钻机,该钻机应用了先进的顶驱和注入头,解决了连续管钻井中施加钻压困难等问题,有利于提高钻速。2012年,该公司又推出了XSR型复合连续管钻机(图16),钻深能力超过7000m,注入头拉力为20×10^4lb。该钻机专为开发北美Bakken和Eagle Ford页岩油气的长水平段水平井而设计,是目前钻深能力最大的复合连续管钻机。

图16 Xtreme公司的XSR型复合连续管钻机

随着关键技术和作业能力的突破,连续管钻井的钻深纪录不断被打破。2013年6月,阿拉斯加北坡Kuparuk油田一口井使用连续管过套管侧钻技术,钻进水平段1308m,到达总深4076m,创下该地区连续管钻井的钻深纪录。连续管钻井技术在北美页岩油气开发中也有不俗的表现。2013年,Xtreme公司在Eagle Ford采用其连续管钻机和2⅜in连续管钻一口页岩气水平井,钻进了6200m,创下该地区连续管钻深新纪录。

2）大尺寸连续管定向工具研制成功

连续管不能钻大尺寸井眼也是限制其推广应用的问题之一。多年来，Antech 公司在这一领域不断攻关，研制出了大尺寸连续管底部钻具组合及大尺寸定向工具，同时解决了连续管定向钻井和钻大尺寸井眼的问题。其中，最具代表性的是 Antech 公司研发的外径为 5in 的 POLARIS 底部钻具组合（图17），在靠近钻头处安装一种低成本的光纤陀螺测斜仪，实现随钻陀螺测斜。有了这种光纤陀螺测斜仪，不仅信息反馈速度更快、轨迹控制更为准确，也消除了无磁钻铤的使用。自 2013 年开始，利用这种底部钻具组合已成功完成了 6in 和 8.5in 井眼的钻进，证实了连续管钻大尺寸井眼与定向钻进的能力。

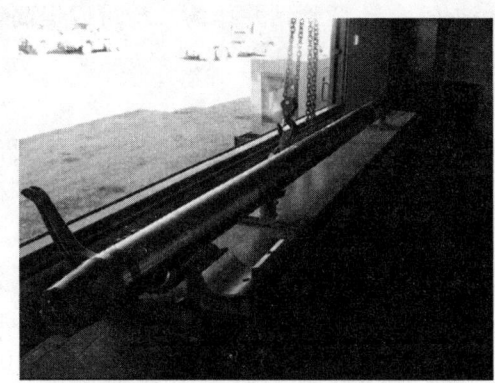 

图 17　AnTech 公司的 POLARIS 连续管定向钻井工具

3）连续管钻井技术用于老油田二次开发收效显著

连续管钻井独特的连续钻进和连续循环的特性，能够与欠平衡技术完美结合。首先，由于不用接单根，可以在钻井过程中不停地循环钻井液，使井内欠平衡状态成为稳态流动状态，从而形成全过程欠平衡状态；其次，欠平衡钻井采用"负压"钻进的模式，有利于保护油气层，提高油气产量；再次，采用欠平衡技术有助于提高破岩效率和钻井速度；最后，连续管钻井系统小巧、灵活的特性使其在老油田开发中具有特别的优势，尤其是进行老井加深和老井侧钻作业，可代替高成本的加密钻井和长水平段压裂等开发方案。

正是由于这些优势，多年前就有公司开始用连续管欠平衡（CT – UBD）技术进行老油田的再开发。最早开展这项试验的是 BP 公司。2005 年，BP 公司在阿联酋的 Sajaa 油田成功进行了全球首次欠平衡连续管侧钻套管开窗施工。2007 年，BP 公司将该技术推广到了阿拉斯加 Lisburne 油田，在该油田采用 CT – UBD 技术钻了两口分支井，在欠平衡状态下提高了钻速，解决了过平衡钻井时出现的钻速低、钻井液漏失等问题，降低了储层伤害，使水平段钻得更长，增加了裂缝暴露面积，产量从原来的 10000bbl/d 提高到 14000bbl/d。2013 年，马来西亚国家石油公司与斯伦贝谢公司开始在中国南海通过连续管过套管钻分支井眼的方式进行老油田二次开发。此后，康菲、沙特阿美等公司也加入了对这项技术的应用。康菲公司将这项技术推广至阿拉斯加的 Kuparuk 油田，至今已经在该油田进行了 100 多次的连续管开窗侧钻作业。而沙特阿美公司也将这项技术广泛应用于一些油田的老井延伸作业中，从而避免了昂贵的钻新井和压裂作业。该技术已然成为"为沙特阿拉伯地区定制的经济的解决方案"。2014 年，AnTech

公司将 CT-UBD 技术应用于法国 Villerperdue 老油田,采用 3.2in 连续管及 5in POLARIS 导向工具,在原 6in 井眼中进行老井延伸作业,成功钻进 438m 水平段,钻井速度较采用常规钻井方式提高 5 倍,且井底压力控制在安全密度窗口内,没有发生井漏。在世界各地开展的这些连续管钻井应用,不断推进着连续管技术和装备的改进,同时也为一项新技术潮流的兴起积聚着力量。

4. 钻井新技术、新工具

1) 射频识别技术

利用射频识别技术(RFID)对固定资产进行标签式管理具有广阔的应用前景,通过结合标签数据对资产实施实时监控,可有效实现资产全面可视和信息实时更新,从而建立先进规范的管理机制。NOV 公司一直是业内应用 RFID 技术开展地面资产服务管理方面的领先者,2017 年公司发布了 RFID 技术在油气资产管理领域取得的最新进展。

NOV 公司推出的最新一代 RFID 标签技术 TracTag(图18)克服了恶劣井下环境带来的挑战,可适应深水或陆上恶劣的井下环境,实现井下资产管理。通过现场试验证明,在安装钻柱部件时,TracTag 技术的工作频带为 125kHz,可承受温度范围为 -40~200℃(-58~400℉),最大承载压力为 22500psi,这些指标在业内尚属罕见。

此外,NOV 公司还推出了新款资产管理软件 TracAsset 和配有井场标签读取器的自动标签管理系统 AutoTally,结合 TracTag 技术使用可为用户提供准确可靠的数据信息与分析。NOV 公司总裁兼首席执行官(CEO)表示:"通过 RFID 标签技术获取的资产管理数据将在未来钻柱部件管理方面起到重要作用。"

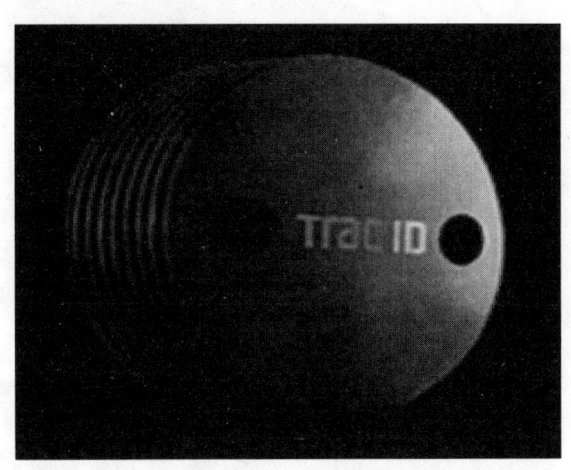

图 18 新一代 RFID 标签技术 TracTag 示意图

2) 全自动钻台机器人

挪威 RDS 公司推出全球首个全自动钻台机器人——机器人钻井系统(Robotic Drilling Systems™)安装完成。

机器人钻井系统(图19)是一套新型的全电动钻台自动化装置,适用于任何标准的陆上或海上平台。RDS 公司于 2010 年提出原型设计,当时采用了液压系统。现场试验以后,RDS 公司对控制系统进行了较大的改动。由于自动化系统有相当一部分是通过液压操作的,因此控制系统最初在进行现场试验时遇到了一系列问题,包括高压下的液压油泄漏以及由此引起的自动化性能不佳等。除此之外,与电力系统驱动相比,液压系统驱动的控制软件开放兼容性更差。最终,RDS 公司决定采用电力驱动替代液压驱动。改进后的系统与其他系统之间的兼容性更好,更具灵活性和准确性,并且更加容易操作,动态控制系统可以与一系列的软件系统共存,并可以随时更新。

图 19　全球首个全自动钻台机器人安装完成

通过现场试验,RDS 公司认识到,公司员工的水平对于自动化作业的成功十分重要。自动化设备执行工序中,从最初的指令计划、执行、完成,到紧急情况下的介入、安全的维护都需要高水平的人为预设,因此,员工的技术水平是自动化流程中非常重要的一个环节。

为实现机器人钻井系统的功能,RDS 公司还开发出一套动态控制系统(图 20),可以实现钻台上所有设备之间的交流,控制系统可以通过控制软件进行调整,并具有良好的兼容性,可以安装到任何钻机上使用。

图 20　机器人钻井系统的配套软件

RDS 公司的机器人钻井系统通过整机测试,目前已经在挪威陆海进行试验作业,全套产品处于半商业化推广应用阶段。

3) 新一代有缆钻杆

NOV 公司正在其位于得克萨斯州纳瓦索塔的技术研发中心(RDTC)进行新一代有缆钻杆的测试。此次测试采用真实测试环境,在其 75t、1500hp 的 Ideal 钻机上装备有缆钻杆,并使用自有操作软件系统 NOVOS 进行测试。测试成功后,新一代有缆钻杆将进一步推广应用,为未来提升钻井自动化水平提供强有力的支撑。

有缆钻杆是一种在钻杆内壁开槽埋设电缆的特殊钻杆,通过钻杆接头之间的电磁感应实现钻杆与钻杆之间的"软连接",其具有高速数据传输、大容量、实时双向通信的特点,适用于包括欠平衡钻井、气体钻井在内的任何井况下的数据传输。由于传输速度达到 56.7kbps,可以实现井上和井底信息的双向实时传输,成为钻井自动化发展的重要方向。NOV 公司已经在该领域进行了多年的研发应用,在原有产品的基础上,新产品将进一步得到推广应用。

(三)钻井技术展望

展望未来,受多重因素的影响,低油价或将存在相当长的时期,钻完井相关企业须从长计议,积极采取对策,主动适应低油价,在低油价下努力求生存,走出行业低谷。

1. 钻井技术继续向智能化方向发展

智能钻井的主要特点是数字化、信息化、可视化、自动化、智能化、远程化、网络化。其中,网络化是指物联网和移动互联。通过物联网,可实现井场与远程实时智能控制中心的互联,井场与井场之间通过远程实时智能控制中心实现互联,便于井场之间相互学习借鉴。通过移动互联,可以在石油公司、技术服务公司和钻井承包商的项目负责人和技术专家之间使用移动终端(手机、平板电脑或笔记本电脑等),随时随地监控钻井现场和钻井过程,借助虚拟现实技术将井下情况实时以 3D 的形式呈现在眼前,并通过此移动互联网平台进行交流互动,完善决策,提高决策效率和质量。

2. "一趟钻"获得大面积推广

低油价下,水平井钻井提速降本对高效开发油气,特别是页岩气、煤层气、致密气和致密油等非常规油气至关重要。随着技术的进步和降本增效的要求日益迫切,"一趟钻"的应用规模不断扩大,从开发非常规油气(尤其是页岩油气)扩大到了开发常规油气,从陆上扩大到了海上,涵盖了各类井型,包括直井、定向井、水平井、多分支井、老井侧钻等。"一趟钻"完成的井段数量从单一井段到两个井段,甚至多个井段。在美国页岩油气水平井钻井中,单一井段的"一趟钻"已成常态,两个井段的"一趟钻"得到推广应用,多个井段的"一趟钻"不断增加。"一趟钻"已助力实现"一日一英里"的超快钻井速度,随着技术的进步,"一趟钻"的应用规模将进一步扩大;水平井的井身结构甚至可以简化为只有两开;水平井"一趟钻"的提速降本效果将更加显著,推动各类油气资源经济开发。

3. 油气钻井将迈入工业互联网新时代

油气行业是一个以资产为中心的行业,拥有大量设备的油气钻井领域更是如此。一个标准的海上石油钻井平台上有30000个传感器不断生成百万级别的数据,陆上钻井过程中也会产生成千上万的数据,这些数据不仅能够用于设备的维护、控制,更有可能影响钻井的决策。大数据时代,通过数字解决方案,将实物资产与数字世界相联,搭建共用标准的工业互联网平台,将使油气钻井行业迈入一个崭新的时代。未来,在勘探、钻井、油藏、生产等不同的专业领域之间实现无缝协作,利用不同专业的实时数据以及历史数据管理油气田勘探开发作业,将有效实现油田生产成本最低化、产能最高化、运营最优化、操作灵活化、效益最大化等目标。工业互联网在油气行业具有广阔的应用前景。

参 考 文 献

[1] Bruce Beaubouef. Gulf E&P Remains Active despite Falling Oil Prices[J]. Offshore Magazine,2015(1).

[2] 吕建中,郭晓霞,杨金华. 深水油气勘探开发技术发展现状与趋势[J]. 石油钻采工艺,2015(1):13-18.

[3] Dung Nguyen. Operators group proposes data contract addendum to effectively unlock and utilize drilling data[J]. Drilling Contractor,2017(1).

[4] Toni Miszewski. Squeezing out that last drop of oil, using underbalanced coiled tubing drilling[J]. World Oil,2017(3).

[5] Paul Goydan. The Digital Imperative[J]. E&P magzine,2017(9).

六、油气储运技术发展报告

2016年是全球油气行业的寒冬,油价虽然回升至50美元/bbl左右,但依旧处于低位振荡。加之国内油气管道处于深化改革的敏感期,全国油气管道开工量严重不足,在此深度调整期内,油气储运建设领域速度小幅下降。与此同时,技术进步是油气企业降低成本、实现石油工业持续发展的最后希望,依靠技术进步和高效管理实现低成本可持续发展,正逐步成为全球油气工业发展的共识,油气储运安全与节能降耗技术在本轮技术创新的浪潮中得以快速发展。

(一)油气储运领域新动向

1. 全球管道建设企稳回升

2016年,全球计划完工的油气管道总里程达10674mile[1],建设费用在570亿美元以上,其中65%以上为天然气管道;2016年之后计划完工的管道总里程超过57000mile,造价1970亿美元。除欧洲和拉丁美洲建设里程略有上升外,其他国家和地区均呈下降趋势。美国能源信息署预测到2040年全球液体燃料的需求量将上升55%,这推动了管道的建设发展。全球管道建设主要集中在需求和供应活跃的地区,如美国、加拿大、拉丁美洲、亚太地区、欧洲、中东和非洲等。

2. 中国长输管道建设放缓

2016年,中国石油管网持续完善,形成了原油、成品油供应保障体系。虽然没有大型油气管网设施投产,但全年依然建成原油管道2228km,建成成品油管道4412km。截至2016年底,全国已建成原油管道2.29×10^4km、成品油管道2.55×10^4km,石油管道总里程达到4.84×10^4km。

3. 管道安全工作稳步推进

2016年,中国油气管道整治工作成效显著。在2016年7月国家安全生产监督管理总局领导小组的工作会上,强调2016年底前须完成油气输送管道安全隐患整治攻坚任务,比国务院的部署时间提前9个月。三大石油公司高度重视此项工作,积极与政府建立联动机制,完善权责清单制度体系,切实加大隐患整改力度,按期较好地完成了任务。

4. 油气管网持续深化改革

油气管网改革是油气领域改革的重点和难点,其总体思路是网运分开,在中游环节放开竞争性业务,建立独立多元的油气管网运输体系,为油气生产者和消费者提供更多的选择。2016年9月,国家能源局发布了《关于做好油气管网设施开放相关信息公开工作的通知》,要求三大公司等相关企业公开油气管网信息,这将为下一步油气管网最终实现公平开放铺平道路。

5. 智能化管道技术快速发展

世界各石油公司继续利用智能化、信息化手段改造传统产业,"两化"融合,变革生产组织

---

[1] 1mile=1609.344m。

模式,形成上下一体的协同生产、调度指挥新模式。以智能化为主攻方向,积极构建数字化、自动化、智能化的生产运营管理新模式,促进企业提质增效、转型升级。例如,中国石化4家智能工厂试点建设项目于2016年底通过总部验收,初步形成数字化、网络化、智能化生产运营新模式,劳动生产率提高10%以上,有效促进了企业转型升级与提质增效;提出了信息化"421工程",加快发展智能制造、加快推进集成共享、加快自主软件开发、加快提升大数据分析应用能力,并制订了到2020年的发展目标计划。在智能管道方面,将继续完善提升智能化管线系统,开展智能巡线管理、大数据分析等深化应用。中国石油大力建设物联网系统,其包括油气生产物联网和工程技术物联网两大部分。仅通过油气生产物联网系统的实施就减少一线用工2117人,明显提升了油气田的生产效率和经济效益。

(二)油气储运技术新进展

2016年,油气储运行业在储存和运输领域均取得了多项科研成果,对推动储运科技的发展具有重要的促进作用。

1. 油气管材技术进展

虽然中国的钢管研究起步较晚,但是随着西气东输工程等一系列世界级管道工程的建设,目前国内钢管研究已经达到世界先进水平,尤其是在X80钢的研究方面,取得了很多突破性的技术进步。

1)中国石油研发1422mm/X80高钢级钢管

为满足中俄东线天然气管道建设需要,中国石油组织相关科研单位和国内大型钢铁企业及制管企业,开展了外径1422mm/X80钢级大口径管的联合开发。

1422mm/X80钢级管材的技术条件是在通用技术标准Q/SY 1513—2013基础上,借鉴美国石油学会标准API Spec 5L—2012最新成果,结合中俄东线工程的特点确定了严格的化学成分指标,计算并验证钢管断裂CVN值,规定了夹杂物评定标准等。此外,还对管材和板的试验方法要求进行了优化,提出了严格的制造、检验程序和更科学合理的质量控制措施。

化学成分方面,要求C含量不大于0.07%,Mn含量不大于1.85%,Nb、Mo、Ni等含量根据螺旋缝埋弧焊管和直型埋弧焊管的不同分别有要求,有效地解决了现场焊接质量的稳定性问题。

止裂韧性方面,根据中俄东线气体组分、管材尺寸和运行压力,通过了Battelle双曲线BTC方法计算其止裂韧性结果为167.97J,并根据国际全尺寸爆破试验通用修正方法TGRC2 TGRC2,确定修正系数为1.46后,得到止裂韧性为245J。通过首次开发的1422mm/X80钢管全尺寸爆破试验验证了止裂韧性指标为45J的安全性和经济性。

非金属杂质方面,根据GB/T 10561—2005《钢中非金属夹杂物含量的测定——标准评级图显微检验法》将夹杂物分为5类,即A(硫化物类)、B(氧化铝类)、C(硅酸盐类)、D(球状氧化物类)和DS(单颗粒球类),通过分析高钢级管线冶炼过程中的运动规律,提出了严格验收标准,有利于提高钢管的力学、焊接耐腐蚀等性能。其中,DS类夹杂物的厚度应当控制在50μm以下;形态比小于3的B类夹杂物厚度应当控制在33μm以下;A、C、D类夹杂物厚度应当符合2级标准。

经第三方检测评价表明,试制的 1422mm/X80 钢管的化学成分和力学性能均符合中俄东线天然气管道工程钢材技术条件要求。试制的屈服强度为 595~668MPa,抗拉强度为 677~745MPa,母材 CVN 值为 324~486J,焊缝 CVN 值为 138~232J。通过环焊试验证明,所试制的 1422mm/X80 钢管的环焊缝性能均满足标准要求。

2) 宝钢开发特殊需求 UOE 管

宝钢针对中国南海深水天然气管线开发了厚壁海底 UOE 管线钢管,该管线为中国首条深水、高压海底管线,也是迄今为止国内水深最深、壁厚最大、输送压力最高(达到 24MPa)的海底管线,项目中难度最大的为 1000t/X70 钢级 ϕ762mm×31.8mm 钢管。该管线除 DNV-OS-101 常规要求外,还包括断裂控制和高精度尺寸要求。要求做全尺寸落锤试验(DWTT),管端椭圆度(OOR)必须达到 3.5mm 以下,-10℃ 全尺寸裂纹尖端张开位移(CTOD)不小于 0.2mm。

宝钢通过冶炼、厚板轧制到 UOE 制管全流程一贯制控制,先后完成单炉试制、小批量、分阶段的千吨级、两千吨级等各阶段试制后到批量生产,产品稳定性和合格率稳步提升,开发的产品性能优良、焊接性好、椭圆度等尺寸控制精度高,满足了该海底管道项目的各项技术要求,实现了批量工程应用,解决了中国海底管道长距离高压输送用特厚壁、高强度 UOE 管线钢管国产化问题,满足了中国海洋能源开发需求。

此外,宝钢 UOE 管线管生产具有从炼钢、厚板轧制到 UOE 制管的全流程优势,可以快速响应管线工程的项目需求。先后针对不同中标项目开发了酸性环境用抗氢致开裂(HIC)管线管、1422mm 大口径管线管和全定尺超长管线管,并实现了国内外重大管线工程的批量应用。

2. 油气管道设计技术进展

1) 创新型移动应用设计软件

巴西 At Work Rio 公司设计了一款创新型移动应用设计软件,主要用于改善天然气管道的设计流程,并具备性能实用、反应快速、操作简单以及使用人员不需任何训练的特点。该软件的应用程序可让 CEO、管理人员和设计师在不同的工作环境中应对天然气管道设计的挑战,可安装在移动设备上(智能手机、平板电脑和笔记本电脑),支持多平台操作(Mac OSX、Windows、Linux、iOS、Android),同时还能在 Web 浏览器上通过网页运行。

该软件包括天然气管道设计、天然气管道扩建、压气站设计和压缩机性能测算 4 个应用模块。

(1) 天然气管道设计(Gas Pipeline Design):进行成本估算,利用 J 曲线进行可行性研究、热工水力模拟,生成执行报告、技术报告、XML 文件(热工水力模型)和数据文件,并将这些数据发送给"天然气管道扩建"模块。该模块可提供一份有着详细热工水力信息的技术报告,其中包括管径、流量、温度、压缩机站所需数量、压缩机站间距、功率要求和燃气要求,该燃气要求规定了 5 个最佳替代配置方案。同时,该模块可为该项目的压缩机站计算精确的间距、详细的输量、功率和燃料要求。系统内的天然气管道模型上合并了概念设计、基础设计和执行设计的详细信息,比如管径变化、等级位置以及等级位置对管道壁厚、天然气供应及交付的影响,为项目变更提供了基础。另外,还可生成行政和技术报告,包括用于详细热工水力模型的可输出型 XML 文件和用于谷歌地球可视化的 KML 文件。

(2) 天然气管道扩建(Gas Pipeline Expansion):主要用于支持现有管道扩大产能建设,为天然气扩建进行成本估算,添加压气站到现有项目中,做生产能力提升和可用性研究,结合地理信息系统(GIS)信息和纵剖图进行工作。该应用模块有两个功能:对"天然气管道设计"应用模块的补充;可作为一个独立的应用程序。这款应用程序与纵剖图和整个路径上的 GIS 信息协同工作,为现有天然气管道和管道输量扩充提供容量扩增研究;可精确定位现有管道沿线的压气站,进行技术和经济评价,为稳态气体流动提供详细的热工水力模拟。同时能对天然气管道配置所需的资本支出(CAPEX)和运营成本(OPEX)进行评估,从而为管道输量扩充提供最好的经济和战略选择。

(3)压气站设计(Compressor Station Design):执行压气站的设计计算,生成报告,报告中标明压气站单元、驱动器和后冷却器;计算气体压缩机实际能耗需求。

(4)压缩机性能测算(Compressor Performance):为现有的压缩机单元进行详细的、精确的计算,利用技术经济工具支持压缩机操作,判断是否需要对压缩机单元进行维护保养以恢复其最优性能。

该软件最早用于玻利维亚—巴西天然气管道的设计(GASBOL)以及该管网在巴西的扩建。未来,该软件还将应用在管道开发项目,如委内瑞拉—巴西天然气管道(GASVEN)和集成天然气管道工程(GASIN)。同时还为哈萨克斯坦的 KazTransGas 公司和 Intergas Central Asia 公司的中亚天然气管道哈萨克斯坦管段提供相关服务。这款软件实用性强,可支持天然气管道的整个设计过程,同时大幅度降低了常规方案设计所需的工作时间。在天然气管道设计和建设过程中的每个阶段都同步配置了对应的管道建模,不需要任何额外的工作,节省了时间和资源。

2)定向穿越管道的挤毁失效及其防护装置的设计

定向穿越敷管技术由于其特殊优势,被越来越多地应用于油气管道敷设,但复杂的地质条件又极易导致穿越管道挤毁失效,对油气输送安全造成严重威胁。为此,针对复杂地层中穿越管道的挤毁失效行为,西南石油大学研究人员分析了其失效原因,主要是由孔壁失稳、地层沉降和地下水渗流等所导致的。进而基于管材非线性及管土耦合作用,建立了无缺陷和凹陷穿越管道的挤毁数值计算模型,并对其挤毁行为进行了研究。结果表明:(1)无缺陷管道挤毁模式[图1(a)]与凹陷管道挤毁失效模式[图1(b)]不同,完整穿越管道的挤毁过程可分为6个阶段,管道横截面经历了椭圆形、"新月"形、"葫芦"形及"8"字形变化过程;(2)而凹陷管道的挤毁过程可分为5个阶段,管道横截面经历了"心"形、"新月"形、"葫芦"形及"8"字形变化过程;(3)围土压力越大,管道的挤毁失效后果越严重。

为了降低穿越管道发生失效的概率,研究人员设计了一种定向穿越管道的防护装置(图2)。该装置由穿越管道、防护管道、端部壳体、法兰结构、支撑节、隔挡板、密封圈、卡瓦组成。防护装置具有如下特点:(1)能有效保护穿越管道,避免因井壁失稳而造成穿越管道发生压溃、砸伤、局部破裂等事故,保证穿越管道中的油气长期正常输送;(2)防护装置与穿越管道的环空充满流体,能避免因防护管道局部失效而造成穿越管道的受力不均匀;(3)防护装置中的密封结构可靠,能有效封堵环空流体;(4)防护装置占用空间小、结构简单、设置灵活,对长距离穿越管道的任何部位均能实现良好的防护;(5)防护装置内部可设置管道检测装置,当防护管道发生局部失效时,可直接进行检测。总之,该装置可以有效降低管道发生凹陷、挤毁等失效的概率,延长管道使用寿命,可用于穿越危险地层的油气管道防护。

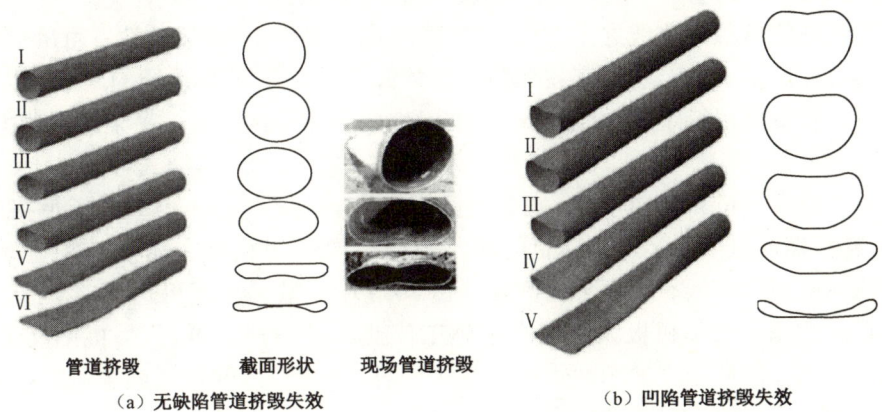

图1 无缺陷管道挤毁过程图和凹陷管道挤毁过程图

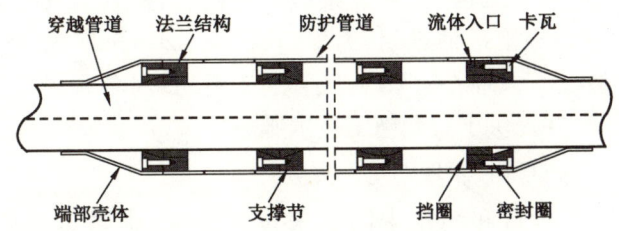

图2 定向穿越管道防护装置机构示意图

3. 油气管道施工技术进展

1) 极端地形管道敷设施工的吊索施工法

奥地利 LCS 缆索吊机公司开发了一种在陡峭、极端地形进行油气管道施工的新技术——吊索施工法。该技术通过利用专业设备,解决了陡峭山脉、岩壁和雨林等人工施工难度大的地区管道敷设问题。吊索施工法类似于货运索道,能够运输各种重型材料,如管道、机械设备、挖掘机、填料及喷砂设备,并可以在管道沿线的任意卸货地点进行精确定位,如图3所示。

图3 吊索输送管道和各种材料设备

吊索施工系统主要包括一条或多条承载索、塔台、牵引绳、牵引绞车以及吊机装置。施工时,该系统安装在管道预定路线之上,并以货运索道的形式作业:在装载站点由吊机吊装,管件被悬挂在半空,然后由强力牵引绞车拉到指定位置卸载。由于吊装系统的两端可以完全独立进行升降操作,管道可以特定角度倾斜,从而准确地放置在焊接位置。吊索施工法主要有以下几个优点:

首先,由于缆索吊机只需建设8m宽的道路(必要时可减少),不但节约了道路施工成本,而且所有材料都是通过空中运输到达目的地,完全不需要重型机械在陡坡作业,显著降低了施工对环境的影响。其次,LCS吊索系统负载可达20t以上,敷设长度可达3km以上,速度可达7m/s,基于模块化系统的吊机极大地提高了施工作业的灵活性。再者,吊机可满足坡度高达70°陡坡、沙漠戈壁(例如印度的东西管道)、热带雨林、极寒地区的管道施工需求,在冬季和雨季也能正常工作,适用的工况范围较宽。

近几年,LCS公司采用吊索施工法攻克了从拉丁美洲热带雨林(厄瓜多尔OCP管道工程)到沙漠荒地(迪拜ADCOP管道工程)多种复杂地形下的装备运输难题,特别是利用吊机成功完成70°岩石陡坡地区管道施工运输难题,为墨西哥Tamazunchale输气管道建设做出了重要贡献。同时,LCS公司参与了缅甸Zawtika输气管道工程,针对各种极端复杂地形下管道建设难题,研发多种吊机系统,并提供了全套施工技术服务。

2)油气管道全尺寸爆破试验技术取得重大突破

为确保油气管道安全运行和满足中国未来技术需求,中国石油自行建设了一座包含1422mm和1219mm两个试验管列、最高设计压力为20MPa的油气管道全尺寸实物爆破试验场,并成功开展了三次采用天然气介质、高压、大口径、高钢级的爆破试验,实现了在亚洲首次开展此类试验的突破。

主要技术进展包括:(1)开展了多种实验条件的模拟计算、锚固墩设计与施工,设计了CNG在无背压和上下游压差20MPa幅度波动条件下的供气工艺及调压装置;(2)完成了600个数据同步高速连续数据采集系统设备,并首次应用爆破试验环境下(爆破、热辐射、电磁干扰、地震冲击波)的抗震、抗热辐射半地下数据采集间;(3)研制了应用天然气云团自动点燃装置和用于管道爆破起裂试验的线性聚能切割器;(4)分析提出了全尺寸爆破试验关键技术,编制完成相关规范,研发了测量管道断裂速度、爆破压力、温度等参数的数据传感器安装和使用技术,形成数据分析技术;(5)分别开展了世界首次进行的1422mm/X80/12MPa直缝焊管、1422mm/X80/13.3MPa螺旋焊管、1219mm/X90/12MPa焊管的天然气介质的全尺寸管道实物爆破试验,取得圆满成功。

该技术填补了中国对高压输气、高钢级管道全尺寸断裂行为研究及管道爆炸对环境造成影响研究的空白,摆脱了完全依赖国外试验机构的局面,对推动中国油气管道的建设发展具有重大意义。

3)P-450型计算机数控全自动管道焊机

近日,美国CRC-Evans公司于2016年离岸管道技术大会上发布了新型P-450计算机数控全自动管道焊机[图4(a)]。该焊机采用经过改进的气体保护金属极弧焊(GMAW)单焊枪系统,适用于固态焊丝,具有减少焊材消耗量、提高焊接速率、减少焊缝应力等优点,可以提供经济稳定的高质量焊接服务,数控模块可提供焊接直径、回火时间、吹扫时间、振荡宽度与频率、电弧长度与动态校正等32种焊接参数的自定义编程模式。此外,自动焊机提供的电弧缝焊跟踪功能可以保证焊接轨迹不会偏离预期的圆周焊接轨迹,倾斜传感器和实时更改焊接参数。

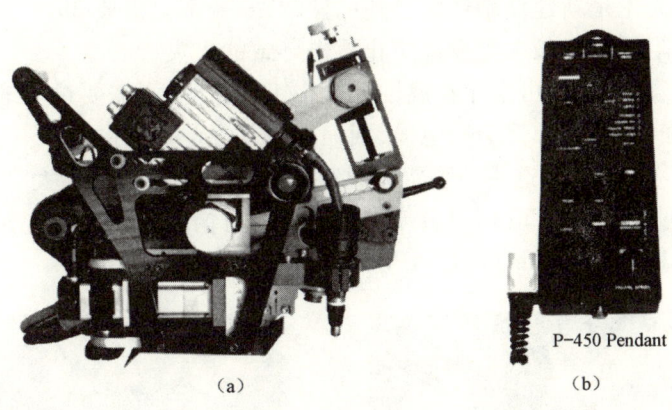

图4 P-450焊机和数控遥控器

P-450焊机拥有独立的数控操作面板,通过连接计算机控制箱内的机载计算机,对移动焊架、焊丝进给伺服电动机、数控遥控器[图4(b)]、焊丝缓冲器和焊头调节器等设备进行操作。机载计算机可精确地控制焊接参数,包括电压、电流、焊机和焊枪行进速度、振荡幅度和停留时间等参数。P-450焊机还针对数字电源接口进行了优化,以保证焊接过程中数控传输的稳定性。P-450焊机可以保存焊接数据,允许用户通过调阅实时日志的方式浏览,并可通过蓝牙与计算机连接,将焊接参数以Excel电子表格的形式下载到计算机上,以便进一步处理。P-450焊机主要性能参数为:焊枪可调范围为±10°,焊枪焊接速度可在0.5~22m/s范围内调节,焊机牵引速度可在0~1.52m/s范围内调节,传感器的精确度为1°,振荡速率为0~250BPM(拍/分钟),振荡幅度为0″~0.75″,电器设备的工作温度范围为-40~70℃。

4. 油气管道安全技术进展

管道安全近年日益受到重视,尤其是在国内"11·22"事故后,管道安全隐患的治理和管道安全得到重视,相关技术取得突破。

1) 新型浮顶储罐雷电消除器RGA® 750

浮式储罐比较容易受到直接或间接的雷击,一旦遭受雷击,电流将流过储罐的罐壁和罐顶,形成电弧,遇到任何可燃蒸气,就有可能引发火灾。美国Lightning Eliminators & Consultants公司(简称LEC)致力于研发综合防雷技术及防雷产品,是提供雷电消除解决方案及相关产品服务的领先供应商。近期,该公司发布其最新防雷产品RGA® 750。RGA® 750是该公司浮顶储罐防雷击系列产品的一款优化升级版本,如图5所示。该产品有助于提高生产安全性,并有效防止浮顶储罐受雷击而带来的经济损失。

RGA系列产品突出的特点是通过伸缩式接地装置尽可能缩短电缆长度。新产品RGA® 750(图6)包括以下新特点。

（1）预加压力：RGA® 750 在出厂前先被施加一定的压力，从而不需要现场张拉。

（2）耐腐蚀：RGA® 750 选用一种新型铝制电缆，这种铝制材料主要应用于航海，因此具有极高的耐腐蚀性，尤其高度耐 H_2S 腐蚀。通过样品试验，该铝质材料在高浓度 H_2S 环境中，耐腐蚀性远胜于纯铜或镀锡铜光缆。

（3）安装便捷：无论是新建储罐还是已建的储罐，安装都只需要 2h。

（4）有效性：低阻抗可以长久可靠地防止雷击导致的火灾。

（5）耐用性好、容易维护：可常年在腐蚀环境中工作，几乎不需要过多维护。

（6）伸缩性增强：使用强弹簧缩回电缆，回缩能力是之前产品的 3~6 倍。

（7）重量轻：RGA® 750 因选用新型铝制材料较之前的产品重量大大降低。

经 API 检测证明，RGA® 750 可以分流浮顶储罐所有情况下产生的电流，其选用的新型铝制材料（5154A braided aluminium）符合 API 545 要求。

图 5　RGA® 750 伸缩式接地装置图

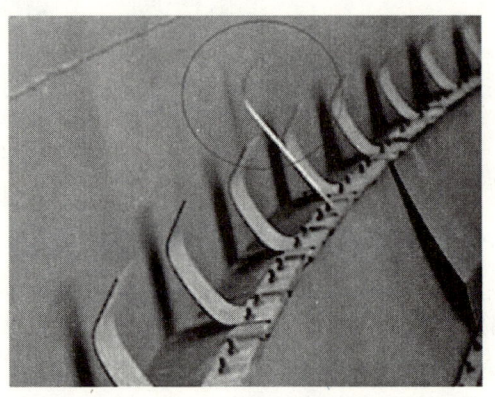

图 6　RGA® 750 浮顶储罐雷电消除器

2）跨断层埋地管道安全监测预警系统

西南石油大学石油与天然气工程学院针对穿跨越断裂带管道监测预警系统展开研究，该系统分别对断层致灾体、管道承灾体以及土体对管道的作用进行监测，全面、准确、快速地评估管道沿线的安全状态，并进行预警。

该系统由监测传感子系统、数据采集与传输子系统、数据分析与处理子系统以及预警子系统组成（图 7）。系统通过对地震动峰值加速度、断层位移、管道应变、管道位移、管道运行温度以及土体对管道作用力的监测，进行现场数据采集，经无线 4G 和北斗卫星双信道传输至远程控制中心，在监控中心进行数据分析、处理及发布预警信息。采用传感器和数据采集设备，分别对断层致灾体、管道承灾体、管土相互作用力等参数进行动态监测，当管道处于不安全状态时，发出声光预警，并通过短信、电子邮件或智能手表发布预警信息，为工作人员提供最佳抢修条件。

跨断层埋地管道监测预警系统的设计，为传统管道抗震方法提供新的思路，不仅在地震过程中能够减小管道损害，而且在震后能够迅速判断管道安全运行状态，并及时发布预警信息，供决策人员参考。

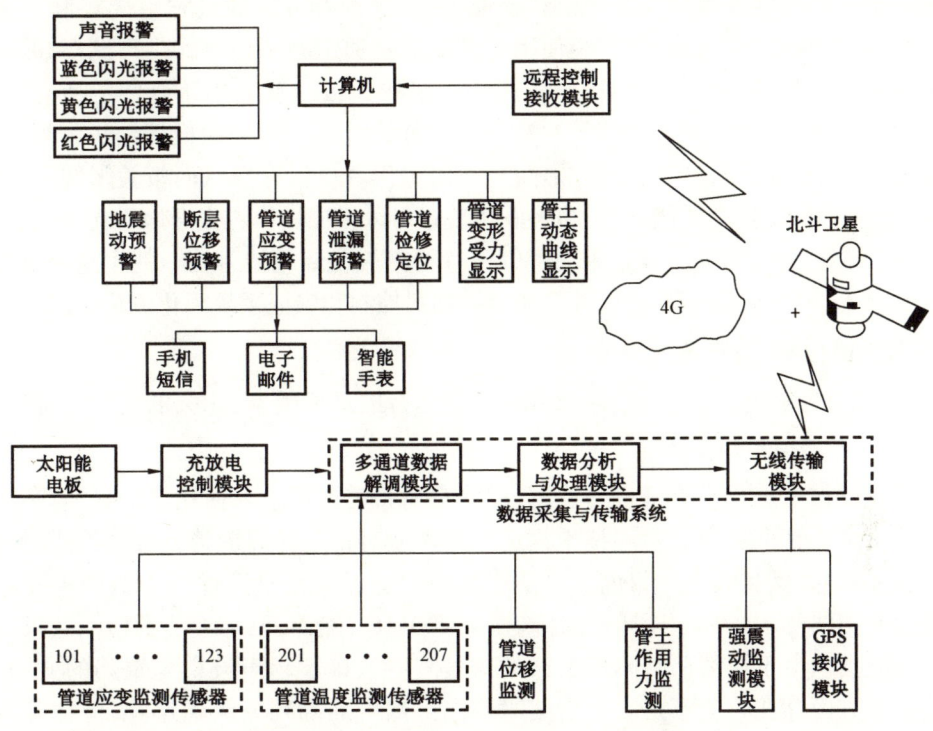

图7 管道断层灾害监测预警系统结构图

3) 用于提升阀安全性和效率的操作面板

史密斯流量控制公司在英国专门从事研发机械阀控制设备和阀门领域的管理系统。近期该公司针对挪威埃尼石油和天然气公司的需求,研发一款帮助其简化戈利亚特油田阀门使用过程的定制化操作面板(图8)。

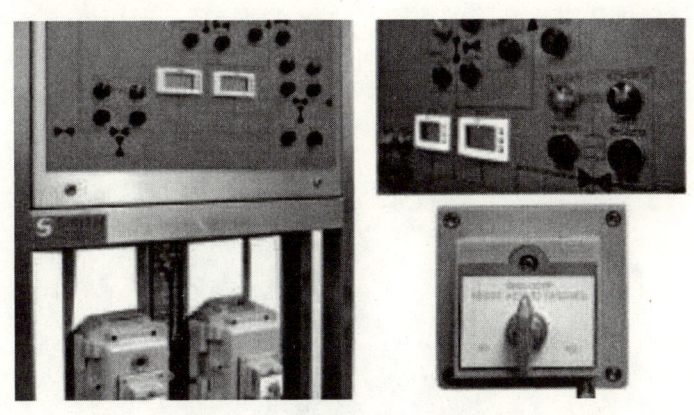

图8 定制化阀门操作面板

该款阀门操作控制面板可以增强阀门使用的安全性、提高效率。通过对该操作面板的操作可控制埃尼公司油田中大量的阀门开关到安全位置。

该电子操作面板可以作为一个通信和验证系统,操作者可以通过它直接控制一系列的自动阀门。目前,有两个操作面板被安装使用在戈利亚特油田的一个浮式生产储存卸油船内,这是在巴伦支海进行开发的第一个油田。阀门控制操作面板一般适用于阀门的所有操作,但是这款定制操作面板是专门为阀门在清管过程中运行而设计的。每个面板控制4个阀门,并包括两个机械联锁装置,以保证特定的操作顺序。例如,操作者可以选择从面板关闭阀门,通过LED灯确认阀门已经达到其完全关闭状态,机械联锁装置可以保证操作者安全地进行清管;在面板关闭所有阀门并锁定后,最后的步骤是手动解锁清管器门板或卸载清管器。使用这种操作面板控制清管过程,不仅保障了运行安全性,并且通过一站式控制和验证系统简化流程、提高生产效率。

5. 油气管道检测、监测技术进展

油气管道的检测和监测技术是保障管道安全运行的重要因素,相关的新技术层出不穷。

1)新型3D超声波检测系统

管道敷设过程中需要对焊缝进行检测,检测完后管道方可投入使用,以确保管道的承压能力达到设计要求。管道超声波检测技术是运用超声波对管道环焊缝等特殊部位进行内部结构检测,识别缺陷的类型和大小。目前已广泛应用在管道焊接完整性评估领域的主要超声波检测技术是脉冲回波技术(PE)或衍射波时差技术(TOFD),然而,两种方法的检测效果均不够完善。脉冲回波技术由于从某一缺陷反射回的信号高度依赖于超声波束与缺陷的方向,在定量检测缺陷特征方面存在一定不足。衍射波时差法虽然可准确判断缺陷尺寸,但在确定缺陷类型方面能力有限,而且扫描结果以信号数据的方式获得,无法直接表明缺陷的大小和方向,需依靠操作人员的技术和经验来判断。

近期Applus RTD公司创新性推出反射波场外推法(IWEX)的3D超声技术——RTD IWEX系统(图9),其可详细检测管道关键缺陷部位并对缺陷部位直接成像。该技术基于波场外推原理,通过缺陷造成的反射波异常波场,反推缺陷的实际尺寸。当超声波扫描场范围内出现缺陷时,异常点将触发高振幅反射波,并产生高亮信号,检测工具通过记录异常区域所有点的反射信号,通过外推法得出缺陷的实际尺寸和表面特征。运用这一技术,可得到被检测区域的真实图像,而不是异常数据信号的散点图。

图9 RTD IWEX技术现场测试实验

目前大多数超声波测试设备可生成管道检测的电子记录,但由于电子记录结构复杂,检测结果解释具有一定难度,而且耗时,操作人员需掌握一定操作技能。RTD IWEX 技术的主要优势在于可对缺陷部位进行综合可视化表征,精确表征缺陷的大小、位置和方向,可直观显示检测区域状况,使 2D 和 3D 数据可视化。与其他技术相比,这将减少人们理解误差,允许数据自动分析。尽管该系统的一系列试验仍在评估中,但反馈结果已显示出该系统有着很好的商业化趋势。下一步研究是进行实地测试,尽可能地提高检测效率,降低短期维修成本和管道运行风险。

2)新型漏磁检测工具

德国 Rosen 公司于 2016 年国际管道大会技术展览上发布了新型 RoCorr MFL-A 漏磁检测工具。

RoCorr MFL-A 漏磁检测工具基于超高清轴向漏磁检测技术,可以检测到极小尺寸的复杂形状缺陷,例如最小尺寸可达 1mm 甚至更小的针孔状缺陷。该工具还可以精确地识别缺陷结构类型,包括环焊缝腐蚀、顶部腐蚀(TOLC)和微生物诱导腐蚀(MIC)。RoCorr MFL-A 漏磁检测工具通过集成两种管道成像技术,开发了新型三维高清漏磁传感器(图 10),并利用管道缺陷三维激光扫描结果对有限元数据分析进行修正。

图 10 RoCorr MFL-A 漏磁检测工具传感器结构示意图

RoCorr MFL-A 漏磁检测工具可以提供详细精确的管道体结构状态信息,使得运营公司不再因为管道状态信息数据不足而采用保守完整性评估程序,减少了现场校验程序产生的运营成本,优化了管道完整性水平。

3)德国罗森集团开发新型海洋柔性管在线检测工具

柔性管道由于其操作性和经济性上的优势越来越多地应用于海洋油气管道输送领域,但是适用于传统钢质管道的智能清管及检测产品——碳钢刷可能会损坏柔性管的内层骨架结构。

Rosen 公司在 Total E&P 公司位于刚果的一条海上原油管道上完成了新型在线检测工具的工业试验,验证了柔性管内检测技术的可行性和安全性。该管道用于 Moho-Bilondo 油田产品输出,管道的水下深度可达 540~1100m,内检测的任务包括了对 80km 长、直径 16in 的海底石油输出管道以及将之与海上浮式生产终端(FPU)连接的柔性立管进行运行状态评估。

为了避免损伤柔性立管的 316L 不锈钢内层结构,Total E&P 公司要求内检测及清管工具的设计不能存在任何金属元件与管壁直接接触,同时保证内检测的检测性能。为此,Rosen公司对现有清管器产品重新设计,采用清洁能力良好的尼龙材质刷头代替传统碳钢刷头,其优异的塑形性能可以满足长距离管道内部的残渣清理和推扫工作要求。针对内检测器,Rosen公司做出了以下改进设计:(1)在磁化元件上加装聚氨酯支轮;(2)在里程计步轮上加装聚氨酯层;(3)特制的漏磁检测单元上配备了陶瓷外壳。其中,加装在磁化元件上聚氨酯支轮使得立管内管壁与内检测器上的金属元件之间保持了稳定的间隙空间,避免了用于测量的硬质碳钢元件对立管内管壁造成损伤。实际的检测试验也验证了这种新型设计的有效性。Rosen公司新产品的检测试验成功获得了高质量的内检测数据。该产品广泛适用于各种柔性立管和其他柔性管道,其独特的设计有效避免了传统内检测器上的碳钢元件对柔性管不锈钢内层造成损伤和交叉污染。

6. 油气管道维抢修技术进展

油气管道的失效给财产和安全造成极大损害,维抢修技术对于降低危害极为重要,尤其是海底管道,一旦破坏可能对环境造成不可逆转的损害,经过多年研究和实践,多项管道维抢修技术得以研发和应用。

1)紧急修复夹具

谢菲尔德铸锻集团近期向休斯敦国家石油工业集团交付了两套管道夹具,并组成紧急修复后备系统,应用于沿波罗的海海底连接俄罗斯维堡和德国卢布明的长1224km的北溪管道。该液压夹具由休斯敦国家石油工业集团设计,可用于降低海底管道破裂事故风险。该产品的研发标志着海洋工程设计水平达到了一个新的高度。

图11 北溪管道半夹具

北溪管道夹具属于液压操控修复装置,适用于沿波罗的海海底管道任意位置处的加固修复作业。该夹具由两个可以固定在管道外壁上的对称结构组成,可有效防止泄漏。为了提供相匹配的半夹具,锻件在被纵向切割成两半前作为单件生产。通过精湛的生产工艺,以直径120in的铸块作为整个夹具的单独模壳,并经过锻造、粗加工和热处理。然后,长22ft的成品部件被纵向对半剖开形成两个独立铸件(图11),并在最后的装配和压力测试之前分别加工至满足紧密公差要求。

该夹具质量超过200t,是目前最大的海底管道夹具。当北溪管道发生泄漏或存在缺陷时,该夹具可有效帮助恢复管道的结构和压力完整性。从材料制造到形成最终成品部件,谢菲尔德铸锻集团拥有全套先进的工艺技术,这是保证夹具成功研制生产的基础。该夹具目前正在得克萨斯州休斯敦的国家石油工业集团进行测试,之后将运往目的地,并应用于北溪管道工程应急备用系统。

2)油气管道腐蚀缺陷维修响应决策

目前,中国针对缺陷安全评估的研究已趋于成熟,在借鉴国外经验基础上制定了一些评价标准和方法,但如何根据安全评估结论制订维修计划并未形成统一标准。因此,中国石化石油工程技术研究院针对计划响应类缺陷的维修时间和下一次检测评价的确定方法进行研究。首先,通过对国内外的相关标准 API RP 1160—2013《危险液体管道的完整性管理》、ASME B31.8S—2014《输气管道系统完整性理》、SY/T 6151—2009《钢质管道体腐蚀损伤评价方法》以及国外某些管道公司采用的预估维修比 ERF(管道最大操作压力和缺陷失效压力的比值)的判定方法进行相互比较,并结合中国油气管道在设计时会根据管段所处地区等级或特点分别确定不同的设计系数,得出了 ERF 的判定条件更为合理。

判定准则经过确定,研究小组依据该维修响应的 ERF 曲线图形判定方法来描述缺陷尺寸与压力之间的关系(图12),若缺陷位于曲线上方则表示该缺陷当前尺寸是不可接受的,需要立即维修,位于下方则表示该缺陷考虑计划维修或监测使用。

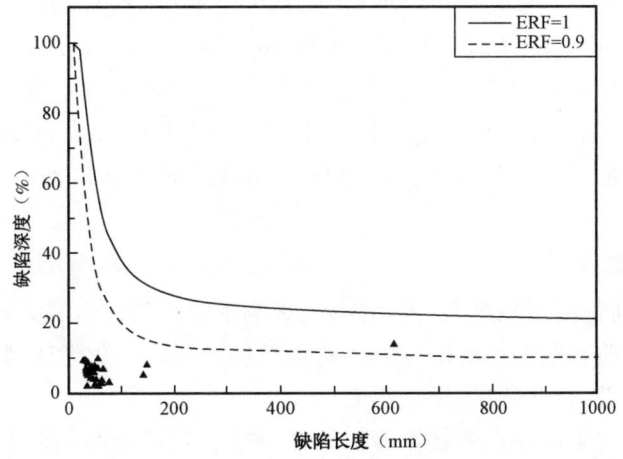

图12 某壁厚管段 ERF 曲线

ERF 曲线图还可根据缺陷尺寸信息即时判定管道运行安全性,实现紧急情况下管道运行压力的调整或控制。需要注意的是,检测评价时间的确定与缺陷计划响应直接相关,保证下一次检测评价之前所有缺陷不会达到维修临界点。

为了验证该维修响应决策的适用性,研究小组将其用于国内某条管道确定了计划的响应时间及下一次检测评价。实例结果表明:建立的级别判定准则更加符合中国油气管道距离长、途经地区条件复杂多变等实际情况,响应级别判定方法及计划时间直观、易操作,具有较强的工程应用价值;并且得到的缺陷尺寸—压力关系图无须剩余强度信息即可判定缺陷响应级别,具有更好的工程应用性。

7. 油气管道输送工艺技术进展

1)新版 Synergi Pipeline Simulator 管道模拟仿真软件

DNV GL 集团拥有海事、石油天然气、能源和管理服务四大业务部门,其软件产品提供的解决方案支持多种业务,包括设计和工程、风险评估、资产完整性和优化、QHSE 和船舶管理。由该集团出品的 Synergi Pipeline Simulator(SPS)管道模拟仿真软件(原 Stoner Pipeline Simulator 软件)是一种先进的瞬态流体仿真应用软件,用于模拟管网中天然气或液体的动态流动。

SPS产品包括一系列仿真解决方案,既可用于规划设计、操作员培训及资格认证,也可用于包括泄漏检测及仿真预测在内的在线系统。SPS可以解决在设计及操作天然气、密相气体或液态烃类管道运输系统时涉及液体、控制系统、液体处理设备瞬态行为的几乎所有的问题。

最新版SPS具有以下功能:分析启动及关闭程序;分析运行稳定性;分析泵、压缩机的运行时间表;研究各种设计及运行方案的经济性;分析喘振情况及设计减压系统;设计串级控制系统;研究气体输送系统的存活期;分析对于潜在异常工况的系统响应,评估修正方案;研究批量输送、侧线输送或混合供给的效果;研究再循环系统的温升,以及由于与管道周围环境的瞬时热交换造成的产品冷却或加热;研究气体(特别是非理想气体)的热效应,例如焦耳—汤姆逊冷却、减压冷却及多方压缩机的级间冷却;设计最小旁路流量控制,以防止多变压缩机发生喘振;研究气体管道的破裂效应及泄放冷却,以评估管道钢材的脆性。

SPS系列软件分为离线模拟和在线模拟,包括Offline(离线模拟)、SPS/Simulator(SPS/离线仿真器)、SPS/Trainer(SPS/仿真培训器)、SPS/OQ(操作员培训认证系统)、Online(在线模拟)、SPS/Statefinder(SPS/在线仿真器)、SPS/Leakfinder(SPS/泄漏检测器)和SPS/Predictor(SPS/预测分析器)。其中,SPS模拟仿真培训系统可以对管道和设备操作进行培训。SPS的OQ模块,即操作员资质认证是与北美操作员资质相挂钩的,OQ模型中的打分模式是对于培训系统独到的创新。

2)原油超声波降黏技术

重质原油、天然沥青由于黏度高、流动性差,影响了开采的成本和效益,给开采和管道运输带来了诸多不便。目前普遍使用的降黏方法有加热法、气体法、化学法、物理法等,这些方法不但成本高昂,耗能量大,而且降黏效果也不太明显。

俄罗斯科学院研究采用超声波技术降低原油黏度。其原理是:在油下或井口位置放置超声波发射设备,对油品进行超声波流体动力处理(UHT),由于声致毛细效应(毛细管内的液体在声空化场中不寻常的上升现象,是伴随空化而出现的冲击波的结果),油品可以更大程度地渗入毛细管中,超声波振荡过程中能量耗散致使油品温度升高,周边压力增大,加速了乳化破乳,从而降低了原油黏度,增强了原油的流动性。

研究表明,使用井下测井仪超声波处理4h后原油黏度降低了16%,原油采收率提高了26.5%,同时提升了管道运输原油温度;单独使用UHT方法可降低原油黏度超过30%,并且能改变原油馏分组成;如在使用UHT方法的同时加入化学试剂,会引发协调效应,降黏率可提高到58%,可有效提高原油采油率,增强管道运输能力,达到长期降黏效果。为实现以上方法,俄罗斯科学研究院设计了一根组合电缆(图15右下角),电缆左边有3芯导线用于驱动超声波井下测井仪,右边为注射化学试剂的钢筋通道。该电缆可永久固定在油井的管道上(电缆布置方式见图13),可按人为要求驱动超声波设备或注射化学试剂。

3)新型原油减阻系统

近年来,油气资源上游勘探与生产领域技术不断突破,为了满足这一快速增长的配套要求,提高生产速度,管道流动保障技术起到越来越关键的作用。加拿大QS能源公司研发了AOT原油减阻系统来满足上游和中游市场的技术需求,并于2016年6月在超轻质原油中进行了工业性测试。

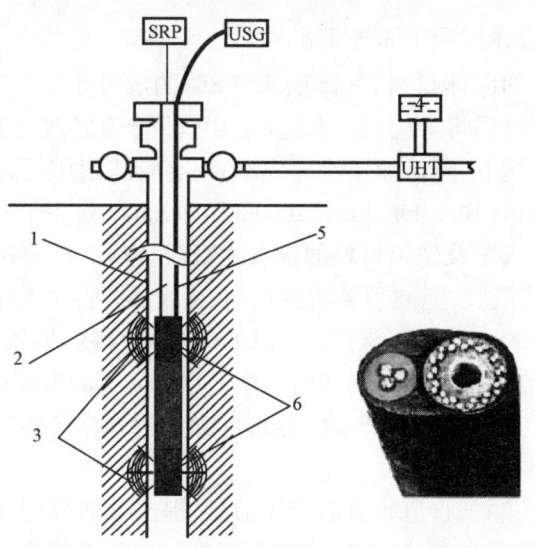

图 13 电缆布置方式示意图

1—套管；2—管道；3—声波影响区；4—化学试剂；5—组合电缆；6—超声波发射器

AOT系统（图14）针对原油管道设计，安装在管道泵站，其原理是利用高电压、低电流电场的作用，用电荷传导技术使原油的微观粒子发生变化，降低原油的黏度，提高原油的流动速度，并通过集成在控制室的控制系统对管道运行状态和减阻效果进行监控。AOT系统具有以下优点：(1)降低原油宽光谱的黏度；(2)降低管道内的摩擦；(3)减小泵站能源损耗；(4)最大限度地减少摩擦损失，或压力沿管壁的损失；(5)增加了流量和最大允许工作压力；(6)具备潜在的抑制蜡沉积，降低污泥和抑制紊流等优点。

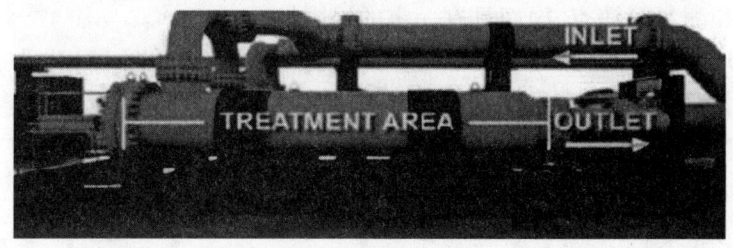

图 14 AOT系统的现场安装示意图

在AOT实验研发初期，QS公司利用超轻质原油样品进行测试，测试结果显示在提高流动性方面取得了很好的效果，并委托坦普尔大学对降凝样本的物理特性进行评估，通过数据分析验证了AOT系统的降阻效果。

QS公司可以提供个性化定制服务，通过收集相关管道基础设施的运营参数，提供定制化AOT系统应用的详细报告。

8. 防腐技术进展

对于全球管道运营商来说，不论是从投资的角度，还是从公众安全和环境保护的角度，维护油气管道的完整性都是最为关切的任务。

1) 高分子气凝胶涂层技术应用于油气管道

气凝胶是世界上最轻的固体材料,其体积 99.98% 的成分是空气。随着油气行业的发展,更环保及更耐用的气凝胶涂层将会应用于深海"管中管"管道以改善其绝缘性能,该技术可在不降低管道安全性能的前提下,降低涂层涂覆成本,提高管线耐压性,降低管道建设用钢量。

美国蓝移国际材料公司(Blueshift International Materials)专注于研究用于油气管道、航空航天、无线电音频及雷达、汽车及建筑材料的聚合物凝胶材料。该公司生产出的第一代凝胶产品为 AeroZero,即聚酰亚胺凝胶,坚硬且灵活性较高,由半柔性晶片和较厚的塑料制品组成,其强度是传统二氧化硅凝胶的 500 倍。该产品是 100% 的聚合物,因而不产生粉尘和颗粒。近期,该公司与加拿大石油与天然气技术创新研究中心(Oil & Gas Innovation Center,OGIC)以及斯特拉斯克莱德大学(the University of Strathclyde)接洽,三方合作推广气凝胶产品在油气管道上的应用。

OGIC 根据凝胶产品在油气管道领域的应用前景,提出了蓝移国际材料公司下一代产品的研发方案,并提供了可靠的资金支持,斯特拉斯克莱德大学基于其涂层的设计及验证领域的研究经验,对材料改进方案进行综合设计。目前,三方的合作方案已经确定,下一步研究将利用多学科方法来解决新一代凝胶涂层性能提升的瓶颈问题。

2) Permasense 超声波腐蚀监测系统

开展海底管道的腐蚀监测工作可有效防止管道腐蚀、泄漏,从而保证海底管道的安全运输。传统的腐蚀监测方法主要有腐蚀挂片法、探针法、人工测厚法等。挂片法和探针法一方面会破坏管道的本体结构,尤其是在高温、高压等部位及压力容器,带来较大的安全隐患;另一方面,由于侵入式的监测方式无法区别管道内冲刷与介质腐蚀对金属挂片或探针的影响,故无法获得管道壁厚及腐蚀的真实状况。人工测厚法存在测量不方便、数据结果不及时以及部分管线人员难以到达和测量等缺点,因而具有一定的局限性。

美国 Emerson 公司开发的 Permasense 超声波腐蚀监测系统(图 15)作为一种新型腐蚀监测技术,能够利用超声波对管道进行定点测厚,其工作原理是利用超声导波进行双层超声波反

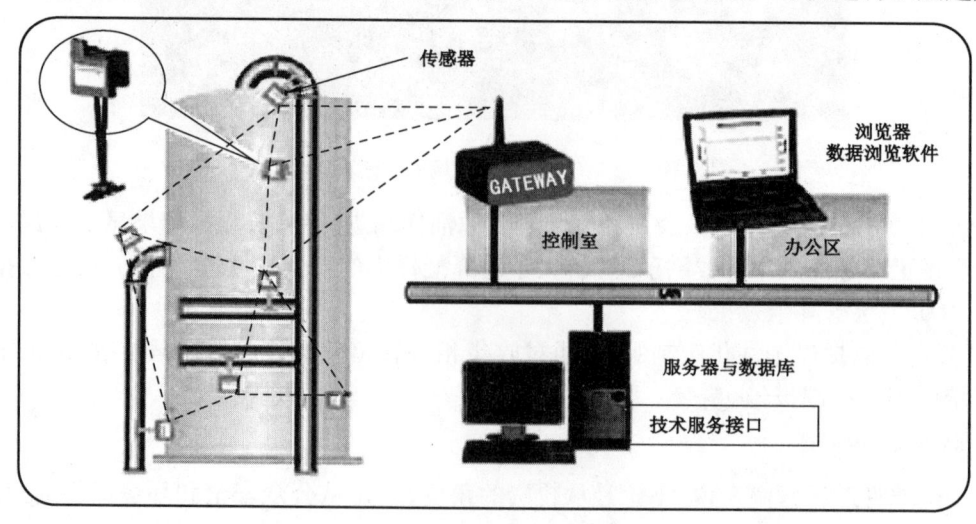

图 15 Permasense 超声波腐蚀监测系统拓扑图

射探测壁厚,通过发出超声波波导的探头来计算壁厚,可测量材质涵盖了碳钢、铸碳钢、低合金钢、不锈钢、特种钢、钛合金等各种石油化工行业常见管线材质。主要典型安装位置为管线弯头及其 1~2 倍直径下行直管、油气设施上的已知减薄点,以及管线涡流区域中的变径管、三通管、阀门上下连接管、各种塔或压力容器壁等重点需监测部位,并可在各种复杂环境下使用。

3) 可预测腐蚀风险的计算机模型

美国西南研究院(SwRI)的工程师开发出 CAsed 管道腐蚀模型,即 CAPCOM,来检测复壁管段的腐蚀情况。CAPCOM 的原理是应用有限元法(FEM)对管道腐蚀情况建立数学模型。利用有限元法对复杂表面、结构以及天气系统进行建模,把问题分解成许多小的、易解决的单元,这些单元就称为"有限元"。对这些较小单元的求解,推导出整个问题的近似解。对于复壁管道,运用有限元法可对管道完整性、服役寿命和腐蚀风险进行更好的预测。在一些不能进行目测和内检测的管段,CAPCOM 可为这些管段提供重要的腐蚀信息。通过评估复壁管段处的管地电位以及主管的腐蚀速率,CAPCOM 可帮助人们判定复壁管段是否得到充分保护,或是否需要进行防护性维修。CAPCOM 可对复杂腐蚀情况进行建模,包括主套管之间的电解接触或电解加金属接触。对使用阴极保护系统的管段,CAPCOM 可定量分析阴极保护系统的防腐蚀效果。当主套管发生电解接触时,CAPCOM 还可定量管道所需的阴极保护电流。

同无套管管道上的阴极保护系统模型上的参数一样,CAPCOM 使用基本数学输入参数(如涂层质量、管道材质、阳极输出和流经土壤的电解质的电流)。除此之外,CAPCOM 还添加了套管自身的输入参数。CAPCOM 对有套管管段和无套管管段的输入参数包括尺寸规格、涂层性能、土壤特性和主套管空隙间的电解特性,同时还可分析用于保护主套管的阴极保护设计。CAPCOM 的有限元方法得出了用于预测复壁管段腐蚀状况的模型方程。利用此模型方程,CAPCOM 可模拟影响主管的各种工况条件,比如,土壤在复壁管段附近的不同区域是如何导电和抑制电流传导的。当为同质介质建模时,基于边界元法的软件应用效果最佳,比如管道附近相同特性的土壤,但当为管道附近土壤和含有不同化学成分及含水量的其他填土材料建模时,效果不佳。CAPCOM 可以通过对主套管之间的电阻和电解质分别建模来判定金属接触和电解接触情况,还可对主套管段的内外部涂层漏点进行建模。

与人工目测检测相比,CAPCOM 花费较少。人工目测需要移除管道上的表层土,让套管两端暴露出来,用检测工具对管道内部进行检测。根据套管尺寸和不同位置,人工目测检测需要花费 5 万~10 万美元。相比之下,利用 CAPCOM 软件分析管道时,只需用于分析相关的工程时间。初次购买这套软件约耗费 3.5 万美元,但可以无限次地对管道进行评估。人工目测检测管道还需同时使用清管器对管道进行内检测,每千米需花费 1 万~2 万美元,因为用于发射和接收清管器的站场通常相距 20~50mile,实际检测时间较长。清管检测一般每 5 年进行一次,因此不能有效地检测管道腐蚀情况,预防腐蚀引发的管道损坏。

CAPCOM 需要大量的输入参数来模拟复壁管道的腐蚀状况,这些参数通过实地测量获得,有些参数很难得到。不过 SwRI 团队对 CAPCOM 软件进行公式化处理后解决了这个问题。当某一参数值无法获取时,用具有可变范围的标称值代替,这样就可以在一定范围内对管道进行模拟,预测出该范围内管道的腐蚀状况和管道套管的电极电位。CAPCOM 作为一种建模工具,不但能检测管道,还可评价管道的防腐产品。CAPCOM 可对受自身条件限制很难检测的关键管段进行检测,预测管道剩余寿命。

9. 智能管道技术进展

1）敏感环境地区智能管道修复

腐蚀失效问题是影响老龄管道安全运行的重要因素。北美地区管道作为全球最早建成的发达管网，管道的老龄化问题日益严重。管道运营商长期以来关注管道运行的安全性，在处理腐蚀管道的维修和置换问题上，积累了比较丰富的经验。一般情况下，维修或置换是处理腐蚀管道的有效途径，但在一些环境敏感区，如跨河流或城市等地区，挖掘管道困难极大且成本高昂。

拥有50年业内经验的美国Smart Pipe智能管道公司开发的一款XPL-300系列智能管道，是一款针对敏感地形的高强度热塑性塑料管道。这种管道通过定制化的加工生产和现场安装，利用坚韧且轻便的智能管道作为紧密配合的衬管安装在旧管道内部，安装过程只需破坏旧管道首尾两端的管体表面即可完成修补作业。智能管道采用复合材料，包括纤维缠绕型高密度聚乙烯芯管，可以直接被推入现有的管道，从内而外地包裹管道（图16）。智能管道通过在管材内部集成嵌入式光纤检测系统，使管道运营商可以实时监控复合管道系统可能发生的泄漏、温度异常变化、第三方破坏或地层运动等情况，智能管道系统定位潜在异常点的精确度可以达到1m以内。管道运营商可以自行选择信息配置方式，绑定监控和数据采集系统或将信号发送到智能手机或电脑上。

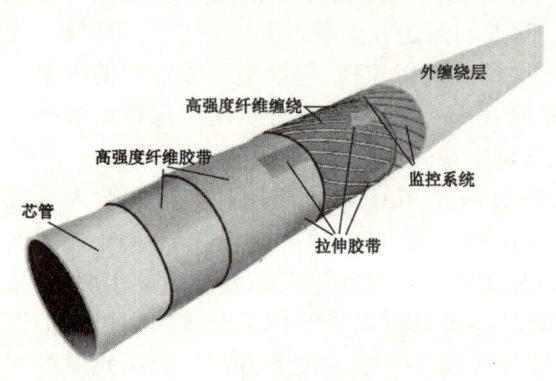

图16 XPL-300系列智能管道结构示意图

加拿大Enbridge公司认为此项新型修补技术能增强管道系统的完整性，并投资800万美元用于此项技术的研发和推广。目前，智能管道公司的制造和安装技术的修补长度可长达数英里（6~16in管道），可以适应沼泽、河流、城市等多种环境敏感地区。针对大口径管道的修补长度相应缩短（直径最大32in，距离最大1000ft）。

Smart Pipe公司正在开发灵活性更大的智能管道以适应环境敏感地区的长距离大管径（主要是24~36in）管道修复。智能管道的设计和开发严格遵守美国试验材料学会ASTM F2896—2011《石油和天然气及危险液体运输用加固聚乙烯复合管规范》标准，管材采用可以输送石油和天然气等危险介质的强化聚乙烯复合材料的缠绕复合管，额定工作压力可达到1000psi，公司正在研发符合更高压力标准的管道。

智能管道可以在施工现场通过便携式生产线直接生产，将成型的复合管材直接加工成智能管道。理论上，智能管道可承受钢管上全部的压力。智能管道在插入现有管道前被压缩成椭圆形，插入管道后通过液体或气体加压，打破原有的形状变成圆形，与管道紧密贴合。

智能管道不仅能在河流穿越地取代传统修补措施，还能应用在穿越国家公园等需要考虑环境和公众影响的地区。智能管道本着"保障公共安全和环境安全"的理念，避免破坏公路、关闭公共交通或破坏生态环境等。目前，该智能管道已经在加利福尼亚州的20in和24in管道、得克萨斯州的 12in 管道和伊利诺伊州的 6in 管道等管道修复工程上使用。

2) 管道接头密封机器人

CISBOT 是 ULC 公司制造生产的一种接头密封机器人,可用于密封大口径天然气管道主干线上的承插接头。在密封作业时,仅将供气量降低至用户使用的最低限度即可完成操作,无须切断供气。操作过程中,机器人向管道主干线连接接头处内注入厌氧菌密封剂,据康奈尔大学试验评估,密封效果可持续约 50 年。该机器人已经应用于美国国家电网和英国煤气公司(SGN)的大口径天然气管道大型修复工程。使用该机器人进行接头密封,不仅可以防止气体泄漏,还可以减少传统管道维修费用以及相关施工许可,这对于天然气管道安全维护是一种革命性的突破。

随着管道运输需求量的增加,ULC 机器人公司同 SGN 公司合作,着手研发更完善的技术方案,将机器人检测与修复技术相结合,扩大产品的应用范围。经过两年研发,ULC 公司将 CISBOT 机器人升级系统为 CIRRIS XI 巡检机器人系统和 CIRRIS XR 修复机器人系统。其中,CIRRIS XI 巡检机器人系统可以有效评估管线钢,通过两个专业的传感器来收集管线整体数据,一个传感器是电磁声换能器,用于测量管道壁厚及腐蚀情况;另一个传感器是巴克豪森噪声传感器,用于测量管道壁厚压力,两个传感器的联合使用能够准确提供管道完整性情况,使得工作人员能够更加主动地评估结果。CIRRIS XR 修复机器人系统专为维修机械接头、承插接头及密封件而设计。技术人员能够有效地将机器人放置在管道密封连接处,利用机器人内置的一组专门伺服控制钻及注射装置,对待修补泄漏点进行表面处理,并注入两种不同的密封剂或其他材料。

CIRRIS XI 和 CIRRIS XR 机器人系统分别于 2015 年的 11 月和 12 月研发成功,具有以下优点:(1)与传统的管线维修方法相比,显著降低了成本;(2)减少和防止复杂管线衔接处的天然气排放及泄漏,减少重复维修维护费用;(3)收集的数据来自低温红外辐射仪机器人,可直接送入风险模型,可直接检测管线测量数据;(4)机器人系统行驶速度快,提高了可操作性和识别钢管线中障碍及弯曲的能力;(5)无须切断用户供气;(6)对有限的公用事业人员和资源要求不高;(7)减少公共交通中断、噪声、道路封锁和交通管制。

10. 油气储存技术进展

1) 天然气水合物储气技术

很长时间以来,天然气水合物(NGH)一直被认为是石油管道运输和设备运转的灾难,油气储运行业一直在研究气体运输过程中如何避免水合物的产生。但近年来,国外对于天然气水合物的系统研究表明,用水合物进行天然气的固态输送具有良好的开发前景。天然气水合物在一定条件下以固态存在,储气量甚大,相当于一种高度压缩的天然气,因而便于输送,尤其适用于尚无输气管道的油气田及海上气田,或是建设输气管道在经济上不合理的小型油气田。

天然气水合物是水和天然气在高压低温情况下($8.27 \sim 10.34$ MPa,$2 \sim 10$℃)形成的类似于冰晶状固体。水合物具有水的几何规则,在其形成的孔洞中可储存轻烃或其他气体分子,如氮气或二氧化碳。$1 m^3$ 水合物可储存 $150 \sim 180 m^3$ 气体,具有很高的气固比。水合物的自我维持能力较好,一旦形成,即可储存于常压和 $-15 \sim -5$℃下,最初可能会发生溶解现象,但是冰层覆盖了水合物表面可以阻止继续融化。由于水合物运输到目的地需要气化,因此气化工厂可以建在发电厂附近，以便利用电厂废热来加热水合物分解气化。

水合物的储存和运输在于其亚稳定性，计算得知若要储存 $25000m^3$ 的甲烷需要 $150m^3$ 的水合物或 $40m^3$ 的液化甲烷，或 $335m^3$ 的压缩甲烷。但水合物与 LNG 和 CNG 相比，不需要更高的压力和更低的温度。因为当温度处于 $-20\sim-5℃$ 时，气体水合物可在常压下保存，这对于储罐的建设成本至关重要。

相对于 LNG，水合物的运输成本低 25%，生产成本低 3%，气化成本低 9%。同时天然气水合物对温度、压力要求较低，而气化释放速度较慢，减少了储运过程中的能源损耗，提高了运输的安全性。因而水合物法储运天然气是一种高效、经济、安全的储运方式，它在小型、分散、边缘油田伴生气的开采、运输方面具有很大的优越性。但是，目前世界上还没有形成成套技术，更没有一个国家实现水合物储运技术的工业化。NTUN 和 Aker 工程科学院研制的最新的生产工艺是将伴生气在常温和 $6\sim8MPa$ 的压力下与水混合生成天然气水合物，然后将 50% 的天然气水合物和 50% 的原油构成浆状的油水混合物，将混合物冷却至低于水的冰点后罐储，再利用油轮输送。由于石油工业对利用浆状水合物采集伴生气的技术更感兴趣，目前研究工作的重点正逐渐从固态水合物工艺转向浆状水合物应用技术。

2）储罐油气回收装置用于减少油气挥发逸散

2015 年 6 月，财政部、国家发展和改革委员会（简称国家发改委）、环境保护部三部委联合印发《挥发性有机物（VOCs）排污收费试点办法》，并明确将油品储存作为收费试点行业之一。2016 年 1 月，继续印发《关于挥发性有机物（VOCs）排污收费试点相关工作具体办法的通知》，目前各地已启动前期准备，收费工作将逐步推进。

在油品储罐上加装油气回收装置能够有效减少油气挥发，提高油品品质，促进安全生产，减少环境污染。当前油气回收装置的原理方法主要包括吸附法、吸收法、冷凝法和渗透膜法，具体介绍如下：

（1）吸附法是利用油气在多孔介质表面的吸附聚集能力不同，实现油气组分与空气分离的一种方法。该方法能够将尾气浓度控制在很低的范围内，但入口处气体浓度不能太高，否则吸附过程的热效应将使吸附剂温度快速升高，导致吸附效率降低，从而影响吸附效果，降低装置处理量。美国 PETROGAS 公司生产的 MODEL BA 冷凝回收系统，每天最多可处理 $10\times10^4 ft^3$ 的油气混合气，且回收率能够达到 98%。

（2）吸收法是利用不同组分在含某种溶剂液体中的溶解度差异，以板式精馏塔或填料塔为传质介质，通过物理的或化学的溶解吸收，实现组分分离。吸收法工艺流程简单，投资成本低，但回收效率一般仅能达到 80%，且占用空间大，能耗较高。

（3）冷凝法是根据相平衡理论，在一定压力条件下，不同气体的凝点不同实现油气分离的一种技术。美国最早发明利用低温冷凝原理回收挥发性油气的专利。随之不断有人对冷凝回收系统进行完善与优化，逐步形成了一系列回收装置。但是该方法进行回收需要冷凝装置达到低温，因此能耗较高。

（4）膜法油气回收是利用气体分子在高分子渗透膜中通过能力不同，实现油气与空气分离的技术。美国 AEREON 公司已经研发出成熟的可应用于油罐车、火车及船运油品装卸和石化炼制过程中的尾气回收膜蒸汽回收系统。目前，膜回收装置已经在德国、日本、美国、欧洲实现了工业应用。

中国的油气回收装置主要应用于油气挥发较大的炼化和成品油销售环节,长输管道环节尚未引起足够重视。随着国家VOCs排放收费政策的实施以及环保要求日趋严格,长输管道企业势必受到影响,建议相关管道企业及早开展应对策略研究。

11. 节能降耗技术进展

1) 俄罗斯天然气工业股份公司节能降耗取得新进展

俄罗斯天然气工业股份公司(Gazprom)近几年一直重视提高能效和减少温室气体排放,重点实施能源保障以及提高能效相关措施。2015年,Gazprom节约当量油279×10^4t,其中包括约23.5×10^8m³的天然气、261.5×10^6kW·h的电力、207.2×10^{12}cal❶热能,共计节约能源成本81.6亿卢布。

Gazprom公司为实现在特定工艺需求下节约燃料能耗实施了一系列举措,主要包括优化天然气使用流程,推广新型工艺和装备。其中,发挥重大作用的是:在生产部门成功利用废气的热能,这些废气主要来源于压气站的燃气驱动压缩机组;减少维修过程中天然气排放量;远程设施的能量由单独的设备提供。

上述节能增效措施有效减少了温室气体排放。仅仅在2010—2014年,Gazprom公司的温室气体排放量就减少19.3%,从137×10^4t减少至110×10^4t。与此同时,Gazprom公司在俄罗斯东西伯利亚及远东地区推广大型气化项目(即推广天然气作为主要能源燃料)也有助于减少温室气体排放。

自2009年起Gazprom公司参与了国际碳信息披露项目(Carbon Disclosure Project,简称CDP,是在全球提倡环保背景下,供应链可持续性发展的议题之一),自2011年起Gazprom公司每年均被CDP评选为俄罗斯境内最优节能公司。

2) 新型能耗管理软件

泵在生产运行系统中往往消耗大量电能,也是运营成本最大开支之一。如果想通过调整泵的使用方式来节能增效,很多调整必须在生产运行中实时解决,但是操作人员很难实现手动优化泵的运行。因此,如何在复杂运行环境下优化泵的能耗效率以及实现分批调度是十分有必要的。

法国施耐德电气公司最新开发了一款专门用于优化效率的能耗管理软件(Energy Management Suite—Power Optimisation,EMAS),它基于最先进的仿真技术,为石油与天然气管道相关操作人员和管理者提供准确的成本数据,它是目前市场上少有的一款实时优化泵运行功率的软件。该系统的创新性工艺体现在一个统一的运行整体中:SCADA连接器用于获取实时数据;仿真技术用于支持成本的计算;成本要素分析,可以针对当前泵机组配置或计划配置提供其成本数据;需要记录器和定序器模块用来调节性能。

EMAS软件经过实际应用,可以为企业生产带来以下优势:通过系统内运行管道时功率优化技术,以减少成本和能源消耗,最终节省高达20%的功耗;节省高达5%的能源成本,从而直接影响企业的盈亏;降低功耗直接减少碳气体排放量。此外,最为重要的是,管道运营企业可以通过EMAS软件获得最高效率:该系统提供的能源优化解决方案使运营商能够优化诸多决

---

❶ 1cal = 4.184J。

定最终成本的因素,使它们在保持运行进度的同时优化电能使用;管理人员可以根据预测的税率表安排作业,并在其中设置个性化需求;运营商可以根据预测的作业安排减少员工加班,同时使用更少的电力。

(三)油气储运技术展望

近年来,油价低迷,科技创新和进步是降低成本的有效手段,油气储运专业相关技术快速发展,油气储运的范围也在不断拓展,油气储运技术开发迎来前所未有的发展机遇。

1. 新型管材或将引发油气储运行业重大技术变革

大口径、高压力、高钢级的大输量管道技术目前依旧是管道行业的主体方向,但与此同时,必须关注非金属管材、柔性管等新技术的发展。非金属管材在油气田地面集输工程中已经得到相对广泛的应用,取得了良好的效果。目前,世界上非金属管材发展迅速,已经有少量企业可以大批量生产大口径长输管道,相关的管件设备生产技术也日趋成熟,并开始尝试应用。随着技术的成熟,非金属管道有可能引发管道行业的重大技术变革。另外,在恶劣环境下采用柔性管等可以更好地克服困难,保证管道安全运行,因而管材的技术创新在未来几年应充分得到重视。

2. 节能降耗技术值得关注

自低油价以来,越来越多的企业管理者意识到节能降耗的重要性。在油气产业全面减少投资的情况下,对已有基础设施最为重要的就是在维持正常稳定运行的情况下进行节能降耗。企业节能降耗有技术进步、结构调整和管理创新三种主要方式。三者在节能降耗中所占的比例分别是50%、30%和20%。技术进步是节能降耗最重要的措施,相应技术近期取得重大突破。

3. 二氧化碳、氢能等新型介质管道技术亟待发展

近年来,温室气体排放引起全球气候变暖问题日益凸显,其中二氧化碳的作用约占55%。2010年,全球化石能源温室气体排放量已达306×10^8t。为此,一些发达国家致力于研究二氧化碳捕获与封存(CO_2 Capture and Storage,CCS)技术,并实施了多个示范工程。另外,氢能作为一种高效、安全、无污染、可持续发展的新能源,被视为21世纪最有发展潜力的能源,是人类战略能源的发展方向。与之相应的二氧化碳和氢能的储存与运输技术必须尽早进行储备和研发。欧美已经建有几千千米的二氧化碳管道,未来还将增加,中国在二氧化碳和氢能储运方面的研究相对薄弱,应继续投入人力、财力、物力进行研发。

参 考 文 献

[1] 李建青,钱兴坤,等.2017年国内外油气行业发展报告[M].北京:石油工业出版社,2017:224-234.

七、石油炼制技术发展报告

在世界经济发展低迷、能源结构转型的新形势下,全球炼油行业的发展呈现出石油供应宽松,油价或长期低位运行,炼油能力增速趋缓、炼油格局持续调整,炼厂开工率上升、毛利增加,油品质量升级速度加快,技术创新驱动作用增强等新动向。目前,炼油技术发展的主要方向为炼油催化剂的更新换代以及主要炼油设备如反应器等关键设备的不断创新,尤其是炼油催化剂的研发及应用已成为全球主要炼油技术开发的主攻方向,炼油催化剂的发展主要集中在加工轻致密油、提高轻质油收率和渣油转化率、多产化工原料等领域。

(一)石油炼制领域发展新动向

炼油工业作为技术密集型工业,技术创新在提高企业经济效益、降低生产成本、提升产品质量等方面发挥着重要作用。

1. 2016年世界炼油能力缓慢增长,产业格局持续调整

2016年,世界新增炼油能力约 7060×10^4 t/a,主要来自中国、伊朗、印度、土库曼斯坦等国家。其中,伊朗从2007年开始建设的"波斯湾之星"大型炼厂一期工程建成,新增凝析油加工能力约 600×10^4 t/a。此外,因受中国、欧洲淘汰和关停部分炼厂等因素影响,2016年世界各地减少炼油能力约 3430×10^4 t/a;增减相抵,2016年世界炼油能力净增 3630×10^4 t/a,总炼油能力约达 48.7×10^4 t/a,世界炼厂总数约为646家,世界炼厂平均规模 754×10^4 t/a。

2. 智能化、数字化炼厂已成为炼油行业发展方向,炼厂已进入分子管理时代

将先进的制造模式与网络技术、云计算等数据处理技术相融合的信息化管控技术在炼厂生产经营管理中的应用越来越广泛,智能化、数字化炼厂已成为炼油行业发展方向,炼厂已进入分子管理时代。

炼厂分子管理突破了传统炼油技术对原油馏分的粗放认知和加工,从体现原油特征和价值的分子层次上深入认识和加工利用原油,通过从分子水平分析原油组成,精准预测产品性质,精细设计加工过程,合理配置加工流程,优化工艺操作,充分利用原料中每一种或每一类分子的特点,将其转化成所需要的产物分子,并尽可能减少副产物,使每一个石油分子的价值最大化,使炼厂真正实现"全处理、无残渣"的理想目标。尤其是随着现代网络技术、大数据处理技术、精细分析检测技术的突飞猛进,分子管理正在从概念、理论走向成熟。

3. 催化裂化仍然是最重要的炼油装置,加氢裂化/处理技术助力清洁燃料生产

催化裂化装置以原料适应性宽、重油转化率高、轻质油收率高、产品方案灵活、操作压力低与投资低等特点,承担着汽油生产的主要任务,同时兼顾生产柴油和低碳烯烃。目前,全球范围内的催化裂化加工能力达到 7.17×10^8 t/a,仍是炼厂最重要的蜡油加工和重油转化装置。

随着清洁油品质量标准的逐渐趋严和加工原油质量日趋重劣质化,加氢裂化、加氢处理等加氢技术因具有原料加工范围宽、产品质量好、轻质产品收率高等优点成为炼厂实现油品质量升级和原油高效利用的关键核心技术。技术创新主要围绕工艺技术的改进和各种催化剂的升级换代来开展。

4. 渣油加氢和延迟焦化技术是劣质重油加工的关键技术

重油的高效加工和充分利用已成为全球炼油业关注的焦点,作为重油加工主要技术的渣油加氢工艺,其应用日益增多,主要包括渣油加氢裂化、固定床加氢处理等,总加工能力约为 13×10^8 t/a,未来还将大幅增长。固定床渣油加氢技术研发的重点是如何延长装置运行周期和加工更劣质原料。典型的固定床加氢工艺技术主要有 RDS/VRDS 工艺、Resid HDS 工艺、RCD Unibon 工艺、Resid Fining 工艺等。与此同时,沸腾床渣油加氢技术正在逐步成熟,国内外有 22 套已建和在建的渣油沸腾床加氢裂化装置,主要采用 LC-Fining 工艺和 H-Oil 工艺。此外,延迟焦化也是国内外劣质重油加工的重要手段之一。全球现有的焦化装置中,延迟焦化技术占 78%,流化焦化技术占 8%,灵活焦化和其他技术占 14%。在延迟焦化技术上占领先地位的美国 ConocoPhillips、Foster Wheeler、UOP 和 Lummus 公司,分别开发了延迟焦化与其他装置集成的组合工艺,提高石油焦价值的组合工艺,延迟焦化石油焦的质量和结构控制技术,同时改进焦化塔进料结构、焦化加热炉设计,延长了装置运转周期。

(二)石油炼制技术新进展

世界各大炼油技术公司围绕清洁生产,积极开发工艺和催化剂,提质增效,努力实现低碳排放。2016 年,石油炼制领域涌现了一批新工艺,推动炼油行业向着高效节能、经济环保的方向发展,本部分重点对 2016 年石油炼制领域的新技术进行介绍。

1. 新型烷基化技术

世界范围内的烷基化装置以硫酸法和氢氟酸法为主,生产过程中产生大量废酸。固体酸烷基化技术和复合离子液体碳四烷基化技术,分别采用固体酸沸石催化剂和离子液体催化剂代替了硫酸和氢氟酸催化剂,彻底消除了酸油、废酸对环境的污染以及废酸泄漏造成的安全问题,是具有颠覆性突破的清洁汽油生产技术。

1) AlkyClean 固体酸烷基化技术

AlkyClean 固体酸烷基化技术是由 CB&I Lummus 公司和 Albemarle 公司联合开发的一种具有颠覆性突破的清洁汽油生产技术。该技术选用固体酸沸石催化剂代替了对环境影响较大的氢氟酸和硫酸催化剂,使烷基化工艺更加清洁安全。该技术被美国政府评为 2016 年美国总统绿色化学挑战奖(Presidential Green Chemistry Challenge Award,由美国环境保护署、美国科学院、国家科学基金和美国化学会联合设立)。

烷基化油是一种理想的汽油调和组分,不含芳烃和烯烃,具有低硫和高辛烷值等特点。目前,世界范围内的烷基化装置基本以硫酸法和氢氟酸法为主,生产过程中产生大量废酸,且运行过程中存在泄漏等不安全因素;AlkyClean 固体酸烷基化技术在环保和安全等方面均具有明显优势。该技术采用固定床反应器和 AlkyStar™ 固体酸催化剂(以铂作为活性载体,在铝沸石催化剂载体上形成酸性中心),使异丁烷和低碳烯烃在固体酸催化剂作用下,反应生成高辛烷值的烷基化油。世界首套 20×10^4 t/a AlkyClean 固体酸烷基化工业示范装置已于 2015 年 8 月在中国山东汇丰石化投产运行，实现工业应用，现已连续稳定运行 15 个月，各项指标均达到设计和工艺包要求。该技术装置主要包括原料预处理、反应、催化剂再生和产品分离四部分，原料预处理部分采用固定床分子筛去除杂质，使用电加热器高温再生。反应条件温和，反应温度为 50~90℃，反应压力约为 290psi(g)；异丁烷与烯烃进料比例为 (8~12)∶1；催化剂失活后可以实现在线再生。该技术装置运行平稳，雷德蒸气压(RVP)低于 6.5psi；烷基化油的辛烷值稳定在 95~96 之间，硫含量低于 1μg/g，是优质的清洁汽油调和组分。

固体酸烷基化工艺技术与传统的硫酸/氢氟酸法烷基化工艺相比，生产过程中无酸油、废酸产生，彻底消除了酸油、废酸对环境的污染以及废酸泄漏造成的安全问题，是真正的绿色清洁生产工艺，也是全球炼油行业在该技术领域的颠覆性突破，随着该技术的不断改进和推广应用，有望成为主流的清洁汽油生产技术。

2）K-SAAT 固体酸烷基化技术

KBR 公司开发的 K-SAAT 固体酸烷基化工艺，采用 Exelus 公司 ExSact-E 的固体酸催化剂。该催化剂是为了解决大多数固体酸催化剂快速失活的问题专门开发的沸石催化剂，这种催化剂可使异丁烷与各种轻烯烃（包括与液体酸催化剂不能进行烷基化反应的乙烯）在不同的条件下易于反应，比传统液体酸催化剂更安全可靠和环境友好，投资较低，烷基化油产量高。该催化剂比常规的沸石催化剂稳定性好，可以在简单的固定床反应器中使用，具有优化的活性中心和创新的孔结构，可使因结焦造成的催化剂失活减至最少，运行周期远高于其他固体酸烷基化催化剂，同时不产生酸油，催化剂可使用氢气再生。

K-SAAT 固体酸烷基化工艺具有以下特点：投资成本低于硫酸法工艺；收率高于液体酸催化剂工艺；对原料的适应性强；对污染物的容忍度相对较高；可用于现有液体酸烷基化装置的改造。KBR 公司将其 K-SAAT 固体酸烷基化技术首次对外转让，许可中国东营海科瑞林化学公司在东营港经济开发区建设 10×10^4 t/a 固体酸烷基化工业装置。

3）复合离子液体碳四烷基化技术

由中国石油大学（北京）自主研发的复合离子液体碳四烷基化（CILA）技术于 2013 年 8 月在山东德阳化工有限公司建成全球首套 10×10^4 t/a 装置，并一次开车成功。中国石油和化学联合会于 2014 年 2 月组织专家对技术的先进性进行了鉴定；2016 年 5 月 16 日又对长周期运转后的技术成熟度进行了鉴定。技术成熟度考核鉴定结果表明：复合离子液体烷基化技术的烯烃转化率为 100%，烷基化油辛烷值高达 97 以上，吨烷基化油的催化剂当量消耗 3kg，能耗为 135kg EO。技术鉴定委员会认为："该成果具有自主知识产权，总体技术处于国际领先水平，具有广阔的应用前景和推广价值"，"技术成熟可靠，建议加快该技术的推广应用"。CILA 技术实现了三个方面的重大突破：

（1）揭示了离子液体组成、结构与碳四烷基化反应性能的内在关系，原创设计合成了兼具高活性和高选择性的双金属复合离子液体，攻克了常规氯铝酸离子液体难以兼顾反应活性和选择性的难题。

中国石油大学（北京）从常规氯铝酸离子液体入手开展相关研究。氯铝酸离子液体的酸性来自阴离子 $Al_2Cl_7^-$，并与其组成中三氯化铝的摩尔分数相关。通过调变三氯化铝的摩尔分数合成出不同酸性的氯铝酸离子液体用于催化碳四烷基化反应,实现了室温条件下丁烯100%转化,产物全部为异构烷烃的良好结果。但无论如何优化改进,与工业浓硫酸法烷基化相比,目的产品C_8组分的选择性,特别是三甲基戊烷(TMP)的选择性仍存在很大差距(表1)。

表1 复合离子液体与常规氯铝酸离子液体及浓硫酸碳四烷基化结果对比

催化剂	产品分布[%(质量分数)]			TMP[%(质量分数)]
	$C_5—C_7$	C_8	C_{9+}	
常规氯铝酸离子液体	35.7	46.5	17.8	31.8
复合离子液体	3.2	95.8	1.0	90.4
工业浓硫酸①	11.4	80.4	8.2	75.6

① 为代表性工业运行结果。

深入研究碳四烷基化反应历程发现:碳四烷基化主要的副反应是丁烯聚合及其带来的相应裂化反应,直接导致C_8选择性降低。酸性氯铝酸离子液体具有超强B酸和强L酸酸性,虽然具有很高的催化活性,但也促进了聚合和裂化副反应的发生。而仅调变三氯化铝的摩尔分数并不能改变氯铝酸离子液体的酸性阴离子结构,即酸性来源及性质没变,只是量的变化,这是导致C_8选择性没有本质改善的根本原因。

基于上述发现,通过在氯铝酸离子液体中引入L酸酸性较弱的过渡金属卤化物如CuCl,原创性地设计合成了阴离子同时含有Al和Cu两种金属配位中心($AlCuCl_5^-$)的新型离子液体,并将这种具有两种或两种以上金属配位中心阴离子的离子液体定义为"复合离子液体"。与常规氯铝酸离子液体相比,复合离子液体催化碳四烷基化反应产品中C_8组分以及辛烷值大于100的TMP含量分别提高约2倍和3倍,并且相比浓硫酸烷基化也有了很大改善(表1)。

(2)阐明了复合离子液体的失活机理,创新发明了分步协控补充B酸/L酸活性组分的再生技术,开发成功复合离子液体碳四烷基化新工艺。

在复合离子液体催化剂取得突破性进展后,为了进一步考察复合离子液体碳四烷基化长周期反应特性,并获取反应工艺参数以及工程放大的基础数据,研发团队研制建立了世界首套20t/a的复合离子液体碳四烷基化中试装置,包含了原料预处理、烷基化反应、异丁烷循环、产品分离、离子液体再生等关键流程。中试结果表明:主要反应参数,如反应温度、反应时间、酸烃比、烷烯比等,以及烷基化产品质量,如C_8含量、TMP含量、辛烷值等与小试结果完全一致。然而,在长周期运行过程中遇到了第二个难题:复合离子液体催化剂失活。

深入研究发现,复合离子液体的失活分为两步:第一步是B酸失活。体系中的B酸(来源于离子液体与原料中微量水反应生成的HCl)与烯烃加成生产卤代烃并随产品流失而失活。因此,通过连续定量补充B酸组分如HCl,可以使复合离子液体的B酸酸性保持稳定。第二步是L酸失活。原料中的含氧化合物和含硫化合物等杂质中O和S原子孤电子对与复合离子液体的Al或Cu形成稳定配合物,破坏了离子液体中$Al_2Cl_7^-$和$AlCuCl_5^-$的结构,导致L酸失活。L酸酸性通过补充L酸活性组分得以恢复和维持,由此开发出了分步协控补充B酸和L酸活性组分的再生技术。

基于复合离子液体失活机理的研究,研发团队还创新发明了一种定量表征复合离子液体催化活性的方法:原位红外—配位滴定法,并定义了复合离子液体的活性指数。该方法为复合离子液体B酸、L酸酸性的分步协控以及催化活性的实时监控和连续再生提供了方法基础,从而保证了碳四烷基化反应的长周期运行。

(3)开发了新型静态混合反应器、新型旋液分离器等专用设备,强化了大密度、高黏度的离子液体与原料烃的充分混合及与产品烃的高效分离,建成了世界首套 $10 \times 10^4 t/a$ 复合离子液体碳四烷基化生产装置。

复合离子液体黏度高、密度大,为反应传质与分离带来挑战,是离子液体碳四烷基化工程放大过程中必须解决的难题。结合烷基化反应动力学研究和流体力学的模拟计算及实验验证,开发了新型的静态混合反应器,强化了离子液体催化剂与原料烃的充分混合,保证了碳四烷基化液液快速反应的效率;同时,开发的新型旋液分离器强化了离子液体与产品烃的高效分离,保证了离子液体催化剂在反应器和分离器间的连续顺畅循环。

在完成核心装备工程放大的基础上,系统集成了原料预处理—催化反应—离子液体再生—分离回收等工艺过程(图1),与山东德阳化工有限公司合作建设了世界首套 $10 \times 10^4 t/a$ 离子液体烷基化的工业生产装置,于2013年8月一次开车成功并安全稳定运行逾3年至今。运行结果表明:烯烃转化率100%,烷基化油辛烷值高达97以上,最高可达98.5,并且可以根据市场价格和需求在95~98间灵活调整产品的辛烷值;吨烷基化油的催化剂当量消耗3kg,能耗为135kg(EO)/t(烷基化油)。

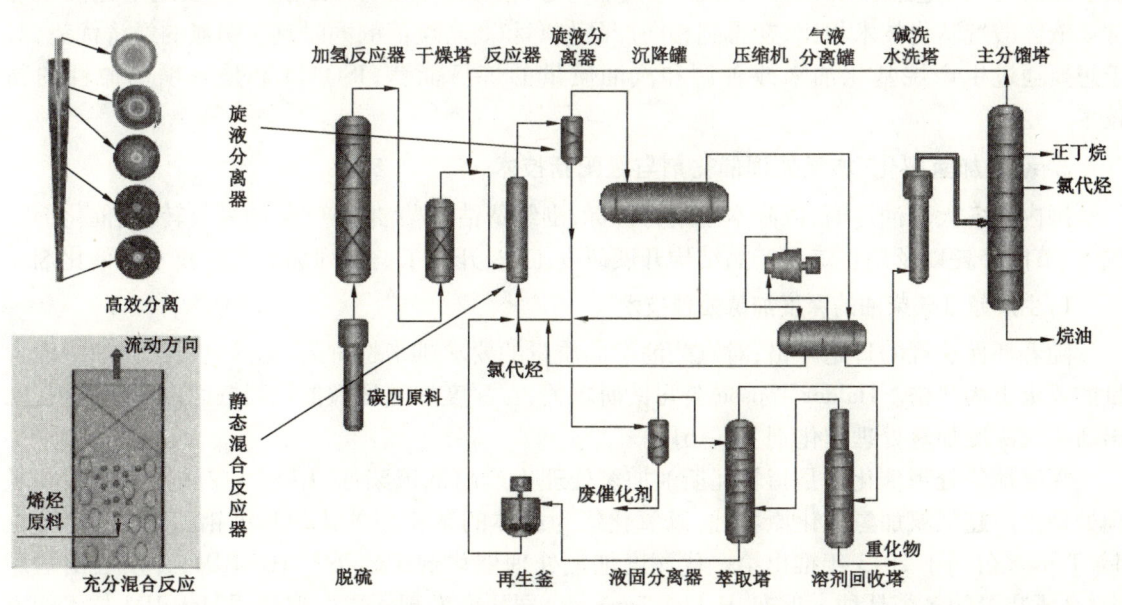

图1 $10 \times 10^4 t/a$ 复合离子液体碳四烷基化工艺流程及核心专用装备示意图

复合离子液体烷基化技术已授权国际发明专利14项、中国发明专利6项,具有自主知识产权。相比工业运行的其他烷基化工艺,该技术的烷基化产品质量整体略优,并有如下竞争优势:

(1)本质安全。空气中复合离子液体会在表面快速形成一层固体薄膜,阻止酸雾形成,对于环境和人身是安全的;80℃时复合离子液体对碳钢的腐蚀速率小于0.01mm/a,对于全碳钢设备也是安全的。

(2) 环境友好。没有含酸废气的排放，废水的排放量少。

(3) 投资更低。整套装置都采用碳钢设备，不需要额外的安全防护设施，同规模投资约为硫酸法烷基化的60%。

总之，该技术具有绿色、安全、环保的优势，实现了产品和工艺的双绿色化，打破了国外公司清洁油品生产的技术垄断，为中国乃至世界商品汽油的清洁化和全面质量升级提供了一种崭新的解决方案，具有广阔的应用前景和推广价值。

4) 雪佛龙公司离子液体烷基化技术

由雪佛龙公司开发的离子液体烷基化技术 ISOALKY，利用离子液催化剂在低于100℃的反应温度下，把来自催化裂化装置的典型原料转化为高辛烷值烷基化油。这项新技术的优点是催化剂用量少，离子液催化剂的蒸气压很低，可原位再生，降低离子液催化剂的挥发性，相比于其他烷基化技术，ISOALKY 新技术可以减少对环境的影响。

该技术已在雪佛龙公司位于美国犹他州的盐湖城炼厂进行了5年的小型示范装置试验。在示范装置成功运转以后，雪佛龙决定把盐湖城炼厂现有的5040bbl/d氢氟酸烷基化装置改造为 ISOALKY 装置，计划于2017年开工建设，2020年投入运行。

霍尼韦尔 UOP 公司已经购得雪佛龙公司成功开发的 ISOALKY 离子液烷基化新技术许可权。该公司的工艺技术和设备业务副总裁兼总经理 Mike Millard 认为，离子液烷基化技术与常规液体酸烷基化技术相比，在得到相同产品收率和高辛烷值的同时具有明显的经济优势，对于想要通过生产烷基化油来改善调和汽油质量的炼厂而言，ISOALKY 是一项革命性的新技术。

2. 新型加氢裂化/加氢处理催化剂与级配新技术

国内外各大炼油厂商，以降本增效为目标，围绕清洁汽柴油生产、重油高效转化、催化剂降成本、节能降耗以及调整炼油产品结构开展研发工作，开发了一系列加氢工艺技术和催化剂。

1) 生产超低硫柴油的深度加氢处理技术

随着环保法规的日趋严格，对汽柴油产品质量的要求越来越苛刻，尤其是对汽柴油中硫含量的要求更为严格。Haldor Topsoe 公司钻研攻关，在深度加氢处理催化剂方面取得新进展，推出新一代深度加氢处理催化剂 TK-611。

深度加氢处理催化剂是指轻瓦斯油加氢处理生产超低硫柴油(ULSD)或减压瓦斯油加氢预处理生产超低氮加氢裂化原料油，以氧化铝为载体的钴钼型催化剂和镍钼型催化剂。Haldor Topsoe 公司于2013年推出第一代深度加氢处理催化剂 TK-609 HyBRIM，并发展出适用中/高压装置的多个品种。近期，Haldor Topsoe 公司研究发现了更好地利用 HyBRIM 技术的方法，可以更好地利用活性金属，使活性中心的分布达到前所未有的水平。因此，推出了第二代 HyBRIM 技术生产的新一代深度加氢处理催化剂 TK-611 HyBRIM。在相同的反应条件下，对减压瓦斯油进行加氢预处理1100h寿命试验结果表明，TK-611 催化剂和 TK-609 催化剂的稳定性相当，但 TK-611 催化剂的脱硫和脱氮性能明显优于 TK-609 催化剂；对于硫含量为0.6%(质量分数)的原料，使用 TK-611 催化剂可以得到硫含量为10$\mu g/g$的超低硫柴油，而使用 TK-609 催化剂得到的柴油硫含量为32$\mu g/g$；对氮含量为1400$\mu g/g$的减压瓦斯油进行加氢预处理，使用 TK-611 催化剂可以将减压瓦斯油的氮含量降至26$\mu g/g$，而使用 TK-609

催化剂只能将氮含量降至 62μg/g，TK-611 催化剂性能的提升对于加氢裂化预处理装置来讲意义重大。此外，TK-611 催化剂在提高产品收率方面也超越了 TK-609，这部分的主要贡献来自单环芳烃、双环芳烃和多环芳烃的加氢饱和；脱硫、脱氮和烯烃加氢也有小量贡献。试验结果表明，使用 TK-611 催化剂时，单环芳烃饱和率相比于 TK-609 催化剂提高了 18%。

Haldor Topsoe 公司开发的深度加氢处理催化剂已在全球 100 多套加氢处理装置成功应用，综合比较催化剂性能和经济效益，Haldor Topsoe 公司研发的深度加氢处理催化剂具有良好的市场前景，为炼油企业生产满足相关标准的清洁柴油提供了有力的技术支撑。

2）新型柴油加氢改质催化剂 PHU-201

2016 年 8 月 10 日，中国石油石油化工研究院与中国石油大学（北京）共同开发的柴油加氢改质催化剂（PHU-201）在乌鲁木齐石化公司 180×10^4 t/a 柴油加氢改质装置一次开车成功，生产出满足国 V 车用柴油标准要求的产品，填补了中国石油在该领域的技术空白。

随着中国柴油质量升级步伐的加快，提高柴油十六烷值，降低芳烃含量、硫含量，成为炼油企业亟待解决的问题，炼油企业对催化柴油加氢改质技术有了更加迫切的需求。PHU-201 催化剂研发历经 10 年艰苦探索，通过对催化柴油加氢改质反应机理的深入研究，从实验室小试、中试放大到吨级工业放大阶段，攻克了催化柴油中芳烃加氢饱和、选择性开环的技术难题，可以大幅度提高柴油十六烷值，兼顾脱除硫、氮等杂质，能够直接生产十六烷值、硫含量都满足国 V 标准的清洁柴油产品，形成了中国石油具有自主知识产权的柴油加氢改质技术。

该技术的工业应用试验由乌鲁木齐石化公司、石油化工研究院、抚顺石化公司共同承担，并与 2016 年 11 月 22 日至 30 日组织开展了催化剂性能标定。标定结果显示，在原料十六烷值为 42 和硫含量为 1200μg/g 的情况下，柴油十六烷值可达到 52 以上，比原料提高 10 个单位，硫含量低于 2.0μg/g，满足国 V 车用柴油标准要求，解决了乌鲁木齐石化催化柴油等劣质柴油十六烷值较低、无法出厂的技术难题，而且石脑油收率高达 25%，芳烃潜含量为 63%，可作为优质重整原料，有效降低柴汽比，成为乌鲁木齐石化产品结构调整的关键装置。同时，该技术具有操作灵活，可通过调整反应温度灵活调变柴油和石脑油产品收率等特点，可满足市场不同需求。柴油加氢改质催化剂（PHU-201）的成功应用，是中国石油炼油全系列催化剂研发取得的又一重大成果，对推动中国石油柴油加氢改质技术自主化进程具有十分重要的意义。

3）渣油悬浮床加氢裂化新型催化剂 ISOSLURRY

CLG 公司开发的渣油悬浮床加氢裂化技术 LC-SLURRY 具有三大优点：一是渣油/脱油沥青近 100% 转化为高价值产品，液体产品收率高达 115%（体积分数），减压瓦斯油加氢裂化所产欧 V 柴油收率达 75%（体积分数）；二是采用独特的高活性催化剂，在工艺过程中回收，不会出现结焦问题；三是采用结构优化可靠的 LC-Fining 渣油沸腾床加氢裂化反应器。

LC-SLURRY 技术的核心是高活性 ISOSLURRY™ 悬浮床催化剂。该催化剂是在 CLG 公司数十年渣油加氢催化剂的研发经验基础上，为应对渣油高苛刻度加氢裂化的挑战而设计的。该款催化剂不仅采用了双金属钼镍配方，以期达到高活性目的，而且还将 ISOSLURRY 催化剂直接合成到稳定的油基悬浮配方中，延长其活性储存寿命，便于将满足活性要求的催化剂直接注入并有效分散到渣油原料中，与传统的将催化剂在渣油加氢裂化过程中注入的方法相比，大大提高了催化剂的性能和安全可靠性。

为了使催化剂兼顾良好的催化活性和悬浮流动性,CLG 公司对 ISOSLURRY 催化剂颗粒的大小、形态和分布进行了优化。与目前工业使用的小条催化剂相比,ISOSLURRY 催化剂具有大比表面积和孔容,而且催化剂固体的高孔隙度使颗粒密度降低,悬浮输送性能得到大幅改进,沉降问题降至最低。ISOSLURRY 催化剂具备独特的中孔网络孔结构,让渣油大分子的扩散路径最短;还强化了高活性金属中心的暴露。因其独特的物理性质和高活性金属中心,ISOSLURRY 催化剂成为当代最先进有效的渣油悬浮床加氢裂化催化剂。

4) 加氢裂化装置催化剂的级配技术取得新进展

加氢裂化装置很灵活,有多种操作方案,但有一些基本原则,例如加氢裂化装置的设计都是用加氢处理催化剂先进行脱氮,为加氢裂化催化剂提供转化的原料。加氢裂化装置早期的设计和操作都非常简单,只选用一种加氢处理催化剂和一种加氢裂化催化剂。Halder Topsoe 公司对加氢处理和加氢裂化催化剂进行定制,开发了加氢裂化装置催化剂的级配技术,以使全系统的性能实现最优化,每台反应器都有多个催化剂床层,保护和强化下一个床层的功能。

加氢处理反应器的顶层通常是保护层,过滤掉可能影响压力降和影响反应物流过反应器的颗粒物和缩合的焦炭。第二层和第三层用于脱除可能生成胶质和焦炭的一些高活性物种,级配的催化剂是脱除金属和催化剂的毒物氧化硅和砷。第四层是高活性的加氢处理催化剂,用于脱氮。第五层和最后一层则为加氢裂化制备原料,以优化加氢裂化催化剂的性能。催化剂的选择取决于原料来源、原料性质、装置的目的和操作条件。有些装置选用的催化剂是要使芳烃最大量饱和,也有些装置选用的催化剂具有一些开环和裂化功能,以使一些难转化的氮化物得以脱氮,并使一些复杂分子简化,适应相对小孔的沸石加氢裂化催化剂转化的需要。

加氢裂化反应器的第一层填装抗氮性能很好的催化剂。有些加氢裂化装置原料和操作条件(如空速和压力)决定了反应器中都全装这种催化剂,但在许多装置中这种催化剂是下一层的过渡催化剂。第二层装填收率高的选择性加氢裂化催化剂。第三层装择形催化剂。这种催化剂用于降低倾点和浊点,或用于润滑油加氢裂化装置中提高最终产品润滑油基础油的黏度指数。第四层是装提高质量的催化剂,以使芳烃最大量饱和提高后处理产品的安定性。这一层的作用主要是提高喷气燃料、柴油和润滑油基础油的质量。优化催化剂系统非常复杂,需要多种不同的催化剂,选择催化剂的关键是需要了解来自上层的分子、装置目的和操作条件。

5) PHR 系列固定床渣油加氢催化剂

中国石油石油化工研究院自主研发的四大类(脱金属、脱硫、脱残炭、保护剂)12 个牌号的 PHR 系列固定床渣油加氢催化剂于 2016 年 3 月 28 日在大连西太平洋石油化工有限公司 200×10^4 t/a 重油加氢装置顺利完成第 15 周期运转工业应用试验。2016 年 10 月 26 日,中国石油科技管理部组织专家对重大技术现场试验项目进行了验收,专家一致认为:PHR 系列催化剂在加氢脱硫、脱氮、脱残炭和床层压降的性能方面优于进口剂,脱金属性能相当,总体水平达到国际先进,工业应用试验获得成功。

固定床渣油加氢技术是劣质高硫原油深加工的关键技术,是应对原油重质劣质化和产品清洁化、提高企业经济效益的重要手段。石油化工研究院提出了杂质分步脱除、功能级配过渡、催化剂同步失活的技术思路,开发了催化剂形状级配、孔结构级配、活性级配的设计与制备技术,实现了催化剂脱硫、脱氮、脱残炭、脱金属功能的协同稳定发挥,具有防止床层压降过快上升等突出优势。主要创新点有三个:(1)在理论创新上,构建了梯级孔、双峰孔、通畅孔、集中孔的孔结构特征以及在催化剂颗粒上呈外低内高分布、平均分布、外高内低分布的活性分布特征,分别用于保护剂、脱金属剂、脱硫剂、脱残炭剂;(2)在技术创新上,国内首创双峰孔结构的氧化铝载体核心制备技术,解决了渣油大分子及其杂质的扩散、转化、容纳的空间匹配难题,开发了载体无酸成型新技术,减少了硫氮污染物排放,解决了大孔催化剂强度不足的重要难题;(3)在应用创新上,通过自主设计催化剂级配方案,优化运行操作,有利于长周期稳定运行。

在大连西太平洋石油化工有限公司已完成连续7176h的工业应用,并先后完成了800h、5523h、7033h的初期、中期、末期标定。结果表明,在渣油加工量及提温操作完全相同的情况下,PHR系列催化剂累计脱除的硫、氮、残炭分别高出另一系列进口催化剂2.8%、24.7%、6.2%,装置运行过程中,总压降始终低于进口催化剂0.2~0.4MPa。PHR系列渣油加氢催化剂的应用成功,是中国石油炼油催化剂的又一重大突破,填补了中国石油自主炼油技术的"短板",为中国石油高硫劣质原油的加工提供了有力的技术支撑和保障。

3. 新型催化裂化催化剂

催化裂化装置以原料适应性宽、重油转化率高、轻质油收率高、产品方案灵活、操作压力低与投资低等特点,承担着汽油生产的主要任务。Grace催化剂公司根据炼厂当前的需求,重点开发了多款新型的渣油转化催化裂化催化剂和以页岩油或致密油为原料的催化裂化催化剂。

为应对美国的致密油革命,Grace催化剂公司推出的ACHIEVE 400催化裂化催化剂,目的是解决北美炼厂遇到的汽油辛烷值较低的问题。ACHIEVE 400具有5种重要的催化功能:(1)采用扩散率高的基质,从而提高馏分油收率;(2)采用先进的金属捕集技术,从而减少干气产量;(3)采用超高活性沸石,从而提高转化率;(4)具备良好的焦炭选择性,从而使渣油加工最大化;(5)采用双沸石技术,从而提高炼厂汽油辛烷值。该款催化剂现已应用于多套生产装置,不仅提高了催化汽油辛烷值,而且还提高了油浆转化率和丁烯收率,平均提高经济效益0.6美元/bbl。此外,还有两款该系列催化剂的性能与经济效益较好。ACHIEVE 100催化剂是用超高活性沸石按配方生产而成的,在焦炭量一定的情况下,该款催化剂具备更高的活性,可以增加汽油收率、降低塔底油收率,经济效益提高0.4美元/bbl。ACHIEVE 200催化剂的金属捕集能力强,可以有效缓解原料油中金属化合物的负面影响。使用该款催化剂,可使汽油收率提高,产氢量减少,焦炭差减少,油浆减少,经济效益提高0.7美元/bbl。

Grace公司在研究和生产催化裂化催化剂方面具有丰富经验,ACHIEVE系列催化裂化催化剂是为了炼厂实现效益最大化而开发的先进催化剂,将大大提升炼厂的经济效益和加工机会原油的能力。

4. 催化裂化烟气SCR脱硝催化剂及成套工艺技术

中国石油石油化工研究院、大连设计分公司和庆阳石化公司自主研发的催化裂化(FCC)烟气选择性催化还原(SCR)脱硝催化剂(PDN-102)及工艺成套技术,于2015年12月31日在庆阳石化185×10^{4}t/aFCC烟气脱硝装置上一次开车成功,并稳定运行至今。2016年10月20日通过中国石油科技管理部组织的项目验收,2016年11月3日通过中国石油科技管理部组织的技术鉴定。专家鉴定认为,该成套技术经济技术指标先进,总体达到国际先进水平。此次工业试验的成功,标志着中国石油具有了完全自主知识产权的成套 FCC 烟气脱硝技术,对中国石油的氮氧化物(NO_x)达标排放和环保技术进步具有重要意义。

SCR 脱硝技术具有效率高、无二次污染等优点,是中国石油 FCC 装置实现进一步减排的长远解决方案。该技术针对 FCC 烟气中烟尘重金属含量高、NO_x 浓度波动大、装置运行周期长等特性,研究了活性物质、助催化组分的配比及含量,并优化了多种活性组分的添加方式,自主研发了 SCR 脱硝催化剂 PDN-102 的配方,使催化剂具有选择性好、脱硝效率高、氨逃逸量低、抗中毒等特点;经过无机助剂的微电子作用优化和生产工艺的合理设计,使催化剂具有强度高、抗磨损性佳、成品率高等特点;研发设计了专有的氨分布设备和结构简单、压降低、不易积灰的烟气导流、整流设备,使烟气中 NO_x 和氨在反应器内达到最佳接触效果,有效减少氨逃逸,降低省煤器的堵塞风险。在线监测结果显示,烟气量约 200000 m^3/h,经脱硝装置处理,NO_x 从 150~430 mg/m^3 降至 90 mg/m^3 以下,其中约 50% 数据小于 50 mg/m^3,氨逃逸量小于 1.0 $\mu L/L$,单催化剂床层压降小于 200Pa。标定期间,脱硝反应器入口 NO_x 浓度为 100~330 mg/m^3,反应温度为 370~380℃,出口 NO_x 浓度为 5~80 mg/m^3,平均值为 47.9 mg/m^3,脱硝率最高可达 97.8%,氨逃逸量平均值为 0.28 $\mu L/L$,远低于设计值 3.0 $\mu L/L$,与国外同类催化剂运行效果相比,性能相当。

该技术不仅适用于 FCC 烟气脱硝,还适用于燃油锅炉、硝酸制备、干气动力锅炉、工艺加热炉等脱硝过程,保证了外排烟气 NO_x 含量达标,有力支持了中国石油环保技术升级,具有重大的经济效益、环境效益和社会效益。

5. 环保型超重力液化气深度脱硫 LDS 成套技术

中国石油石油化工研究院、庆阳石化公司、东北炼化葫芦岛设计院等单位联合攻关,历经 10 年的应用基础研究、关键设备研究、成套技术开发、工业设计与试验,自主研发了环保型超重力液化气深度脱硫(LDS)成套技术,攻克了长期制约企业发展的碱渣排放痼疾,低成本地实现了液化气深度脱硫、下游产品质量升级、经济效益和环境效益多重目标。该技术于 2016 年 11 月 3 日通过了中国石油科技管理部组织的技术鉴定,被评价为"世界首创,总体达到国际领先水平"。

该技术是通过过程强化颠覆了传统工艺。在超重力场下实现了循环碱液再生和二硫化物的脱除,硫醇钠转化率比常规技术提高 3~5 倍,二硫化物并入催化烟气,经 400℃ 左右温位全部分解为 SO_2,随烟气脱硫处理后达标排放。新技术流程简单,操作平稳,安全可靠,不仅大幅提高了产品质量,同时节约了新碱,减排了废气,消灭了碱渣。2014 年 12 月,该技术首次在庆阳石化 $30 \times 10^4 t/a$ 液化气脱硫装置工业试验后连续生产运行至今,2016 年 8 月在河南地方炼厂 $25 \times 10^4 t/a$ 装置再次成功应用。该技术可以优化取消现有 MTBE 精馏脱硫装置,降低现有石脑油加氢脱硫负荷和提高污水回用率,在投资、成本、质量和环境等综合性能指标上达到国际领先水平。

预计到 2020 年,中国液化气产量将达到 $3030 \times 10^4 t$。环保型超重力液化气深度脱硫成套技术的成功研发,填补了国内外炼厂液化气"脱硫不排渣"的技术空白,标志着中国石油环保生产技术实现了新跨越。在环境侧改革深化促进产业升级的今天,新技术的全面推广应用,必将为中国石油履行社会责任、环境责任,推进炼化生产技术水平的持续提高做出重要贡献。

6. 含硫重质原油催化氧化脱硫新技术及配套催化剂

Auterra公司研发了催化氧化脱硫新技术及FlexOx专用催化剂,这是一种极具吸引力的加氢脱硫替代工艺。传统的加氢脱硫技术依靠化学还原,虽然能脱除大部分硫化物,但辛烷值损失较大,实现深度脱硫效果难度较大,能耗和氢耗也很高。多年来,研究人员试图研发一种比传统的加氢处理工艺更加节约成本且高效的替代方法。催化氧化脱硫工艺由于操作简单,可以在温和条件下进行深度脱硫,因而被认为是最有发展前景的技术之一。

催化氧化脱硫工艺主要是利用反应物之间能级的相对位置来引发反应。实验表明,共轭含硫大分子与典型的加氢脱硫催化剂反应需要较大能量,然而FlexOx氧化催化剂因其电子亲和势较低,很容易与共轭含硫大分子发生氧化反应。FlexOx催化剂参与的氧化反应需要较少能量,也几乎不受催化剂中毒的影响,因此适用于轻/重含硫原料的脱硫处理工艺。催化氧化脱硫是一种利用两步催化反应的改质工艺,有氧化反应器和脱磺酰化反应器。第一步催化反应是氧化原料油中的硫、氮等杂原子,催化剂的物理结构特点决定了催化剂只与硫化物、氮化物相互作用使之氧化,其他分子不发生反应。第二步催化反应是利用专用的化学品配方选择性地分离砜,并生成小分子烃化物。为改善工艺经济性,该工艺包含两个循环系统,其中一个是用于再生消耗掉的有机过氧化物,另一个是循环脱磺酰化的化学品。

催化氧化脱硫工艺在上游和下游都可以使用。比如,在上游领域,南美的超重原油和加拿大油砂沥青含硫量都很高,通过催化氧化脱硫API重度可以升高10°API,通过催化氧化脱硫改质,就不再需要管道运输超重油或油砂沥青的稀释剂;在下游领域,由于渣油性质差,加氢处理挑战较大,而催化氧化脱硫工艺处理渣油最为合适。该公司以加拿大油砂沥青为原料,进行了中试试验,试验结果表明:含硫量降低约77%;含氮量降低约40%;密度从$1.01g/cm^3$降至$0.932g/cm^3$;金属含量降低20%~60%(取决于具体金属类型);液体体积收率提高4%~5%,不仅降低了氢耗和操作成本,还可以提高装置的加工量。因此,催化氧化脱硫工艺具有良好的应用前景。

7. 催化裂化汽油生产芳烃新技术

随着环保意识的不断增强,世界范围内对汽油中硫和芳烃含量的要求也在日趋严格,而丙烯和芳烃作为苯衍生物和聚酯工业的原料,需求在不断增加,并且增速远高于全球GDP或其他石化产品的增速。高苛刻度催化裂化工艺(HS-FCC)可以提高丙烯收率,但不能满足汽油中硫含量降低的需要;通过催化裂化汽油,选择性加氢处理会损失一部分辛烷值。炼厂也无法从催化裂化装置生产的芳烃中获得收益,通常这些汽油被用作车用燃料或循环回石脑油加氢处理装置/重整装置获得混合芳烃,最终回收苯、甲苯和二甲苯。

GT-BTX PluS新技术可以直接从催化裂化汽油中抽提芳烃生产高纯度苯、甲苯和二甲苯,同时,可以增产芳烃或丙烯。该技术致力于增产芳烃,同时可以重新平衡汽油供需,还可以减少汽油中硫和烯烃的含量。该技术可使石脑油重整装置增产芳烃和氢气。

由于芳烃是由沸点相近的组分和共沸物组成,不能直接通过常规的蒸馏工艺进行高纯度回收,因此通常采用选择性溶剂抽提回收,如液液抽提或抽提蒸馏。抽提蒸馏具有较好的规模效益和灵活性,通常优选用于BTX纯化工艺。由于常规抽提技术对物料中的烯烃和硫化物没有分离作用,炼厂不会考虑从催化裂化汽油中回收芳烃。GT-BTX PluS技术可以通过抽提蒸馏完成烯烃和硫化物的分离,不仅直接回收芳烃,同时富含烯烃的馏分进入抽余油中;硫化物进入芳烃馏分,再通过加氢处理脱除,因此只会消耗很少量的氢,汽油辛烷值也不会损失,加氢处理装置也比传统的装置小很多。GT – BTX PluS 装置的抽余油可以在传统的碱洗装置中降低硫含量或直接进入汽油馏分中。催化裂化石脑油中间馏分含有苯、甲苯、二甲苯和 C_9 馏分,同样也存在辛烷值大量损失的可能,最适合采用 GT – BTX PluS 技术。C_6—C_9 馏分的催化裂化汽油采用 GT – BTX PluS 技术,可以将芳烃和硫化物从烯烃抽余油中分离出来。芳烃馏分进入加氢脱硫装置和苯、甲苯、二甲苯分馏塔,如图 2 所示。

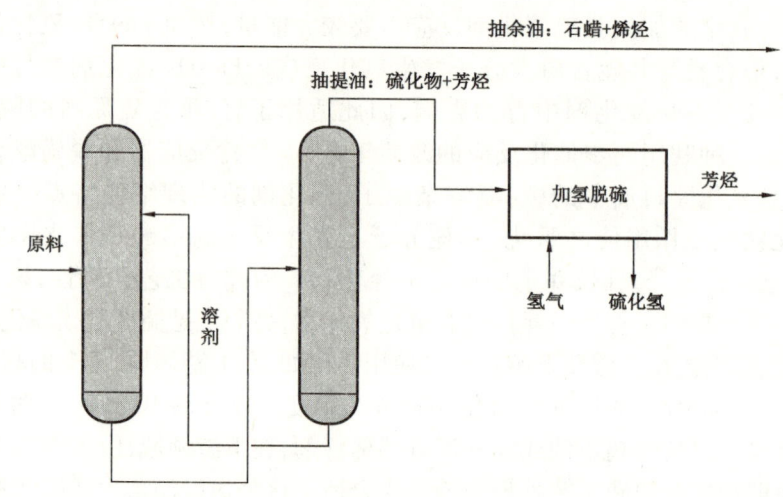

图 2 GT – BTX PluS 工艺流程示意图

若重整装置包含催化裂化汽油,采用 GT – BTX PluS 技术后,重整装置可以加工更多的新鲜石脑油,增产芳烃和氢气。富含烯烃的抽余油应得到更好地利用,可通过芳构化技术将其转化为苯、甲苯和二甲苯。芳构化工艺以 C_4—C_8 烯烃馏分为原料生产芳烃,芳烃收率与物料中烯烃含量接近,副产品是低碳烷烃和液化石油气。芳构化反应发生在固定床反应器,采用循环再生模式。该工艺操作简单,不需要循环压缩机或不消耗氢,在现有的苯、甲苯和二甲苯回收装置或对二甲苯生产装置上就可以完成液态芳烃产品的分离。该装置可以采用催化裂化 C_4、C_5 馏分以及 GT – BTX PluS 的 C_6—C_8 抽余油为原料,进一步增加芳烃产量。该方案具有协同效应,既可以从汽油调和组分中脱除烯烃,还可以增加芳烃产量。

近期,欧洲炼油企业逐渐调整产品结构,大幅提高石化产品比例,减产汽油。欧洲某炼厂采用 GT – BTX PluS 和 GT – 芳构化组合工艺,如图 3 所示,主分馏塔可将 HS – FCC 产物分离为轻馏分、重馏分和汽油。重馏分进入柴油调和装置中;中馏分进入 GT – BTX PluS 装置,将芳烃和硫化物从烯烃中分离,芳烃在加氢脱硫装置中脱硫。由于芳烃馏分中不含烯烃,因此氢气消耗量很小,辛烷值也基本保持不变。裂解汽油进入选择性加氢处理装置和加氢脱硫装置,提高苯、甲苯和二甲苯产量。

芳构化装置加工不含芳烃富含烯烃的抽余油,还有 C_4—C_5 馏分(同样富含烯烃)。采用固定床工艺生产的产品芳烃含量较高。甲苯、二甲苯和 C_9 馏分含量高,是生产对二甲苯的理想原料。来自 GT – BTX PluS 装置加氢处理后的物料和芳构化产物一起进入芳烃联合装置,回收苯和对二甲苯。

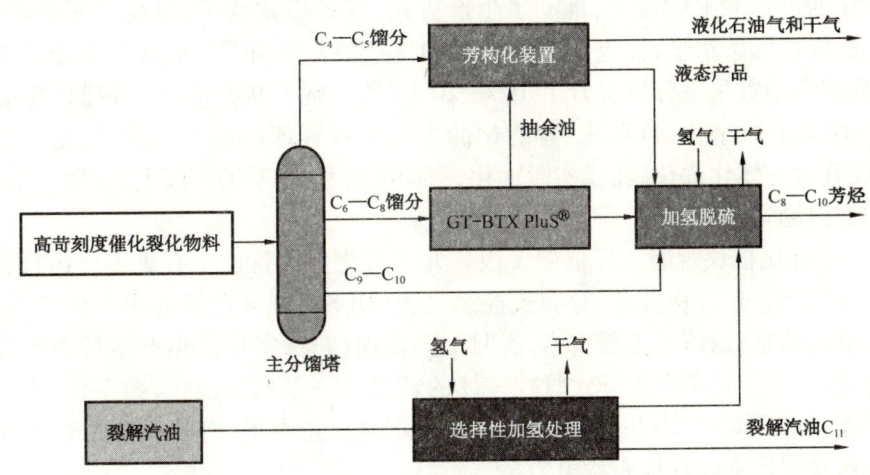

图3 欧洲某炼厂的 GT–BTX PluS 和 GT–芳构化组合工艺

芳烃是最重要的石化产品之一,预计需求仍将显著增长,2010—2020年全球甲苯和混合二甲苯的年均需求增速将分别为4.2%和5.0%,预计2015—2020年全球将新增对二甲苯产能 $800×10^4 t/a$。目前,全球范围内的苯、甲苯和二甲苯的来源情况见表2。随着芳构化装置的增加,苯、甲苯、二甲苯产能将合计增加190t/a。采用该欧洲炼厂的方案,将向对二甲苯装置供应足够的芳烃,而无须新增催化重整产能。

表2 全球苯、甲苯和二甲苯的来源情况

C_6—C_8芳烃	产能(t/a)
常规催化裂化	97126
裂解汽油	68245
芳构化	212200
合计	377571

8. 智能炼厂技术

随着技术的进步,炼油行业已经步入高效优化阶段。尽管如此,炼油行业仍面临诸多挑战。为了突破管理瓶颈和促进提质增效、转型升级与内涵发展,利用新一代信息技术构建智能炼厂已经成为炼油行业一个重要的发展趋势。

所谓"智能炼厂"就是指在数字化炼厂的基础上,利用物联网、大数据、云计算等新一代信息技术和设备监控技术加强信息管理和服务,全面准确地掌握产销流程,提高生产过程的可控性,减少生产线上人工的干预,及时准确地采集生产线的各类数据,支持炼油全过程实现本质安全、本质环保。

智能炼厂有五大关键技术,也就是自动化技术、数字化技术、可视化技术、模型化技术和集成化技术。智能炼厂建设范围涉及生产管控、供应链管理、设备管理、能源管理、HSE管理、辅助决策6个核心业务领域。通过智能炼厂建设,推动生产方式和管控模式变革,提高安全环保、节能减排、降本增效、绿色低碳水平,促进劳动效率和生产效益提升。

中国石化通过智能工厂建设,推动了生产方式、管控模式变革,提高了安全环保、节能减排、降本增效、绿色低碳水平,促进了劳动效率和生产效益提升。4家试点企业的先进控制投用率、生产数据自动数采率分别提升了10%、20%,均达到了90%以上,外排污染源自动监控率达100%,建立了数字化、自动化、智能化的生产运营管理新模式,生产优化能力由局部优化、月优化提升为一体化优化、在线实时优化,劳动生产率提高10%以上,提质增效作用明显,实现了集约型内涵式发展。

(1)建立了炼化板块智能工厂框架模板。九江石化生产管控中心集生产运行、调度指挥、全流程优化、HSE管理、环保监测、分布式控制系统(DCS)、视频监控等多个信息系统于一体,应用多项先进的信息、通信及工程技术,实时汇集传递信息,实现了生产运行由单装置操作向系统化的转变,由管控分离向矩阵式管控一体的转变。一系列智能化、数字化、物联网技术及先进的管理理念得到应用,一些应用达到国际或业内领先水平,有效提升了企业安全环保水平、经济效益、管理效率以及核心竞争力。

(2)建立了协同一体化的生产管控新模式。通过将企业资源计划(ERP)、生产制造执行(MES)、先进过程控制(APC)等管理层面和生产层面信息系统集中集成,实现了生产运营管理的数字化、可视化,提升了预测、预警、动态分析与辅助决策能力。九江石化生产经营优化团队利用计划、模拟、调度全流程优化平台,持续开展加工路线比选、装置优化,改善了产品结构,增产了汽油、航空煤油等高价值产品,2014年滚动测算127个案例,累计增效2.2亿元;镇海炼化、茂名石化建成了一体化的生产指挥调度平台,建立了三维工厂模型和仿真应急演练模型,实现了总部、企业和现场的"信息互通、数据同步、快速接警、综合研判、科学决策、联动指挥";燕山石化建立了异常识别模型,形成了九大类生产预警信息的三级报警模式,实现了调度异常的自动感知、实时监控及调度指导方案的主动推送。

(3)实现了自动化、移动化的生产操作管理。茂名石化、九江石化实现了内外操协同联动,外操人员利用移动终端设备将巡检现场异常信息实时传送到总控室,内操人员及时进行判断,提高了现场处置质量和工作效率,促进操作平稳率提高5.3%,操作合格率从90.7%提升至100%。燕山石化开创了"黑屏操作"新模式,全厂有47套装置、236台操作站实现了生产正常状态下操控台黑屏,生产异常状态下系统自动精准警示,提高了应急响应速度和处理能力。

(4)实现了网络化、模型化的生产运行管理。中国石化建立了"大师远程诊断工作室",科研院所和各企业的技术专家利用远程技术诊断系统,实时在线监控生产装置运行状态,远程为企业把脉问诊、为技术人员答疑解惑,有力保障了生产装置安稳、高效运行。镇海炼化建立了从单套装置到全厂所有装置的一整套生产优化模型,通过全流程优化年增效益2000多万元;燕山石化、茂名石化通过先进过程控制系统与实时优化系统集成应用,提高产品质量,增产高价值产品,年新增效益8000多万元。

(5)实现了产能、用能的在线优化管理。镇海炼化建立了蒸汽管网智能监测系统,对锅炉、蒸汽管网、瓦斯管网等工况进行实时监测与动态优化,年增效益750万元;燕山石化建成了能源管理和优化系统,建立了企业能源管控中心,加强了对能源的产、输、转、耗全过程的跟踪—核算—分析和评价,实现了能流可视化、能效最大化和在线可优化。

(6)实现了仓储智能化、发货无人化。利用物联网等技术,九江石化建成了智能化的立体阀门仓库,仓储作业、配货送货效率显著提升;镇海炼化的产品出厂发货实现了铁路装车鹤管自动定位、密闭灌装、流量远程控制,建成了国内石化行业首个超大型全封闭、全自动、无人操作的智能立体仓库,实现了固体产品包装、仓库作业的自动化管理和无人装车发货。

(7)带动了自主知识产权软硬件产品的研发。通过智能工厂建设,中国石化进一步提升了自主研发软件 MES 功能,新研发出了操作管理系统、HSE 管理系统、能源管理优化软件等;形成了具有自主知识产权的嵌入式设备,包括卡片式防爆定位仪、作业现场全程智能监控设备和智能辅助巡检仪等;带动了国内厂商软硬件的研发,九江石化与华为公司共同研发出满足炼化生产现场安全要求的 4G 工业无线网、防爆智能终端设备等,并在生产现场成功应用;与研究机构、高校合作,形成了自主知识产权的节能管理、报警管理、先进控制、实时数据库等系列软件产品,打破了国外垄断,形成了产学研用紧密结合、相互促进的良好局面。

(三)石油炼制技术展望

全球炼油行业正在面临日益增多的挑战,为了应对和适应不断严格的油品标准、不断变化的油品结构、提高原油资源的利用率、提高油品附加值、降低能耗、低碳环保等已成为炼油工业持续发展、提高盈利水平的主要举措,也是炼油技术发展的主要方向。

1. 技术创新向智能炼厂方向发展

炼厂大型化和装置规模化的趋势,对炼厂整体技术水平和运营管理的要求也在迅速提高,尤其是对一些超大型炼厂和新建大型炼厂来说,为充分发挥规模效益,有效利用资源,必须从总体上合理布局装置结构,采用先进技术提高经济效益。

受加工原料质量的变化、市场对产品需求的变化以及日益严格的环保要求的驱动,技术创新焦点集中在传统的清洁燃料、重油加工技术的更新换代以及传统技术与各种高新技术的集成应用上,未来的技术将更多地向着多学科集成、综合一体化解决方案发展。将先进的制造模式与网络技术、大数据、云计算等数据处理技术相融合的信息管控技术,在炼厂生产和经营管理中的应用越来越广泛,智能化、数字化炼厂将是炼油行业发展的必然趋势。未来炼油企业将以物联网和无线网络为基础,通过智能数据处理,实现全流程优化和实时优化,极大地提升炼厂的经济效益和整体竞争力。"十三五"期间,中国石化业将按照"中国制造2025"和"互联网+"行动计划,加快推进"两化"深度融合,力争完成 8~10 家炼化企业智能工厂示范建设,进一步提升企业数字化、自动化、智能化水平,促进企业生产方式、管理方式和商业模式的创新,为炼化企业持续健康发展注入新动力。

2. 新型烷基化技术的不断革新将助力汽油质量升级

目前,固体酸烷基化和离子液体烷基化技术已取得重大突破。随着汽油质量升级进程的不断加快,高辛烷值汽油调和组分的需求将会继续增加,烷基化油作为优质汽油调和组分,新技术的研发与工业应用将随着需求的增长不断革新与扩大,为降低汽油质量升级成本提供技术支撑。

3. 加氢催化剂的更新换代依然是加氢技术的主攻方向

催化剂技术的更新换代是为了更好地适应不同装置的需求,从而实现炼油企业利益最大化。针对不同炼厂需求,开发不同系列的加氢处理及加氢裂化催化剂仍是加氢技术领域发展的主要方向。随着汽柴油质量升级进程在不断加速,汽柴油加氢技术的需求和要求也将不断提高。因此,及早储备和开发低成本、适应性强的加氢系列催化剂,将是炼油技术研发公司机构重点开展的工作。

4. 渣油加氢裂化技术仍将在催化剂和工艺方面继续攻关

沸腾床加氢裂化技术虽已实现了大规模应用,但该技术仍存在较大的改进空间。未来的研发重点将集中在进一步提高原料适应性、转化深度、催化剂寿命以及降低催化剂消耗和沉积物生成等方面;同时需要进一步开发和应用沸腾床及其他技术的集成工艺、未转化尾油的处理工艺。

悬浮床加氢裂化技术具有较好的推广应用前景,但需开发高活性、高分散的催化剂,并着重解决装置结焦问题。此外,如何妥善处理和利用未转化塔底油也是悬浮床加氢裂化技术在工业化应用道路上避免环境污染的另一项技术难题和研究方向。

参 考 文 献

[1] Jackeline Medina, Zhao Chuanhua, Emanuel Van Broekhoven. Successful Star up of the First Solid Catalyst Alkylation Unit[R]. AFPM AM – 16 – 22, 2016.

[2] 程薇. 世界首套固体酸烷基化工业装置在山东淄博投产[J]. 石油炼制与化工, 2016, 47(3):81.

[3] 中国石化有机原料科技情报中心站. KBR 公司 K – SAAT 固体酸烷基化技术首次授让[J]. 石油炼制与化工, 2016, 47(6):98.

[4] Honeywell UOP introduces ionic liquids alkylation technology[N]. Hydrocarbon Processing, 2016 – 09 – 23.

[5] 靳爱民. Haldor Topsoe 公司推出活性更高的加氢裂化催化剂 TK – 611[J]. 石油炼制与化工, 2017(5):51.

[6] 靳爱民. 浆态床渣油加氢技术新进展——CLG 公司推出 LC – SLURRY 工艺[J]. 石油炼制与化工, 2016(8):92.

[7] David Vannauker. Premium Products and Upgrades Using HDC Catalyst Systems[C]. AFPM AM – 16 – 02, 2016.

[8] 胡恣旻. Grace 公司 ACHIEVE 系列 FCC 催化剂为渣油转化和致密油加工提供个性化方案[J]. 石油炼制与化工, 2015(7):42.

[9] Burnett E, Litz K, Schmelzer G. Auterra Inc. Catalytic advances make chemical upgrading a reality for heavy sour feeds[N]. Hydrocarbon Processing, 2016 – 07 – 03.

八、化工技术发展报告

2016 年，世界石化工业进入了一个以全球化、低油价、多风险、强竞争、注重可持续发展为主要特征的历史发展新时期。石油石化产品的需求仍在持续稳步增长，市场上升空间依然巨大，产业在走向成熟的同时仍有着很大的发展余地。目前，新型催化技术、信息技术、生物技术、纳米技术、绿色化工技术、燃料电池技术等新的化工技术正引领石化工业向着技术先进、规模经济、产品优质、成本低廉、环境友好的方向发展。

（一）化工领域发展新动向

2016 年，全球经济回升力度仍较弱。投资惯性使得全球石化行业仍将有大量新增产能陆续投放，产能增幅超过 2015 年；低油价对石化产品供需、价格及盈利的影响程度加大；低油价也为传统石脑油路线的乙烯装置优化原料空间提供了缓冲期。随着 2015 年北美页岩气化工利用水平、西欧及中东裂解原料中乙烷所占比重明显提升，全球芳烃类产品的供应将逐渐趋紧，对以传统石脑油为原料的乙烯工业来讲，挑战与机遇并存，但机遇大于挑战。一方面，轻质原料的成本竞争力挑战依旧；另一方面，低油价不仅削弱了甲醇基及煤基的竞争优势，还在一定程度上降低了传统石脑油乙烯装置的成本。另外，芳烃链产品供应趋紧也为石脑油路线装置提供了部分增值空间，间接增强了传统乙烯工业的竞争力。

2016 年，全球石化工业既面临着难得的发展机遇，也面临着严峻挑战。在新一轮科技革命浪潮的推动下，全球石化产业发展呈现一系列新的变化和新的动向。

1. 原料多元化进程加快，推动全球能源原料结构发生重大变化

页岩气大规模开发推动全球油气供给重心向西转移。北美"页岩气革命"正在推动世界油气工业从常规油气向非常规油气跨越。非常规天然气尤其是页岩气的快速增长，使美国成为全球第一大产气国。随着全球非常规油气资源开发利用深入推进，全球能源供给的重心将加快从中东向西半球转移。

中国现代煤化工重大突破开辟了原料供应新途径。中国对进口石油依赖度的快速增长以及油价的持续高位促使中国使用更多的煤炭来替代进口石油。现代煤化工的技术突破加快了以"煤代油"的进程。中国正在开展煤制油、煤制天然气、煤制烯烃等工程示范，其中一些项目取得了良好效益。未来，中国现代煤化工产业将会有较大的发展，成为原料多元化进程中的又一重要分支。

生物质能源和化工产品发展前景广阔。为减少对化石能源的依赖和二氧化碳等温室气体及污染物的排放，世界各国都十分重视可再生能源的研究与开发利用，许多跨国石化公司也积极加入相关产品研发的行列。由于目前生产成本很高，今后几年生物质产品占石化产品的百分比不会大规模提高。未来，生物质能源和化工产品在技术上将有新的突破，产业规模和产品产量将进一步提高，成为石化产业的原料来源之一。

2. 乙烯产能稳步增长,轻烃原料乙烯份额小幅提升

乙烯能力增长进一步加快。2016 年,世界乙烯产能扩张规模进一步加速,新增能力 775×10^4 t/a,总能力达到 1.67×10^8 t/a,除中国外,印度和中东地区均有多个大型项目建成投产。东北亚地区继 2015 年关停超过 90×10^4 t/a 的乙烯产能后,2016 年还将有约 50×10^4 t/a 的产能关停(表 1),届时区域内将面临短期内局部供应紧张的局面。

表 1 2016 年世界主要新增乙烯产能

国家或地区	公司名称	新增/减少产能(10^4 t/a)	原料路线
埃及	ETHYDCO	46	乙烷
美国	陶氏	25	轻烃/石脑油
美国	Equistar	36.3	轻烃/石脑油/轻柴油/其他重组分
墨西哥	Braskem – Idesa JV	100	乙烷
日本	旭化成	-50	石脑油
沙特阿拉伯	Petro – Rabign	30	轻烃
沙特阿拉伯	Sadara Chemical	150	轻烃/石脑油
伊朗	Kavyan PC	100	乙烷
印度	BCPL	22	轻烃/石脑油
印度	CAIL	45	乙烷
印度	OPAL	110	轻烃/石脑油
印度尼西亚	Chandra Asri PC	26	石脑油
中东欧	Uz – Kor Gas Chemical	40	轻烃
小计		680.3	

需求方面,中东、北美等地区的乙烯下游装置陆续达产,以及上下游一体化装置在低油价时期仍将维持较好的开工水平,均将继续推动需求增长。但考虑到新兴经济体将面临较大的经济下行压力和"去产能"挑战,2016 年世界乙烯消费量将达到 1.47×10^8 t/a,增速与 2015 年基本持平。因新增产能集中,全球乙烯装置平均开工负荷略有下降,但仍维持在 88% 左右的较高水平。

印度和西欧乙烷裂解项目将投产,轻烃原料乙烯份额小幅提升至 50% 左右。2016 年,世界新增装置中仍以轻烃进料为主,特别是印度和西欧进口乙烷裂解项目或将投产,给未来全球轻烃裂解项目带来积极的示范意义,2016 年轻烃原料的占比将较 2015 年小幅提高,至 50% 左右。同期,因亚洲煤化工项目集中投产较多,将推动非传统路线份额较快增长,2016 年煤(甲醇)路线所占份额将较 2015 年提高近 1 个百分点,至 2.1% 左右。受此影响,石脑油路线占比将下滑至 43.5%(图 1)。

3. 树脂催化剂仍然发挥先导作用

催化剂仍然发挥先导作用。目前,齐格勒—纳塔催化剂和茂金属/单中心催化剂均处于发展态势。茂金属/单中心催化剂的开发重点:一是继续实现技术的工业化,开拓需求量大的通用产品市场;二是探索更便宜的非茂金属单中心催化剂。目前茂金属聚烯烃的需求量还很低,

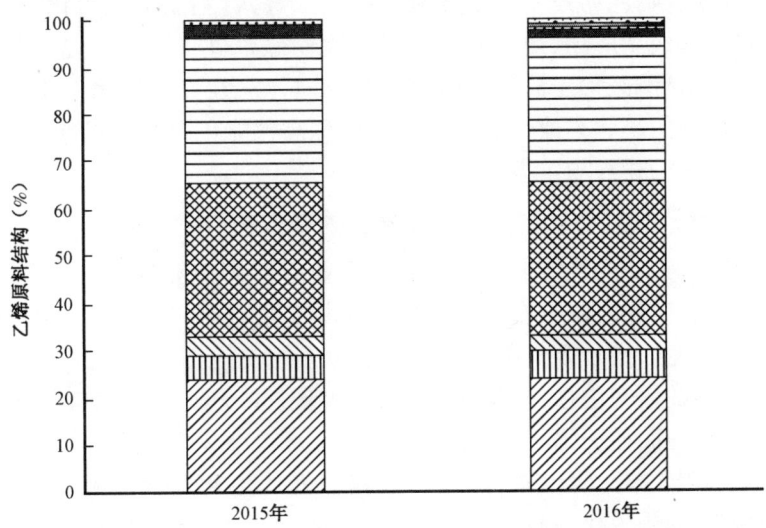

图1 2015—2016年全球乙烯原料结构变化

不到世界聚烯烃总需求量的5%。预计今后10年茂金属催化剂仍处于发展阶段,在2015—2020年之后成熟。非茂金属单中心催化剂与茂金属催化剂有相似之处,可以根据需要定制聚合物链。在茂金属/单中心催化剂发展的同时,齐格勒—纳塔催化剂仍保持着旺盛的生命力,低成本和产品优良的加工性是其主要优势。国外咨询公司估计,齐格勒—纳塔催化剂的年均增长率用于聚丙烯的是7%,用于聚乙烯的是6%。目前,世界上绝大多数聚烯烃产品仍是用齐格勒—纳塔催化剂和铬系催化剂生产的,预计在今后10年齐格勒—纳塔催化剂仍会保持稳定的增长态势。

工艺技术不断创新。气相法聚乙烯冷凝、超冷凝技术继续推广应用。据报道,如果将一个$20×10^4$t/a的装置扩能到$40×10^4$t/a,用超冷凝法改造,界区内投资只相当于再增加一条线的65%,用非冷凝法、冷凝法(循环物料含液量为5%~23%)、超冷凝态法(循环物料含液量为34.4%)建设$32×10^4$t/a新装置的界区内投资比是1:0.81:0.74,产品的现金成本比是1:0.96:0.94。近年来,国内开发的气相聚乙烯冷凝技术可使反应器能力提高60%~100%,目前已在天津石化等企业工业应用。

4. 橡胶主要品种向高性能化和功能化发展,弹性体改性技术仍是发展的重点

丁苯橡胶在合成橡胶中仍占主导地位,溶聚丁苯橡胶将逐渐成为丁苯橡胶的发展重点。顺丁橡胶继续保持第二大胶种的地位,稀土钕系顺丁橡胶及中乙基聚丁二烯橡胶将引起更多关注。苯乙烯类热塑性弹性体以开发不同用途、特殊功能的专用产品为研究开发的热点和方向。丁基橡胶的发展重点是卤化丁基橡胶,已占丁基橡胶总量的70%左右。羧基丁苯胶乳产量增长迅速。乙丙橡胶需求继续增长,传统的溶液聚合工艺将面临茂金属催化剂与气相聚合工艺等新技术的挑战。丁腈橡胶继续向高性能化发展,具有代表性的产品是氢化丁腈橡胶。

弹性体改性技术是在现有合成橡胶品种基础上开发新品种的重要手段,改性技术最突出的进展是化学改性技术(如卤化、环氧化、羧基化、环化和氢化等)、共混改性技术、动态硫化技术与增容技术、互穿聚合物网络技术以及其他改性技术等,特别是动态硫化技术、增容技术和互穿聚合物网络技术的成功应用,使共混改性制备改性橡胶进入了新的发展阶段。各种改性热塑性硫化胶因其性能优异、加工简便、品种系列化等特点,在许多用途上正逐步取代传统的热固性硫化橡胶。目前的趋势是改性品种向系列化和高性能化发展。弹性体改性技术将继续成为合成橡胶技术开发的热点与重点。

5. 环保约束日趋强化,绿色低碳成为行业发展的新方向

节能环保产业将成为新的经济增长点。石化产业能够为节能减排、保护环境提供先进的解决方案和技术产品。世界各国都在大力鼓励和支持节能环保产业发展,中国也将节能环保产业列为战略性新兴产业,给予政策上的引导和资金上的支持。

近年来,绿色化学的研究包括:开发绿色工艺,实现"原子经济"反应,如采用具有定向催化氧化功能的钛硅分子筛,使丙烯环氧化制环氧丙烷、环己酮氨氧化制环己酮肟、苯酚氧化制苯二酚等过程实现"零排放";取代剧毒原料,如代替光气生产聚碳酸酯、取代光气制异氰酸酯、取代氢氰酸为原料的绿色化工技术等;发展废合成材料的"闭路循环"回收技术等。可以预期,随着人们对环境越来越关注,绿色化学将会有更大的发展。

6. 信息技术与石化技术的紧密结合,将给石化工业带来巨大变化

信息技术向石化工业的渗透,使石化工业发生了巨大变化。信息技术在石化科研设计、过程运行、生产调度、计划优化、供应链优化、经营决策等方面的应用已经取得了重要进展,对石油化工的产业升级产生了重要影响,预计这种影响还将继续深化并对石油化工的发展产生更大的影响。

过程控制方面,先进过程控制(APC)技术在进一步普及的同时,还将在超大规模的控制算法设计以及多个控制器的优化协调、强非线性和大规模弱非线性控制算法的设计以及辨识与控制技术的有机结合等方面有新的进展。

计算机网络将更快速有效地在石油化工厂投入运行,实时传送整个工厂的数据及图像信息,并为严格的实时优化模型提供数据,与组分模型相结合,仿真模拟技术会实现更大的技术突破,能够更准确地描述工艺过程,预测产品组成,实现全厂连续实时优化。随着计算能力的提升,优化将延伸到厂区以外,包括整个企业,优化提升从原油选择到产品交货的获利能力。20 世纪 90 年代,渐趋成熟的供应链管理(SCM)和客户关系管理(CRM)相结合构成了新一代企业资源计划(ERP)的理论基础,优化整个供应链和客户供需,缩短产品开发、生产、销售、服务周期,降低各环节成本,增加盈利。

过程模拟方面,在第一、第二代模型不断推广的基础上,出现了第三代模型。它从动力学角度可以准确地推断产物的组成和物理性质。近 10 年来才迅速发展起来的分子模拟技术和分子动力学模拟方法可以直接提供某些聚合物、有机溶剂的物化性质和使用性能。

(二)化工技术新进展

石油化工行业既是能源工业,也是原材料工业,具有很强的产业发展关联效应。石油化工产品生产的第一步是以原料油、天然气、煤炭、生物质等为原料生成三烯(乙烯、丙烯和丁二烯)、三苯(苯、甲苯和二甲苯)、甲醇及其一级非聚合衍生物等基本化工原料。第二步是用基本化工原料生产多种有机化工原料(约 200 种)及合成材料(合成树脂、合成橡胶、合成纤维)等。

1. 化工原料生产技术

1) 天然气制氢新技术

工业制氢方式中应用最多的依然是利用化石燃料或天然气制氢。能源密集型的制造过程和居高不下的成本,副产物二氧化碳以及对化石燃料的依赖,都是工业制氢的主要制约因素。由澳大利亚 Hazer 公司和悉尼大学合作开发的 Hazer 工艺可以采用天然气和铁矿石生产氢气,并副产纯度高达 99% 的石墨,极大地降低了氢气的生产成本。

常规的甲烷裂解是在高温下(750℃以上)热裂解甲烷,得到组成甲烷的氢气与碳(即石墨)两种元素,该工艺采用的是镍基催化剂。作为稀有金属,镍的成本一直很高,而且在制取过程中,生成的石墨粉末会附着在催化剂表面,当累积到一定程度后,将会影响裂解反应的活性或导致反应中止。而要重复利用催化剂,则需要通过燃烧的方式对表面附着的石墨粉末进行处理。无论是对吸附石墨的处理过程,还是石墨本身的利用率不高,都是造成此前制氢成本高的原因。而 Hazer 工艺通过将铁矿石用作工艺催化剂,能够将天然气和类似原料有效转化为氢,并通过一次化学提纯生产出纯度高达 99% 的石墨。该工艺成本低,催化剂不需再生并可重复使用,能收集生产的石墨是纳米结构的碳,质量和结晶度高。在该过程中,生成的一部分氢气会用于系统的能源供给用来加热铁矿石,剩余的氢气可以作为产品产出。同时生成的石墨粉末可以作为副产品出售,增加经济性。Hazer 工艺的氢气制取成本为 0.5 ~ 0.75 美元/kg。尽管在铁矿石的开采过程中也会产生二氧化碳,但 Hazer 工艺使用的铁矿石量并不多,也就是说,每使用 1t 铁矿石进行催化反应,Hazer 工艺将能够制造 10t 的氢气。

Hazer 工艺,工业试验装置于 2017 年投产,年产氢气 30t。该工艺的开发提供了新的氢气生产方法,将有效促进氢工业的发展,是一项开创性的革新技术。

2) 二氧化碳加氢制甲醇新技术

二氧化碳是造成全球变暖的祸首,但它作为工业原料的用途却十分有限。传统的碳捕集与封存只是把二氧化碳回收并封存起来,不能实现再利用,且投资巨大。二氧化碳若能与氢气合成甲醇作为清洁燃料及生产化工品的原料,则不仅解决了二氧化碳的减排和循环利用问题,也为化工原料开辟了新的途径。因此,开发碳收集和再利用制甲醇技术成为热点。由冰岛碳循环利用公司(CRI)开发的 ETL(Emissions – to – Liquids)技术,从工业排放废气中提取二氧化碳,然后与氢气在加氢催化剂的作用下直接催化合成清洁甲醇,既能实现减排,又能为企业带来创收新途径。

此项技术的难点在于开发出活性和选择性高的催化剂以及获得廉价的氢气。ETL 技术充分利用了冰岛丰富的地热资源发电,电解水后产生氢气,在铜基加氢催化剂的作用下,在列管反应器中与捕集到的二氧化碳反应,反应温度为 200 ~ 220℃,反应压力为 60 ~ 70kPa。2012 年,在冰岛首都雷克雅未克附近采用 ETL 技术建设了 1300t/a 合成甲醇装置,后经过不断改造与完善,至 2016 年该装置甲醇产能已达到 4000t/a,成为世界上第一座利用废气中二氧化碳和氢气合成甲醇的工业装置,每年可回收工业排放二氧化碳 6000t。生产的可再生甲醇已销往欧洲市场,注册名称为Vulcanol™,目前已在冰岛、瑞典、英国和荷兰等国销售,也可用于生物燃油制品。

利用可再生能源,如太阳能、风能、地热能等多种能源电解水制氢并与废气中回收的二氧化碳合成甲醇,也将引发石化行业原料的革命。甲醇本身不仅可直接用作燃料或制汽油、柴油、燃料电池等,也可用来生产芳烃、烯烃等多种基本化工原料,因此,该技术一旦大范围推广应用,意味着经济发展中面临的碳减排压力将得到有效缓解,人类发展中的减排负担将成为一项绿色产业的增长点,人类可持续发展得以真正实现。

3)新型丙烷/丁烷脱氢技术开发成功

2016年6月,由中国石油大学(华东)重质油国家重点实验室开发的1×10^4 t/a新型丙烷/丁烷脱氢(ADHO)工业化示范装置在山东恒源石油化工股份有限公司开车成功。工业化试验结果表明,烷烃的单程转化率、烯烃的收率和选择性与引进技术相当,达到国际先进水平。

液化石油气主要由丙烷、正丁烷和异丁烷组成,将烷烃脱氢制成烯烃,不但可提高产品的附加值,减少烯烃生产对裂解过程的依赖,还可以副产附加值更高的氢气,提高油气资源的综合利用水平。目前,中国的丙烷、异丁烷脱氢技术全部从国外引进,同时工业上丙烷、异丁烷脱氢装置采用的催化剂一般为负载型贵金属铂或有毒铬系催化剂,不仅价格昂贵且原料需要深度净化,存在着严重的环保问题。针对这一难题,中国石油大学(华东)课题组成功开发出无毒无腐蚀性的非贵金属氧化物催化剂,并为之配套开发了高效循环流化床反应器,成功实现脱氢反应、催化剂烧焦再生连续进行。开发的新型丙烷/丁烷脱氢技术具有以下几个特点:(1)原料不需要预处理即可直接进装置反应,省去了脱硫、脱砷、脱铅等复杂技术过程;(2)既适用于丙烷、异丁烷单独脱氢,也适用于丙烷与丁烷混合脱氢;(3)反应与催化剂再生连续进行,生产效率高;(4)催化剂为非贵金属难熔氧化物,具有价格低、再生不用氯氧化、无腐蚀性、机械强度高、剂耗低等优点,有利于装置长周期安全稳定运行;(5)催化剂再生热量可以返回系统循环利用,能根据循环量控制反应温度,而且整个反应不需要氢气,能耗低,传热效率高。

相比国外技术,该新型丙烷/丁烷脱氢技术投资小,年产25×10^4 t的规模主装置投资要3亿元,国外技术投资则要16亿元,而且循环流化床反应器不受规模限制,可以根据原料和市场确定规模。该技术可以在现有的催化裂化等装置基础上进行改造,可充分利用现有公用工程降低投资。

4)合成气经费托反应路线直接制烯烃的研究取得突破性进展

中国科学院上海高等研究院和上海科技大学联合科研团队在合成气经费托反应路线直接制烯烃方面取得重大进展,通过采用全新催化剂活性位结构,实现了在温和条件下合成气高选择性直接制备烯烃,研究成果于2016年10月6日在Nature杂志发表。

合成气经费托反应路线直接制烯烃,是指CO和H_2在催化剂作用下,通过费托反应路线合成烯烃的过程。常规合成气制烯烃需要经过费托(FT)反应路线。在费托反应中,一般认为先进行碳氧键断裂形成碳吸附中间物种,再发生碳碳连接形成不同碳链长度的产物。目前,费托反应存在的主要问题是烯烃选择性的提高及产物分布的有效控制。由于费托反应是强放热反应,过高的反应热容易引起局部过热,发生飞温现象,促进甲烷化和积炭的发生,大量甲烷的生成严重降低了总烯烃收率。此外,由于在费托合成过程中烯烃作为一种中间产物,极易发生二次加氢反应转化为饱和烷烃,从而进一步降低烯烃选择性。该技术研发的全新催化剂在温和的反应条件下(250℃和1~5atm①),可实现高选择性合成气直接制备烯烃,甲烷选择性可低至5%,低碳烯烃选择性可达60%,总烯烃选择性高达80%以上,烯烷比可高达30以上;同时,产物碳数呈现显著的窄区间高选择性分布,C_2—C_{15}选择性占90%以上。为了确定活性位的本质,通过深入的构效关系研究并结合DFT理论计算,确定了活性位结构是暴露面为{101}和{020}的Co_2C纳米平行六面体。Co_2C一般被视为Co基费托催化剂失活的主要原因之一,即在合成气转化过程中Co_2C活性很低,且CH_4选择性很高。本研究揭示Co_2C存在显著的晶面效应,相比于其他暴露面,{101}晶面非常有利于烯烃的生成,同时{101}和{020}晶面可有效抑制甲烷的形成。因此,暴露面为{101}和{020}的Co_2C纳米平行六面体呈现完全异于传统费托活性相的催化性能,甲烷选择性很低,而烯烃选择性很高,产物偏离经典ASF规律,并体现窄区间高选择性分布。目前,研究团队拟在催化剂放大制备、反应器设计及工艺过程开发等方面共同合作,力争尽快实现工业示范和产业化。

合成气直接制烯烃技术的成功,对拓展合成气催化转化领域具有重大意义。同时,该项研究成果具有很高的经济效益,将有利于促进中国煤化工的发展。

5) 陶氏开发流化床丙烷脱氢技术

据预测,2015—2035年全球丙烯需求增长可能超过产能,同期对专用丙烯生产的需求年均增加2%~3%。到2020年,大约15%的新增丙烯产能将是利用丙烷脱氢技术,其中大部分在亚洲。

陶氏化学公司称,流化床催化脱氢技术对有关国家是一种机遇,这项技术源于生产乙烯和苯乙烯的工艺技术。陶氏化学公司开发了新型流化床丙烷脱氢技术。流化床催化脱氢技术与目前领先的丙烷脱氢技术相比有许多优点。由于转化速度更快,不需要用氢气循环,工艺过程可以用较小的压缩机运行。需用的反应设备较小,催化剂的稳定性好,意味着对脱除原料中杂质的要求不是很高。流化床意味着初期催化剂的负荷较小,需要用的贵金属较少。同时,流化床催化脱氢转化速率提高和不用氢气循环;原料蒸气的停留时间缩短,选择性更好;催化剂可以在线从系统中卸出。陶氏化学称,所有这些因素加在一起,可使流化床催化脱氢装置的投资削减20%~25%,操作费用可以减少10%~20%。其原因如下:一是贵金属用量减少,转化速度提高和不用氢气循环;二是原料蒸气的停留时间缩短,选择性更好;三是催化剂可以在线从系统中卸出。

6) 用正丁烷生产顺酐的固定床新工艺

顺酐的首次生产采用了苯氧化的方法,但随着苯价格的上涨以及苯是一种有毒有害化学品的认识,逐渐发展了其他生产顺酐的方法。目前,Huntsman公司用正丁烷生产顺酐的固定床新工艺获得了成功。

该工艺中反应部分:新鲜原料丁烷气化并与空气混合后送进反应器。氧化反应器是一种固定床多管反应器,装有载在二氧化硅载体上的钒磷—氧化物催化剂。强放热反应产生的热量通过反应器内管子中夹套循环里的熔盐移出反应器。然后熔盐通过一台外部的冷却器用锅

---

① 1 atm = 101325 Pa。

炉给水冷却并产生水蒸气。反应器的气体流出物主要包含顺酐、水蒸气、二氧化物、氧气、氮气和未转化的丁烷。然后,这种气体流出物被部分冷凝,冷凝物送到净化部分,未冷凝的气体送进吸收塔回收剩余的顺酐。顺酐回收部分:该工艺使用溶剂吸收未冷凝的顺酐。尾气(主要是氮气、一氧化碳、二氧化碳和未反应的丁烷)从吸收塔顶排出,再送进装置外的热氧化反应器进行焚烧。吸收塔底部得到的物料送进溶剂回收塔,顺酐在此作为馏出物进行回收。这一工序回收的顺酐与反应部分的冷凝物混合,通过两步净化得到高纯度顺酐。溶剂回收塔底得到的溶剂返回到吸收塔。一小部分溶剂送到溶剂净化部分除去杂质。产品净化部分:净化部分由两台蒸馏塔组成,分别除去轻重馏分中的杂质,净化得到的产品是纯度大于99.8%(质量分数)的顺酐。

按照2015年一季度美国市场价格估算,如果装置储罐可以存储生产20d所需的正丁烷原料,那么在美国建设产能6×10^4t/a顺酐装置的总投资约为1.5亿美元(总投资包括固定投资、流动资金和其他资金),预计生产成本约为830美元/t顺酐产品。

7) 不耗能精制对二甲苯的新技术

从烃类混合物中分离和精制对二甲苯(用于生产聚酯和塑料的一种主要原料)要用相变技术,需用大量热能。最近,佐治亚理工学院与埃克森美孚公司的研发团队,验证了用有机溶剂反渗透(OSRO)在室温下分离对二甲苯的新技术。因为不需用热,故有机溶剂反渗透方法有可能大大节省精制对二甲苯需要的能量。

反渗透技术在海水淡化工业已应用了数十年之久,但用于烃类混合物分离还是第一次。新技术在常温状态下,利用碳分子薄膜的有机溶液反渗透工艺,将对二甲苯从芳烃化合物中分离。新技术实现了在降低实验室温度、不改变有机物相的情况下,降低能耗,高效地完成分离。有机溶剂反渗透技术的关键是膜的结构复杂。新的碳分子薄膜是一种纳米过滤薄膜,类似于布满微型小孔的滤网,是目前最先进的薄膜分离技术效率的50倍。首先,中空纤维膜(HFM)要用工业上可以得到的聚合物生产,然后中空纤维膜要用交联分子改性,保护膜的机械性质。接着纤维要通过热解进行碳化,使结构转变为碳分子筛中空纤维膜。分子筛有许多大孔,且有机械完整性,不会妨碍传质。这些大孔最终指向具极小微孔(小于1nm)的30nm膜层。这样,极小的微孔就能分离二甲苯的各种异构体。研究人员在实验室用一根中空纤维膜就使烃类原料中的对二甲苯富集到80%以上。膜的碳基结构用于反渗透需在高压(大约125bar[1])下才具有稳定性。而且,碳纤维在存在二甲苯混合物的情况下是惰性的,也能够精准调整孔大小,使之具有分子选择性。研发团队计划继续用更多的中孔纤维膜进行有机溶剂反渗透试验,并寻求分离不同纯度的烃类原料。

目前,分离芳烃提取对二甲苯的工艺能源消耗量大,全球用于分离芳烃所消耗的能源相当于20家中型发电站耗能。新技术一旦用于工业化生产,化工行业每年的二氧化碳排放量将减少4500×10^4t,相当于500万美国家庭年均二氧化碳排放总量。届时,全球每年生产塑料的能源消耗成本将降低20亿美元。该技术将是化工领域的又一项重大进步。

8) 丙烯氧化生产丙烯酸的新工艺

丙烯酸是一种中等强度的羧酸,其生产用原料和方法有以下6种:一是甘油(丙三醇)脱

---

[1] $1\text{bar} = 10^5 \text{Pa}$。

水氧化;二是环氧乙烷羧基化;三是葡萄糖浆发酵;四是原糖发酵;五是乙炔瑞普法合成;六是丙烯催化氧化。丙烯催化氧化是生产丙烯酸用得最多的传统方法。本书将介绍类似德国鲁奇公司和日本化药公司生产酯级丙烯酸(EAA)的丙烯催化氧化工艺。

生产工艺分为反应和骤冷、产品回收、净化三部分。在反应和骤冷部分,化学级丙烯与蒸汽和空气混合以后送进两步氧化的反应器系统:第一步,丙烯氧化为丙烯醛;第二步,丙烯醛氧化为丙烯酸。这两步反应都是在管式固定床反应器中完成的,放热反应释放出的热量用于发生蒸汽。反应系统的流出物送进骤冷塔,生成的丙烯酸在这里被水吸收。骤冷塔顶部得到的残留气体在一部分循环回到第一步反应器的同时,剩余部分送进焚化炉焚烧。骤冷塔底部的水溶液送进装置下游进行产品回收。在产品回收部分,把骤冷塔底部的水溶液送进萃取塔,通过溶剂进行液液萃取分离出丙烯酸。含丙烯酸的萃取塔顶部流出物送进溶剂回收塔回收两相的塔顶料。这种两相的塔顶料被分离,含溶剂的有机相循环回萃取塔,水相与萃取得到的萃余液混合后送进萃余液汽提塔,以使溶剂损失减至最少。然后,把溶剂回收塔的塔底料送进粗丙烯酸塔,得到的塔底产品就是浓缩的丙烯酸料。主要含丙烯酸和轻杂质的塔顶料再送进回收塔,回收塔的塔底料送进粗丙烯酸塔,塔顶料循环回溶剂回收塔。在净化部分,把粗丙烯酸塔得到的浓缩丙烯酸料送进产品塔,塔顶得到的就是酯级丙烯酸产品,塔底料送进脱二聚物塔,使工艺过程中生成的二聚物杂质再转化为丙烯酸。最后,脱二聚物塔的产品送进塔底料汽提塔,分出的重组分作为废料送出。

美国2015年二季度建设年产15×10^4 t酯级丙烯酸装置,估算的总固定投资约为3.5亿美元,其中包括装置界区内外的各种设施,有生产装置、储罐、公用工程和辅助建筑等。

2. 树脂生产技术

聚乙烯和聚丙烯的性质完全不同,又因为熔融物互不相容,所以要把这两种聚合物调和在一起基本是不可能的。陶氏化学公司开发的Intune OBC(烯烃嵌段共聚物)技术就可以解决此难题。陶氏化学公司是在掌握了成本效益最大化的设计方法后,基于自有的链穿梭催化剂(Iufuse),把烯烃嵌段共聚物推向市场的第一家公司。

烯烃嵌段共聚物被誉为"科学珍品"。陶氏化学公司所有的烯烃嵌段共聚物都是基于抑制结构的均相催化剂的开发,这种催化剂能够控制聚合物的显微结构,生产新性能的材料。工程设计:协调动力学、效率、共聚功效,在稳定的反应环境中实现可逆的链穿梭反应。反应工程:通过工艺模拟促进生产,利用聚合物反应工程原理建立详细的反应模型,关联分子结构和收率,以控制反应器系统的各种参数。陶氏化学公司利用设计的模型优化工艺条件,得到需要的产品性质。催化剂开发:利用与科学评价一致的高通量工艺方法来开发可靠的催化剂,并利用自动控制的聚合反应器与快速聚合表征方法评价催化剂。叠合物表征:为快速测定反应器中生成材料的分子结构,开发了快速分析技术。这种技术包括用高温液相色谱(HTLC)与其他分馏技术相结合的聚合物相互分离技术等。催化链穿梭聚合技术的开发,已使在现有工业聚烯烃连续溶液反应器中合成Intune烯烃嵌段共聚物成为可能。该系统在聚合物保持在溶液中甚至有结晶链节存在的条件下,消耗的催化剂也只有百万分之几。

Iufuse烯烃嵌段共聚物技术已成功应用在西班牙Tarragona陶氏化学公司聚合物工厂。Intune烯烃嵌段共聚物在聚合物调和和应用方面已得到美国专利保护,除了有25项链穿梭催化剂专利以外,还有另外20项在应用方面的美国专利。该技术的成功使生产烯烃嵌段共聚物成为可能。

3. 化工技术

1)利用废弃塑料生产合成蜡的新工艺

加拿大GreenMantra公司开发了一项新的专利技术,可以利用废弃的塑料膜和塑料袋生产合成蜡,该技术已经达到工业化规模,第一套5000t/a的工业装置已于2016年5月投产。

该技术的原理是利用专用的多相催化剂,通过高选择性的热催化解聚反应,得到高收率的合成蜡。该催化剂具有控制产品分子量、结构和热力性质的性能,针对废弃塑料而定制的催化剂载体氧化铝是可以再生的,并可以满足再浸渍活性金属的需求。与其他化工循环技术相比,该技术不仅操作温度更低(低于热降解的最低点),而且还能避免在工艺过程中由于热解或气化出现的解聚不规则现象。该技术的产品收率高,转化率可以达到97%。目前已经投产的5000t/a的工业装置呈半连续运转状态。参与再加工的聚烯烃被熔融以后,送进几台并列的间歇式反应器,聚合物在反应器中的停留时间、温度和压力可以根据生产专用合成蜡的需要进行调节。然后,产品被冷却、净化和固化成合成蜡小颗粒。

该技术还可以利用固定床反应器实现完全连续生产,到2017年再增加5000t/a产能,并且今后还将进一步开发新的产品,包括适用于印刷、涂料和其他行业的聚合物。

2)太阳能直接将水与二氧化碳合成烃类燃料

太阳能驱动的热化学循环(STC)提供了一条将太阳能直接存储在分子化学键内的途径。来自瑞士Paul Scherrer研究院(PSI)的一个研究团队,已开始示范利用太阳能热化学循环直接将水与二氧化碳合成烃类燃料(主要是甲烷),并在《能源与环境科学》杂志发表了论文。在该研究中,采用STC结合催化过程的工艺,将水和二氧化碳生成烃类燃料,催化剂为CeO_2基的金属氧化物。研究工作主要集中在设计催化剂,以提高合成气产量。如果能够获得碳氢化合物的高选择性,采用直接合成的方法,绕开第二阶段的甲烷化反应或费托反应过程,这样将使太阳能燃料生产链变得更加经济。此外,也不需存储和输送合成气。催化剂的首要功能是促成碳氢化合物分子。该过程或将合成气转化为燃料分子,或直接让水跟二氧化碳不经过合成气过程直接生成燃料分子,也可能是两者的结合。该团队在实验室对$Ni-CeO_2$和$Rh-CeO_2$催化剂进行了研究,两种催化剂都能在500℃下使水和二氧化碳生成甲烷。在真实的热化学循环中进一步评估两种催化剂性能后发现,$Ni-CeO_2$的动态氧化还原能力和在极端温度下的化学稳定性较差。在1400℃将原料活化58个循环时,$Rh-CeO_2$催化剂能够令水和二氧化碳持续反应生产甲烷。在1500℃时,催化剂的活性明显增强。该研究可能带来新的太阳能热化学的研究方向。未来的研究方向是提高甲烷的选择性或生产其他的碳氢化合物。

(三)化工技术展望

技术进步仍将是世界石油石化业发展的永恒动力。发达国家仍将凭借其技术优势,在拓展石油石化产业链、发展高端附加值产品、研发新工艺和新产品等方面处于领跑的地位。世界石油石化工业将在高新技术的推动下实现技术上的不断突破和进步,产业链的进一步拓展延伸,经济效益的不断提高。与此同时,石油石化企业的业务发展将进一步走向多样化。未来石化工业的常规技术将不断提升,高端石化产品生产技术将加速与科技产业的融合。石化工业技术进步将主要侧重于大型化生产技术、炼化一体化技术、新型催化材料与技术、绿色化学技术、替代能源和替代石化原料技术开发、信息技术应用、生物化工技术、催化新材料与纳米材料开发应用、化学工程新技术等。

1. 新型催化材料与技术

新型催化材料是新工艺的先导和基石。催化技术的灵魂是催化剂,而催化材料又是制造催化剂的主体,所以说,催化材料的创新是催化技术创新的根本和源泉,要想在催化技术的开发和应用中居于领先地位,必须首先进行催化材料的创新。催化材料基本分为光催化材料、稀土催化材料、新型催化材料和复合催化材料4类。其中,光催化材料是指通过该材料,在光的作用下发生的光化学反应所需的一类半导体催化剂材料,世界上能作为光催化材料的有很多,包括二氧化钛、氧化锌、氧化锡、二氧化锆、硫化镉等多种氧化物硫化物半导体,其中二氧化钛(Titanium Dioxide)因其氧化能力强,化学性质稳定无毒,成为世界上最当红的纳米光催化剂材料,适用于高温催化材料,如汽车尾气催化剂。稀土催化材料是促进高丰度轻稀土元素镧(La)、铈(Ce)、镨(Pr)、钕(Nd)等大量应用,有效缓解并解决中国稀土消费失衡,并提升能源与环境技术,促进民生,改善人类生存环境的高科技材料。由于稀土元素具有独特的4f电子层结构,稀土在化学反应中具有良好的助催化性能,目前在石化、环境、能源、化工等催化应用领域已成为不可或缺的重要组分,已形成石油催化裂化催化剂、机动车尾气净化催化剂、柴油清洁添加剂、有机废气净化催化剂、天然气催化燃烧材料、固体氧化物燃料电池(SOFC)等催化材料、合成橡胶稀土催化剂以及新能源稀土催化剂。从2005年开始,全球稀土催化材料成为稀土应用需求最大的领域,其最大的应用市场是石油催化裂化催化剂和机动车尾气净化催化剂两大领域。

2. 大型化生产技术

未来化工装置要实现大型化,在技术上与国际接轨,核心是技术集成,关键是工艺过程的优化、工厂系统的经济配套以及高水平的大型化单元及其设备的技术能力。要形成以PIMS、Aspen Plus和PRO Ⅱ为平台的各种化工装置工艺计算、流程模拟等软件包系统的集成及优化设计。根据各化工装置的加工目标,进行装置加工流程研究,要对原料、主要加工工艺、副产品、储运系统和公用工程系统的物料进行优化和一体化安排。正确计算全厂的物料平衡和能量平衡,实现从目前的稳态模拟过渡到动态模拟,全面提升化学工程研究水平,减少工厂大型化的风险。

同时还要实现全厂能量系统过程的集成及优化。利用"狭点"理论,重点开发全厂能量优化综合利用技术和软件,以实现单元内能量优化、跨单元能量优化和全厂系统综合能量优化的目标。要借助信息技术,辅以过程集成软件,对包括全厂自备电厂、变电设备、动力系统的烟气轮机、汽轮机、蒸汽管网、热电联产、制冷系统的冷量回收等的全厂能量系统进行优化合成、监控和在线调优。

3. 极限化技术

到目前为止,人们对物质状态的认识绝大多数是正常状态下的,与各种极限状态的过程相伴而生的极限技术有超高温技术、超高压技术、超真空技术、超低温技术、超临界技术、超重力场技术、微引力技术、失重技术、飞秒化学技术等。其中,超临界流体(Supercritical Fluid,SCF)是指临界温度和临界压力以上的高密度流体,超临界流体兼具气体和液体的双重特性,密度接近于液体,黏度和扩散系数接近于气体,渗透性好。目前,有文献报道的超临界流体大致有几十种,最为常见的是 CO_2 和 H_2O,均具有价廉易得、安全无毒等特点,应用较为广泛。

从目前的发展状况来看,超临界技术在以下两个方面发挥了重要作用:

(1)超临界萃取。超临界萃取技术是以超临界状态的流体作为溶剂,利用该状态下具有的高渗透能力和高溶解能力萃取分离混合物质的一项新技术。现在研究较多的被用作超临界萃取的溶剂有乙烷、乙烯、丙烷、丙烯、甲醇、乙醇、水和 CO_2 等物质,其中 CO_2 最受青睐,它具有无毒、无臭、无腐蚀性、无残留、不燃烧、不氧化、临界压力(7.4 MPa)适中、易实现临界温度等优点。

(2)材料科学。超临界流体在材料领域中的应用是近些年来才开展的课题,制备原理主要有超临界流体结晶技术[即超临界流体溶液快速膨胀结晶(RESS)和气体抗溶剂结晶(GAS)]、超临界流体干燥技术(SCFD)和超临界流体渗透技术(SFI)。具体应用主要集中在微细颗粒的制备、高分子材料及其改性、无机和有机材料等方面。

以高分子材料在聚合物微粒制备中的应用为例:

在聚合物微粒制备中应用超临界流体技术正处于研究阶段。采用 RESS 法可以制备出各种形态的聚苯乙烯微粒,如直径为 $1\mu m$、长度为 $100\sim1000\mu m$ 的纤维状微粒,或直径为 $20\mu m$ 的球形微粒,而得到的聚丙烯微粒则是纤维状的。在一定条件下,用 RESS 法可制得直径为 $0.7\mu m$ 的醋酸纤维。D. J. Dixon 等采用 GAS 法制得微孔发泡塑料。将聚苯乙烯溶于有机溶剂(如甲苯),以 CO_2 作为流体,通过控制压力、温度、溶液初始浓度及溶剂引入速率等条件,可以控制过程的饱和度变化,从而控制成核速率和微孔尺寸。

参 考 文 献

[1] 骆红静,吕晓东,杨桂英,等. 本轮石化周期有望走出谷底——2015 年世界和中国石化工业综述及 2016 展望[J]. 国际石油经济,2016,24(5):1-9.

[2] 袁晴棠. 新世纪石油化工技术发展趋势初探[C]. 中国化工学会 2015 年石油化工学术年会,2015.

[3] 跨国公司看中国石油和化学工业未来[C]. 天津:2014 中国国际石油化工大会,2014.

[4] Warren R True. Asia, Mechanisms of methanol synthesis from Carbon Dioxide and from Carbon Monixide[J]. Chemical Engineering,2016,18:6-8.

[5] Robert Brelsford. Dow developed dehydrogenation of propane in fluidized bed[J]. Worldwide Refining Business Digest Weekly. e,2016,21:11-15.

[6] Olivier H, Magna L. Dow developed Intune OBC technology[J]. Chemical Engineering,2016,17:6-9.

[7] Jacob R G, Perin G. Huntsman developed a new fixed bed process for the production of maleic anhydride from n-butane[J]. Chemical Engineering,2016,23:2-6.

[8] Loupy A. Exxon Mobil announced a new no energy consumptiont echnology for xylene [J]. Chemical Engineering,2016,10:15-17.

[9] Zhang X Y, Fan X S. A new process for acrylic acid production by propylene oxidation[J]. Chemical Weekly, 2016,17:8-9.

[10] Mike Gordon. A new process for producing synthetic wax by using waste plastics[J]. Chemical Engineering, 2016, 23:16-19.
[11] 梁晓霏,史林渠. 页岩气使全球石化产业中心重新向美国偏移[J]. 中外能源, 2011, 16(12):1-9.
[12] 崔梅生,张娜. 稀土催化材料及其应用[J]. 稀土信息, 2013(7):19-21.
[13] 刘家明. 工程技术为炼油业的可持续发展提供技术支撑[J]. 石油学报, 2015, 20(5):6-12.
[14] 管荷兰,徐吉成,蔡笑笑,等. 超临界技术的发展现状与前景展望[J]. 污染防治技术, 2008(2):30-33.

专题研究报告

一、低油价下国内外油气技术创新发展新特点

全球新一轮工业革命蓄势待发,高新技术日新月异,新能源发展悄然提速,在给传统能源产业带来挑战的同时也带来了机遇。近两年来,国际油价持续低迷,越是在低油价环境下,越要重视依靠技术创新来实现油气的经济高效开采。油气技术创新呈现出一些新特点,经济实用技术、多项技术集成应用和非常规技术常规化3类技术受到特别重视。展望未来,油气依然是能源消费的主体,油气技术进步将在逐步推进非常规资源常规化的同时,不断开拓新区、新领域。高新技术与油气行业的跨界、融合与创新将助推油气勘探开发与利用不断迈上新台阶。

(一)科技革命推动能源转型发展

1. 新一轮工业革命时代到来

新一轮工业革命蓄势待发,将给人类带来革命性变化。德国推出"工业4.0"战略,并在全球范围内引发了新一轮的工业转型竞赛;美国推出"先进制造业国家战略计划",并提出"工业互联网"的概念;2015年,中国提出"中国制造2025",明确了要重点推动的十大领域,包括新一代信息技术、节能、海洋工程装备等。

"互联网+"蓬勃发展,正在全方位改变人类的生产生活方式。大数据正在引发一场生活、工作与思维的大变革,开启重大时代转型;云计算可能对下一轮经济增长具有重要作用;虚拟现实设备和软件将颠覆每一个人的生活。"互联网+"的下一站"智能+"将创造出更智能的经济发展模式和社会生态系统。人工智能将把人从简单的脑力劳动中解放出来,完成新一次的产业革命。

未来五大领域的10项新兴技术将对未来世界产生深刻影响(图1)。五大重点领域分别为互联网、智能、能源、医学和材料。10项重点技术分别为人工智能、物联网、机器人、虚拟现实、储能技术、无人驾驶、新材料、3D打印、可再生能源和DNA修剪技术。

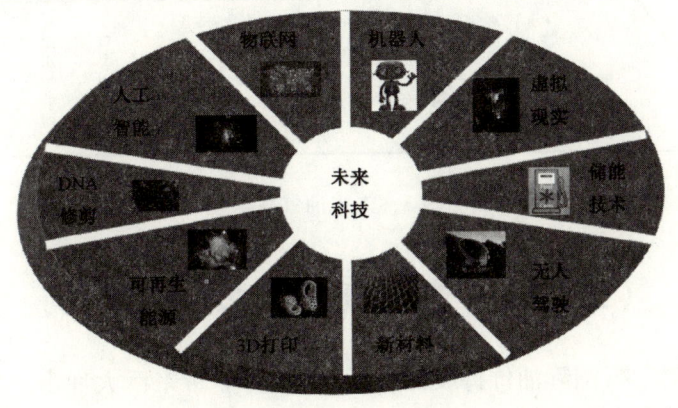

图1 对未来世界产生重要影响的10项新兴技术

2. 国内外能源技术转型发展

可再生能源发展悄然提速,正在推动全球步入一个以绿色能源为主的"后碳"时代,越来越多的国家将发展可再生能源作为能源战略的重要组成部分,能源生产、能源储存、能源分享、能源利用以及能源本身将产生重大变革(图2),传统能源产业正在面临前所未有的挑战。

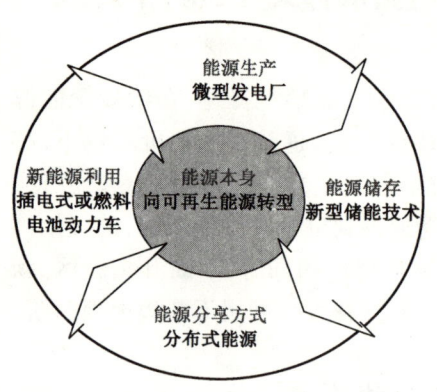

图2 能源革命的5个方面

高效储能技术正呈现爆发性增长态势,有望成为影响未来能源格局的关键技术,对提高能源利用效率、促进新能源产业发展、推动能源战略转型有重要意义。随着新兴能源技术与物联网、大数据、移动互联网等信息技术的不断发展和深度融合,能源互联网和分布式能源的快速发展将加速推进能源科技革命。节能技术不断进步,提升能源利用效率,减少碳排放。随着发动机技术和节能减排技术的不断进步,到2025年燃油汽车百公里耗油量有望从2016年的6.6L降至4.3L。随着动力电池能量密度的不断提升,电动汽车续航里程将不断增长,生产成本持续下降,新能源汽车销量将持续快速增长,会给石油行业带来明显冲击。

随着未来科技的进步和未来能源技术的革新,未来油气技术向着智能化、全互联、跨界创新的方向发展,"数据"将成为最有价值的资源,智能技术、虚拟现实等将助推油气勘探开发与利用迈上新台阶(图3)。

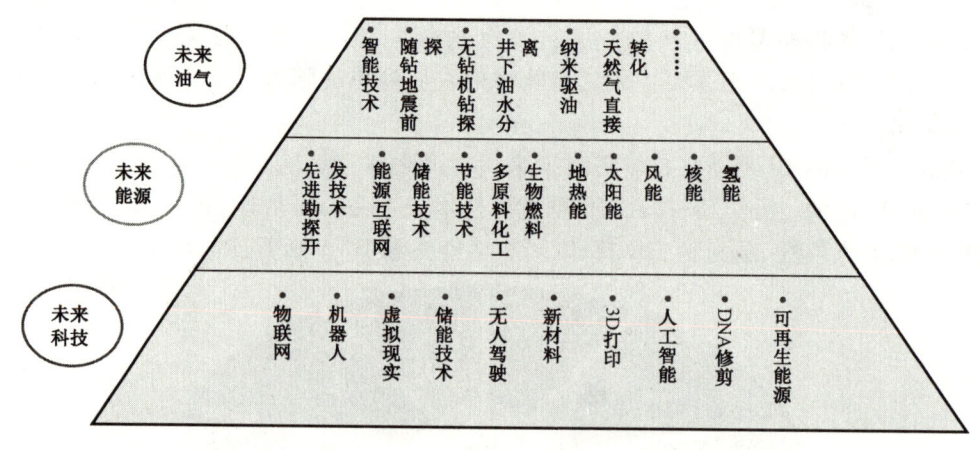

图3 未来油气技术

(二)国内外油气技术发展新动向

2014年下半年以来,国际油价持续低迷,给油气行业带来巨大冲击。从不同类型的资源来看,低油价对盈亏平衡点较高,有些技术还在成长完善阶段的深水、页岩油气、油砂和北极资源的影响较大(图4、图5)。

非常规油气生产具有很大的弹性,情况不利时,许多中小公司会破产或被并购,低效率油井会关闭,有些井只钻井不完井(DUC),待条件稍好时,一批新公司就会涌现,一批油井会重开,未完钻的井完钻。在目前这种状况下,要想增加现有油气资源的技术经济可采量,有两条路可走:一是等待油价回升;二是靠技术驱动来实现降本增效。

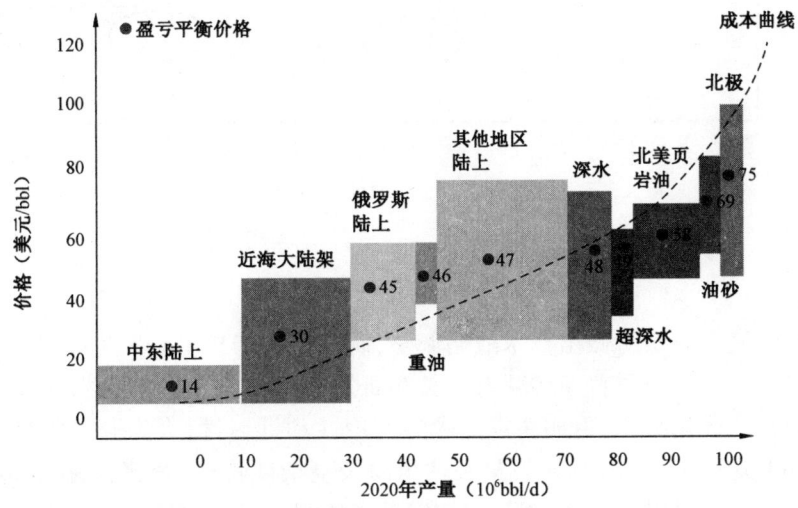

图4　不同类型油气资源的盈亏平衡价格

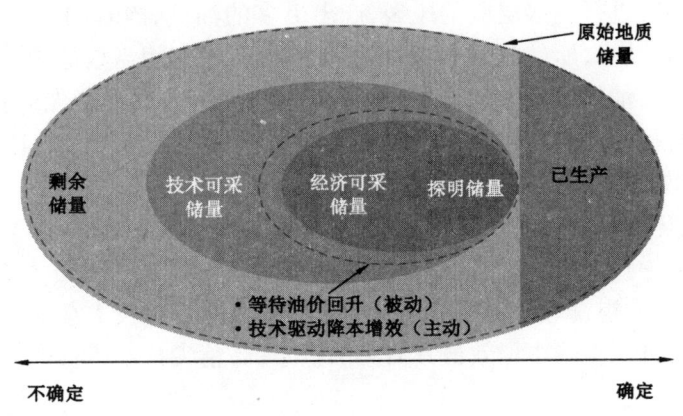

图5　油气资源储量分类

回顾过去50多年的历史,国际油价跌宕起伏,世界石油工业却从未停止技术创新的步伐,越是在油价低迷的时期,越是技术创新的黄金时期(图6)。正是由于不停地优化与创新,石油行业才平稳度过了一次又一次的"寒冬"。20世纪80年代后期,水平井技术广泛用于开发各类油气藏,大幅提高了单井产量和原油采收率,降低了开发成本;1990年以后,三维地震技术的规模应用使开发井钻井成功率由70%提高到80%以上。到了21世纪,水平井分段压裂技术的成功研发与推广应用帮助我们实现了非常规油气的规模化开发。从图6中可以看出,这些"明星技术"的诞生和推广都发生在低油价时期。

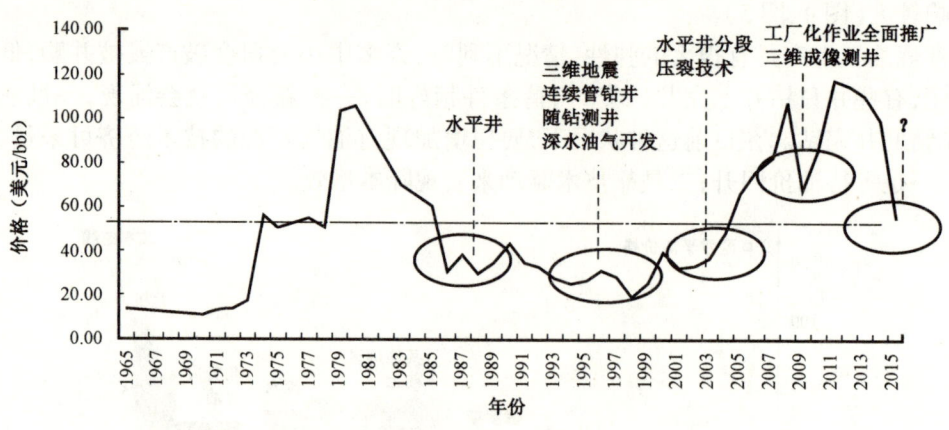

图6 油气行业技术发展历程与国际油价的关系

油价统一折算到2014年美元价格

低油价下,油气企业纷纷做出技术战略调整,研发投入和技术研发优先级都发生了一定的变化。在低油价下,石油公司普遍缩减对中长期研发项目的投入,将研发投入集中于中短期项目,强化研发项目的优化组合,更加注重技术的实用性和针对性,大力开发特色关键技术。高油价时(80~100美元/bbl),技术研发最关注风险及复杂性管理、增储、钻探等方面的技术;油价下降到50美元/bbl左右时,"实现钻探和完井成本最小化"变成了第一要素。以北美非常规油气开发为例,在高油价时期,油气企业比较注重规模效益,通常采取粗放的开发方式,在相同时间内钻更多的井,进行更多层段的压裂,产出更多的油气,当时的重点技术是以水平井分段压裂为代表的系列技术,所钻的井有相当数量的干井,也有相当数量的压裂层段没有产量贡献。而在低油价时期,油气企业更加注重技术有效性,利用大数据等先进技术进行"甜点"判定和井位优选,同时提高钻井有效性和压裂有效性,进行个性化开发,此时的重点技术包括水平井"一趟钻"、大数据指导下的高精准压裂、水平井重复压裂等。

受低油价的大环境影响,如何通过技术驱动实现更多油气资源的经济有效开发是核心主题,油公司更加注重中短期项目,当前油公司的技术发展可以归纳为五大类(图7),低油价下有3类技术特别受到重视,即经济实用技术、集成技术和非常规技术常规化。但是从中长期来看,智能技术是实现进一步降本增效最具潜力的技术,高精尖技术将会推动油气工业持续向前迈进。

1. 加强经济实用技术

持续的低油价使石油公司更加依赖经济实用技术来实现降本增效。代表性技术包括地震资料再处理、老井连续管侧钻和水平井压裂等。

1)地震资料再处理技术

低油价下,油公司大幅压减勘探开发投资,地震工作量锐减。已有的地震资料携带了大量在初次处理中未被发现的信息,利用最新的处理技术能够从老资料中获取更多信息,改善成像结果,精确确定油气圈闭的位置和范围,而且地震数据再处理成本远远低于地震采集成本。近两年来,国外技术服务公司收入大幅下滑,地震采集业务明显缩减,但是地震数据处理、地震油

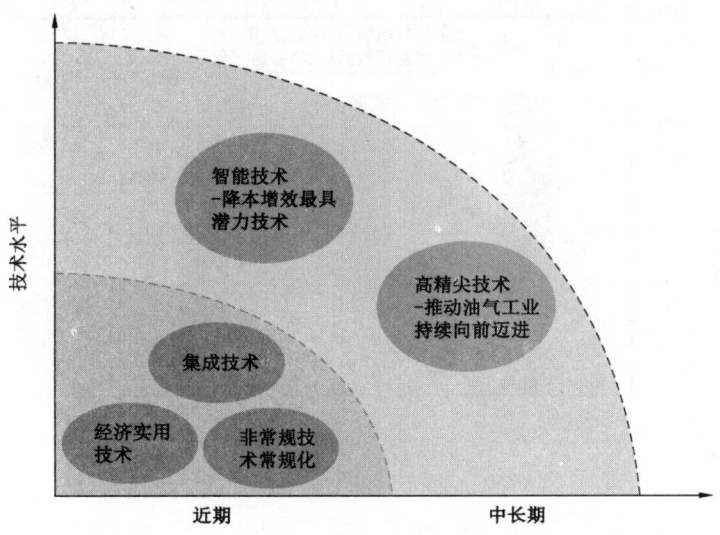

图 7 油气技术分类

藏监测等业务发展状况良好,甚至保持增长趋势,地震资料再处理技术引起高度重视。某公司对葡萄牙海上22847km 2D地震数据进行再处理,采用其专有的新型宽频处理技术获得了更加清晰的地层结构成像。

2)老井连续管侧钻技术

连续管钻井具有设备搬迁快、占地小、作业施工简单、所需人员少、能够实现带压作业等优点,在国外尤其是北美有不少应用。在低油价下,将连续管钻井技术用于老井侧钻,是降低开发成本、提高单井产量或使老井复活的有效手段。连续管钻井与欠平衡钻井/气体钻井技术相结合,可发挥各自的优势,进一步提高钻井效率,保护油气层,降低成本。2014年,在法国某老油田,采用连续管欠平衡钻井技术进行老井侧钻,成功钻进438m水平段,钻井效率大幅度提升,钻井成本降低30%以上。2015年11月,在美国阿拉巴契亚盆地,某公司采用连续管气体钻井技术结合氮气进行老井侧钻,成功地使老井复活。

3)水平井重复压裂技术

水平井分段压裂是推动非常规油气规模化开发的关键技术。尽管水平段越来越长,分压段数越来越多,支撑剂注入量越来越大,但经过增产改造的水平生产井还是表现出初期产量高、递减快、稳产产量低的特点。在低油价形势下,增加现有井的产能至关重要,相对钻新井而言,重复压裂更具经济优势,被誉为提高现有生产井最终可采储量(EUR)的极具前景的技术,也被称为推动美国页岩油气第二次革命的核心技术。水平井重复压裂技术已经在现场取得了良好的效果。美国Woodford页岩气田的水平井经过重复压裂后,单井产量比之前增加了2倍(图8)。初步评估,经过重复压裂之后,采收率会提高8%~10%。

2. 突出集成技术

低油价下,联合应用多项技术集成创新,达到降本增效的目标,成为油公司和服务公司重点发展的技术。代表性技术包括地质工程一体化技术、油气"甜点"综合识别技术、"一趟钻"技术等。

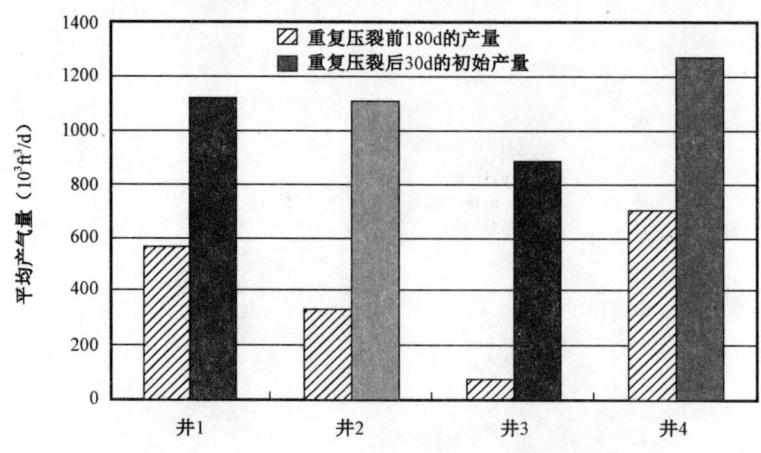

图 8　Woodford 页岩气井重复压裂效果

1）地质工程一体化技术

地质工程一体化技术改变以往先进行地质研究，然后再依次进行钻井、完井和生产的流水线模式，地质研究与钻井、完井和生产各工程环节之间紧密关联，形成实时反馈与优化的快速回路，通过各环节整合和集成优化来实现降本增效（图9）。采用地质、工程一体化之后，钻井效率可以提高20%以上，压裂增产体积提高40%以上，单井累计产量提高20%。

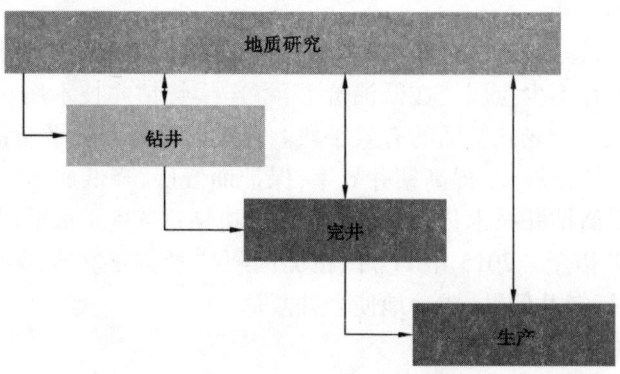

图 9　地质工程一体化技术示意图

2）油气"甜点"综合识别技术

非常规油气"甜点"区与非"甜点"区经济效益差别较大，找到油气"甜点"，可精准布井降低开发成本，是应对低油价挑战的重要途径之一，也是目前北美油气公司在低油价下仍然维持部分非常规气开发的秘诀之一。利用地震、测井等地球物理方法，联合微地震及岩心数据，甚至通过大数据分析等油气"甜点"综合识别技术能够更有效地识别"甜点"（图10）。

3）"一趟钻"技术

在美国页岩油气开发中，随着技术进步，单个井段"一趟钻"日渐成为常态，越来越多的水平井实现了两个井段（斜井段 + 水平段）的"一趟钻"，少数水平井甚至实现了多个井段（二开后的直井段 + 斜井段 + 水平段，或稳斜段 + 造斜段 + 水平段）的"一趟钻"。"一趟钻"可减少

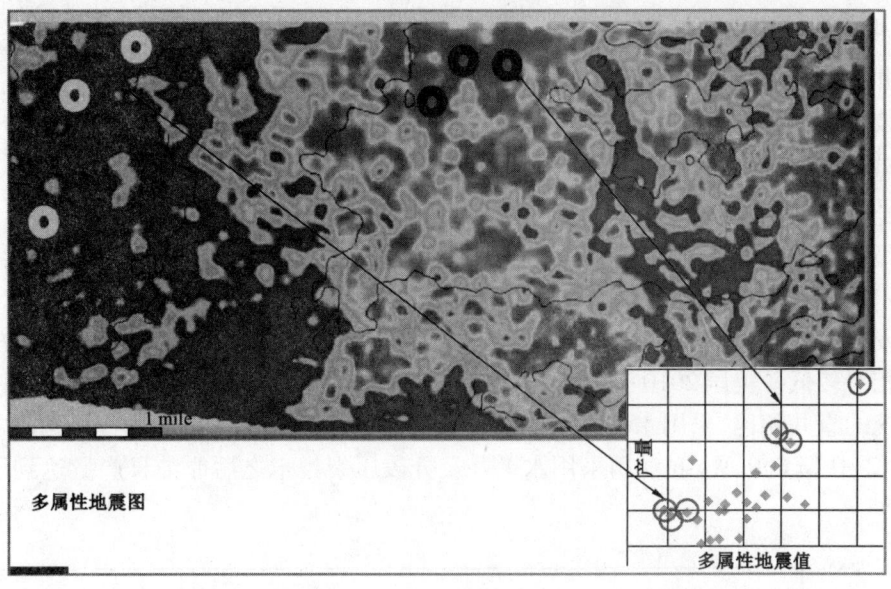

图10　气藏描述与多属性地震图集成寻找"甜点"

钻头用量和起下钻次数及时间,甚至简化井身结构,从而大幅缩短钻井周期,降低钻井成本,备受石油公司青睐。例如,在鹰滩页岩气产区的一口大约4527m深的水平井中,应用高造斜率旋转导向钻井系统和为页岩层定制的PDC钻头,"一趟钻"完成进尺3277.8m(直井段+斜井段+水平段),平均机械钻速为16.76m/h,钻井用时8d,比邻井节省4d时间(图11)。

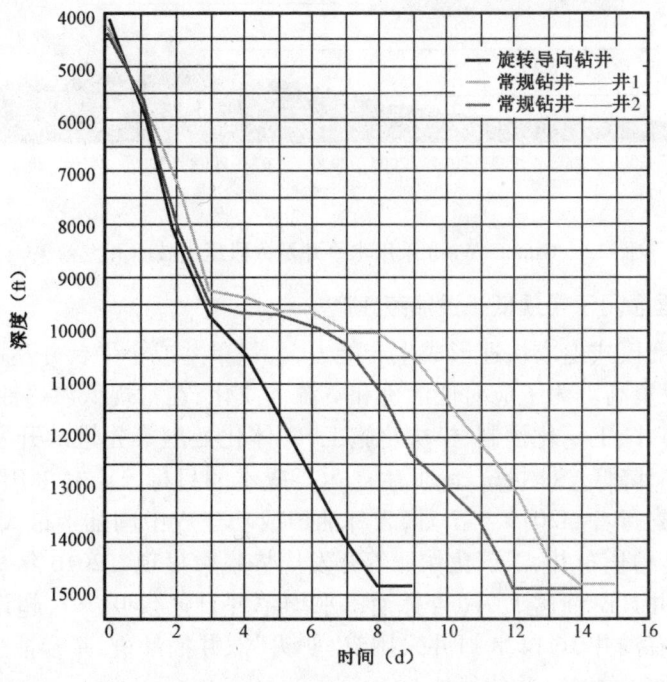

图11　鹰滩页岩气井"一趟钻"

3. 深化非常规技术常规化

水平井和水力压裂虽然已经成熟应用了几十年,但是近年来在开发非常规油气过程中取得了多项技术进步,例如长水平井钻井技术、薄油层水平井精确布井技术、水平井分段压裂技术、工厂化作业理念等,一旦这些技术或理念用于常规油气开发,效果惊人。

1) 水平井分段压裂技术用于常规油气开发

一个最具说服力的例子就是水平井分段压裂技术用于常规油气开发。近年来,水平井分段压裂技术被越来越多地用于常规老油田的开发,取得了非常好的效果。这些技术用于常规油气田开发时,水平段相对较短,压裂段数相对较少,压裂液和支撑剂用量也相对较少,因此,单井成本相对较低。美国 2010—2015 年共钻水平井 45744 口,其中约 45% 是在常规油气藏钻的。与传统的直井相比,采用水平井及分段压裂等非常规技术之后,平均产量可以提高 60%以上。图 12 中 Granite Wash 油田采用水平井及分段压裂技术之后原油日产量达到了 10 年前的 10 倍。

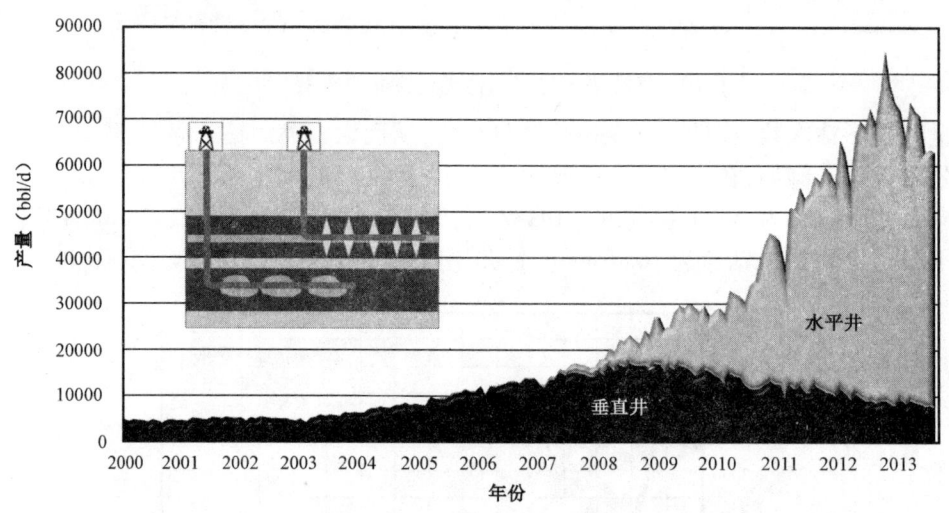

图 12 Granite Wash 采用水平井及分段压裂技术开发效果

2) 工厂化作业理念用于常规低渗透油藏建产

常规老油田建产模式追求快速形成生产能力,大量单井或小平台井丛占地多,地面流程简化有限,产能建设投资高。为了应对低油价和资源劣质化,在常规低渗透油藏借鉴非常规开发理念,采取集约化布井、工厂化预制、模块化施工、一体化处理等先进的开发方式,实现提高单井产量、提高采收率、降低产能投资、降低生产运行成本的目标。吉林油田就是应用非常规理念开发常规油气的先行者。2015 年 7 月,吉林油田成功建成中国陆上最大注采平台——新立Ⅲ区块北大平台,集约化布井、工厂化作业等开发优势集中显现。2016 年 9 月,投产近 1 个月的 3 号采油平台单井日产油达 1.7t(吉林油田平均单井日产仅 0.7t),超设计产能 0.2t/d。3 号陆上采油平台共有油井 16 口,8 口井采用双"驴头"双井抽油机,一台抽油机带动两口油井,较单井单抽节能 30%~40%,节约征地 5920m^3。

4. 重视高精尖技术

从中长期来看,高精尖技术将会推动油气工业持续向前迈进。代表性技术包括随钻地震前探、无钻机钻探、纳米智能驱油、大规模悬浮床加氢工艺、天然气直接转化等技术。

1) 无钻机钻探技术

在钻井领域,无钻机钻探技术是一种依靠钻探器自重钻入地层,实时获取地层资源信息的新技术。这项技术的主要特点是:不用钻机,不用钻井液、套管和水泥,不用钻杆,不用大量的燃料,不用大量的人工,为复杂地表条件下的资源探测提供革命性技术手段,有望大幅降低勘探钻井的成本和风险。

2) 纳米智能驱油技术

在油田开发领域,高含水油田提高采收率技术正在向精细化、智能化方向发展,以纳米技术为核心的四次采油技术通过纳米等新材料的应用,为油气田开发提供了新途径。纳米智能驱油剂具有尺寸小(纳米级)、强憎水强亲油、聚并分散油的特性,可以随着注入水进入油藏任意角落,实现全油藏残余油波及与驱替。该技术的应用有望使低渗透油藏采收率由2016年的20%提高到80%,中高渗透油藏的采收率由40%~60%提高到90%以上,并有望最终实现剩余可采储量全部采出(图13)。

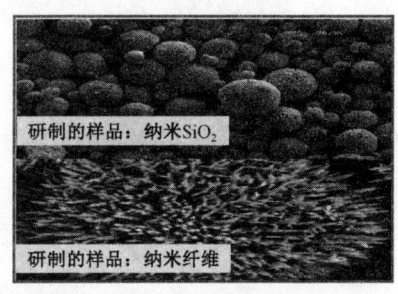

图13 纳米智能驱油剂

3) 大规模悬浮床加氢工艺

在炼油领域,大规模悬浮床加氢工艺非常值得关注。该技术原料适应性广,可用于加工金属含量与残炭值高的劣质原料,转化率可高达95%以上,产品以中间馏分油为主,对石油资源的经济效益和环境效益有重大影响。近期,世界上第一套百万吨级以上减压渣油悬浮床加氢裂化装置(EST)在意大利成功投产,每桶原料油毛利可提高3~5美元,是重油加工技术发展史上新的里程碑(图14)。

 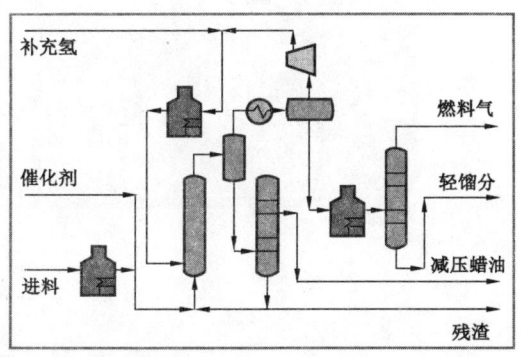

图14 大规模悬浮床加氢工艺

4) 天然气直接转化技术

在化工领域,天然气直接转化技术可不经甲醇合成路线,直接将天然气转化为烯烃、芳烃等产品。实验室研究,天然气直接转化生产乙烯技术预计成本较甲醇工艺低40%。甲烷氧化偶联(OCM)制乙烯和甲烷无氧催化转化制乙烯,将极大降低生产乙烯的原料成本。

5. 发展智能技术

智能技术能够通过优化决策和提高员工生产力增加油气公司的资产价值。从中长期来看,智能技术是最具降本增效潜力的一类技术。智能化将成为未来油气工业持续降本增效的有效途径、核心技术和必由之路,预计2020—2030年,油气管道、炼油、油气田开发、钻井等行业将陆续进入智能化时代(图15)。借助智能钻井技术,超长水平井有望实现二开"一趟钻",垂深3000m、水平段长5000~10000m的水平井平均钻头用量有望减少到1.3~2.3只,钻井周期有望缩减至4~7d。智能油田有望将原油采收率最高提高6个百分点,产量最高提高8个百分点,并有效降低运营成本和减少资本支出。通过智能炼厂,先进控制投用率达90%以上,生产数据自动采集率达95%以上,劳动生产率提高10%以上,重点环境排放点实现100%实施监控与分析预警。智能管道以管道本体及周边环境的全生命周期数据为基础,将物联网、云计算、大数据分析、自动化与智能控制与管道本体高度集成,实现管道全生命周期管理。智能管道将能够监测和控制管道所有设备的状态,完全实现自动化以及上游、管输和用户间的优化平衡。

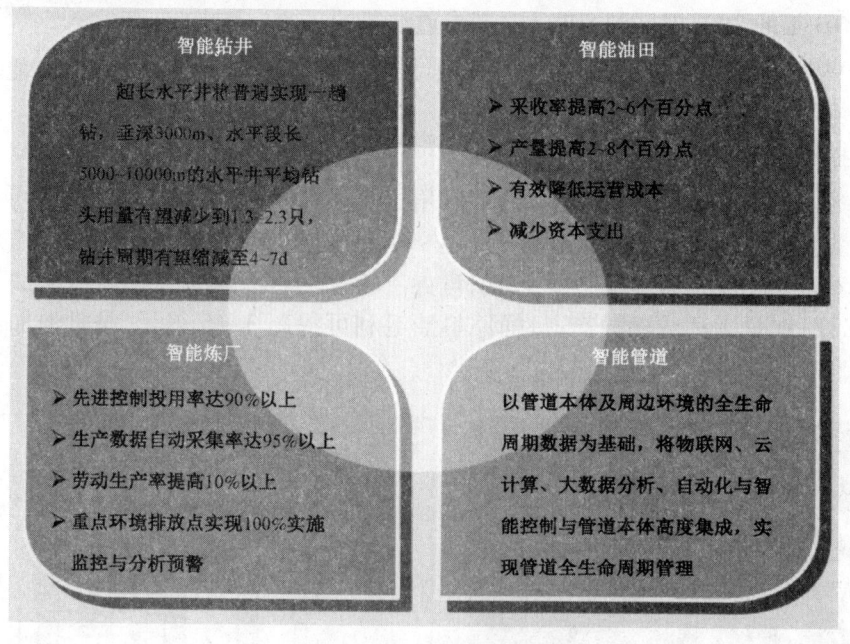

图15 智能技术

(三)国内外油气技术展望

未来20~30年,化石能源在能源消费中的主导地位不会改变,虽然新能源技术快速发展会给油气行业带来一定的影响和挑战,但油气资源仍是能源消费的主体。智能技术、高新技术在油气行业的应用将助推全球油气资源勘探、开发与利用迈上提速、提效、清洁化发展的新台阶。

1. 提高采收率技术创新发展将为老油田带来新生机

EOR 技术与新材料、新能源等技术不断集成、创新、融合,在残油区开发和老油田挖潜方面极具发展潜力,预计到 2030 年,提高采收率技术贡献的产量将达到 $(500 \sim 700) \times 10^4$ bbl/d,老油田平均采收率有望达到 55% 以上(图 16)。新一代 CO_2 – EOR 技术将会在老油田深部、老油田外围的残余油挖潜中发挥重要作用;以纳米智能驱油为代表的四次采油技术有望使低渗透油藏采收率提高到 80%;稠油就地改质和太阳能稠油热采技术在大幅提高稠油开开采效率的同时,可以大幅降低能耗,使得稠油开采向着更加清洁、环保、可持续的方向发展。

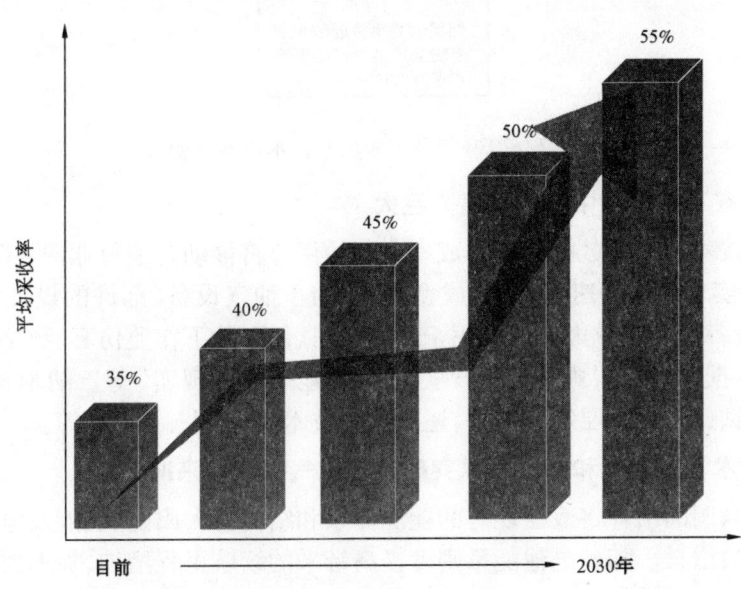

图 16　2030 年 EOR 目标展望

2. 技术进步推动油气行业不断开拓新区、新领域

未来油气技术进步还将带来两个方面的重大影响:一方面,技术进步将推动非常规油气资源常规化,非常规天然气将率先实现常规化,到 2030 年,美国、中国、加拿大、澳大利亚等国的非常规天然气产量占比将达到 50% 以上;另一方面,技术进步还将推动油气勘探开发不断向更深、更远、更难的领域拓展(图 17)。更深——深水油气开发水深将突破 5000m,深层页岩气开发将成功突破 4000m 埋深,常规油气开发将有效突破 1.2×10^4m 超深层。更远——以前油气开发是从陆上向海上,未来将向更遥远的极地油气进军。此外,远程监控的距离也越来越远。更难——未来天然气水合物、油页岩等难开采资源将逐步实现技术经济有效开发。技术进步在推动油气勘探开发向着更深、更远、更难进军的同时,还会实现更长、更快、更省。平均水平段长度有望达到 5000m 以上,平均钻完井周期将缩短一半以上,钻完井成本大幅降低,现场人员将越来越少。

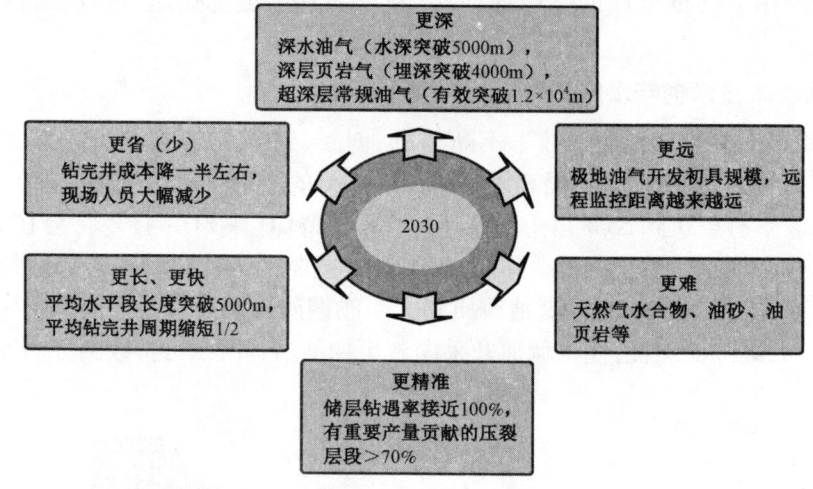

图 17　2030 年油气领域和技术指标展望

3. 高新技术在石油工业中的应用潜力巨大

大数据分析技术在海量数据处理和成本方面的优势将推动石油行业向着降本增效进一步发展。3D 打印可实现产品快速、一体化成型制造，用于油气设备、部件的设计和生产，将大幅提高效率、增强设备性能等。虚拟现实用于地震资料解释、井下作业仿真、数字油田、海洋勘探等，结合油气大数据，将实现"虚拟地质现实""虚拟地球物理现实"等。纳米材料用于油藏监测、提高采收率、钻井工具涂层等。此外，还有仿生技术、机器人、新材料等。

4. 新能源技术创新加速和储能技术突破将对油气行业带来冲击

新能源与互联网的结合将改变现有的能源体系和结构。太阳能、风能发电成本快速下降，装机容量将呈指数增长。随着电池能量密度提高带来的续航里程增加，加上成本下降，全球新能源汽车需求量有望呈指数上升。储能技术呈现爆发性增长态势，在未来 10～15 年有望取得重大突破，影响未来能源格局。

二、国外油气田经营绩效对标管理的实践与借鉴

油气田经营绩效对标是国外石油公司、咨询服务公司等改进管理和业绩的常用方法,并形成了成套的方法体系。通过对油田经营中的多种因素进行分析,对国内外油田绩效进行对标,能够进一步了解国内外油田经营间的差异。埃克森美孚、BP等油公司以及麦肯锡(Mckinsey)、所罗门(Solomon)–ZIFF等众多咨询公司都广泛采用了类比法进行对标,将国际上的类似油气田相关参数放在一起进行横向对比分析,找出油田经营中的短板,再进一步剖析原因,因地制宜地提出对策,推进实施。在低油价情况下,国际石油公司更加重视经营绩效对标管理,努力挖掘降本增效潜力。

近年来,中国石油集团经济技术研究院十分重视国内外对标分析方法的应用,参与承担了中国石油多项业务的国际对标任务,积累了一些资料数据,并与所罗门–ZIFF等专门从事石油石化行业对标咨询的国际公司进行交流合作。总体来看,国内石油石化企业开展的对标方法普遍相对简单,与国外指标的差异性较大,数据来源主要依靠公开获取的年报等综合性指标,使得对标工作难以深化、细化,其功能作用有所淡化。为此,特将国外油气田经营绩效对标管理的有关情况整理成专题研究报告,希望能在中国石油全面推进开源节流、降本增效工作中起到参考借鉴作用。

(一)油气田经营绩效对标的方法体系

1. 对标目的

通过对比分析油田案例库和操作成本数据库的各项数据,识别能够减少停产时间、提高可靠性、节约成本、提高产量的因素,确定最佳实践和行业平均水平,分析差距,设定可实现和可量化的成本节约和运营效率目标,制订改进措施,最终实现增加产量、降低成本的目的。同时,对标分析也可以用于推动资产的战略规划和项目管理,实现高附加值的资产并购(剥离)(图1)。

	目标	实现方法
成本降低	·降低采购成本	专家
	·优化产量	专家
	·优化资源配置	专家
	·优化售后服务	专家
	·降低间接营业成本	对标
	·优化信息技术	专家
	·降低产品复杂性	分析
	·降低产品成本	对标
现金流和资金优化	·减少营运资金	对标
	·优化资本支出	对标

图1 油气田降低成本的主要途径

2. 对标步骤

常规的油气田运营绩效对标有以下5个步骤：

第一步，分析现状。对油气田在生产、安全、经营、管理、科技创新、人力资源、节能环保、企业文化等方面进行全面分析。

第二步，选定标杆。选择资源类型相同、发展历史相似、对标项目上存在差距但又有可比性和科学性的油气田为标杆，选出关键对标指标，并确定最优值作为指标参照系和对标基础依据。

第三步，制订方案和措施。按照对标计划，选择关键指标进行对比，以指标差距为基础，找出存在的问题和不足，制订切实可行的整改路径和措施，设定时间节点，改善技术和管理方式。

第四步，组织实施。紧紧围绕对标整改路径和措施等管理工作部署推进，定期指导、监督和检查，确保实现对标工作目标。

第五步，改进提升。进一步寻找改进中的对标差距，发现差异原因，针对存在的问题实施改进革新方案，用于生产经营管理实际，缩小与标杆单位的差距，不断提升企业管理水平。

3. 对标方式

多数石油公司自行开展的对标分析，主要依靠公开发表的数据或资料，做一些综合性分析，而咨询公司则可以提供更加全面、细致、专业的对标服务。这类咨询公司普遍建有自己的数据库及指标评价、分析方法体系，并采取"内部加盟式"的服务方式，只有加盟并愿意提供必要数据资料的企业或油气田，才能获得其他同类企业或油气田的数据资料，享受对标咨询服务。咨询公司选取地区、地层等具体条件相同的标杆油气田，按照指标评价结果，确定先进值、平均值标杆。在提供对标咨询服务时，十分重视数据的保密性，对所有标杆企业或油气田实行匿名制管理。

（二）油气田经营绩效对标的关键环节

借鉴所罗门-ZIFF公司的对标方法，在开展油气田经营绩效对标分析时，需要重点把握好以下关键环节。

1. 按照资产关键要素进行油气田对标分类

每个油气田都有不同的特点，很难找到两个完全一样的油气田，差别主要体现在资产类型、井型、生产技术、产量构成、举升方法、生产设备等方面（图2）。因此，对标时应首先按照资产类型进行分类。主要油气田类型见表1。

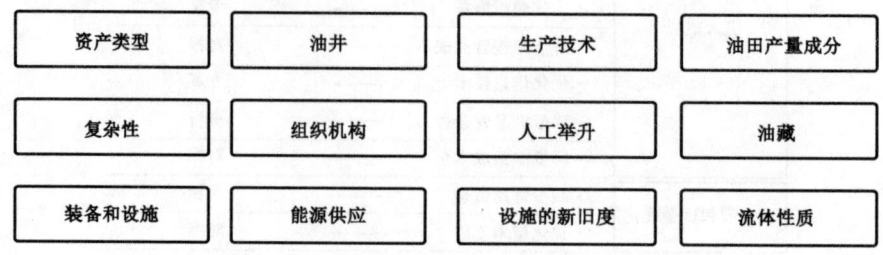

图2　各油田的共同参数情况

表1 主要油气田类型

油田类型	气田类型
一次采油	高产低硫气
二次采油	低产低硫气
三次采油	酸性气
稠油/热采	大型气田(Big Gas)

进一步将油气田按照15个资产特征进行分析,通过对比产层、埋深、压力、生产方法、技术、油品、成熟度、H_2S含量等不同参数,可以找到相类似的油田进行对标。

2. 提升油气田经营绩效的途径分析

确定相似油气田后,需要对可控的成本参数进行分析。一般将提升油气田经营绩效的决定因素归结为成本优化和提高生产可靠性两个方面,既需要通过降低运营成本(OPEX)实现年度成本节约,增加现金流;也需要提高生产可靠性,降低事故率,增加销售量,减少资本支出(CAPEX)(图3)。

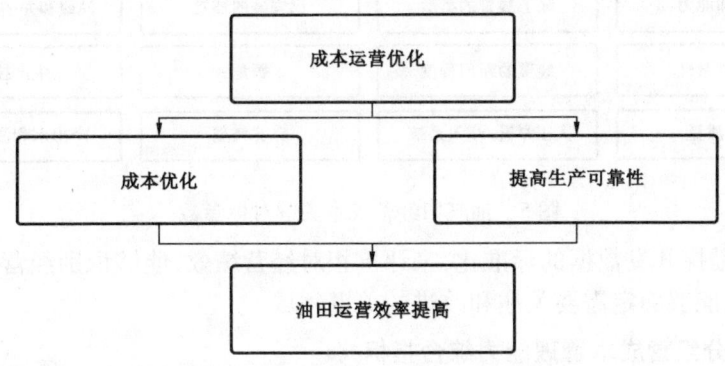

图3 提高油田运营绩效的路径

在成本效益方面,需要重点分析油气田操作成本、维护成本和复杂度、人工成本、运输成本、能耗等;在生产性能方面,重点分析生产效率、可靠性、计划外停产时间等;在技术性能方面,重点分析能量指数、员工指数、维护与管理等。各方面有多个参数支持,参数中也可能涉及某些油气田地面和地下维护、劳工和压缩作业等特殊成本问题。

在确定对标路径之后,需要落实油气田基础数据,包含经营成本信息、年营业额、日产量以及井、油藏等各方面的生产数据(图4)。

3. 油气田经营成本关键对标参数设置

多个油气田具体参数需要标准化后进行统一对比,其中比较关键的是确定油气田生产中的各种关键参数(图5),如油气田相关配置和能力、陆上装置的类型、油藏和井的生产动态、维护复杂性、装置的新旧程度、主要生产技术、人工举升/注入系统、完井类型、产出水和注入参数等相关数据,以上数据都是影响油气田正常生产成本的重要指标。

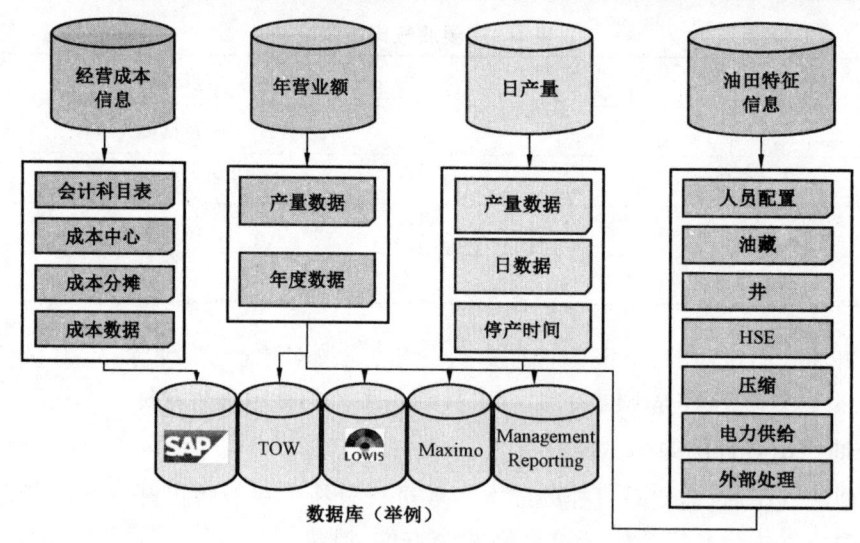

图 4 开展对标需要收集的数据

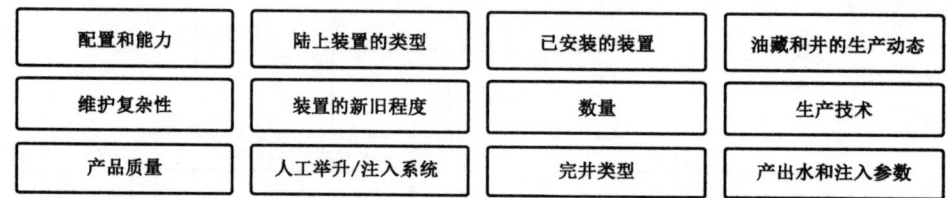

图 5 油气田经营成本关键对标参数

通过对各种勘探开发数据的标准化,来评价相对经营绩效,能够识别经营绩效高低的驱动力和影响因素,也能够确定需要关注和改进的关键领域。

4. 油气田部分经营成本管理能力综合指标

目前,在以类比为主的经营成本对标中,单位操作成本是一个关键指标,将决定此类资产未来如何处理。

另外,对标中仍需要一些综合指标来判断油气田成本管理水平的高低,如进行竞争力分析时,可以考虑油气田服务能力、地面大修和维护能力、化学品处理能力、人工结构及作业能力和油气田行政管理费用等能力指标(表2)。在多种因素的共同影响下,操作成本的高低也体现了油气田管理水平的高低,通过对标找到、找准差距和进一步提升的空间。

表2 部分经营成本管理能力综合指标

竞争力的主要方面	对应的效率分析及指标
油井服务	油井服务分析
地面大修和维护	维修效率指数
化学品	化学品分析
人工	员工效率指数
油田行政管理费用	油田行政费用分析

(三)油气田经营绩效对标的案例及效果

1. 麦肯锡公司的海洋油气经营对标案例

世界著名的管理咨询公司——麦肯锡公司,多年来沿用了经营绩效对标的方法来为油气公司提供服务。比如,其海上经营对标体系(Offshore Operations Benchmark,OOB),就利用20家公司共200个油气田的数据库,进行各种绩效对标,能够显现各方面的成本水平及降本增效空间。

在海上油气田经营可靠性和完整性分析中,将海上维护成本、计划内/计划外维护对比、单位资产总维护时间、单位维护成本指数、未完成工作量、生产维护进度符合率等参数与行业的平均值进行对比(图6)。从中可以看出,该油气田经营绩效在行业内的水平和进一步提升的空间。

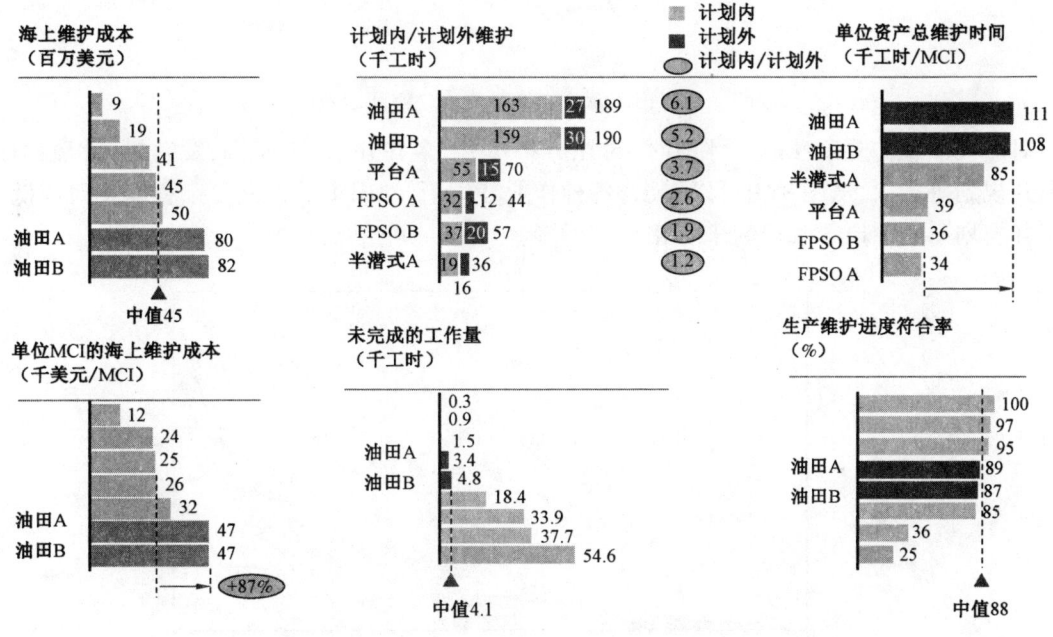

图6 某公司海上油气田经营的可靠性与完整性对比

资料来源:麦肯锡公司报告,2015年1月

如图6所示,油田A和油田B在海上维护成本、计划内/外维护、单位资产总维护时间等方面明显优于相类似项目,未完成的工作量较少,生产维护进度符合率基本上与行业平均水平相当。

2. 所罗门-ZIFF公司的上游绩效对标案例

所罗门-ZIFF公司积累了近200个上游油气经营案例,在上游经营绩效对标中形成了各种指标和体系。

如图7所示,通过对油气田经营相关的各方面对比可以发现,该油气田在能耗、化学品、地面维修维护的成本等方面,进一步优化的空间较大。国外油气田经营过程中,当含水率达到85%以上时,管理的重点由低含水率的油转向水管理,其经营成本反而会降低。

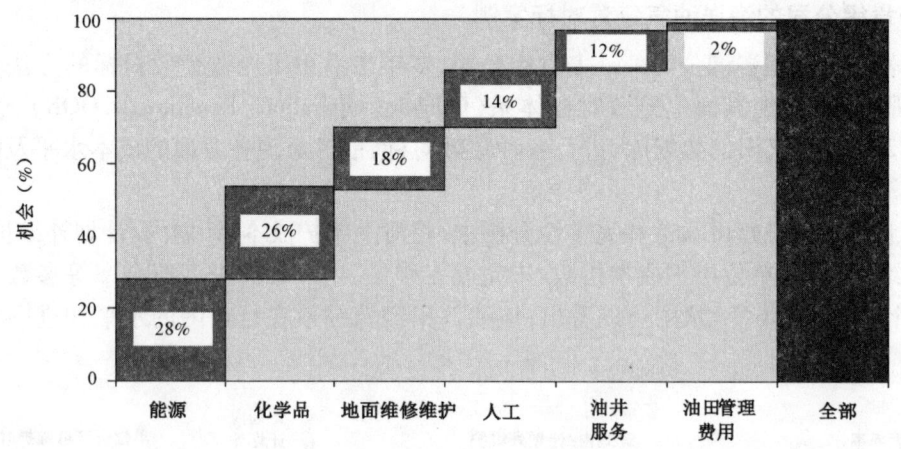

图7 油气田运营成本进一步优化空间示意图

对油气田维护复杂性进行评估时,对比分析单井、多井井组、压缩机、发动机、含硫(H_2S)和布井规划等方面,从图8中可以看出,各种作业环境下,油田1的作业复杂程度相对较低,多井布井规划下的油田3维护起来要相对难得多。

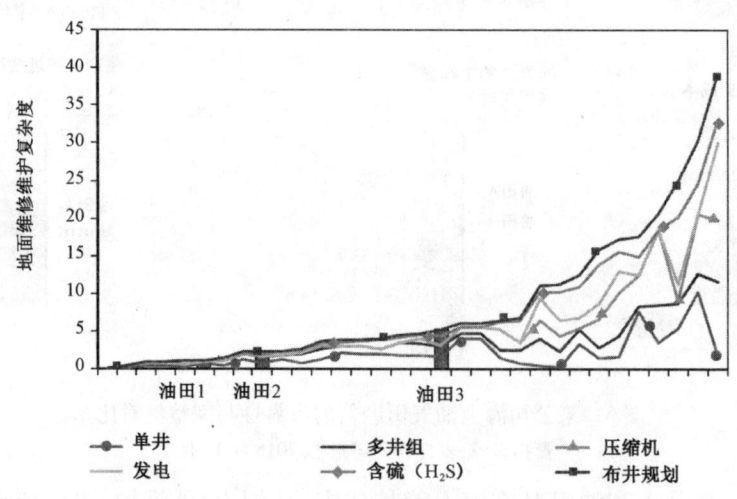

图8 油气田地面维修维护复杂性对标

在生产可靠性评估方面,主要考虑停产事件以及关键运行指标情况,其中停产事件可以通过日产量下降来识别。一旦事件发生,运行效率、计划外运行效率、停产事件平均间隔时间、平均复产时间、生产可靠性指数等都有所变化,这样通过同类油气田的相同参数进行对比,来识别事件是否可以避免以及快速复产能力。

2014年非计划损失的产量占10.21%,计划内损失为0.3%,额外损失为5.7%,全部损失为 16.1%。计划和非技术性的停产时间为 101d,平均 15d 停产一次。平均间接事故时间为 10.2d,3d 就能恢复生产,生产可靠性指数为 2.6。由表 3 可见,导致停产的各因素中有 20% 来自气举系统设计,9% 来自压缩机失效,排名前五的因素导致的产量损失占产量总损失的 66%。

表3　2014 年产量损失原因分析

2014 年产量损失原因	占比(%)
气举系统设计	20
关井	19
不明原因损失	9
低举升气压	9
压缩机失效	9
排名前五的原因	66

油气田可靠性方面,通过停产事件平均间隔时间和平均恢复时间两个参数,以及前后两者的比值来显示油气田可靠性指数,值越高表明停产事故越少,而且恢复生产越快;反之,则表示停产事件多且恢复生产缓慢。图 9 中油田 1 比油田 2 的可靠性要高,油田 1 事故少,事故发生间隔时间长,而油田 2 的恢复能力较强,比油田 1 恢复生产的时间要短。

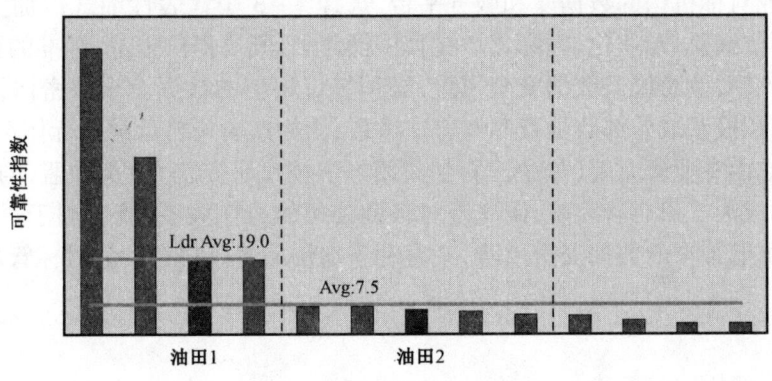

图9　油田可靠性对比分析

(四)油气田经营绩效对标分析研究的认识与启示

自 20 世纪末以来,中国石油企业在实施"走出去"战略、增强国际竞争力的实践中,引入了与国外同行业公司对标的理念和方法,后来陆续延伸到各专业管理领域,取得了一定的效果。在当前持续低油价的大背景下,有必要深化学习借鉴国外对标管理的成功做法和经验,为进一步改善上游业务经营绩效状况提供决策支撑。

(1)摒弃"不可比"的思想,积极推广应用对标管理,找准上游业务降本增效的突破点和着力点。

在开展国内外对标分析过程中,往往容易出现国内外"不可比"的思想认识,把国内的问题和矛盾简单地归结到体制机制上,淡化了科学管理的作用。应当看到,相对于国外公司严谨的运营管理,国内企业的"跑冒滴漏"现象还比较普遍,过去的高油价掩盖了管理粗放、综合成本高的矛盾。可以通过绩效对标分析和量化评价,参照国内外优秀的标杆企业,找出影响成本和效率的主要因素以及各方面与标杆企业的差距,有针对性地学习和借鉴,以科学的方法和策略推动开源节流、降本增效工作。

（2）建立油气田最佳实践案例库,完善上游经营绩效对标指标和方法体系。

从国外的情况来看,通过与标杆企业的对标分析,并采取切实有效的改进措施,运营可靠性能够得到有效提高,经营成本至少可节约5%~15%。首先,应建立完善包含不同资源类型的国内外油气田案例库,收集整理各油气田的资源特征、开发历程、关键技术、经济性、降本增效经验等相关详细信息;其次,应建立完善一套实用的上游对标方法和关键指标体系,突出科学性、实用性、可比性;最后,可选出1~2个典型油气田开展经营绩效对标分析,着力找出在经营成本、生产稳定性等方面与标杆油气田的差距,提出并采取切实可行的改进方案,摸索积累经验,逐步推而广之。

（3）借助国外咨询机构的对标数据库和服务平台,选择性加盟合作,推进油气田经营绩效对标的深化和细化工作。

鉴于对标分析需要有大量的数据资料,而国内企业自行开展对标工作主要依靠公开获取的年报等综合性数据,且指标存在着一定的差异性,不利于发挥对标管理的作用。因此,可考虑借助国外专业对标机构的数据库和服务平台,选择2~3个代表性油气田加盟合作,以推进对标工作的深化、细化、专业化、国际化。在具体操作上,既要提供规范、标准的数据,保证对标结果真实有效,又要注意规避数据安全风险,必须签订相应的数据安全保密协议。同时,借助加盟对标活动,积极获取外部数据资源和方法体系,为构建公司自己的对标体系和案例库奠定基础。可以考虑由专业研究院(如中国石油集团经济技术研究院)牵头加盟,与对标油气田组成联合团队,形成油气田对研究院、研究院对咨询公司的合作关系,既有利于避免因咨询公司直接对油气田可能带来的数据安全风险,又有利于加快培养公司自己的对标管理和专家团队。

三、大数据在油气行业应用新进展

（一）油气行业大数据关键技术

1. 大数据时代正向我们走来

随着大自然数据化过程的不断拓展，数据正在迅猛增长，以前不能计算的东西在逐渐量化，不能表征的时间或图像已完全可以数字化。当今世界，人类对信息高度依赖，数据量单位已不能用 GB 或 TB 来衡量，而是向着 PB、EB、ZB 级别发展（图1）。据中国知网大数据研究文献数量统计，自 2012 年起，关于大数据的研究文献开始快速增加，2015 年之后，大数据研究文献的增长速度进一步加快（图2）。据预测，到 2020 年，全球数量将达到 35ZB，相当于 2010 年的 30 倍。

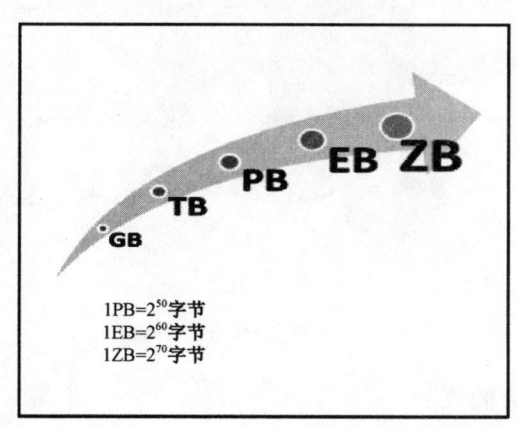

图1　数据量单位增势图

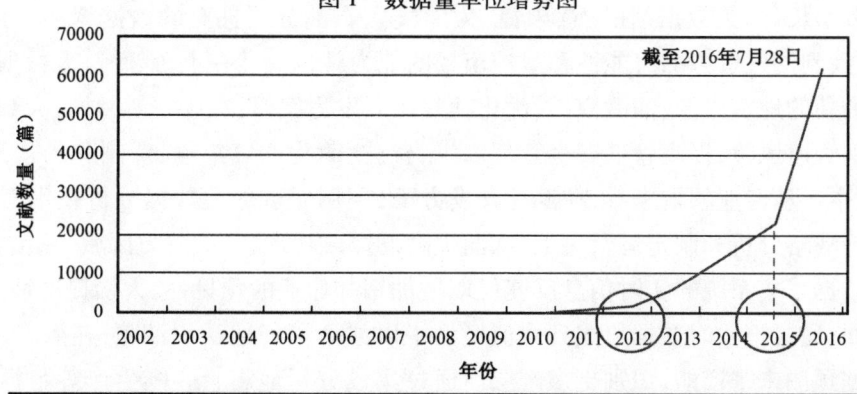

图2　中国知网大数据研究文献数量统计

2. 大数据分析的目的是创造价值

在"大数据时代",数据成为一种新的经济资产和价值创造形式,大数据技术不仅在于掌握庞大的数据信息,还需利用先进的计算机分析技术,对这些含有意义的数据进行专业化处理,实现这些数据的价值。业界通常用"4V"来概括大数据的特征。随着计算机技术的不断发展,大数据的认识不断提高,当前大数据的特点不再局限于"4V",在此总结了大数据的"6V"特点(图3),即数据量巨大(Volume)、数据种类多样(Variety)、数据处理分析速度快(Velocity)、数据处理过程中的可变性(Variability)、数据处理过程中的精确性(Veracity),最终实现大数据分析的低价值密度(Value)。

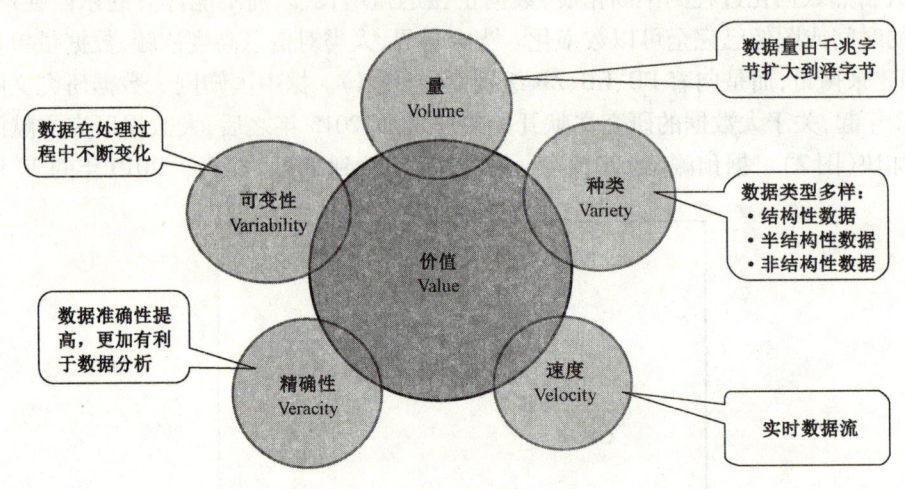

图3 大数据的"6V"特点

3. "大数据"意味着"大油气"

在油气行业,对油气资源的认识和掌握主要通过大量、广泛、多种多样的数据来实现,而且数据量呈指数增长。"大数据"往往意味着"大油气",石油公司拥有的数据越多,对数据挖掘利用得越好,找到油气资源的可能性和掌控市场的能力就越大。在上游领域,大数据分析技术有力支撑了最新的地震成像、油藏模拟、优化油气田开发方案等;在中下游领域,大数据分析技术可用于识别管道风险,提高管道安全管理水平,优化/简化油气集输、炼制和销售流程,提高效率,降低成本。从专业领域来看,在勘探开发方面,利用先进的大数据分析技术有助于管理者和专家进行战略分析和制定运营决策,从而提高勘探成功率,获取潜力区域;在钻完井方面,通过监控和数据采集系统的实时信息反馈可以增加钻井作业的预见性,大幅提高钻进效率;在油藏开发方面,通过把实时数据集成到数值模型中以便于更好地认识油藏;在生产运营方面,利用历史数据预测未来产能,识别更多产层。通过集成分析地震、钻井、生产等数据进一步提高采收率(图4)。

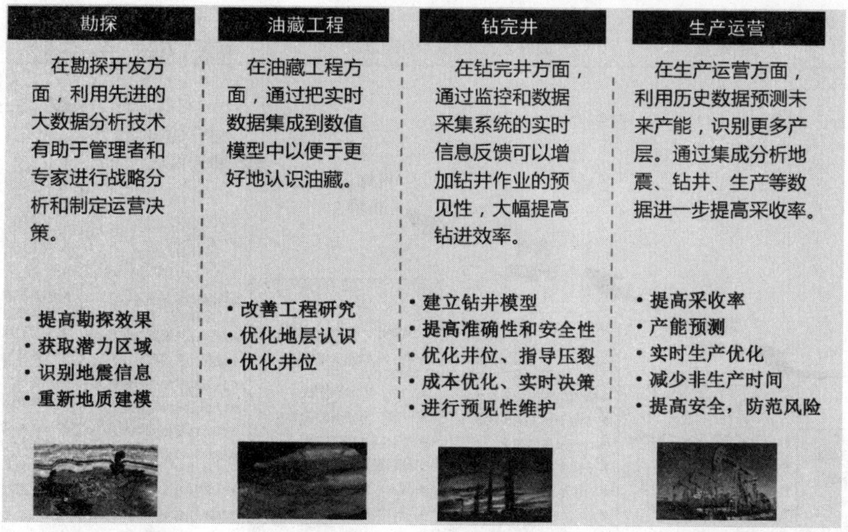

勘探	油藏工程	钻完井	生产运营
在勘探开发方面，利用先进的大数据分析技术有助于管理者和专家进行战略分析和制定运营决策。	在油藏工程方面，通过把实时数据集成到数值模型中以便于更好地认识油藏。	在钻完井方面，通过监控和数据采集系统的实时信息反馈可以增加钻井作业的预见性，大幅提高钻进效率。	在生产运营方面，利用历史数据预测未来产能，识别更多产层。通过集成分析地震、钻井、生产等数据进一步提高采收率。
・提高勘探效果 ・获取潜力区域 ・识别地震信息 ・重新地质建模	・改善工程研究 ・优化地层认识 ・优化井位	・建立钻井模型 ・提高准确性和安全性 ・优化井位、指导压裂 ・成本优化、实时决策 ・进行预见性维护	・提高采收率 ・产能预测 ・实时生产优化 ・减少非生产时间 ・提高安全，防范风险

图4　大数据分析在油气勘探开发各个环节的应用

（二）油气行业大数据技术应用进展

尽管能源行业大数据应用处于初步发展阶段，但已有众多企业在此领域进行积极探索。近两年，大数据也成为油气行业追求的主流技术之一，利用大数据分析技术获取更有价值的、更翔实的油气信息。随着勘探开发领域从常规向非常规、从陆上向海上的转移，人们对油气资源的认识和掌握越来越依赖信息技术手段。

1. 大数据技术推动油气地球物理勘探技术快速发展

油气地球物理勘探由数据采集、数据处理和数据分析解释三部分组成。通过数据反映地质结构、地层变化，通过数据为油气勘探开发提供依据。大数据已经成为物探高新技术实施的重要载体，物探技术的综合研究成果蕴含在海量数据之中。利用大数据技术帮助地震成像团队模拟、处理、预测储层的情况，更清楚地看到地球表面下的结构，显著减少地震数据处理所需的时间，也能够在开钻前进行更细致的地质建模。石油物探技术的发展历程表明，地球物理技术的进步离不开计算机技术的快速发展：地震数据处理与成像离不开高性能的计算机技术，全波场反演与成像、矢量地震数据处理离不开大数据分析技术，利用地球物理数据为油田全周期提供服务，离不开多学科协同的一体化平台。随着宽方位、宽频带、高密度采集技术的进一步发展，充分发挥大数据价值，建立多学科协同一体化平台，为油田全周期技术服务提供信息支撑（图5）。

2. 大数据分析技术在地震数据处理与解释领域发展迅速

在数据处理方面，多家公司建立了海量数据处理中心。劳伦斯利弗莫尔实验室（Lawrence Livermore National Laboratory）利用目前流行的Hadoop大数据分析开源框架，进行地震数据处理测试。测试结果显示，采用Hadoop框架进行数据处理，比常规硬件环境大幅缩短了时间，99%的数据处理时间从30h缩短到45min（图6）。

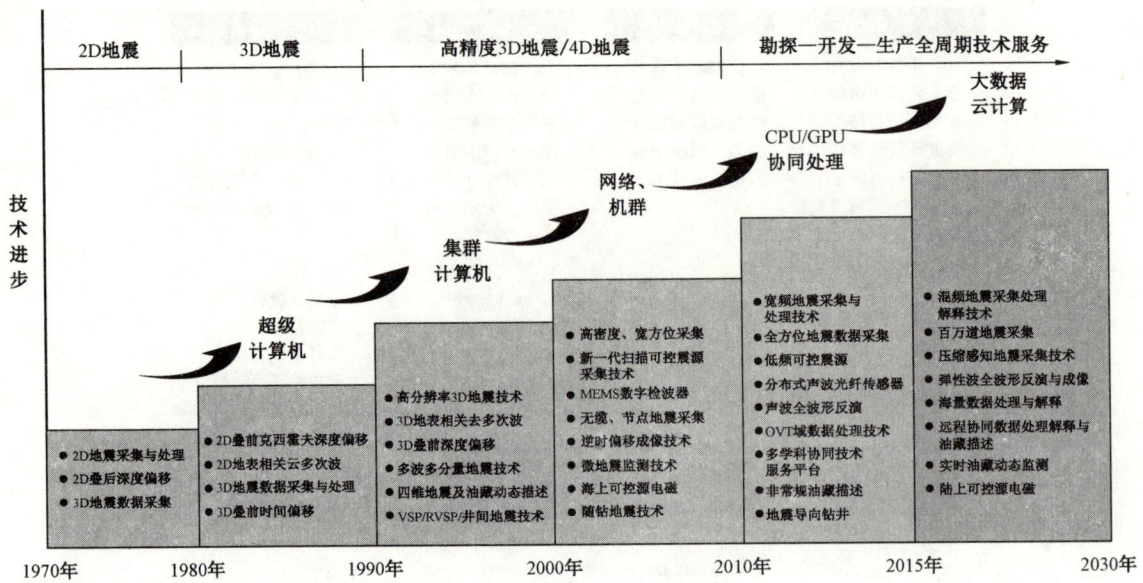

图5 地球物理技术发展历程

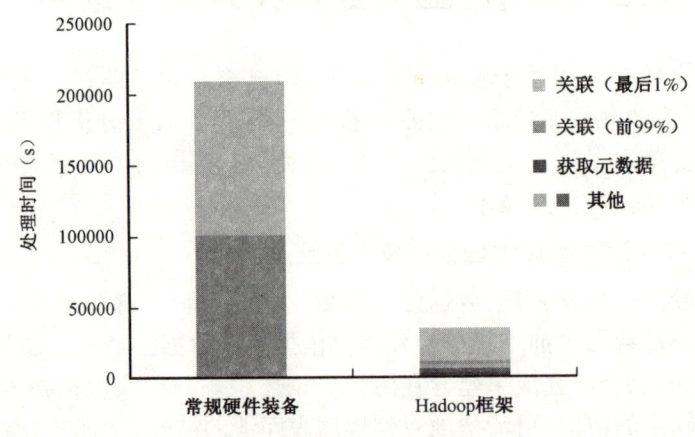

图6 地震数据处理时间对比

在地震数据解释方面，地震属性包含的大量信息构成了"大数据"，如何快速有效进行地震属性分析成为地震解释的一大挑战。Geophysical Insights 公司建立了一个大数据分析解释流程，采用机器学习方法解决大数据问题，用这个方法对18个地震属性进行了SOM分析，解释结果用2D彩图显示神经单元，清晰描述地质特征。

3. 大数据分析技术优化油田开发效果显著

油气开发分析流程复杂，环节众多，数据量巨大，优化其中一个小的环节，就可以产生巨大效益。使用大数据分析的一个最大优势就是全面优化处理整个油气项目，实现油田生产的全面感知、生产量化、决策指导。油气项目得到优化后，能够更有效率地实现油气开采，提升油气开发效率，降低成本。据预测，在油气开发中利用大数据分析技术将增加6%~8%的潜在产能。

某国际大油公司用大数据分析结合先进的传感器和无线网络将现有井的产量提高了

30%,一些油服公司通过大数据分析提升油气开发降本增效效果,在生产中初始产量增加35%,甚至使老井的产量翻倍。

4. 大数据分析技术在井位优选方面取得新进展

利用大数据分析进行油气资源"甜点"识别,优质井数量大增。国外一些石油公司正在大力推广大数据在页岩开发中的应用,利用大数据分析技术优选井位。

EOG 资源公司利用大数据分析技术,优化井位设计,增加优质井数量(表1)。并且 EOG 公司分析了优质井位储备在不同油价下的税后收益率(图7)。

表1 EOG 资源公司井位储备

油气田	净面积(km²)	剩余井位数	优质井位数	资源潜力(10^6 bbl 油当量)
鹰滩	2222	5200	1535	3200
巴肯核心区	486	590	330	620
巴肯非核心区	449	950	695	400
特拉华盆地	1505	4980	1230	2750
DJ 盆地	344	460		210
汾河盆地	255	275	80	190
总计	5261	12500	3200	7000

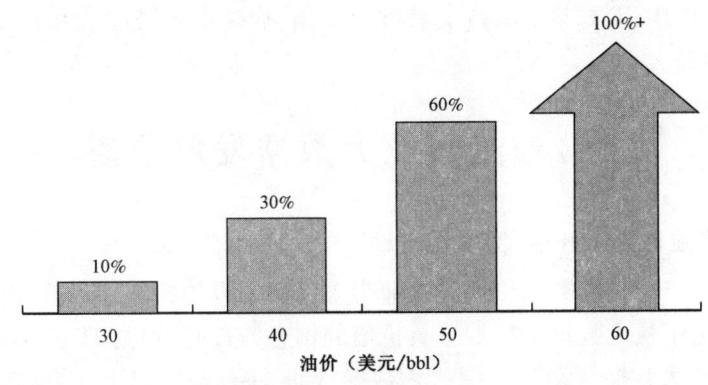

图7 EOG 资源公司优质井位储备在不同油价下的税后收益率

5. 大数据分析技术在指导压裂增产方面成效显著

当前页岩井的压裂设计生产效率非常低,70%的产量来自30%的压裂层段,实现高精准压裂正是大数据分析发挥潜力的一个重要方面。如果应用大数据分析去优化完井和生产措施,可以将生产效率大幅提高,从而降低生产成本。图8给出了水平井分段压裂对产量的影响。

例如,国外某油服公司的 CYPHER® 地震—增产服务是一个建立在与客户协作和信息共享基础上的协同、集成工作流,利用综合的储层信息和数据指导精确布井、高效钻井和压裂设计优化,实现了地质科学、油藏研究、钻井和完井工程协作,可提高单井产量(增加124%),降低桶油成本(40%)。

6. 大数据分析技术正在推动页岩2.0时代的到来

页岩工业与其他行业的不同之处在于它很年轻并且多样化,很多 IT 业的巨头们已经意识

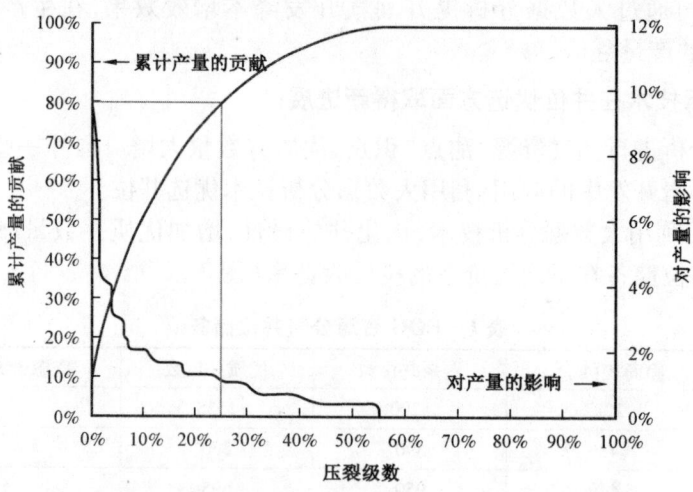

图 8　水平井分段压裂对产量的影响

到了大数据分析在页岩工业中的潜力。大数据分析已开始应用于井位选取,指导页岩钻井,筛选压裂方案等。大数据分析技术通过模型对"甜点"识别、油藏模拟和钻完井进行优化,以及对多个平台的数据集成,建立一个可以互动的地球模型,能够使页岩、致密油气油藏开发价值最大化。大数据的应用,尤其是页岩气大数据的应用,促使产业效率大幅度提高,将进一步影响油气资源开发格局。

(三)油气行业大数据发展展望

1. 国际油气行业已纷纷开展"大数据行动"

石油工业是信息工业,大数据给油气工业带来前所未有的机遇。目前,石油行业大数据研究处于起步阶段,为了从大数据中挖掘更具价值的信息,石油公司与IT公司紧密合作,石油巨头纷纷开展了各种"大数据行动"。这些"大数据行动"主要包括以下几方面的内容:

(1)提出数据驱动油田的理念,组建IT专家、数学物理学家与油气技术专家的大数据分析研究团队,研究剩余油分布。

(2)利用大数据分析技术进行地震数据处理空间建设,大幅缩短地震数据处理与成像时间周期。例如,BP公司开放休斯敦超级计算中心(CHPC),数据处理能力达到2.2PT,即每秒完成2200万亿次计算,大幅缩短了地震数据处理与成像时间周期,一些项目的处理周期将减少一半(图9)。

(3)打造贯穿油田全周期的一体化平台,提升实时数据处理分析能力与数据整合能力。例如,哈里伯顿旗下兰德马克公司利用DecisionSpace®平台优化油气大数据价值,建立贯穿勘探生产全周期的有效的数据处理方法与工作流程,强化全面综合数据整理和远程数据存储。

(4)建立勘探开发一体化研究与作业团队,集中大量数据信息,支持油田生产规划与决策,加大非常规、深水、极地等油气资源的开发力度。

图9　BP公司休斯敦超级计算中心

2. 未来大数据投资还将进一步增长

即使面临目前的低油价，未来 3~5 年，大部分油气企业在云计算方面的投资仍然会维持目前的水平，其中在大数据和工业物联网/自动化方面的投资会有所增长（图10）。

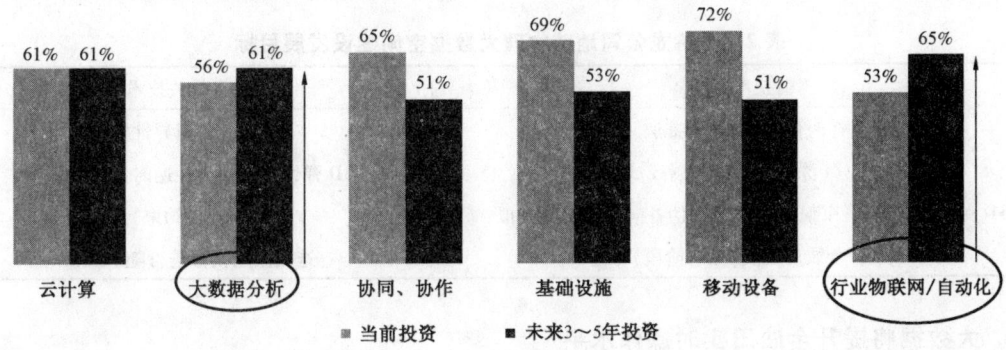

图10　油气企业投资分析

3. 大数据将推动油气行业向智能化发展

随着大数据在物探、钻井、开发等油气行业各个领域的应用，在未来，用物联网技术和大数据技术来实现对数据的采集、储存、分析，从而实现对全油田生产过程的全面感知，监测勘探开发过程中每一个数据变化产生的原因，推动油田向智能管理迈进（图11）。

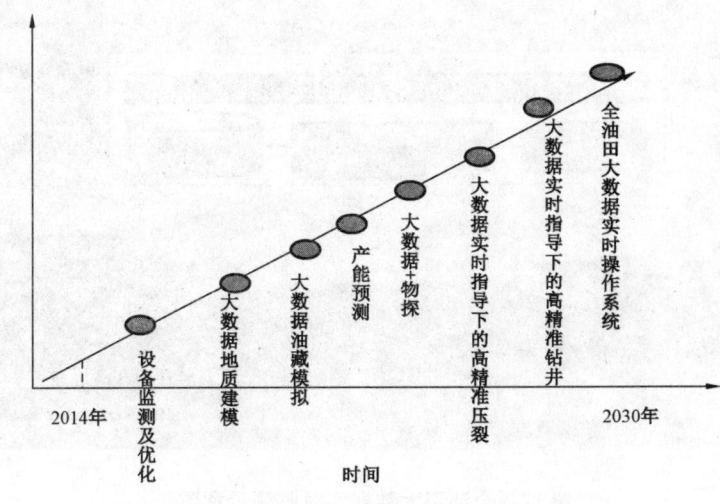

图11　大数据在油气行业的应用技术进展情景

4. 大数据将推动油气地质向智慧地质发展

大数据时代,数字地球已经发展到智慧地球阶段,利用大数据分析技术,油气地质勘探逐步实现从数字化向智能化、从 2D 向 3D 的地质勘探,形成天、地一体的野外地质调查数据库,以及综合管理和安全保障服务模式,建立智能的油气地质体系架构,从多源、多部门、多手段、多时段数据中挖掘有价值信息,将极大地提高油气资源勘探开发效率。

5. 大数据分析技术加快地震全弹性波场成像进程

当前地震数据成像都是基于声波的全波形反演与深度偏移成像,成像技术的发展离不开先进的计算机技术,随着高性能的计算机技术的发展,结合大数据分析技术,将推动地震成像朝着弹性波全波形反演与全波场成像快速发展。例如,雪佛龙公司利用 Hadoop 框架进行地震数据处理空间建设,今后将重点攻关弹性波成像与全波形反演等前沿地震成像技术(表2)。

表2 雪佛龙公司地球物理大数据空间建设发展目标

当前技术方法	今后重点攻关技术方法
3D 逆时偏移(时间外推法)	3D 弹性各向异性模拟
3D 波场偏移(深度外推法)/射线成像方法	3D 弹性波各向异性逆时偏移与成像
3D 克西霍夫/高斯束偏移 3D 声波/伪各向异性波场模拟	3D 全波场(约束)反演
2D 全波形反演(概念阶段)	迭代波场模拟进行随机反演

6. 大数据将提升全油田实时操作水平

随着物联网技术和大数据技术的融合,运用传感器监测生产过程中的数据,实现油田生产数据全方位监测、分析已成为可能。利用云计算、流计算、互联网信息工程及大数据分析技术,在全油田建立实时操作数据系统,实时监测油田生产状态,以及储运、销售及安全等各个领域运营状况(图12)。

图 12 全油田大数据实时监测示意图

从 IT 时代到 DT 时代，大数据分析技术已经深入各个领域及人们的日常生活，油气行业的大数据应用是发展的必然趋势。油气行业有大量尚未利用的数据，随着油气勘探开发的不断深入和难度的不断增大，对目标成像精度和油藏表征精度的要求越来越高，挖掘这些数据的价值是今后油气行业大数据应用的重要方向。随着非常规油气的开发，大数据分析技术将在"甜点"识别、指导水力压裂、优化开发决策等方面发挥巨大作用，提高勘探成功率及油气采收率，降低开发成本。大数据在油气行业的应用尚处于起步阶段，国际石油巨头已纷纷行动，建立具备大数据分析决策的数据中心或数据银行，我们需加强数据空间建设，提升国际竞争力，抢占大数据时代的制高点。

四、世界石油工业智能化发展新趋势

智能化成为世界科技发展的大趋势,同样也是世界油气行业发展的大趋势。本报告重点分析了智能油田、智能钻井、智能管道、智能炼厂的发展现状与新进展,并展望了世界油气行业向智能化发展的前景。

(一)世界石油工业智能化发展现状

1. 世界石油工业的自动化、信息化水平不断提升

在全球油气技术的发展历程中,出现了一些里程碑式的重大技术装备,比如油藏数值模拟、三维地震勘探、MWD/LWD、旋转导向钻井等。随着全球工业自动化、信息化水平的不断提升,近两年油气行业不断推进虚拟现实、智能完井、数字油田、自动化钻井、数字化管道、数字化炼厂等新技术的研究应用,快速提升世界油气工业的自动化、信息化水平。

2. 自动化、信息化已成为世界油气工业降本增效的重要途径

随着技术的不断进步,油气工业的自动化、信息化水平不断提升,有力推动了油气工业的降本增效。数字油田已得到推广应用,大幅度减少了用工人数,提高了采收率,降低了油气开发成本。大数据分析已广泛用于油气工业,比如用于钻头选型、井身结构设计和优化钻井。国际油公司和服务公司纷纷基于现代通信技术和信息技术,建立了远程专家决策支持中心,以便及时准确监视钻井现场作业,并通过大数据分析和多学科专家团队,及时指导现场钻井作业。一个远程专家决策支持中心可以同时监控多个井队的现场作业,从而减少派往钻井现场的工程师人数,提高决策的科学性、及时性和准确性,降低钻完井成本。

3. 智能化是世界油气工业发展的大趋势

智能化成为世界科技发展的大趋势,同样也是世界油气工业发展的大趋势。德国推出了"工业4.0"战略,美国推出了"先进制造业国家战略计划",中国推出了"中国制造2025"。新一轮工业革命蓄势待发,将给人类的生产生活方式带来革命性变化。"互联网+"蓬勃发展,正在全方位深刻改变人类的生产生活方式。"智能+"是"互联网+"的下一站——更智能的机器、更智能的网络、更智能的交互将创造出更智能的经济发展模式和社会生态系统。人工智能将把人从简单的脑力劳动中解放出来,完成新一次的产业革命。为推动人工智能的发展,美国政府于2016年10月中旬出台了《国家人工智能研究与发展策略规划》。智能化成为世界科技发展的大趋势。

世界油气科技作为世界科技的一个重要组成部分,未来也必将朝智能化方向发展,这也是开发难采油气资源和应对低油价之所需,因为难采油气资源的开发成本高,要实现经济开采,尤其是在低油价下要实现经济开采,通过技术创新实现技术升级换代是必然选择。

(二)世界油气工业智能化发展现状与新进展

当前,世界油气工业的智能化总体还处于探索起步阶段,未来的发展方向和重点是智能油田、智能钻井、智能管道、智能炼厂。

1. 智能油田发展现状与新进展

随着技术的进步,油气田开发已进入数字油田阶段,数字油田的应用领域不断扩大,技术持续发展,向着智能油田方向迈进。

数字油田在增储上产、降本增效方面发挥了重要作用。从已有的统计数据来看,数字油田的应用通常可以使产量提高2%~8%,使采收率提高2~6个百分点,同时还可以有效减少资本支出,降低运营成本。

2. 智能钻井发展现状与新进展

在钻井领域,自动化钻机、MWD/LWD、自动垂直钻井、旋转导向钻井、自动控压钻井、智能钻杆、远程专家决策支持中心,是钻井技术发展历程中具有里程碑意义的重大技术装备,标志着钻井已进入自动化钻井完善阶段,显著提升了钻井自动化、信息化水平,并大幅度提速降本。自动化钻井已成为当今钻井的核心技术和核心竞争力。

从钻井前沿技术、重点攻关技术和超前储备技术来看,人工智能逐渐引入钻井,钻井智能化方面的研究不断深入与广泛,推动钻井逐渐向智能钻井方向迈进(表1)。

表1 智能钻井方面的研究项目

地 面	井 下	信息化
机器人钻井系统(钻台机器人、排管机器人、智能铁钻工等); 无钻机钻探器; 连续起下钻钻机	智能旋转导向钻井系统; 智能连续管; 连续管智能电动导向钻井系统	用于钻井事故预防诊断处理的人工智能软件系统; 全自动钻井软件平台; 远程控制中心

国外正在研制一种机器人钻井系统(图1),它配备智能钻台机器人、智能排管机器人等智能化设备,可取代钻台工人和井架工。智能机器人钻井系统将成为未来智能钻机的核心。

图1 研制中的机器人钻井系统

未来智能钻机有望具备连续起下钻、连续循环、连续送钻、连续下套管功能(图2)。

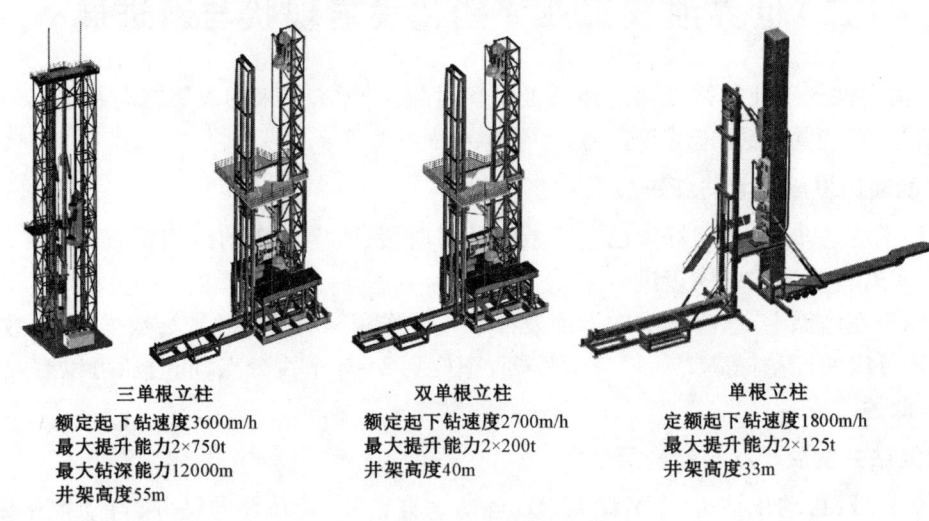

三单根立柱
额定起下钻速度3600m/h
最大提升能力2×750t
最大钻深能力12000m
井架高度55m

双单根立柱
额定起下钻速度2700m/h
最大提升能力2×200t
井架高度40m

单根立柱
定额起下钻速度1800m/h
最大提升能力2×125t
井架高度33m

图2　研制中的连续起下钻钻机

国外还在研制一种电动智能连续管钻井系统(图3),它通过智能连续管向井下供电,驱动井下电动智能导向钻井系统,同时通过智能连续管实现数据的实时、高速、大容量、双向传输。电动智能连续管钻井系统是实现未来智能钻井的另一个重要途径,本身具备连续起下钻和连续循环功能。

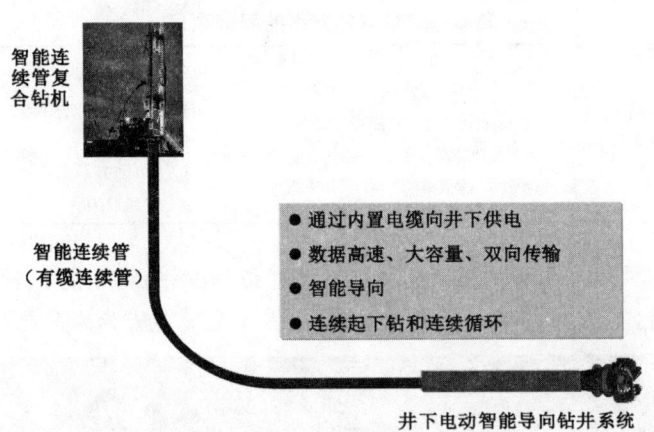

图3　研制中的电动智能连续管钻井系统

3. 智能管道发展现状与新进展

随着信息技术的发展,油气管道已经进入数字化管道阶段,当前数字化管道技术日趋成熟。在大数据、云计算、物联网等新一代信息技术的推动下,油气管道开始向智能化方向发展。

所谓智能管道,是以管道本体及周边环境的全生命周期数据为基础,将物联网技术、云计算技术、大数据分析技术、自动化与智能控制技术与管道本体高度集成,形成的管道管控一体化系统。

智能管道有四大特点,即可观测、可控制、可自适应和综合优化平衡。智能管道有四大技术关键点,即大数据、大管网、地上地下一体以及智能感知。

全球首个智能管道解决方案已获成功应用。2014年,通用电气和埃森哲公司联合推出全球首个"智能管道解决方案"。通过它,管道运营商能够全面了解管道的安全性和资产完整性状况,从而做出更加科学的决策。2015年,哥伦比亚管道集团在总计24140km的州际管道上搭载了这个解决方案。

4. 智能炼厂发展现状与新进展

随着技术的进步,炼油行业已经步入高效优化阶段。尽管如此,炼油行业仍面临诸多挑战。为了突破管理瓶颈和促进提质增效、转型升级与内涵发展,利用新一代信息技术构建智能炼厂已经成为炼油行业一个重要的发展趋势。

所谓"智能炼厂",是指在数字化炼厂的基础上,利用物联网、大数据、云计算等新一代信息技术和设备监控技术加强信息管理和服务,全面准确地掌握产销流程,提高生产过程的可控性,减少生产线上的人工干预,及时准确地采集生产线的各类数据,支持炼油全过程实现本质安全、本质环保。

智能炼厂有五大关键技术,即自动化技术、数字化技术、可视化技术、模型化技术、集成化技术。智能炼厂建设范围涉及生产管控、供应链管理、设备管理、能源管理、HSE管理、辅助决策6个核心业务领域。通过智能炼厂建设,推动生产方式和管控模式变革,提高安全环保、节能减排、降本增效、绿色低碳水平,促进劳动效率和生产效益提升。通过开展试点建设,现已初步形成了智能炼厂的基本框架,并取得了初步成效,比如劳动生产率提高10%以上。

(三)油气工业智能化发展前景

当前,世界油气工业的智能化总体还处于探索起步阶段,未来的研发方向和重点是智能油田、智能钻井、智能管道、智能炼厂。展望未来,在大数据、云计算、物联网、虚拟现实、自动控制、人工智能、量子计算和量子通信等高新技术的推动下,世界油气工业的自动化、信息化、智能化水平将越来越高。预计2025—2030年,油气管道、炼油、油气田开发、钻井等行业将陆续进入智能化时代。

智能化在未来油气工业持续提质增效方面将发挥重要作用。智能化将成为未来油气工业持续提质增效的有效途径、必由之路和核心竞争力,即使届时国际油价持续低迷,大部分油气项目仍将有望得以经济高效开发。

1. 智能化将推动油气工业进一步提质增效

智能油田将显著提高油气产量和采收率,部分油田的采收率有望提高到55%以上;智能钻井通过三维井眼轨迹准确钻达"甜点"和提高储层钻遇率,助力提高油气产量和采收率;智能管道将显著提高管道运营效率;智能炼厂将显著提升炼厂的综合效益。

1)智能化将进一步提高质量

智能油田将更好地实现井位和井网的优化设计,提高油田监控的精度和质量;智能钻井将进一步提高三维井眼轨迹的控制精度和储层钻遇率,准确钻达"甜点",提高井身质量;智能管道将进一步改善管道全生命周期的质量管理;智能炼厂将进一步改善炼厂全流程的质量管理,提升油品质量。

2) 智能化将实现本质安全和本质环保

智能油田通过远程监控,实现现场无人化,显著提高油田运营的安全性。智能钻井用智能机器人代替部分操作人员,明显提升了钻井人员的安全性。应用集成了智能控压钻井系统的智能井控系统,可减少井下复杂情况,提高井筒完整性和井的安全性。智能管道将大幅度降低管道事故率,有效提升管道安全运营水平。智能炼厂将大幅度减少操作人员,实现炼油全过程的本质安全、本质环保。

3) 智能化将是油气行业高效生产的必由之路

具体来说,智能化将减少现场人员,适量增加远程监控人员,从而减少用工总人数,进一步提高劳动生产率。以智能钻井为例,智能钻井有望大幅度提速降本,显著提高机械钻速,有望提高平均机械钻速 1.5 倍以上。智能钻井将使"一趟钻"成为常态,大大简化井身结构,从而明显减少平均单井钻头用量和起下钻时间。在未来更加经济高效的钻井工艺、钻井作业模式的支持下,配备智能井控及控压钻井系统、钻井事故人工智能预警及处理系统的智能钻井有望大大减少井下复杂情况和钻井事故的发生概率,从而大大减少非生产时间。

2. 智能化是未来油气行业降低成本的重要手段

智能油田有望明显降低吨油成本。智能管道有望明显降低管道运营成本。智能炼厂有望明显降低炼油综合成本。到 2030 年,智能钻井有望将单位进尺钻井成本降低一半以上。

此外,因钻井效率的提高、井身结构的简化、非生产时间的减少,未来智能钻井必将大幅度缩短钻井周期。以美国页岩油气水平井钻井为例,预计到 2030 年,超长水平段水平井有望实现二开"一趟钻"。垂深 3000m、水平段长度 5000~10000m 的超长水平段水平井的平均单井钻头用量有望减少到 1.3~2.3 只,平均钻井周期有望缩减至 4~7d(图 4)。即使届时国际油价持续低迷,页岩油气的开发也同样具有经济性。

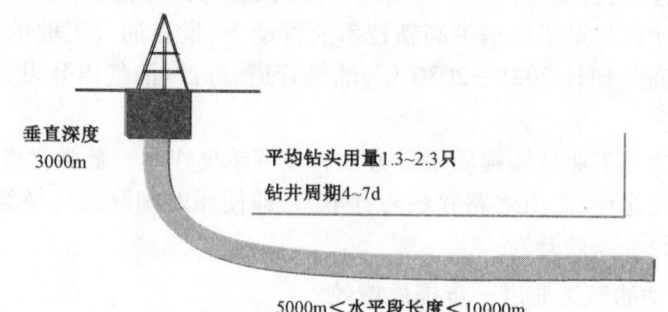

图 4 预计到 2030 年美国页岩油气水平井平均单井钻头用量和钻井周期

因井身结构的大大简化和钻井周期的明显缩短,到 2030 年智能钻井有望将单位进尺钻井成本降低一半以上,从而明显降低油气开发成本,即使届时国际油价持续低迷,大部分油气项目也依然可以实现经济高效开发。

同样以美国页岩油气为例,预计到 2030 年,垂深 3000m、水平段长度 5000~10000m 的超长水平段水平井平均单井钻井成本有望降至150万~250万美元(图5)。即使届时国际油价持续低迷,页岩油气也同样可以得到经济开发。

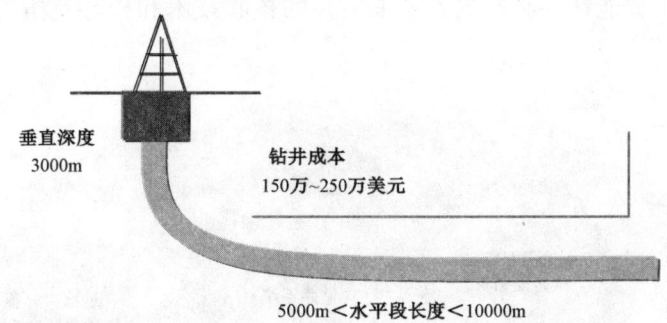

图5 预计到2030年美国页岩油气水平井平均钻完井成本

3. 智能化将大幅度提升油气工业的运营水平,增强油公司和技术服务公司的核心竞争力

未来智能油田将以一个统一的数据智能分析控制平台为中心,无论固定资产、移动设备还是工作人员,都将成为数据的收集者和接收者,并直接同控制中心建立联系(图6)。智能控制中心可以结合人工智能、大数据、云计算等技术,通过分析海量数据,实时地在全资产范围内完成资源的合理调配、生产优化运行、故障判断、风险预警等,最终实现全部油田资产的智能化开发运营。智能油田的监测范围不断扩大,由近井地带深入油藏内部;决策分析过程更加可视化和智能化;模型计算能力不断增强,可有效解决复杂条件下的油藏生产优化问题;自动化水平大幅提升。预计到2025年油气田开发进入智能油田阶段。

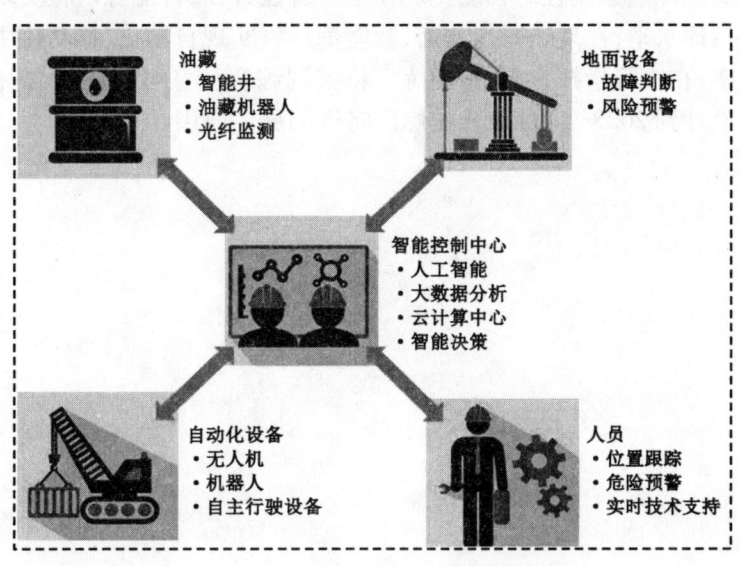

图6 未来智能油田蓝图

预计到2030年,钻井将进入智能钻井新时代,实现全自动钻井,具备一定的智能化水平,一些关键的作业将实现远程操控。智能钻井通过现场智能控制平台("大脑")将地面智能化和井下智能化组成一个有机的整体,实现现场闭环控制;再通过新一代互联网或物联网将现场智能钻井与远程实时智能控制中心(主控"大脑")构成一个大的有机整体,实现现场+远程的大闭环控制(图7)。智能钻井必然成为未来钻井的核心技术和核心竞争力,只有掌握智能钻井才能赢得未来。

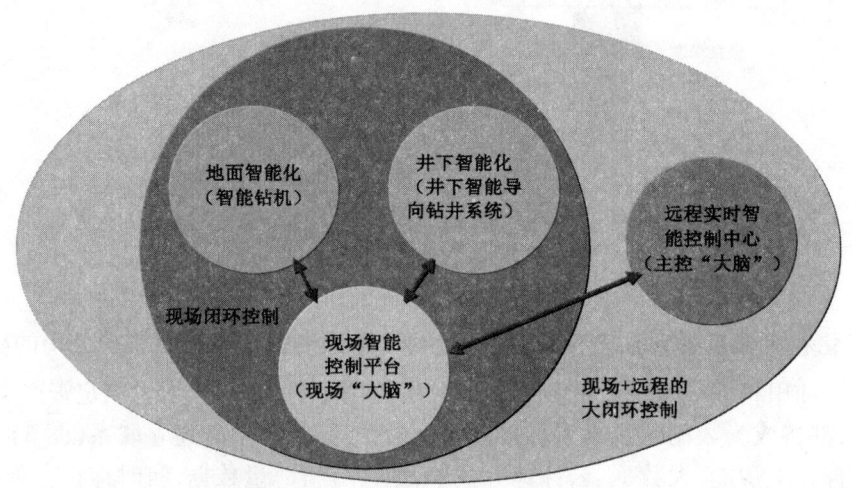

图7 智能钻井的构成

智能管道将实现油气管输的全流程智能化,包括设计智能化、运行管理智能化、安全管理智能化。预计到2025年以后,智能管道将得到推广应用。

智能炼厂将实现炼油全流程的智能化。在生产管控方面,智能炼厂将实现在线优化,提升资源优化和调度指挥水平;在现场操作方面,智能炼厂将实现自动化、移动化协同操作管理,提高生产质量和效率;在决策指挥方面,智能炼厂将实现综合信息可视化,大幅提高动态分析与辅助决策能力。预计到2025年以后,智能炼厂将得到推广应用。

五、非常规"甜点"预测技术新进展

"甜点"预测一直是油气勘探开发的重要环节,特别是在现阶段低油价时期,如何快速准确地找到油气"甜点",精准布井,提高储层钻遇率和油气产量,降低开发成本,对于国内外各大石油公司顺利度过低油价"寒冬"期至关重要。据调查可知,面对"寒冬",国内外一些石油公司纷纷有针对性地调整策略,大力开展非常规资源等潜力巨大的油气资产投入并对其技术进行优化设计开发,在国内的能源市场中,为了能够便捷低成本地开发非常规油气资源,可以借鉴一些国外非常规油气开采的成功经验,跟踪其最新理念和技术。

(一)非常规油气的重要地位

非常规油气资源量巨大,将成为未来油气资源重要的接替能源。据全球上游投资比例最新统计数据可知,全球非常规油气产量逐年增加,2014 年投资达到最高的 1870 亿美元,比例占到全球油气总投资的 26%,2015 年受油价影响有所下降,但是所占比例依然保持在 20% 以上(图1)。

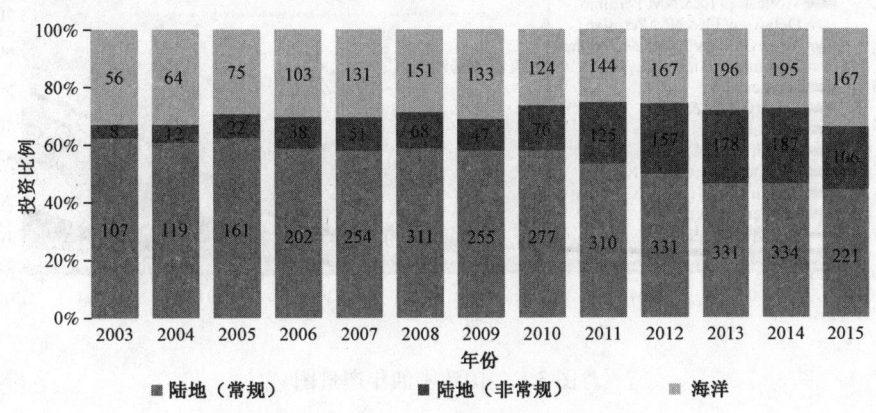

图1 全球油气上游投资比例图(据 IHS,2016)

美国作为全球主要的石油输出国,其页岩气产量基本呈现逐年上升的趋势,2015 年产量达到最高的 $9.95 \times 10^{12} ft^3$(图2)。而美国致密油年产量在 2011 年之后增长明显,2015 年致密油产量更是达到美国原油产量的 50% 左右(图3)。国际能源署(IEA)在《2014 年世界能源展望》中预测全球可采天然气资源量为 $16415 \times 10^{12} ft^3$,非常规天然气占 42%,其中致密气、煤层气和页岩气分别占天然气总资源量的 10%、6% 和 26%。随着勘探开发技术的进步,可采非常规天然气的资源量有望继续大幅增加。

鉴于非常规油气日益重要的地位,如何确定"甜点",提高开发效率,成为油气勘探开发的重要环节。因此,各大石油公司在地质、物探、测井等各大领域都提出了针对"甜点"预测的新技术方法。

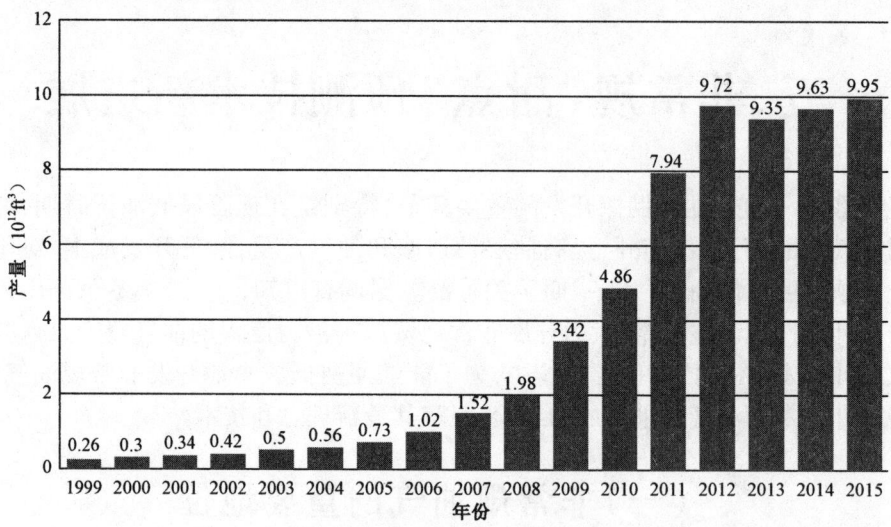

图 2　美国页岩气年产量图

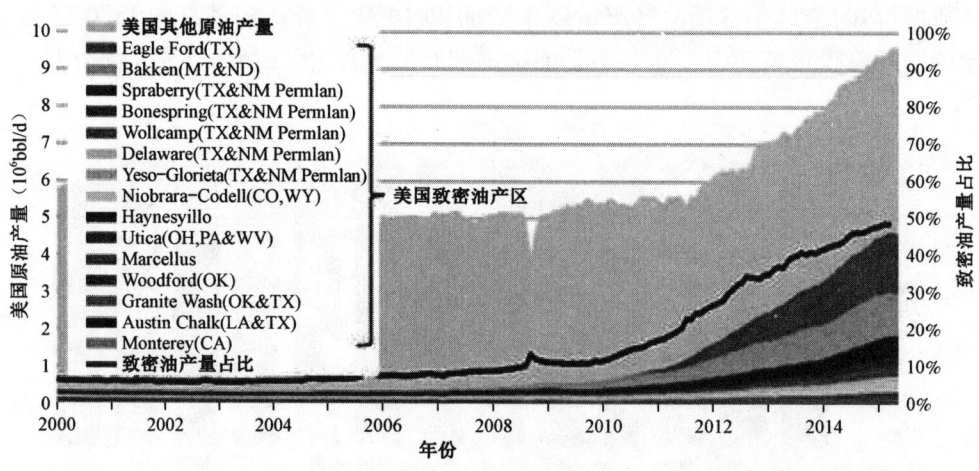

图 3　美国致密油年产量图

（二）非常规"甜点"预测新技术

1. 油气"甜点"综合识别技术

1）技术原理

油气"甜点"综合识别技术是一个综合的研究方法，利用地震、测井等地球物理方法，联合微地震及岩心数据，通过大数据分析识别"甜点"。页岩油气"甜点"识别的四大要素主要是脆性、裂缝密度、孔隙度和总有机碳（TOC）。利用三维地震方法能够进行应力分析、计算杨氏模量及泊松比，从而估算岩石脆性、孔隙度、裂缝密度和 TOC，然后通过这些数据综合分析识别出油气"甜点"。

2）应用效果

CGG 公司在一个 Haynesville 页岩项目中，基于叠前方位地震数据和测井数据建立一套综合流程计算泊松比和杨氏模量等关键参数，估算岩石力学性质，识别"甜点"，优选钻井井位。该项目的平均钻井成本为 750 万美元，钻井周期为 35～50d。利用 3D 地面地震数据进行"甜点"识别，提高储层钻遇率，有效提高页岩气开发经济性。

2. 页岩资源评价综合方法

"甜点"区的面积是页岩区带资源潜力评估的关键要素，它可以体现不同页岩潜力资源区之间的差异，为资源评价、经济评估奠定基础。因此，从地质学角度客观确定"甜点"区的面积是页岩资源评价的重要任务。

页岩资源综合评价方法整合了从最初可用数据的解释，到石油系统模型的建立，再到"甜点"区的描述，最后到油气资源的计算过程，该方法定义了页岩储层分析的关键步骤，主要分为区域勘察、圈闭描述和资源开发 3 个阶段，其中资源开发是一个连续的过程。在区域勘察阶段，以区域原始资料为基础，结合含油气系统模拟技术，确定页岩层厚度、孔隙度、渗透率、烃源岩成熟度等参数，并以此划分页岩区带等级；生成沉积史和构造演化史的地质剖面，获得断层的形成过程及走向方位；单井地震数据校正后经二维地震反演分析可以确定岩石物理属性。此外，完整的三维含油气系统模拟可以评价油气生成和剩余油气资源量。在区域勘察阶段可以分别生成表示页岩区带圈闭质量、充注条件、动力水平等重要参数的量化指标图。将这些指标图叠合得到页岩层总质量图，设定相应的参数即可得到最小"甜点"区面积、最可能"甜点"区面积和最大的"甜点"区面积。将"甜点"面积与井密度资料、单井最终采收率资料、井成功率资料结合，可以计算区带内油气的资源量，进而为油气开采方案提供决策支持。

3. 人工神经网络法

1）技术背景

宾夕法尼亚大学研究人员提出了一套针对致密油藏的人工神经网络法，通过该方法预测产量和"甜点"分布，这就为确定加密井位提供了可靠的依据。同时，由该方法研发出的原油产量系统还可以用于评价不同井之间的经济性，提高致密油藏的开发经济效率。

2）技术原理

人工神经网络法的第一步是定义神经网的范围和分析可用数据。其中，数据集分为训练集、测试集和验证集 3 类。训练集用来建立模型，验证集用来确定网络结构或控制模型复杂程度的参数，而测试集则检验最终选择最优模型的性能情况。将已知井的井位坐标、地震、测井、储层等油田数据应用于训练集，根据工作流程生成模型（图 4），该模型无须再修改结构框架，即可预测新钻井的产量。但是，加密井项目需要引入新的测井、储层等附加资料，这就需要建立测井神经网和储层神经网，前者包括用于评价具有测井信息的井位及地震数据，后者包括通过测井神经网得到的信息及储层参数。最后，通过上述神经网络得到预测未钻井地区的储层及生产信息模型。

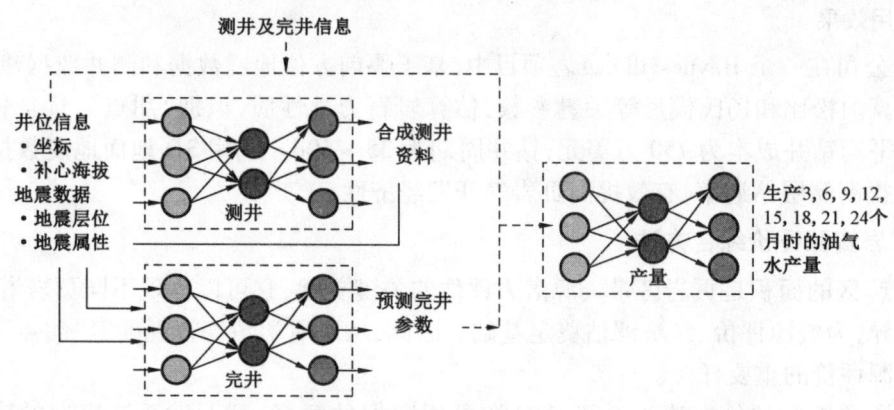

图4 产量预测模型结构

3)应用效果

该方法应用于得克萨斯州西部特拉华和米德兰盆地致密油藏,收集整理了134口井的井位信息、地震和测井、储层状况等资料。将这些资料作为输入数据,通过人工神经网络模型的建立,最终确定预测两年连续累计产量模型(图5),该方法明确、客观地指出了未勘探地区"甜点"的分布,避免了人工地震解释造成的主观判断错误,还能及时发现成熟探区遗漏的"甜点";数据结果和图形结果的生成用时不到1min,明显提高了工作效率,可直接排除低产区块,这大大提高了经济效率。

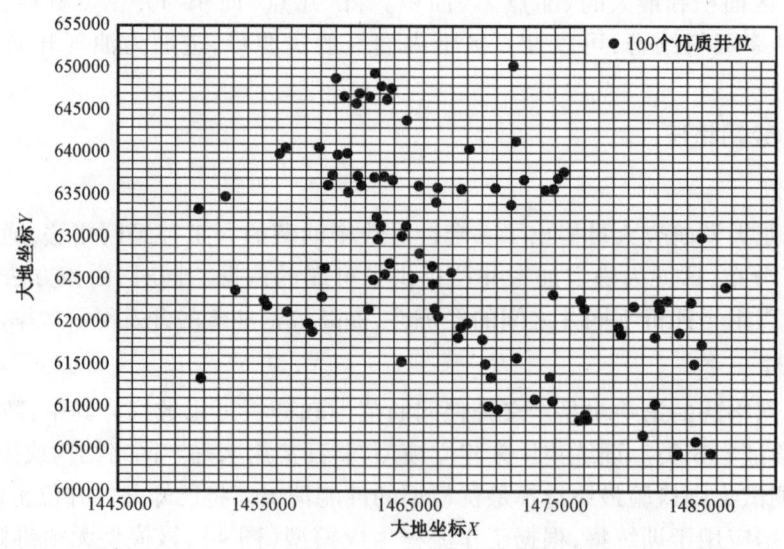

图5 未来100个优质井位

4)优势与不足

优势:(1)该方法明确、客观地指出了未勘探地区"甜点"的分布,避免了人工地震解释造成的主观判断错误,还能及时发现成熟探区遗漏的"甜点";(2)数据结果和图形结果的生成用时不到1min,明显提高了工作效率,可直接排除低产区块,这大大提高了经济效率。

不足:通过上述实例可知,在地质属性相似的区块需要不断增加新井资料,才能使生成的模型预测准确性提高。因此,该方法在未来会进一步完善,将增加更多的信息资料,进一步加强模拟预测准确性,加强对储层以外信息的模拟预测。

4. GeoSphere 油藏随钻测绘服务

1) 技术概述

2014 年 5 月,斯伦贝谢公司推出了 GeoSphere 油藏随钻测绘服务,该技术能够对 100ft 范围内的地层进行全方位的连续成像。基于深探测定向电磁测量,该项服务以前所未有的清晰度和分辨率揭示了地层和流体界面,成功填补了井眼测量与地震地面的空白,能够在井眼四周巨大体积内探测油藏"甜点"并优化井眼轨迹,最大化油藏接触面积,优化油田开发方案。因测量是随钻完成的,钻井液侵入造成的地层变化降至最低,故图像非常清晰(图6),利于精准导向决策,无须成本高昂的导孔,就可钻成更加平滑的井眼,避免地质和钻井事故的发生。基于 GeoSphere 成像,一次测量可以评价更大的油藏体积,利于更好地进行生产和完井决策。此外,这种成像测量还可降低钻井风险,并在钻后优化地质图形和 3D 油藏模型。

2) 应用效果

GeoSphere 油藏测绘服务应用范围较广,在全球陆上和海上都应用良好。目前,GeoSphere 服务已在北美、南美、欧洲、中东、俄罗斯及澳大利亚等多个地区的 140 余口井中进行了试验应用。在北海,作业者利用 GeoSphere 技术成功钻达目标油藏,在约 50ft 距离上探测到目标油藏顶部,利于在钻入油藏之前优化钻井计划。在巴西海上多个深水井区块中,作业者利用 GeoSphere 技术有效指导地质导向决策,优化选取泄油位置,同时避免了意外钻出目标油藏,为高效生产奠定良好基础。在欧洲北部地区两口地质构造较复杂的水平井中,依靠 GeoSphere 技术,成功使有效厚度对总厚度的比率(NTG)从 0.45 提高到 0.96。相较于该地区先前钻探的几口井,大大提高了薄层非连续油藏的钻遇率,两口水平井的产油量增加了 8000bbl/d。

图 6　GeoSphere 油藏测绘服务地震解释模型

5. 核磁共振因子分析技术

1) 技术背景

目前,常规的有机质页岩储层评价技术无法区分不动油气和可采油气。斯伦贝谢公司研究人员 2015 年在核磁共振(NMR)因子分析的基础上采用综合方法来评价有机质页岩储层。这个新的工作流程旨在定量评价可采油气并描述页岩储层质量,进而确定页岩储层中的"甜点"分布。

2) 技术原理

该综合方法通过核磁共振测井和先进的光谱数据把干酪根中的液态烃分离出来。此外,它可以区分地层流体和单一的孔隙流体,包括束缚油气、束缚水、残余油(受毛细管压力束缚)、自由水和可采油气等。该方法还可以提供每个孔隙流体的孔隙度和定量化可采油气,这个可采储量是页岩储层开发最重要的影响因素之一。从核磁共振因子分析得到的流体相态的储层物性是通过孔隙流体的孔隙度来表征的。具有高可采油气孔隙度以及不含自由水的区域可以认为具有最好的储层物性可供开发。

3) 优势

相比于常规有机质页岩储层评价技术,该技术在研究有机质页岩储层中具有以下几点优势:

(1) 易于识别流体类型和与之相关联的孔隙大小分布特征;
(2) 易于计算孔隙流体体积并定量计算地层条件下的油气含量;
(3) 通过流体相分类评价储层物性和识别"甜点"。

4) 应用效果

斯伦贝谢公司工作人员通过该技术成功表征了储层物性和页岩生烃能力,并且标记出了有机质页岩储层中的"甜点",应用效果良好。

6. OVT 地震资料叠前地震道处理技术

1) 技术背景

由于地震波在页岩储层中传播的方位角和入射角是不同的,通常情况下采用常规方法对地震资料进行处理往往会存在误差,这会对寻找页岩气藏中的"甜点"产生一定的影响。而 OVT 三维地震数据可以保留页岩储层中地震反应的真实信息,很好地解决了这一问题。该方法是由成都电子科技大学在 2015 年提出的。

2) 技术原理

根据页岩储层的基本地质构造和 OVT 地震数据的特点,提取合理数量的叠前地震道,把随机噪声衰减、线性和曲线噪声抑制、平衡光谱以及偏移同向轴校准技术应用到这些地震道上,这样就可以获得一个高质量的叠前数据。这些高质量的叠前数据可以提供一个良好的通过叠前反演获得页岩储层"甜点"主要控制参数的应用基础。

3) 应用效果

OVT 地震数据叠前地震道处理技术已经用于中国南部 HJB 区块(三维地震勘探页岩气面积大约 190 km^2)叠前反演中,并在预测页岩气"甜点"上取得了很好的成果。

7. 测井数据函数主成分分析法

1)技术背景

在油气勘探过程中,测井数据起到了至关重要的作用。但是由于油田中测井数据数量巨大,如果使用传统的技术从数以百万计的井上获取测井资料,需要消耗大量的人力、物力以及时间,这与现阶段各大油田以及石油公司降本增效的理念相违背,并且准确性也不是很高。

2)技术原理

巴西 IBM 研究人员在 2015 年 SPE 数字能源会议上提出了一个数据分析解决方案,该方案主要有以下两点内容:

(1)从直井复杂高维测井曲线中使用函数主成分分析法(fPCA)自动提取简单属性;

(2)通过这些提取的属性与从水平井获得的生产数据进行相关性分析,建立模型来识别页岩油气藏中的"甜点"。

3)优势

该解决方案的主要方法是构建预测储量模型,该模型是通过回归与插值的方法将大量的生产数据与储层物性测井数据建立起来的,具有以下两点优势:

(1)不需要既费时又昂贵的地质分析;

(2)在地震资料不可用或油藏模型中三维插值具有挑战性的情况下具有较大优势。

4)应用效果

研究人员通过使用 R 语言数据包实现了该方法,他们采用 2020 口直井的测井数据和 702 口水平井的生产数据对单一油田进行了测试。结果显示,对于天然气,预测准确性达到了 90%;而对于石油,预测准确性也达到了 71%。这对于快速准确地预测页岩油气藏中的"甜点"分布起到了很大的作用。但是,在石油天然气勘探方面,这是第一次把 fPCA 方法应用到测井曲线上,由于稳定性不高,该方法还需要进一步的试验和改进。

8. 油气微生物监测和"4G"勘查模型监测技术

烃源岩成熟区或油气大量聚集的区块在地层压力或浮力作用下小分子烃类物质沿地层微裂缝运移到地层表面,可形成微油气苗。奥地利能源公司创新采用油气微生物监测(GMHD)技术和"4G"勘查模型监测和解释微油气苗。GMHD 法用于确定表层土壤或沉积物的烃氧化细菌的数量。烃氧化细菌的数量和微油气苗的烃流量之间有直接的关联,存在一个动态平衡。地质信息、地球物理信息、地球化学信息、油气微生物信息四者之间有效整合,因其英文均由字母"G"开头,故称为"4G"解释法,它能够准确、快速、有效地确定潜力油气藏或非常规油气藏的位置。通过对中国陆地和海上 70 多个常规油气藏的实际应用,以及该方法对四川页岩气和鄂尔多斯致密油地区"甜点"的预测,都表明效果良好。

9. 应用高分辨率层序地层学识别煤层气"甜点"技术

1)技术背景

澳大利亚苏拉特盆地 Walloon 煤系地层(WCM)由富煤沼泽和细粒沉积曲流河系统构成。该地区的主要产气层都是由薄煤层组成,并经常伴随沉积尖灭、错断和叠合情况出现。由于以前大量的地质研究大多是基于煤成分,而不是单一煤层,这导致对煤沉积物非均质性的描述不足。为了解决这个问题,澳大利亚 Arrow Energy 公司研究人员在 2016 年 SPE 国际会议上提出了一个应用高分辨率层序地层学识别煤层气"甜点"的新技术。

2) 技术原理

该技术是使用高分辨率层序地层学来建立一个关于小层和煤层的等时地层格架,这个等时地层格架是通过所有可用的岩心和测井数据建立起来的。关键方法是识别单一的粒度向上变细的沉积旋回。然后,对这些旋回进行相似性分析来识别相邻井间河流相的加积、进积或退积沉积序列。测井上密度值的截止值可以用来对整个 Walloon 河流系统的岩性进行划分。一些储层参数,比如含气量、灰分、含水量、密度和渗透率等与深度有关的参数都需要考虑不同层段深度偏移、区域岩心数据和岩性的影响。以上这些都被整合到一个基于薄层的地质模型中,这个模型可以用来识别高度集中、重叠、连续的薄层,而这些薄层往往就是油田开发中的"甜点"。

3) 应用效果

该方法已经被用于澳大利亚苏特拉盆地 3 个煤层气田中。其中,对 Green 油田薄煤层的分布进行了主要研究,实现了 20 个小层和 125 个单一薄层的划分,这些薄层的厚度在 0.3~1.4m 之间。然后,通过河流系统划分的 5 种微相来描述煤层的分布特性、煤层结构和非均质性的影响,并在该地区识别出了几个潜在的"甜点"区。经过适当的改进,这个高分辨率薄层模型还可用于储层模拟来预测产量和估算最终储量(EUR)。

4) 创新点

该方法的主要创新点在于把常规油气储层地质模型中的高分辨率层序地层学应用于煤层气特征中。这有助于对 WCM 复杂沉积特征的认识,从而更准确地确定潜在的"甜点"区,预测产量以及估算最终产量。

10. TIER 量化法"甜点"识别技术

1) 技术背景

油气行业在 21 世纪初面对的一个重大挑战是地质高风险油气储层,这需要一些钻井技术或软件的创新来进一步促进对全球石油系统的理解。哈里伯顿公司的研究人员在 2015 年 SPE 拉丁美洲及加勒比石油工程会议上提出了使用 TIER 量化法识别油气"甜点"的新方法,该方法增强了对储层的可视化,有助于识别潜在的油气区带和油藏储量。

2) 技术原理

该方法可以生成一个 2D"甜点"图,该图覆盖在岩石物理图件上,可以显示主要的储层性质(例如,有效孔隙度、含烃量、孔隙体积、渗透率、砂岩体积等)。岩石物理评价曲线可以通过计算机软件绘制出一个 3D"甜点"测井曲线,它可以简化关于储层非均质性与深度范围关系模型的建立。这有助于建立一个 3D"甜点"分布地质体模型。

3) 应用效果

TIER 量化法"甜点"识别技术在墨西哥 Chicontepec 海峡的致密油砂储层中得到了应用,该储层由一个较厚的地层单元组成,该单元富含高产的晚古新世砂岩。由于该地区没有大型构造断层,因此上述模型可以作为一个可靠的地质模型对潜在的"甜点"分布区域进行识别,应用效果较好。

(三)"甜点"预测新技术发展趋势

基于上述非常规油气"甜点"预测先进技术,对尚处于试验初期和一些发展比较成熟的技术进行共性及创新点的综合分析,将对全球非常规油气资源的勘探开发起到一定的启示作用:

(1)非常规油气资源潜力巨大,虽然可采资源量受开采技术的影响数量有限,但在给定的油价条件下,短期内非常规油气在全球油气市场中占有的市场份额仍然可观,而未来也将成为油气资源重要的接替能源;

(2)与常规油气勘探相比,非常规储层地质勘探思路不同,需要多学科支持来探索新的研究方法,实现多学科、多角度一体化勘探开发非常规油气,现阶段非常规油气"甜点"预测方法还是主要集中于传统的地质分析、地震、测井等方法,而未来的发展方向则会倾向于高精度数据处理、软件开发等方面。

(3)在信息化、智能化即将成为非常规油气勘探开发技术发展的大趋势下,充分认识大数据分析技术在油气行业的应用潜力,建立覆盖勘探开发产业链的大数据分析系统并逐步用于指导生产和优化决策,这是应对油价长期低迷的必然选择。

(4)在现阶段油价低迷的非常时期,必须大力推进科技创新,加大力度进行软件开发与技术研发,充分发挥先进技术在油气勘探中的作用,提高油气勘探效率,降低油气勘探成本,这也是各大油田实行降本增效的必经之路。

六、提高采收率技术新进展

提高油田采收率是油田开发重大的战略性发展方向,是油田开发的永恒主题。在低油价下,石油公司越来越多地将目光投向老油田,利用提高采收率技术实现老油田的持续有效开发也成为其应对低油价的重要策略。本报告从提高采收率技术的发展潜力、最新进展及未来趋势展望3个方面进行分析总结。

(一)提高采收率技术的发展潜力

据统计,高达40%~60%的储量仍滞留在地下,全球采收率每提高1%,就会增加50×10^8t可采储量,相当于全球一年多的石油消费量,因此,提高采收率潜力巨大。正因如此,各国正在纷纷行动以致力于更高的采收率目标。2014年,挪威国家石油公司成立IOR中心,开展井网加密并进行微生物驱研究;美国以能源部为主导,在国家能源技术实验室等部门的参与下致力于新一代二氧化碳驱油技术的研究,其目标是将采收率提高到60%以上;马来西亚于2012年启动了世界上最大的EOR项目,该项目用于Baram Delta油田和North Sabah油田,这两个油田的原油采收率将提高到50%左右,这两个油田的开采周期也将延长到2040年;俄罗斯实施了老油田税收优惠政策,并规定采出程度越高。优惠幅度越大。同时,对难采石油储量实行开采税级差征收办法,对亚马尔—涅涅茨自治区内的老油田免征自然资源开采税;英国政府出台财政和法规支持边际油田开发,同时政府和企业携手,实施新的提高采收率战略。

(二)提高采收率技术的最新进展

按照目前世界公认的分类,提高采收率技术包括热采、气驱、化学驱、微生物驱等所有的三次采油方法及调剖堵水等二次采油方法(图1)。经过多年发展,各类提高采收率技术的成熟度不尽相同(图2):纳米智能驱油、生物酶驱油、活化环境采油、井下就地改质等技术目前大部分仍处于探索和试验阶段;太阳能稠油热采、溶剂辅助蒸汽驱、低矿化度水驱、三元复合驱、火烧油层等技术的应用已经初具规模并进入了开发示范阶段;聚合物驱、二氧化碳驱、蒸汽驱等技术已经进入了大规模的推广应用阶段。尽管成熟度各不相同,但近年来各类提高采收率技术都不同程度地取得了一些进展,以下分类进行总结。

1. 水驱

水驱方面的进展主要体现在改善水驱更加精细、智能、高效。改善水驱主要通过改善平面非均质性、纵向非均质性以及改变注入水质起到提高采收率的作用。改善平面非均质性方面,井网越来越密集,注采系统调整力度逐渐加大,周期注水方法得到广泛应用;改善纵向非均质性方面,层系划分越来越细,特别是智能井技术的发展使得注采井间流动剖面的控制和调整更加高效;改变注入水质方面,近年来出现的低矿化度水驱、智能水驱起到了较好的提高采收率的效果。

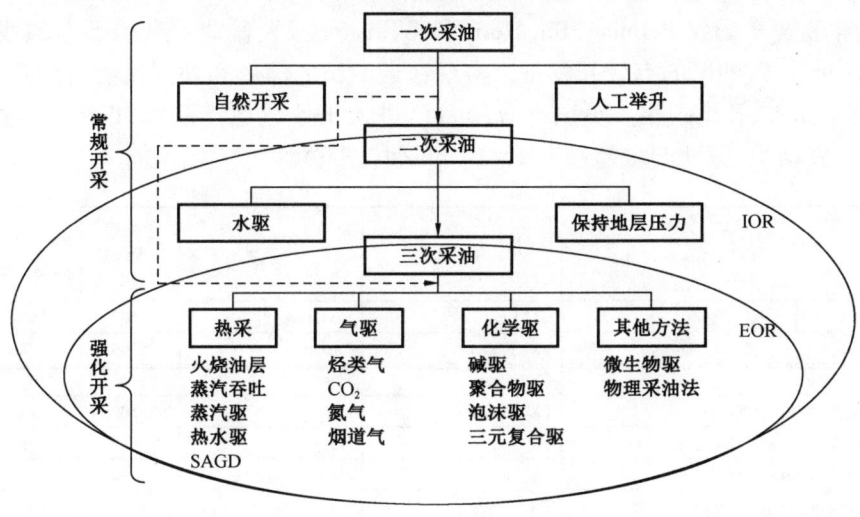

图1 提高采收率技术分类

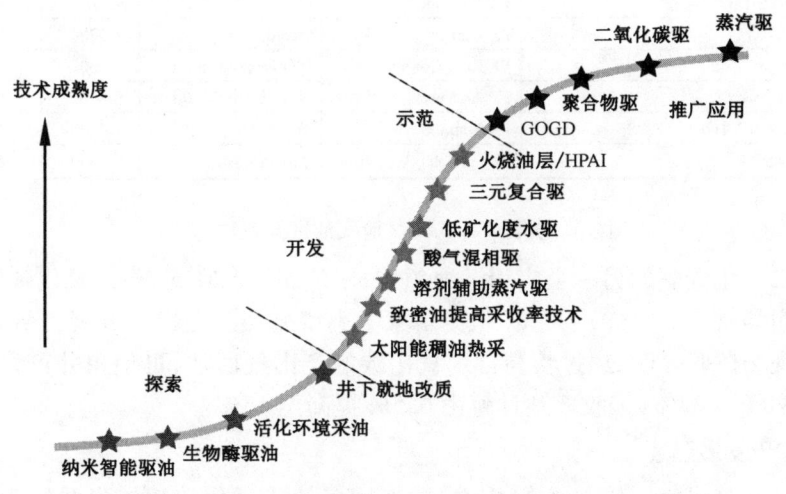

图2 提高采收率技术的成熟度

低矿化度水驱通过调整注入水的离子组成降低其矿化度（300~2000mg/L），从而改变油藏岩石表面润湿性，现场试验表明可提高采收率7%~10%。智能水驱通过向注入水中加入微粒，微粒在高渗透层中温度发生变化后会膨胀并堵塞孔喉，使注入水方向发生变化并进入波及效率较低的层，从而实现储层深部调剖。

2. 气驱

气驱的进展主要体现在二氧化碳驱，主要体现在二氧化碳驱的应用范围逐渐扩大，不断拓展到新的领域以及捕集的二氧化碳越来越多地代替天然气源用于实施二氧化碳驱。

1）二氧化碳驱不断拓展应用领域

残油区是二氧化碳驱一个重要的新兴资源领域。残油区（ROZ）是指在一次/二次采油中没有经济产量的部分含油层段，通常位于常规油田主产层下方或油田之间早期的水体运移通道，储量极为丰富。美国仅 Permian、Big Horn 和 Williston 三大盆地主产层下方的残油区储量可达 400×10^8 bbl。残油区的有效开发可以实现在老油田的深部和外部找油，目前开发残油区应用的主要手段是二氧化碳驱。美国部分项目已进入工业化生产阶段，Permian 盆地已开展 15 个残油区开发项目，原油产量超过 1.2×10^4 bbl/d（图3）。

	油田	州，县	作业者	主产层最大埋深(ft)	主产层开采起始年份	残油区开采起始年份
1	Vacuum(CVU)	NM,Lea	Chevron	4500	1997	2011
2	Hanford	TX,Gaines	Fasken	5500	1986	2009
3	Seminole Unit-Phase 1	TX,Gaines	Hess	5500	1983	1996
4	Seminole Unit-Phase 2	TX,Gaines	Hess	5500	1983	2004
5	Seminole Unit-Stage 1 Full Field Dev	TX,Gaines	Hess	5500	1983	2007
6	Seminole Unit-Stage 2 Full Field Dev	TX,Gaines	Hess	5500	1983	2011
7	Seminole Unit-Stage 3 Full Field Dev	TX,Gaines	Hess	5500	1983	2013
8	Goldsmith Landreth San Andres Unit	TX,Ector	Kinder Morgan	4200	2009	2009
9	Wasson Bennett Ranch Unit	TX,Yoakum	Occidental	5250	1995	2000
10	Wasson Denver Unit	TX,Yoakum	Occidental	5200	1983	1995
11	Wasson ODC	TX,Gaines	Occidental	5200	1984	2005
12	Salt Creek	TX,Kent County	XTO/ExxonMobil	6300	1993	1996
13	Means	TX,Andrews	XTO/ExxonMobil	4400	1983	2012
14	George Allen(BF*&GF)	TX,Yoakum	Trinity CO_2	4900	2012	2012
15	East Seminole	TX,Gaines	Tabula Rasa	5400	2013	2013

图3 美国 Permian 盆地残油区开发项目

致密油是二氧化碳驱的另一个应用潜力领域，据预测，到2035年，二氧化碳驱技术可以使美国致密油产量增加 72.9×10^4 bbl/d，北美多家中小型公司正在巴肯开展二氧化碳驱先导实验。某个区块现场试验表明，通过将高含二氧化碳的产出气回注，可使单井产量递减变缓，区块年产量递减率降为22%，采收率预计将由6.5%提高至15%。

2）CCS-EOR 发展迅速

随着国际社会对温室气体排放的关注，越来越多的二氧化碳被捕集并用于驱油（图4）。美国已经开展了100多个二氧化碳捕集、驱油项目，中国石油在吉林油田系统开展了二氧化碳驱油与埋存技术的研究和试验。通过二氧化碳的捕集和驱油，可以实现绿色减排和采收率提高的双赢。

3. 热采

热采技术的进展主要体现在溶剂辅助热采有效提高了稠油开采效果、就地改质技术革新稠油开采方式、热采同水平井/复杂结构井的集成应用更加广泛、可再生能源有效助力稠油热采。

1）溶剂辅助热采有效提高稠油开采效果

传统的蒸汽吞吐、蒸汽辅助重力泄油（SAGD）等稠油开采方法受到了复杂的地质条件、水处理和能耗控制等诸多限制。近年来发展起来的溶剂辅助热采方法实现了对传统稠油热采方法的整合和升级，使得开采过程水处理需求更少、单位产油能耗更低、采油速度提高。例如，溶

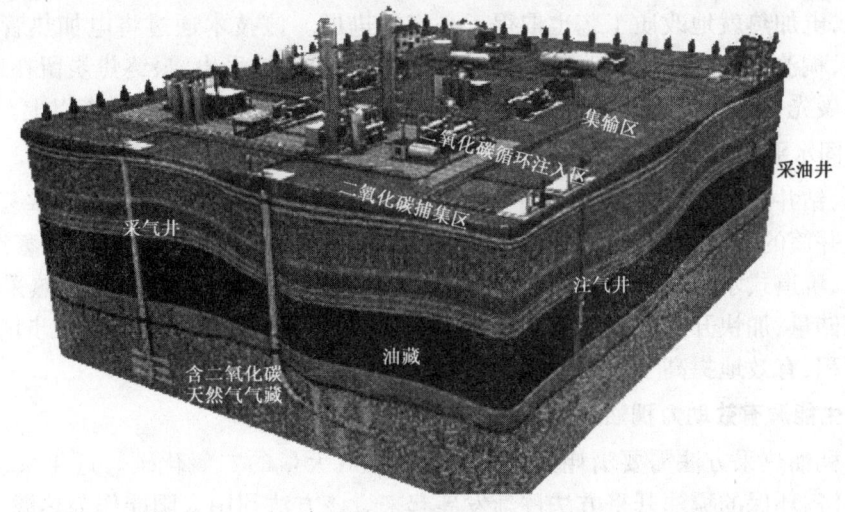

图4 二氧化碳捕集、驱油示意图

剂辅助蒸汽吞吐通过把液态烃和蒸汽混合后注入油藏,充分发挥了溶剂降黏和热降黏双重作用,有效提高了最终采收率,同时该方法可以充分利用现有的蒸汽吞吐井,无须增加过多的额外设备,降低了开采成本;溶剂辅助蒸汽重力泄油通过向蒸汽中加入 C_1—C_{25} 的烃作为增溶剂,有效改善了 SAGD 的效果。现场试验表明,该方法可以提高产量 70% 左右,降低能耗和水耗 50% 左右,同时可以有效减少温室气体排放。

2)就地改质技术革新稠油开采方式

水平井注空气就地改质工艺有效地把火烧油层和 SAGD 两种方法结合了起来(图5)。燃烧前缘不断驱替原油流入水平井中,从而增加火烧油层的泄油面积。热裂解效应使原油 API 重度上升,从而更容易被开采出来。该方法同 SAGD 相比所需的井数较少,成本较低。此外,在此基础上还发展出了就地催化改质工艺,通过向空气中加入催化剂,将热裂解和热催化效应相结合,进一步降低原油的黏度及含硫量,采收率可达 70%~80%。

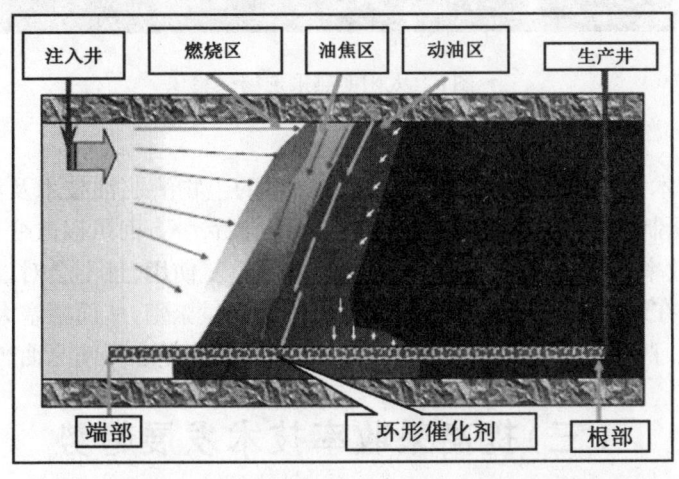

图5 水平井注空气就地催化改质工艺原理图

近年来,电加热就地改质工艺也取得了一定的进展。该技术通过将电加热管插入地层逐渐加热油层,稠油在高温作用下改质为轻质组分,轻质原油被采出,最终焦炭留在地下。目前,已在北美开展先导试验,3 年生产轻质油 10×10^4 bbl 以上,采收率可达 50% 以上。

3) 热采同水平井、复杂结构井的集成应用更加广泛

近年来,钻井技术的快速发展带动了稠油开发技术的进步,水平井以及一些复杂结构井极大地增加了井筒的泄油面积,连通了更多稠油区块。水平井蒸汽吞吐、水平井蒸汽驱、水平井电加热开采、坑道式水平井开采、多底水平井开采、水平井火烧油层等技术将热采降黏及水平井提高动用储量、加快开采速度的优势结合了起来,而各种复杂结构井则进一步增加井身与油层的接触面积,有效地提高了稠油油田的采收率。

4) 可再生能源有效助力稠油热采

传统的稠油热采方法需要消耗大量的能量并排放大量的二氧化碳。近年来,太阳能热采作为一种经济、环保的稠油开采方法逐渐发展起来。该方法利用太阳能作为热源产生蒸汽,既节约能量和成本,同时不伤害环境。自 2011 年以来,太阳能开采稠油取得了实质性进展,2015 年建成世界上最大的太阳能集热工厂,专门用来生产蒸汽并用于热采(图6)。

图 6 太阳能热采现场试验

4. 微生物驱

微生物驱油技术更加经济、环保,主要体现在新型的生物酶驱油技术及活化环境采油技术。近年来,各个公司研制了新的环保型改性酶,在注入地层后,一方面可以改变岩石润湿性,减小流动阻力,提高驱油效率;另一方面,这些酶可在多口井中重复使用,且不会对地层造成伤害。活化环境采油技术通过在地层中创造活化环境,促使微生物大量繁殖,从而堵塞大孔道。该系统一旦激活就会不断重复,直到采出全部残余油。现场试验表明,该方法可使原油产量提高 9% ~12%。

(三)提高采收率技术发展趋势

提高采收率技术潜力巨大,未来将贡献越来越多的产量,是油田开发永恒的主题。提高采

收率技术将不断打破技术界限,进一步扩展应用领域,通过集成、融合、创新不断催生出提高采收率新模式。

基于提高采收率技术所拥有的巨大潜力以及技术的不断进步,可以确定的是,未来提高采收率技术将会贡献越来越多的产量,预计到2030年贡献的产量将达到$(500\sim700)\times10^4$bbl/d(图7)。其中,美国、沙特阿拉伯、中国、科威特等将成为提高采收率技术的主要受益者。用于提高采收率的驱替流体更加智能、低耗、环保,驱替模拟技术更加高效、准确,应用理念更加超前,更加注重资源的循环利用及区块采收率的提高。未来提高采收率技术的发展将呈现出以下几个趋势。

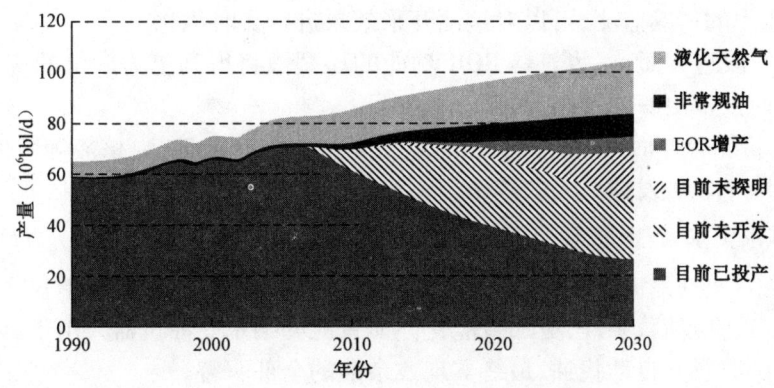

图7 2030年各类石油资源产量预测

1. 提高采收率技术应用领域不断扩大,技术界限不断延伸

目前,二氧化碳驱在残油区以及致密油的开采过程中已经发挥了重要作用,未来各类提高采收率技术有望在页岩油、深水等其他非常规领域得以应用。此外,提高采收率技术的迭代更新将不断打破传统的驱替理论的束缚,其适用范围将不断延伸到新的油藏类型(图8)。未来,热采技术将向中深层油藏和特超稠油油藏拓展,化学驱将向稠油油藏、高硬度油藏和海上油藏拓展。

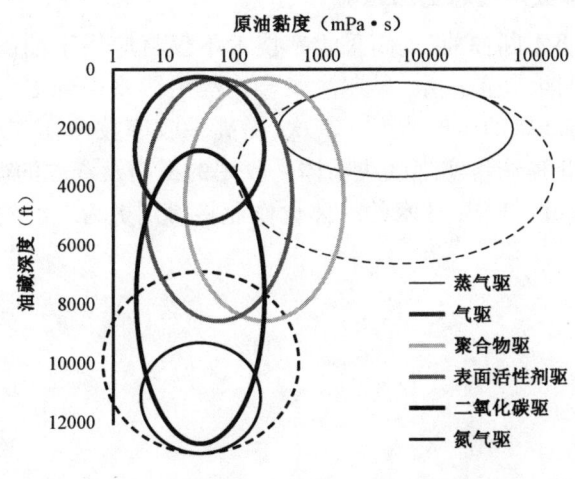

图8 提高采收率技术界限不断延伸

2. 提高采收率技术不断集成、融合、创新，催生更多 EOR + 驱油模式

目前，气驱和化学驱的结合已经催生出了 ASPaM，热采和化学驱相结合产生了注化学剂辅助蒸汽驱。未来，通过 EOR + EOR 可以更好地发挥各种提高采收率技术的协同效应。

EOR + 新材料方面，聚合物驱和纳米材料相结合可以产生界面面积大、黏着力强的聚合物驱油剂；表面活性剂驱和纳米相结合可以产生具有超高表面活化性能的纳米乳液及具有稳定界面张力的纳米表面活性剂。

EOR + 数字油田可以有效地促进提高采收率技术的降本增效，如在化学驱方面，通过对注采数据的自动分析，可以有效地判断井间连通性，从而指导化学驱方案的实施；热采方面，通过对井底温度、压力的持续监测，可以对稠油开采效果进行实时优化。

EOR + 储层改造方面，一些兼具 EOR 功能的压裂液将得到更为广泛的应用，在增加油藏接触面积的同时发挥更好的驱油作用。

在 EOR + 新能源方面，太阳能已经开始应用于热采，未来地热、核能等其他形式的新能源有望在提高采收率领域发挥更大的作用。

3. 驱油体系更加智能、低耗、环保

一些智能微粒、铁磁流体的性质可以在不同的温度、压力或磁场条件下发生特定变化，使驱油体系能够自适应油藏条件，更加智能化。而智能的纳米驱油机器人由于其尺寸足够小，可以在全油藏范围波及并自动找油，最终实现残余油的全部驱替。

4. 提高采收率驱替模拟技术更加准确、高效

有效的驱替模拟对于提高采收率技术的成功应用极为重要。未来在物理模拟方面，将产生出智能驱替实验机器人，实现长时间不间断自动驱替；3D 打印岩心可准确模拟真实岩心的表面性质及孔喉形态；超高精度岩心三维成像可准确表征驱替实验中岩心的油水的动态分布状况。数值模拟方面，对于复杂驱油机理的模拟将更加全面、准确；模拟范围将向大规模、超大规模延伸，并实现油藏和地面的一体化模拟；模型的求解方法将更加精确，并具有更好的收敛性；硬件设备性能的进步将进一步提高模拟运算速度。

5. 提高采收率技术应用理念更加超前

首先，启动的时间将不断提前，提高采收率技术不仅将应用于油田开发中后期，还将更多地应用于油田开发的早期，超前注水、早期注聚合物等手段将得到更为广泛的应用，使油田在全生命周期内始终保持旺盛的生产能力。其次，提高采收率技术在现场的应用范围将不断扩大，通过大平台的集约化建产将实现区块整体采收率的提高及资源的循环利用。此外，类似二氧化碳压驱一体化等建井 + EOR 技术的一体化作业将得到更为广泛的应用。

七、纳米技术在油气田开发中应用新进展

纳米技术是在20世纪80年代诞生并发展起来的一项尖端技术,具有极大的市场潜力,国外不少行业和企业都渴望能凭借它获得更广阔的生存和发展空间。纳米技术包括纳米级的科学、工程和技术领域,涵盖了纳米成像、测量、模拟以及纳米级物质操控。基于纳米级尺度,纳米材料常常表现出独特性和不可预测性。纳米技术在油气行业中已得到应用,为油气勘探和生产带来了无数创新性解决方案,目前已有多种成熟产品投入使用。

(一)纳米技术在油田开发中的应用概况

纳米技术在油气田开发中的应用主要分为纳米示踪剂、纳米-EOR、纳米传感器以及纳米工具和材料4个方向(图1)。纳米示踪剂主要用于水力压裂管理、水驱管理和井间监测;纳米-EOR可分为化学驱提高采收率、提高稠油采收率以及气驱提高采收率方面的应用;纳米传感器主要用于水驱跟踪、水力压裂跟踪、井筒特征描述、井间油藏描述以及提高采收率跟踪;纳米工具和材料主要有可降解压裂球和微粒固结剂。

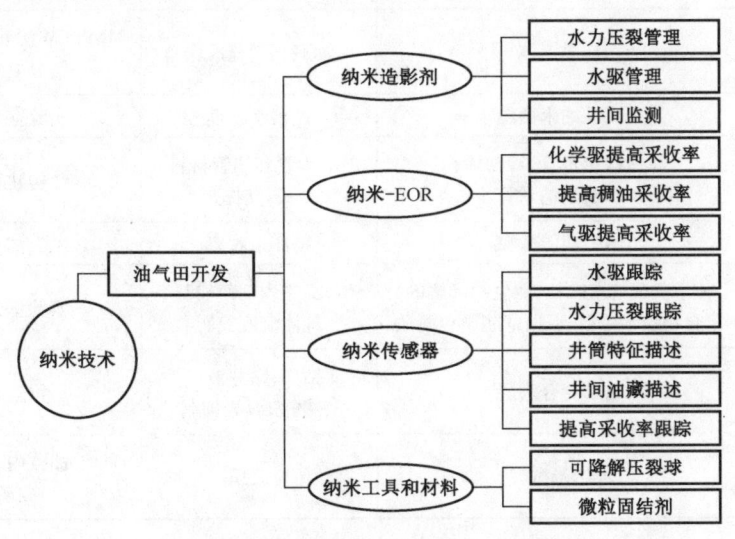

图1 纳米技术在油气田开发中的应用

近6年来,针对纳米技术的研究增长很快。图2为SPE数据库中关于纳米技术的文章量。从图2可以看出,关于纳米技术的文章量已超过2000篇,纳米技术大大促进了超亲水/超疏水涂层、可溶金属压裂、近井筒示踪剂精确控制以及页岩水基钻井液技术的发展。

此外,纳米级颗粒在油气藏勘探、生产中也展现出了良好的应用前景,可用于监测、改变油藏生产状况,为生产优化带来极大便利。表1中列出了为纳米技术在油气工业的应用情况及其所遇到的关键技术难题。

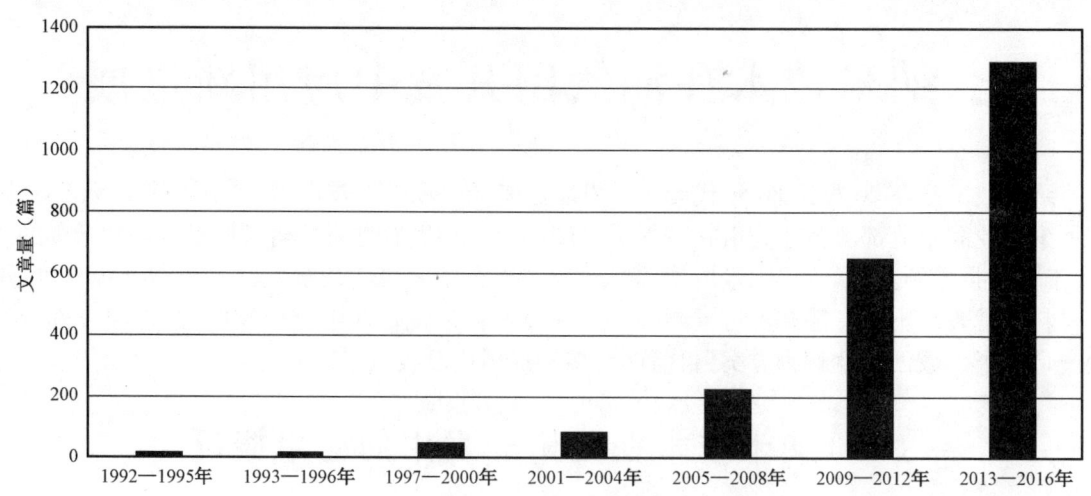

图2 SPE数据库中关于纳米技术的文章量

表1 纳米技术在油气工业中的应用

纳米技术	纳米工具	油气工业中的应用	关键技术难题
纳米电学	纳米传感器	油藏和驱替前缘成像	加长油藏条件下的电池寿命
纳米光学	量子原子团	测井	油藏内运移
纳米磁学	铁磁流体	油藏和裂缝成像	MNP、EM源和接收器,数据采集、信号处理软件的开发
	磁性纳米微粒	产出水处理	实验室到矿场的转换
纳米复合材料和纤维	单壁碳纳米管、富勒烯、多层碳纳米管	新型套管和油管材料、钻头、支撑剂	构建和测试原型
纳米微粒表活性剂	纳米功能微粒	提高采收率	油藏内运移
纳米封装	化学负载纳米微粒、能生物降解的聚合物纳米微粒、反向毫超微包囊法	酸化、注入剖面控制、气体流度控制	实验室到矿场的转换
纳米薄膜	纳米复合涂层	钻头、钻井液、完井液、页岩抑制	构建和测试原型
纳米催化剂	镍纳米微粒	稠油原位改质催化剂	油藏内运移和实验室到矿场的转换

(二)国外油藏纳米技术研究新进展

目前,油气田开发领域研究应用纳米技术的领军机构主要有先进能源协会(Advanced Energy Consortium,AEC)、沙特阿美石油公司(Saudi Aramco)、贝克休斯公司和休斯敦大学。

AEC是一家国际公认的,致力于通过部署独特的微观和纳米传感器来转变对地下油气藏认识的研究组织,主要研究方向为纳米示踪剂、纳米级传感器以及微尺度传感器;沙特阿美石油公司的 A-Dots 纳米示踪剂是经过现场验证稳定、可测量、可运移以及具有检测能力的第一个纳米示踪剂原型;贝克休斯公司是为全球油气行业提供油田服务、产品和技术的领军企业之一,走在油田纳米技术导向产品应用的前沿,纳米工具和材料是其主要研究方向;休斯敦大学的主要研究方向为纳米-EOR,研发了一种 Janus 石墨烯两亲性纳米薄膜技术,为三次采油提供了一种化学驱的替代方案。

1. 纳米示踪剂研究进展

纳米示踪剂是示踪性质的微粒或纳米粒子,它具有增强电磁、声波或其他识别性质的能力。它可在压裂过程、井筒或水驱注入流体中传播,利用可成像技术增加流体振幅空间的传感能力。

AEC 正在研究利用纳米示踪剂来绘制常规油藏的水驱前缘,并定位被绕过的生产层。利用此应用收集的数据可实现多种注入井的智能调控,包括注入流体的体积、速率以及注入和流出位置(射孔孔眼)(图3),从而降低水处理和钻井成本,提高采收率。

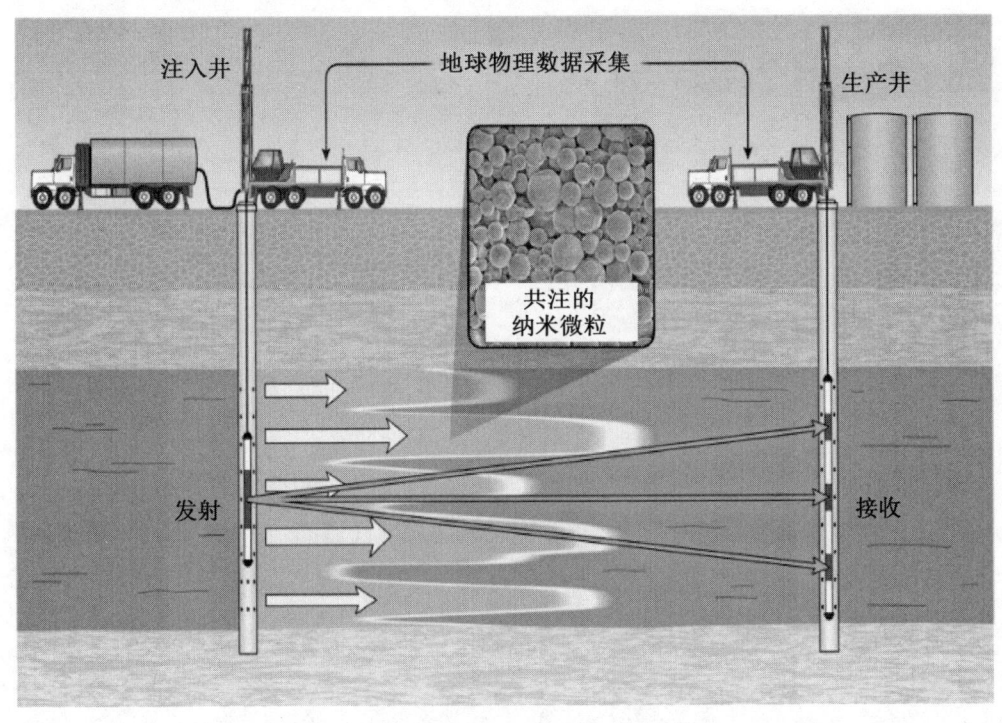

图3 利用电磁或声波示踪剂识别水驱流动各向异性

沙特阿美石油公司的 A-Dots(图4)是经过现场验证稳定、可测量、可运移以及具有检测能力的第一个纳米示踪剂原型,其在透射式电子显微镜下如图5所示。

沙特阿美石油公司开展了行业首次纳米示踪剂井间监测先导试验。如图6所示,A-Dots 从 I3 井注入,由 P1 井、P2 井、P3 井和 P4 井监测。

注 A-Dots 现场布置如图7所示。

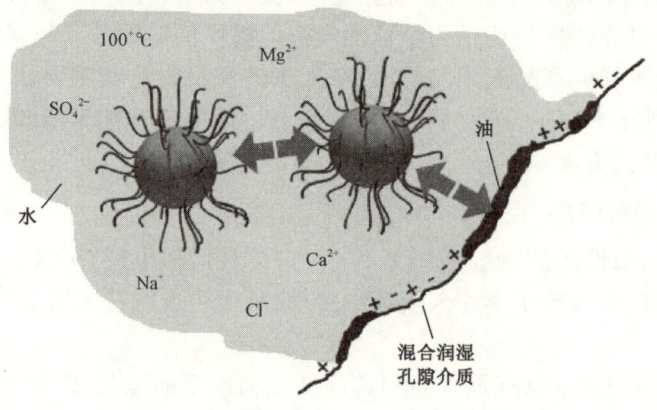

图 4　A‑Dots 示意图

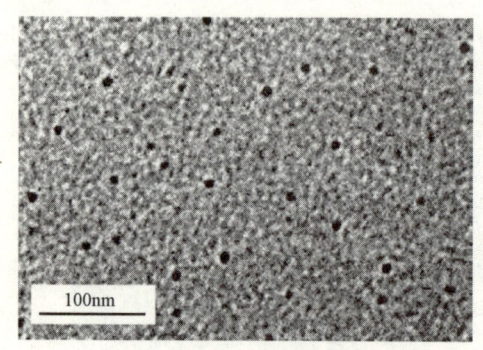

图 5　透射式电子显微镜下的 A‑Dots

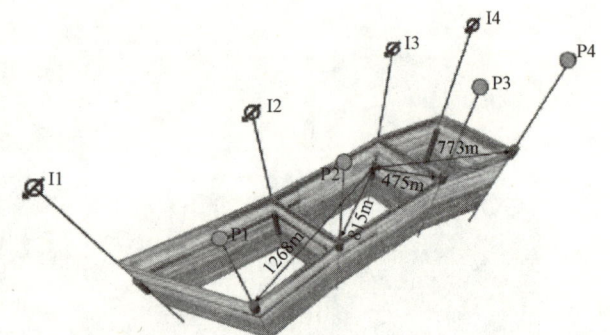

图 6　A‑Dots 注入产出示意图

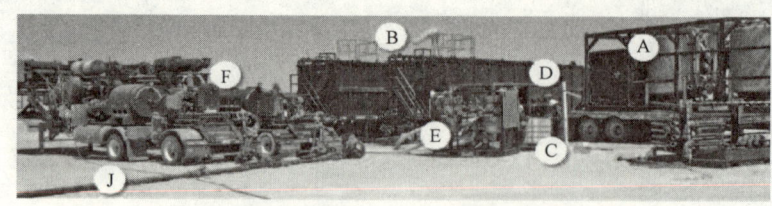

图 7　注 A‑Dots 现场布置

A—高速混合搅拌器；B—注入液大罐；C—小容量混合罐（添加传统化学跟踪剂）；
D—小型泵（罐间液体转移）；E—过滤装置；F—高压注入泵；J—注入管线

如图 8 所示，注入 A‑Dots 约 50d 后，P3 井产出水中检测到的 A‑Dots 浓度要远远超过其他生产井，证明 A‑Dots 可以顺利穿过该地区油藏孔隙。

现场试验结果表明，A‑Dots 在 Arab‑D 区块测试中表现稳定，测试油藏的总溶盐含量高达 22%，温度为 100℃，孔隙压力为 3200psi。A‑Dots 在蒸汽吞吐单井测试中的回收率高达 86%，展现出了其作为荧光纳米示踪剂的潜力。A‑Dots 能够顺利通过尺寸在 10nm 以下的

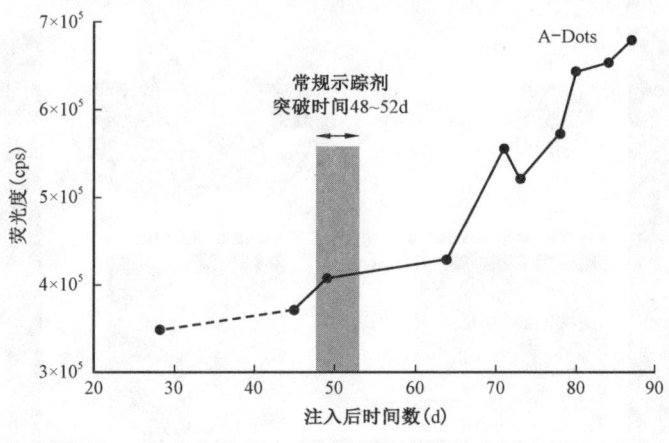

图 8　A – Dots 产出监测

Arab – D 油藏碳酸盐岩储层孔隙,并且这些颗粒对荧光检测有感应,可以实现定量测量。A – Dots 的成本很低,且对环境没有污染,是一种非常有应用潜力的商用荧光示踪剂。

2. 纳米 – EOR 技术新进展

1) 纳米技术用于化学驱提高采收率

纳米技术最常见的应用就是向油藏中注入具有纳米尺度或其他纳米特性的颗粒或乳液(统称为纳米化学剂),从而提高最终采收率。化学驱的最终目的是提高整体驱油效率,包括微观和宏观层面的驱替效率。从微观层面上来讲,化学驱的目标是减少由于毛细管压力而滞留在孔隙中的原油;从宏观层面上来讲,化学驱的目标是动用那些水驱未被波及的原油。

莱斯大学研究发现(图 9),将纳米化学剂用于化学驱有利于实现控制流度和改变润湿性两种目标。

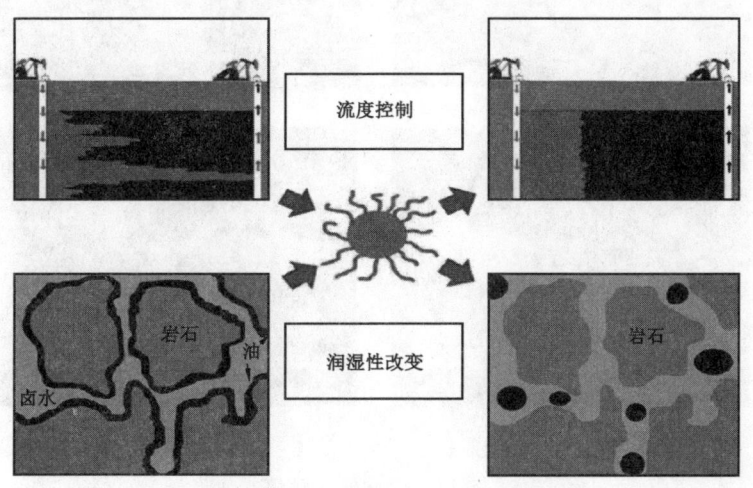

图 9　纳米化学驱提采机理

莱斯大学利用扫描电镜发现,聪明水聚合纳米微粒在一定温度下会发生膨胀(图 10),堵塞高渗透区域,将注入流体分流向低渗透区域,从而实现控制流度的目的。

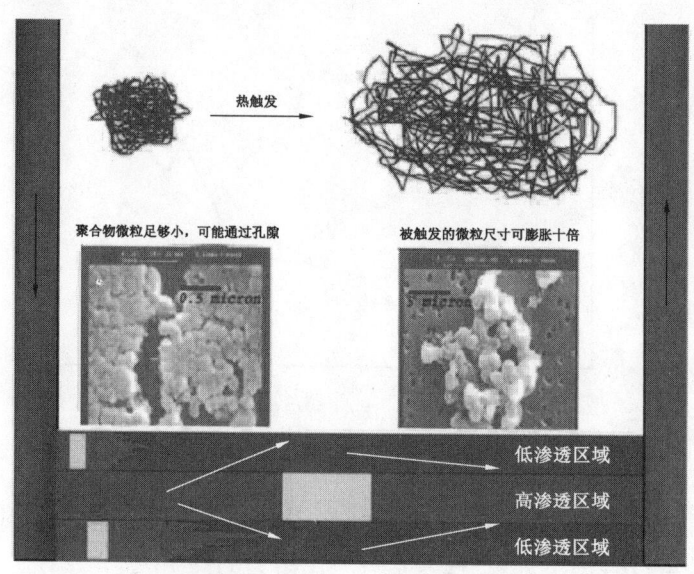

图 10　聪明水聚合纳米微粒在扫描电镜下的图像

莱斯大学研究发现,二氧化硅纳米微粒处理后的岩石表面,油/气/岩石和水/气/岩石系统的接触角都发生了变化(图 11),证实纳米微粒可以改变润湿性。

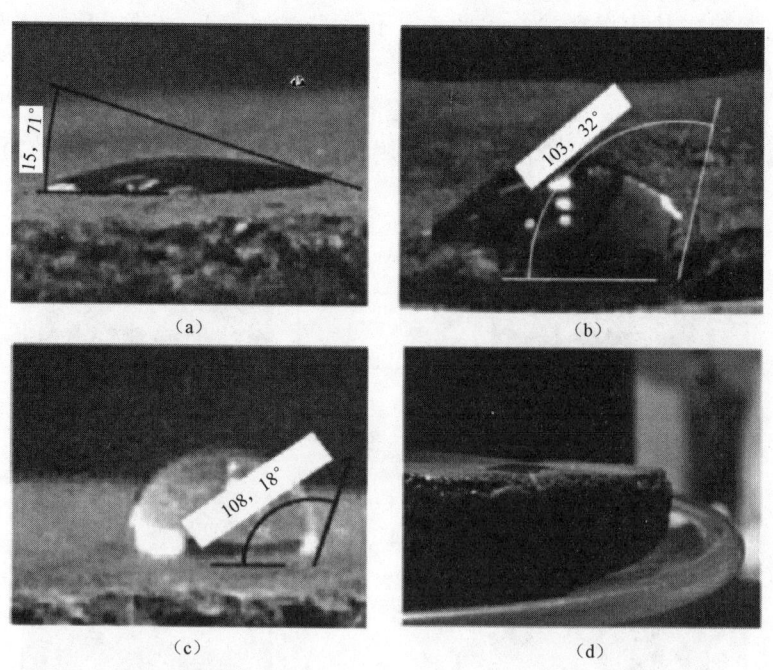

图 11　变化的接触角

AEC 评价了一系列复合纳米材料(涂有合适的聚合物或表面活性剂的纳米微粒)。评价它们是否具备降低油水界面表面张力和提高表面活性剂驱油效果的能力。AEC 已经设计出了可耐高温高盐度的复合纳米系统(图 12),它展示了超低的表面张力。

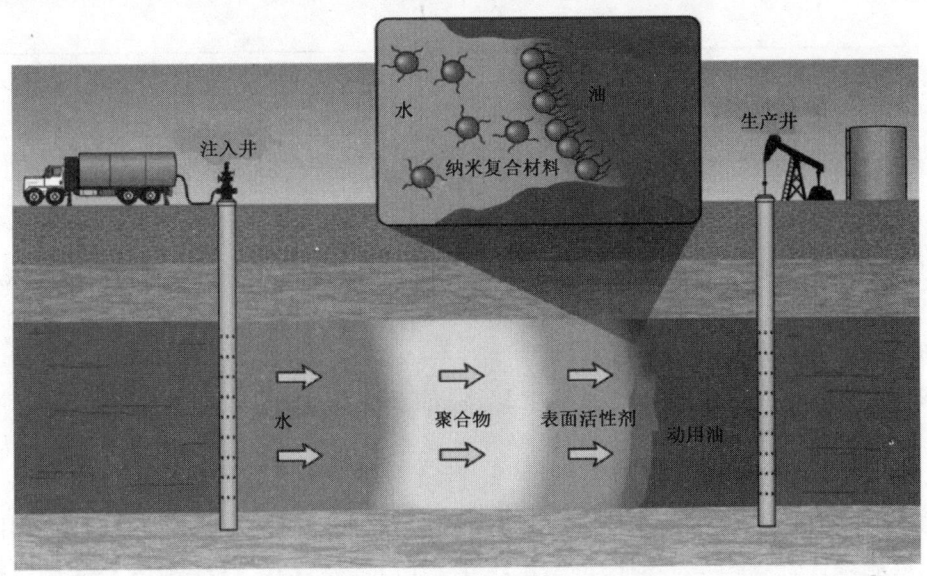

图 12　耐高温高盐度的复合纳米系统提采表面活性剂驱

美国休斯敦大学(UH)和中国西南石油大学的研究人员研发了一种纳米技术——Janus 石墨烯两亲性纳米薄膜技术(图 13),为三次采油提供了一种化学驱的替代方案。

研究发现,在盐水环境中,纳米流体在油水界面形成强有力的弹性可恢复薄膜,薄膜能够快速地分离油和水,自发地接近油水界面,降低界面张力,进行段塞状驱油,促使油流向生产井,具有经济和环保双重效益。

休斯敦大学研究者在新闻发布会上称,利用浓度仅为 0.01% 的石墨烯基的 Janus 两性分子纳米片溶液,可以增加 15.2% 的采收率,对比采用其他化学流体,提高采收率效果增加了 3 倍多(表 2)。

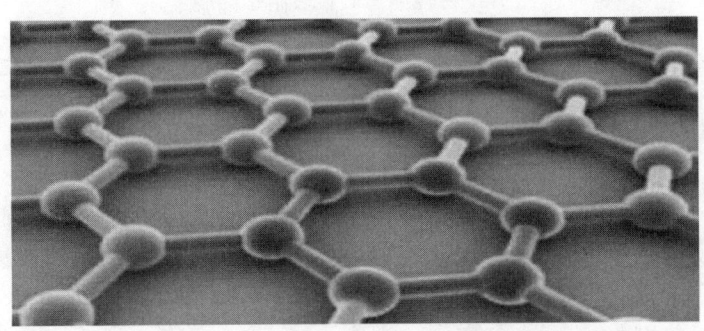

图 13　Janus 石墨烯两亲性纳米薄膜

表 2　Janus 石墨烯两亲性纳米薄膜驱油数据

序号	岩心孔隙度(%)	平均流体渗透率(mD)	纳米流体浓度[%(质量分数)]	盐水驱后采收率(%)	纳米流体驱提高采收率(百分点)	最终原油采收率(%)
1	24.8	54.4	0.005	71.1	6.7	77.8
2	26.0	44.5	0.01	62.5	9.5	72.0

续表

序号	岩心孔隙度（%）	平均流体渗透率（mD）	纳米流体浓度[%（质量分数）]	盐水驱后采收率（%）	纳米流体驱提高采收率（百分点）	最终原油采收率（%）
3	27.9	130.0	0.005	68.2	10.2	78.4
4	25.8	132.0	0.01	69.6	15.2	84.8

在位于艾伯塔北部的 Nipisi 地区,加拿大自然资源公司将一种名为纳米微球(Nanospheres)的微小颗粒注入油藏。这种聚合物纳米微球进入油藏后会堵塞注入水的自然流动通道,迫使注入水转向到达未被驱替到的油藏部位。

在 Nipisi 地区原油 API 重度达到 41°API,原油黏度为 4mPa·s,目前整体采收率已高达 39%。如果该项目试验成功,预计原油采收率可提高 3%,多采出 21×10^4 bbl 原油,大概每多采出 1bbl 原油需要花费 19 美元。

三角研究所研究发现磁性纳米微粒吸附在比它大得多的油滴上(图14)。并利用透射式电子显微镜观察含有 Chromium(Ⅲ)的纳米胶囊(图15),发现其与特定矿化度下的水接触48h后,会溶解并释放 Chromium(Ⅲ)。释放的化学剂会堵塞高渗透通道,迫使注入水转向到达未被驱替到的油藏部位。

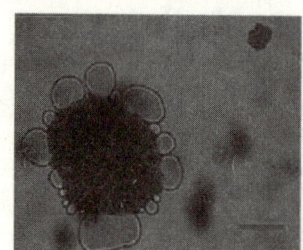 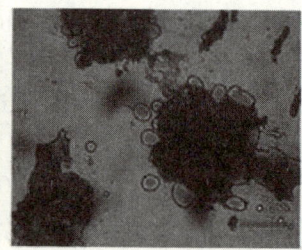 

图14 磁性纳米微粒吸附于油滴上

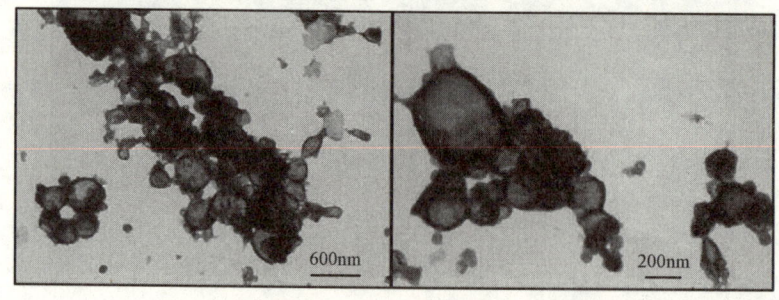

图15 纳米胶囊溶解并释放 Chromium(Ⅲ)

2)纳米技术用于稠油提高采收率

纳米技术用于稠油提高采收率降低稠油黏度的机理有提高稠油油藏的导热系数和就地提升稠油品位两个。

Srinivasan 发现某些纳米微粒除了具备提高修复流体密度和黏度的能力外,还具备提高油藏导热系数和比热容的能力。如图16所示,向油藏注入金属氧化物纳米微粒后,便可通过电磁加热油藏岩石。Bera发现这些纳米微粒与高频电磁波接触后,会自发地在电磁场中排列,产生高频粒子振动,从而依靠摩擦加热周围环境。

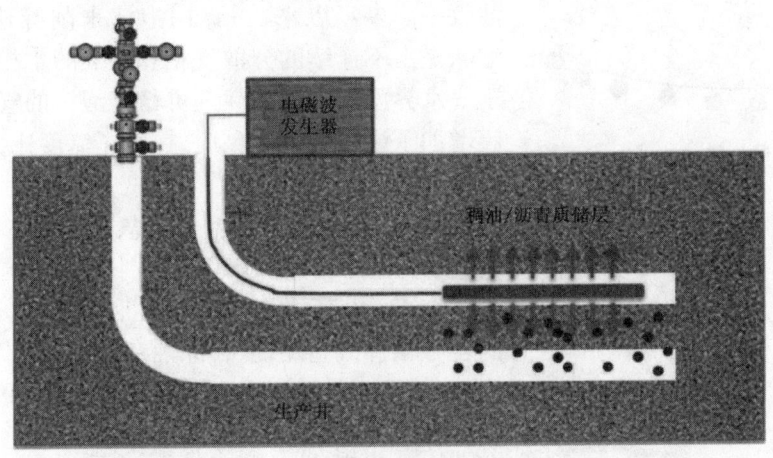

图16 电磁加热法开采稠油

Shokrlu发现纳米微粒(如镍、氧化铜、氧化锌等)可在纳米尺度上催化裂解稠油分子,实现就地提高稠油品位(图17)。Hashemi解释纳米微粒的大表面积提高了氢化生成和氢化裂解反应的催化效果。Shokrlu认为,与微米尺度催化剂相比,纳米尺度的微粒更容易分散,对注入能力的影响更小。Guo证实纳米金属催化剂可提高稠油采收率,并促使岩石润湿性改变。Franco发现双金属纳米催化剂可辅助稠油品位提升和蒸汽持续注入。

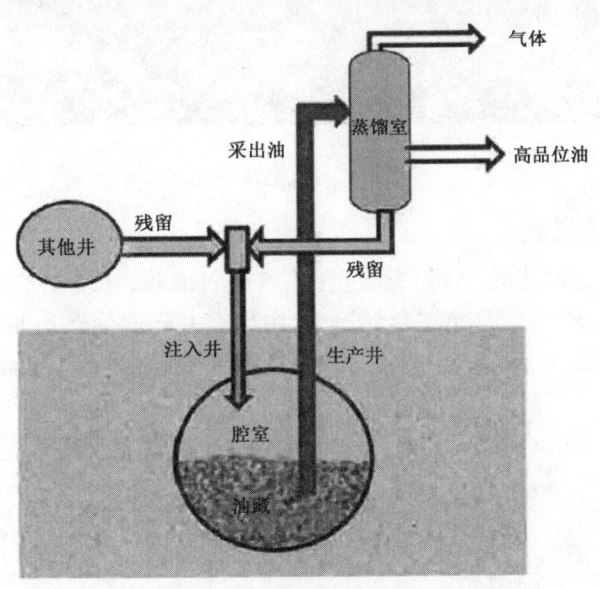

图17 注入的纳米催化剂就地提升稠油品位

3) 纳米技术用于气驱提高收率

不利的流度比和重力分离效果致使气驱提高采收率的应用效果并不那么理想。重力分离引起较差的垂向波及,黏滞不稳定性导致较差的面积驱油效果。多年以来,一直用泡沫来削减这些不良效果。泡沫是由不连续的分散气相和连续的水相组成的。作用于气水界面的表面活性剂可稳定泡沫的气泡。泡沫的液膜增加了注入气体的黏度,提高了流度比,并减弱了重力超覆。

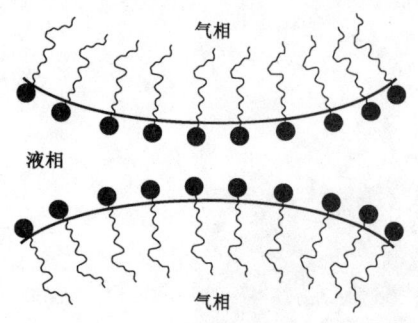

图 18　吸附于气水界面的纳米微粒

Sun 发现加入少量憎水二氧化硅纳米微粒的 SDS 可稳定水基泡沫,认为 SDS 分子促使纳米微粒在气水界面吸附(图 18),提高了膨胀黏弹性和泡沫稳定性。Eftenhari 的岩心驱替试验发现,在原油存在的情况下,混合了煤粉灰纳米微粒的烯烃磺酸盐(AOS)比只有 AOS 形成的氮气泡沫更强更稳定(图 19)。

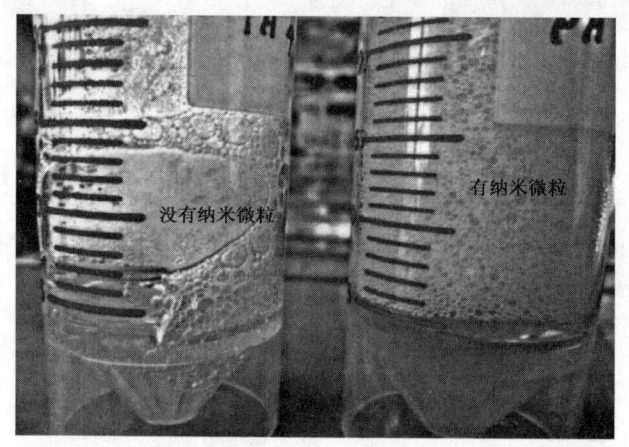

图 19　氮气泡沫对比

3. 纳米传感器研发进展

油藏纳米传感器(即纳米传感器),通过注入水进入油藏,在地下"旅行"期间,分析油藏的压力、温度和流体类型,将信息存储在存储器中,由生产井随原油产出并回收(图 20)。纳米传感器的平均尺寸为 10nm,1 滴溶液中含有 6000 亿个纳米传感器(Resbots)(图 21)。

图 20　纳米粒子注入和回收示意图

图 21 纳米传感器示意图

纳米传感器可用于辅助圈定油藏范围,绘制裂缝和断层图形,识别和确定高渗透通道,帮助寻找油田中被遗漏的油气,优化井位,设计和生成更真实的地质模型。纳米传感器是一种全新的了解井间基质、裂缝和流体性质以及油气生产变化的技术。可以通过直接与油藏接触完成,对剩余油发现和开采具有重要作用。

AEC 正在开发地下自发纳米传感器(或称为微电子智能砂传感器),它可标记时间和位置,具有在严苛的地下环境获取信息的能力。现有的数据获取装置是毫米级的封装系统,适合描述温度、压力、电阻率以及烃浓度。它可应用于流动保障、井筒完整性分析、水力压裂以及油藏描述(图22)。

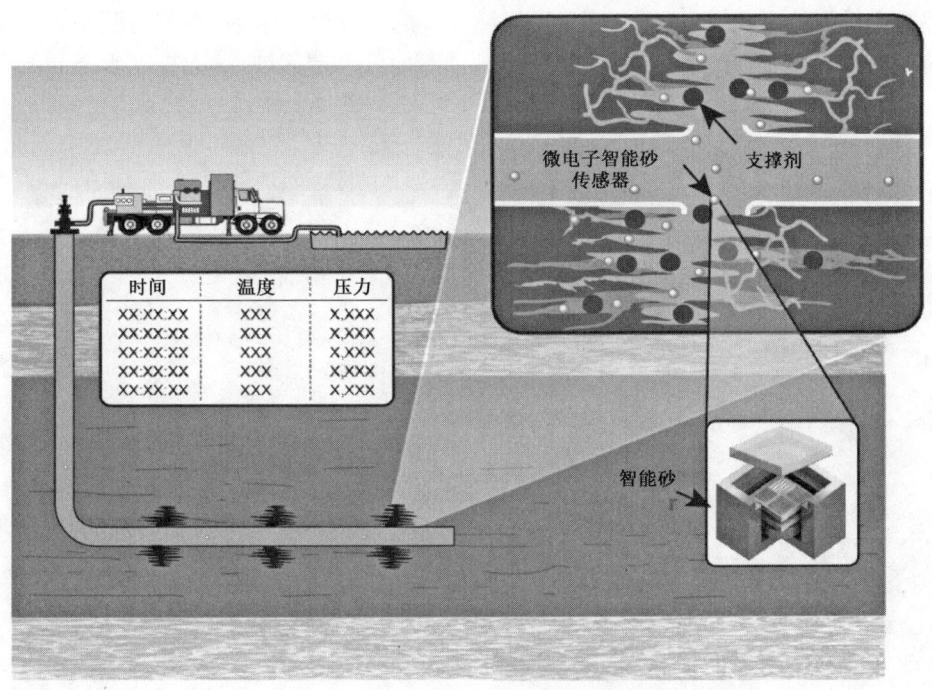

图 22 应用纳米传感器示意图

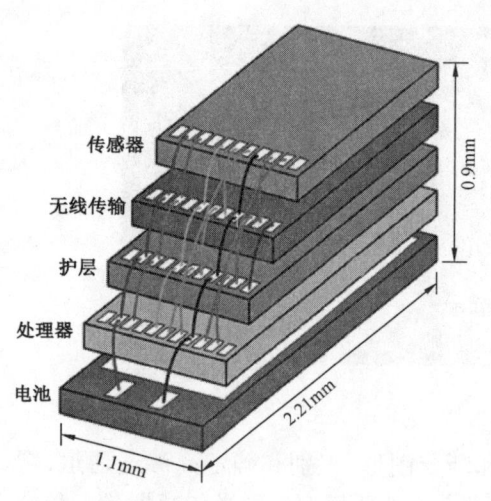

图23 3mm智能砂综合传感元件

在纳米传感器上,电子封装设备包括专用电池和可以记录很长时间测量值的存储系统。AEC智能砂的堆叠芯片可将不同的传感器、电源、微处理器、通信系统以及防护技术很快地并入一个元件。最优的执行技术可能是并入现存的井下工具或进一步的微型化(图23)。

最初的研发产品包括8mm和3mm的物理传感器,可在7500psi和120℃的环境下工作。环境保护壳保证传感器在测量油藏物性时,无须暴露于系统外部的恶劣环境。AEC已经成功证明了这种温度传感器在高温高压环境下的可用性。

AEC正在开发能精确判定油藏中剩余油饱和度的纳米传感器,其难点在于设计可用来识别剩余饱和油在油藏的位置,具有合适特性、稳定以及可移动性的纳米粒子。为了解决这些问题,AEC设计了稳定的纳米负载传递系统。此系统具有很多独特的性质:(1)用防护胶囊保护纳米传感器,降低发生在油藏岩石上的非特异性吸附;(2)触发油藏激励释放;(3)化学计时添加剂确保纳米传感器释放在井间的离散位置;(4)能够将多种纳米传感器压缩到不同结构的壳体隔离室。

水驱响应控制也可应用有效负载传递。一种低黏度纳米材料与驱油水同时注入,共注的流体会从渗透率最高的区域通过(图24)。通过设计好的触发机制激活,有效负载系统将突然释放可膨胀的聚合物和交联剂产生堵塞,使水分流到油藏的低渗透区域,从而提高水驱的波及效率。

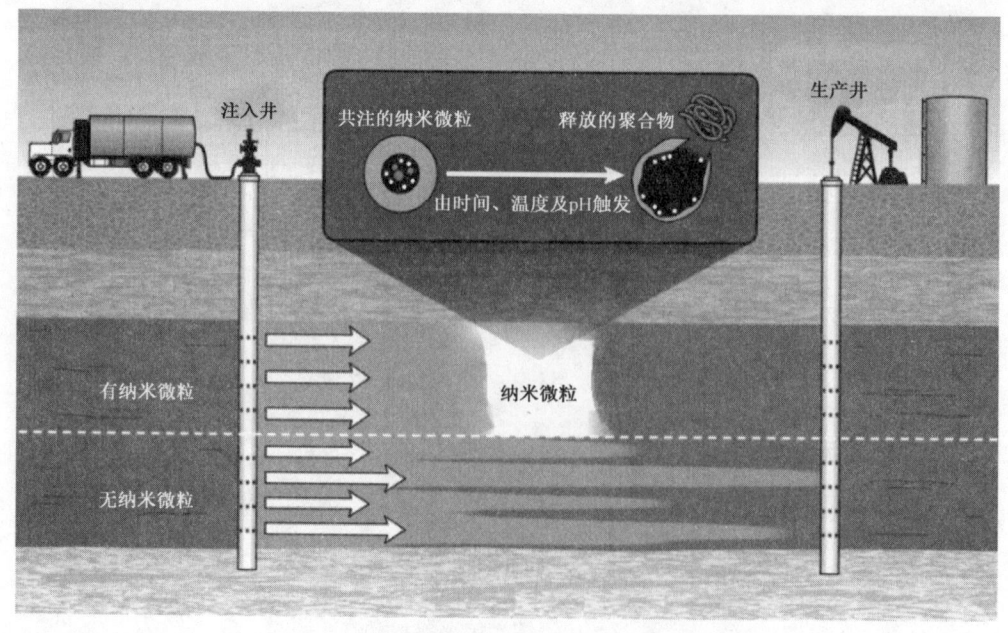

图24 利用纳米微粒缓和注入水窜入高渗透区域

4. 纳米工具/材料新应用

贝克休斯公司的 IN‑Tallic 可降解压裂球是由纳米级可控电解金属材料组成的,该材料比铝轻,比低碳钢强度大,但在特定流体条件下会降解。IN‑Tallic 球在压裂过程中能够保持其原有形状和强度,随后在井投产前或投产后短时间内降解。浸泡在盐水中的压裂球会随着时间的推移而逐渐降解(图25),也就是说,降解过程通常发生在压裂液和井筒流体存在的情况下,无须人为添加其他特殊流体。

SHADOW 系列压裂桥塞是一种永久性桥塞,生产过程中被设计留在了井底,完全省去了分段射孔完井时钻穿桥塞的阶段。使用了 IN‑Tallic 可降解压裂球,油气可就地流过桥塞,在节省时间、降低成本的同时,消除了挠性油管(CT)阻力带来的风险。这种压裂系统能够快速连续地进行水力压裂。

图 25　IN‑Tallic 可降解压裂球

贝克休斯公司还研发出了采用高表面张力的特殊固体材料制成的纳米级微粒固结剂,以捕集或固结地层中的微粒。被添加到水力压裂支撑剂充填层或砾石充填层,以在充填层中起稳定地层微粒的作用。

这种纳米微粒材料,由于其表面积很大,可以制成"纳米海绵",通过在支撑剂颗粒或砾石颗粒接触点捕集或滞留地层微粒来发挥稳定地层微粒的作用(图26)。可以阻止地层微粒运移或穿过支撑剂充填层或砾石充填层,避免污染近井地带或堵塞防砂筛管。

图 26　纳米级微粒固结剂

(三)纳米技术在国内的应用现状与发展前景

在低油价环境下,采用纳米技术加热稠油油藏,提高稠油油藏采收率降本增效是否可行值得探索。随着纳米技术的高速发展,预计未来会陆续涌现颠覆性新技术。

1. 国内应用情况

纳米技术在国内油气行业中的应用多是以化学剂的形式出现,较热的有分子沉积膜(MD膜)驱油,也有大量关于二氧化硅纳米微粒在 EOR 中应用,以及少量应用纳米微粒提高泡沫稳定性方面的研究。但对于非二氧化硅纳米微粒在 EOR 中应用的研究较少,未发现将纳米技术用于稠油提高采收率方面的研究。

气驱提高采收率在国内已应用了很多年,不利的流度比和重力分离效果制约了气驱提高采收率大范围应用,应结合纳米技术(如煤粉灰纳米微粒)增强气驱的适应性。

2. 发展前景

纳米催化剂原位改质难动用原油技术有望实现有机质的原地转化和开采,将高能耗、高污染的"地上炼厂"模式发展到优质清洁的"地下原位炼厂"模式。

由于纳米材料具有大量可用于化学修饰的活性位点,未来油田开发将以纳米材料为基础,以化学改性为手段,在同一纳米材料上集成多种功能,真正赋予纳米材料目标性与智能性,将一剂多能、一剂多用变为现实。

可通过纳米材料化学修饰方法将普通驱油剂扩大波及体积与提高洗油能力的两大特性赋于同一纳米材料上,真正实现智能化驱替,大幅度提高油田采收率。

参 考 文 献

[1] Rahmani A R, Bryant S L, Huh C, et al. Characterizing Reservoir Heterogeneities Using Magnetic Nanoparticles [C]. Proceedings of the SPE Reservoir Simulation Symposium, 2015.

[2] Srinivasan A, Shah S N. Surfactant – Based Fluids Containing Copper – Oxide Nanoparticles for Heavy Oil Viscosity Reduction. Proceedings of the SPE Annual Technical Conference and Exhibition, 2014.

[3] Bera A, Babadagli T. Status of Electromagnetic Heating for Enhanced Heavy Oil/Bitumen Recovery and Future Prospects: A Review[J]. Applied Energy, 2015, 151: 206 – 226.

[4] Shokrlu Y H, Babadagli T. Transportation and Interaction of Nano and Micro Size Metal Particles Injected to Improve Thermal Recovery of Heavy – Oil[C]. Proceedings of the SPE Annual Technical Conference and Exhibition, 2011.

[5] Hashemi R, Nassar N N, Almao P P. Nanoparticle Technology for Heavy Oil in – situ Upgrading and Recovery Enhancement: Opportunities and Challenges[J]. Applied Energy, 2014, 133: 374 – 387.

[6] Guo K, Li H, Yu Z. Metallic Nanoparticles for Enhanced Heavy Oil Recovery: Promises and Challenges[J]. Energy Procedia, 2015, 75: 2068 – 2073.

[7] Franco C, Cardona L, Lopera S, et al. Heavy Oil Upgrading and Enhanced Recovery in a Continuous Steam Injection Process Assisted by Nanoparticulated Catalysts[C]. Proceedings of the SPE Improved Oil Recovery Conference, 2016.

[8] Johnson L M, Ledet E, Huffman N D, et al. Controlled Degradation of Disulfide – based Epoxy Thermosets for Extreme Environments[J]. Polymer, 2015, 64: 84 – 92.

八、"一趟钻"推动国外页岩油气高效开发分析

在低油价下,钻井提速降本成为油公司、钻井公司和技术服务公司的首要任务之一,也是持续高效开发页岩油气等非常规油气资源的必然要求。水平井钻井提速降本潜力大,途径多,其中一个有效途径就是"一趟钻"。

(一)美国页岩油气的钻完井成本大幅度下降

面对持续低迷的国际油价,美国的页岩油气开发商把降低成本作为头等大事,通过管理创新、技术创新和商业模式创新,使盈亏平衡点一降再降,促成了页岩油气产量不降反升的现象。以美国西南石油公司为例,在2013—2016年,页岩气单井单位产出成本下降了44%(图1)。

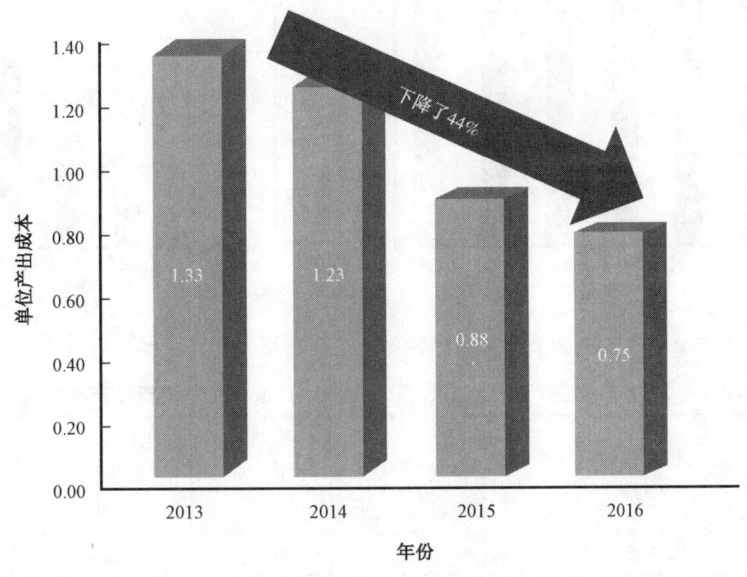

图1　页岩气单井单位产出成本不断下降

美国页岩油气开发商降低成本的手段很多,其中最重要的措施就是通过延长水平段长度、强化"一趟钻"、简化井身结构、加大压裂强度等办法,缩短钻井周期,降低钻完井成本。比如,从2010年到2016年,在东北阿巴拉契亚页岩气产区,美国西南能源公司的水平井的平均水平段长度从1097.9m增加到1872.1m,平均钻井周期从25.6d缩减至9d(图2)。在Fayettevill产区,该公司同期的水平井的平均水平段长度从1762m增加到2090m,产气量提升了22%(表1)。

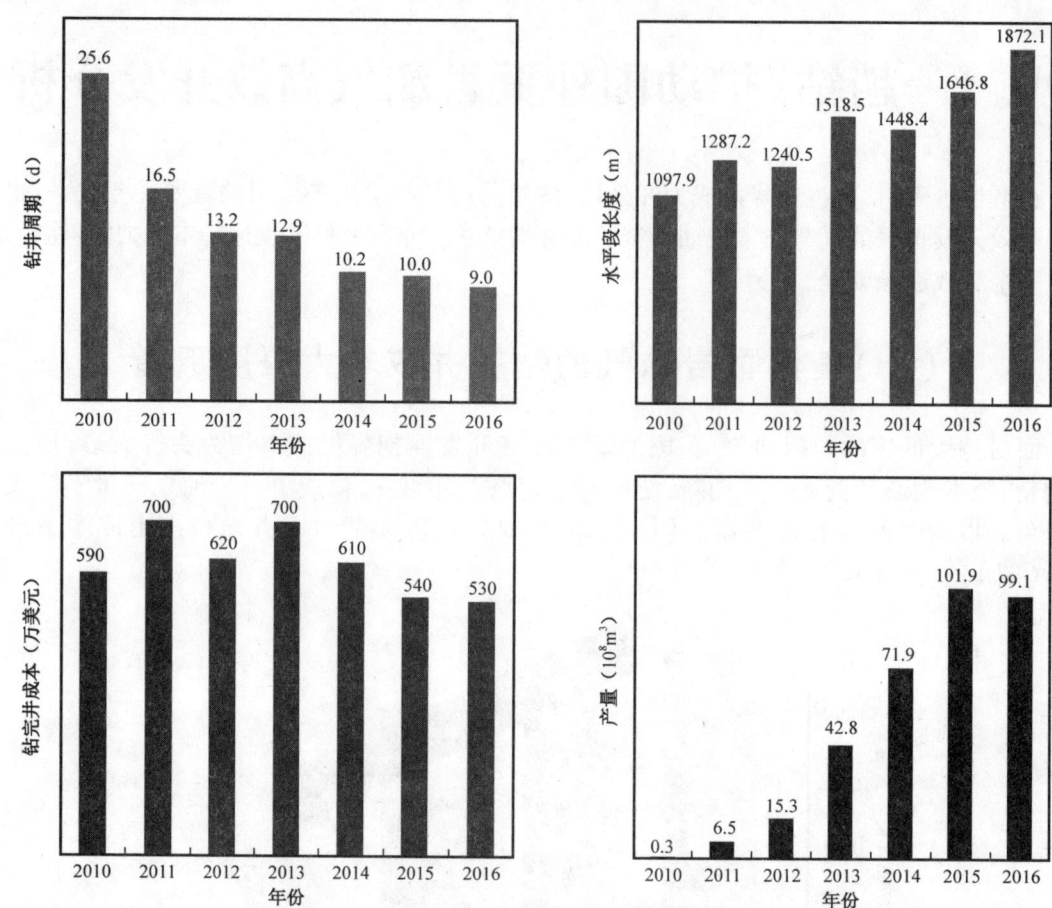

图2 西南能源公司在阿巴拉契亚东北部页岩气区块的作业效果

表1 2014—2017年美国西南能源公司Fayettevill页岩气区块新投产井的生产动态

时间	投产井数（口）	平均单井初始日产量（$10^4 m^3$）	第30天平均单井日产量（$10^4 m^3$）	第60天平均单井日产量（$10^4 m^3$）	水平段平均长度（m）
2014年第一季度	105	12.09	7.40	6.24	1726.4
2014年第二季度	148	12.36	7.70	5.98	1640.4
2014年第三季度	106	12.18	7.58	6.15	1585.6
2014年第四季度	97	13.70	7.00	5.19	1690.7
2015年第一季度	99	12.52	6.83	5.39	1790.7
2015年第二季度	68	12.47	7.26	5.91	1778.8
2015年第三季度	50	11.00	5.96	4.95	1648.1
2015年第四季度	43	12.10	7.13	5.96	1726.1
2016年第一季度	9	18.64	7.69	6.65	1675.2
2016年第二季度	6	17.98	7.90	6.88	2094.0

续表

时间	投产井数（口）	平均单井初始日产量（$10^4 m^3$）	第30天平均单井日产量（$10^4 m^3$）	第60天平均单井日产量（$10^4 m^3$）	水平段平均长度(m)
2016年第三季度	6	19.35	9.54	9.57	2088.8
2016年第四季度	22	11.45	5.65	5.61	1690.7
2017年第一季度	12	16.52	11.56	9.87	2090.3
2017年第二季度	8	13.29	9.08	7.64	2061.4

另一家主要从事美国页岩油气开发的独立石油公司EOG资源公司，其水平井的水平段长度越来越长，平均钻井周期却越来越短（图3），单位进尺钻完井成本越来越低（图4）。

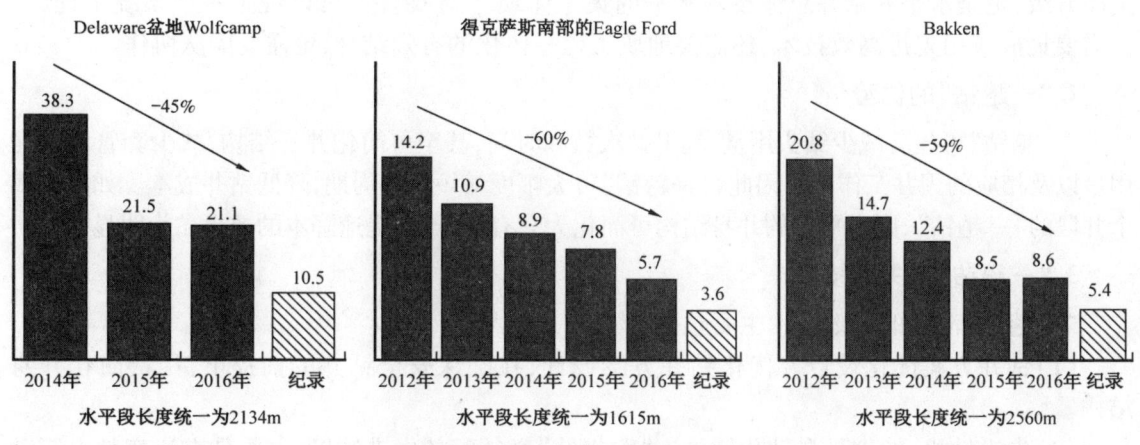

图3 EOG资源公司水平井平均钻井周期（单位：d）

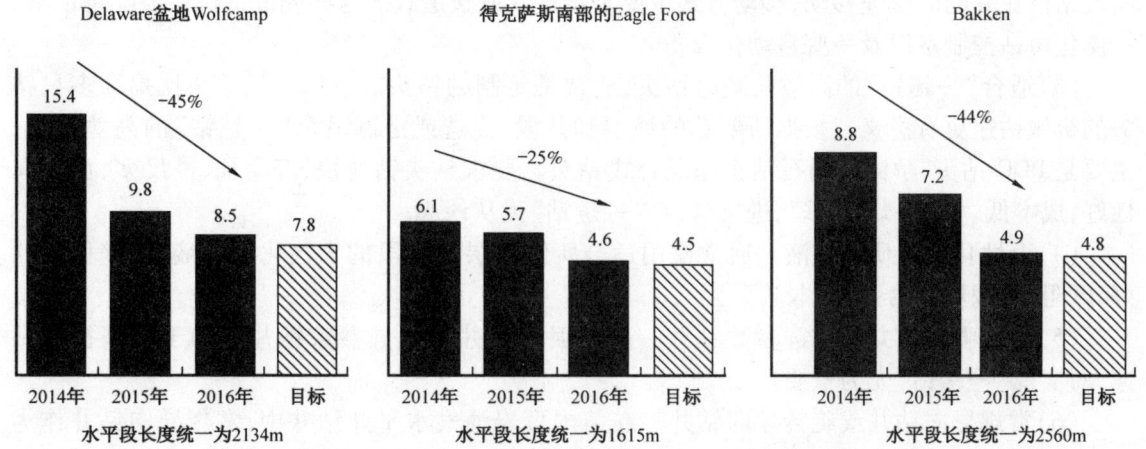

图4 EOG资源公司水平井平均钻完井成本（单位：百万美元）

（二）"一趟钻"在降低成本中起到至关重要的作用

据资料统计，在过去10年里，美国页岩油气的平均单井建井成本降低了一半以上，钻井成本的占比从50%下降到35%，即钻井成本的绝对缩减幅度达65%。其中，"一趟钻"功不可没。

1. "一趟钻"的概念

所谓"一趟钻"，就是钻头一次下井打完一个开次的所有进尺。对于水平井来说，一个开次可能涉及一个、两个或多个井段，比如直井段、斜井段和水平段。斜井段又可能包括造斜段、稳斜段、降斜段和扭方位。"一趟钻"已成为低油价下水平井钻井提速降本的有效途径，多井段"一趟钻"的提速降本效果尤为明显。"一趟钻"不仅仅是钻头技术的升级，还是钻井工程的全面升级，也是水平井钻井总体技术水平的集中体现。"一趟钻"可以说是一项系统工程，不仅需要集成应用先进高效技术，还需要地质工程一体化的有效结合，更需要团队协作。

2. "一趟钻"的优势

"一趟钻"可显著减少钻头用量、起下钻次数和时间，甚至可简化井身结构，减少套管和水泥用量以及相应的固井工作量。因此，"一趟钻"可大幅度缩短钻井周期，降低钻井成本。如实现多个井段的"一趟钻"，则水平井的井身结构可简化为只有两开次，提速降本的效果尤为明显。

3. "一趟钻"的关键技术

"一趟钻"涉及的关键技术主要包括：

(1) 钻井方案优化设计。优化钻井方案设计，在确保安全钻井的前提下，尽量简化井身结构。

(2) 先进钻机，特别是自动化钻机。"一趟钻"必须配备先进钻机，主要是交流变频电驱动钻机，特别是自动化钻机。在工厂化作业中，需要使用自动化程度较高的工厂化作业钻机，可实现钻机在井间的快速移动，移动方式主要是步进式或轨道式。这些先进钻机需要配备顶驱、一体化司钻控制室以及一些自动化设备。

(3) 适合"一趟钻"的高效长寿命钻头，通常是定制的钻头。少用一只钻头比提高多只钻头的机械钻速更有意义。根据所要钻的地层和井段，优选或定制适合"一趟钻"的高效钻头，主要是PDC钻头、孕镶金刚石钻头和混合式钻头。要求钻头钻速快、寿命长、进尺多、可导向性好，成本低。若钻头寿命短、进尺少，则"一趟钻"无从谈起。

(4) 个性化的优质钻井液。通常使用适合所钻地层和井段的个性化钻井液，井壁稳定性好，摩阻小，携屑能力强，成本低。

(5) 高压喷射钻井及优选参数钻井。高压喷射钻井及优选参数钻井有助于提高机械钻速，对实现"一趟钻"尤为重要。

(6) 常规导向钻井或旋转导向钻井。在美国页岩油气水平井钻井中，常规导向钻井作为一种经济有效的导向方式，得到了广泛应用，其中包括完成大量的单个井段"一趟钻"。

旋转导向钻井不断取代常规定向钻井和常规导向钻井，广泛用于钻高难度水平井、多分支井、大位移井，实现了大量的"一趟钻"，高造斜率旋转导向钻井实现的两个井段和多个井段"一趟钻"越来越多。

(7)随钻地质导向。为精准导向,需要实施随钻地质导向或随钻储层导向,因此需要使用具备此功能的 MWD 或 LWD,或使用集成此功能的高端旋转导向钻井系统。

(8)远程专家决策支持中心。该中心既是大数据分析中心,又是一个决策支持中心,所配备的多学科专家团队可随时监督钻井方案的执行情况,同时可根据来自现场的实时信息及时修正钻井方案,更好地完成地质导向等钻井作业。一个多学科专家团队可同时指导多个钻井现场的作业。国际大石油公司和技术服务公司普遍在全球建立了多个远程专家决策支持中心。有了远程专家决策支持中心,更有利于实现"一趟钻"。

钻头、钻井液、导向工具和仪器匹配好,是实现"一趟钻"的基本条件。未来的"一趟钻"将以更快的速度、更短的时间和更低的成本,一次下井高质量地完成多个井段的钻进。

(三)国内外"一趟钻"技术降低成本案例分析

近年来,"一趟钻"的应用规模不断扩大,涵盖各类井型,开发各类油气资源。在美国页岩油气水平井钻井中,单一井段的"一趟钻"已成常态,两个井段的"一趟钻"得到推广应用,多个井段的"一趟钻"持续增加。"一趟钻"完成的进尺纪录突破 6000m,长水平段水平井的应用不断实现突破。

目前,中国石油和中国石化均开展了"一趟钻"技术研究应用。中国石化在焦石坝地区近地表地质条件复杂,溶洞、暗河和裂缝多,浅层气多,地层出水,易发生井漏、井喷。自 2014 年 3 月投入商业化开发以来,中原等施工队伍结合地质实际,不断优化钻井工程工艺,优选钻头钻具,形成了空气钻、泡沫钻、清水钻、PDC + 螺杆复合钻等优快钻井技术系列,在部分水平井中成功实现了 1500m 水平段"一趟钻"。

中国石油经过 2014—2016 年三轮钻探和开发建设,以长宁、威远示范区水平井为例,通过集成"气体钻井表层治漏、高效马达 + 个性化 PDC 钻头、难钻地层气体钻井提速、旋转导向精确控制",定型钻井提速模板,现场应用效果显著,各井区提速取得很好效果,如宁 201 井区钻井周期与开发初期相比缩短 55%,威 204 井区钻井周期缩短 57%。而单井钻完井成本也从起初的 1 亿元降至现在的 5000 万元左右。在长宁、威远示范区,"一趟钻"尚属小范围试验,水平井平均单井钻头用量大、起下钻次数多、非生产时间多、钻井周期长、生产时效较低、钻完井成本高(表2),也说明在示范区开展水平井"一趟钻"具有较大的提速降本潜力。

表2 中国石油长宁、威远示范区部分水平井钻井时效

井号	平均井深(m)	平均水平段长(m)	平均钻井周期(d)	平均生产时效(%)	平均纯钻时效(%)	单井钻头用量(只)
宁201	4614	1588	82.77	86.63	36.84	14
威202	4633	1501	61.51	96.22	47.73	11
威204	5344	1450	92.95	91.77	44.16	14

1. CONSOL 能源公司利用"一趟钻"实现一天钻一英里

2015 年,美国 CONSOL 能源公司在一个井场用工厂化作业方式钻 8 口水平井。页岩储层薄,厚度不足 1.5m,而且呈上倾走向,造斜段造斜率高,水平段长,因此钻井难度很大。尽管如

此，钻井提速仍非常明显，多口井实现三开"一趟钻"（斜井段＋水平段）。钻得最快的两口水平井，水平段日进尺分别达到 1613.3m 和 1774.2m。"一趟钻"完成的进尺最多的达到 4597.6m。尽管页岩储层薄，这些井仍然获得了 100% 或接近 100% 的储层钻遇率。这 8 口井的平均井深比邻井场的 6 口井长，但钻井周期比邻井场有明显减少。之所以取得如此好的效果，是因为应用了自动化钻机、贝克休斯公司的高造斜率旋转导向钻井系统、PDC 钻头、随钻储层导向和远程专家决策支持中心，实现了"一趟钻"。

2. Eclipse 资源公司利用"一趟钻"完成超级水平井

2016 年第一季度，美国 Eclipse 资源公司在俄亥俄州 Utica 页岩气产区钻成了一口总井深达 8244.2m 的水平井，页岩层埋深在 2000m 左右，水平段长度 5652.2m，号称超级水平井，创造了美国陆上水平井水平段长度新纪录。

钻井承包商是 Helmerich & Payne 公司，所用钻机是该公司为工厂化作业研制的自主品牌自动化钻机——FlexRig 钻机。

如此长的水平段实现了"一趟钻"，应用了个性化钻井液以及斯伦贝谢公司的旋转导向钻井系统和 8½in PDC 钻头（非定制）。由斯伦贝谢公司提供远程决策支持。

水平段的钻井用时 17.6d，用时和费用均少于预期，单位进尺钻完井成本为 2801.8 美元/m，远远低于该地区的其他井，创该地区的新低。

3. 怀俄明州 DJ 盆地应用"一趟钻"降本增效

2017 年第一季度，美国怀俄明州 DJ 盆地一口井深 5405.02m、水平段长度 2895.6m 的页岩水平井，一开和二开均为"一趟钻"，钻井周期仅 3.5d，实现了 3.5d 钻一口 5400 多米的水平井的惊人效果。

该井二开应用贝克休斯公司的 8½in Talon Force 高转速 PDC 钻头、6¾in 高造斜率旋转导向钻井系统 AutoTrak Curve、7in Navi-Drill Ultra XL45 螺杆钻具，"一趟钻"钻至总井深 5405.02m，实现了二开 3 个井段（直井段＋斜井段＋水平段）的"一趟钻"，创造了该盆地两项新的钻井纪录：1.95d 钻进 4651.55m（含 2895.6m 水平段），最快日进尺 2519.78m（图 5）。钻至造斜点后，将水基钻井液换成油基钻井液，造斜段的设计造斜率为 10°/100ft。

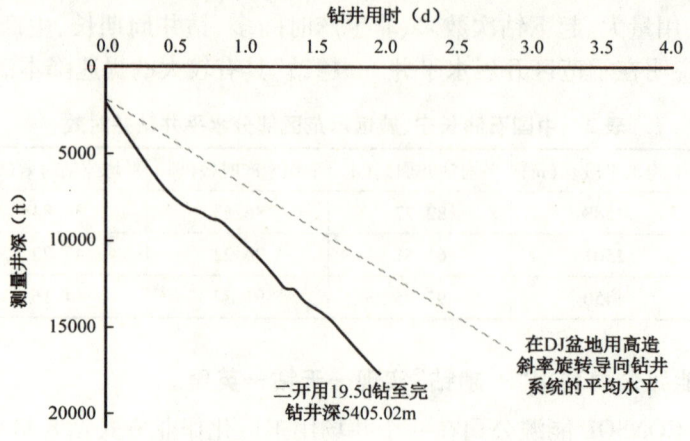

图 5　二开 3 个井段（直井段＋斜井段＋水平段）"一趟钻"

(四)"一趟钻"技术发展前景及认识启示

展望未来,"一趟钻"的应用规模将进一步扩大;水平井的井身结构因"一趟钻"的推广应用而进一步简化,两开次井身结构将越来越多;水平井"一趟钻"的提速降本效果将更加显著。

1. "一趟钻"将成为非常规资源开发提速降本的撒手锏

美国页岩油气革命的实质就是技术革命,"一趟钻"技术已经在美国页岩油气水平井钻井中得到推广应用,提速降本效果明显,与分段压裂技术一起持续降低页岩油气开发成本和盈亏平衡点,使更多的页岩层在低油价下得以经济高效开发。当前,中国正在大力推进非常规油气资源的开发,对于页岩气寄予厚望,中国未来页岩气资源开发前景广阔。而水平井钻井提速降本对高效开发油气,特别是页岩气、煤层气、致密气和致密油等非常规油气至关重要。高成本是制约中国页岩气高效开发的"卡脖子"问题。

2. 在国内页岩气开发中尽快推广"一趟钻"技术

参考美国页岩气井提速降本的学习曲线规律,中国页岩气水平井钻井仍具有较大的提速降本潜力。全面提高认识,将"一趟钻"作为低油价下水平井钻井提速降本的重要抓手加以推行,以期在页岩气降本增效方面取得重大突破。尤其要在具体的技术措施上予以支持,比如:推广地质工程一体化,使钻井方案设计更加有的放矢,井身结构得到优化以适应"一趟钻"的要求;升级改造现有钻机,配置自动化钻机,以适应"一趟钻"大钻压、高转速、大排量等强化参数要求;定制适合"一趟钻"的高效钻头和优质钻井液;加快推广应用拥有自主知识产权的旋转导向钻井系统,打破地区界限,形成统一、共享的服务市场;持续开展旋转导向钻井系统的技术攻关,不断提升技术性能、可靠性和经济性,形成系列化。

3. 完善并发挥好远程专家决策支持中心的作用

推广和完善远程专家决策支持中心,以此作为提升钻井信息化的一个重要途径,为"一趟钻"提供有力的远程决策支持。目前,国内多个油田建立了信息化平台,但并没有将其作用发挥到位,通过其实现降本增效,还有很大的可提升空间。一方面,应利用现有的信息化平台,配备多学科专家,通过整合作业流程和资源,切实实现远程地质导向,切实做到工程地质一体化融合,以实现高钻遇率的"一趟钻";另一方面,借助各油田的现有信息系统,最大化地开放信息、共享资源,利用大数据分析提升决策的准确率,形成最佳作业实践,加速"学习效应"。

4. 依靠科学管理和有效激励,保障"一趟钻"实施

只有通过科学的管理方法,才能将降本增效落到实处。借鉴美国经验,结合自身情况,从激励、考核、商业模式创新等方面着手,采取科学的管理方法激励和保障"一趟钻"的实施。在激励方面,可制定"一趟钻"奖励办法,设立针对一线员工的奖金奖励,配合评比评选等名誉奖励,并确保奖励落实到位。在考核方面,设立产量与成本联动的考核机制和以平台为基准的考核对象,有抓有放,避免造成为达到成本目标而牺牲质量,以实现整体效益最大化。在商业模式方面,发展由油田分公司主导、钻探公司共同参与的风险合作开发模式,发挥好一体化优势。

参 考 文 献

[1] Tim Beims. Purple Hayes No.1H Ushers in Step Changes in Lateral Length, Well Cost[R]. The American Oil & Gas Reporter, July 2016.
[2] Denise Livingston. Horizontal Drilling Optimization, High Build Rates Lead to 'Mile – a – day' Record Wells in Marcellus Shale[J]. Drilling Contractor Magizine, May/June 2016.
[3] 张金成,艾军,臧艳彬,等. 涪陵页岩气田"井工厂"技术[J]. 石油钻探技术,2016,44(3):9 – 15.

九、二氧化碳输送技术新进展

近年来,温室气体排放引起全球气候变暖问题日益凸显,其中 CO_2 的作用约占 77%(图1)。中国 CO_2 排放量占全球 CO_2 排放量的 28%,因此大力发展 CO_2 捕集技术具有重要的现实意义和战略意义。为此,一些发达国家致力于研究 CO_2 捕获与封存(CO_2 Capture and Storage,CCS)技术,并实施了多个示范工程,例如挪威 Sleipner 工程、白令海 Snohvit 工程等。CCS 主要分为捕获、封存两个方面。首先,从发电、生产和燃料处理过程中(排放的气流中)捕获 CO_2;然后利用油罐或管道将捕获的 CO_2 输送至地下不可开采的煤层、采空的油气层或深咸水含水层进行封存。

由于中国 CO_2 的来源地和注入地或使用地相隔较远,从经济运输的角度来说,管道输送超临界 CO_2 具有输量大、输送距离远、经济性好等优点,因此推广管道输送超临界 CO_2 具有很重要的现实意义。

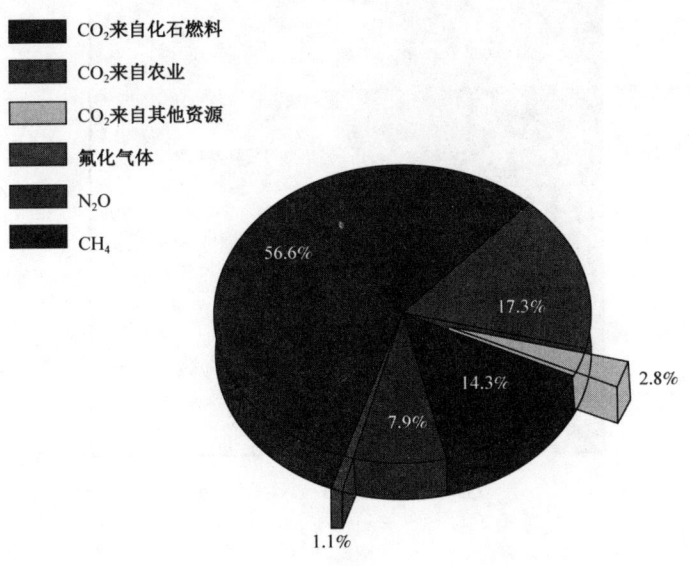

图1 各类温室气体占比

(一)技术概况

目前,在北美、欧洲、中东、非洲、澳大利亚等地区有长约 6500km 的 CO_2 管道,CO_2 管道建设的原动力用于提高原油采收率(EOR),现今在美国大多数的 CO_2 管道运输用于提高原油采收率(EOR),欧洲部分新建管道用于 CCS 项目中。

1. CO_2 输送相态

通过管道和轮船运输 CO_2 已经处于工业应用规模,对于小规模短距离的情况,压力罐车也是一种较经济的选择。选择合适的输送方式不仅要考虑成本和输送量,还要考虑地理环境、安全问题、储存 CO_2 的类型和输送的灵活性。现在已建成的输送大量 CO_2 的项目,主要目的为提高石油采收率,大部分采用管道输送。因此,CO_2 管道输送工艺的发展被认为是一种较经济的输送方式。

根据输送 CO_2 的不同相态(图2),其管道输送工艺可分为气态输送、液态输送、密相输送和超临界输送4种。由于气相输送具有较低的浓度和较高的压降,因此不适合长距离输送。因为在管道运输和罐车输送过程中很难保证沿途低温,所以操作压力和环境温度是集输过程中的决定性因素。因此,超临界输送和密相输送因其相态稳定而更适用于管输 CO_2,在增压站和泵站中的汽蚀问题也因此会降到最低。几种 CO_2 输送相态的对比见表1,国内筹建中的 CO_2 管道多为短距离的注入管道,因此从工艺、总投资和安全性3个方面分析,超临界输送工艺适用性更好。

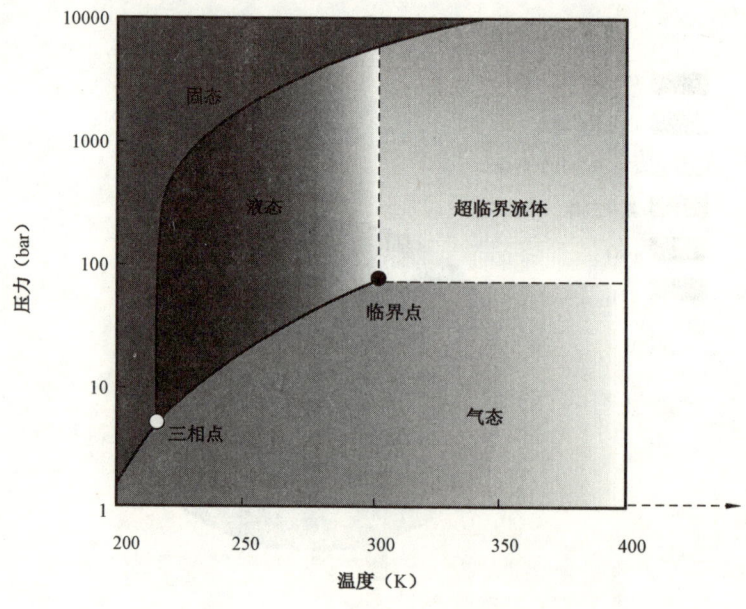

图2 纯组分 CO_2 相图

纯 CO_2 的临界压力和临界温度分别为 7.63MPa、304.35K。当温度大于临界温度且压力也大于临界压力时,CO_2 便稳定地处于单一相态——超临界状态。此时 CO_2 性质发生变化,其典型的物理特性如下:

(1)CO_2 的密度接近液体,是气体的几百倍;
(2)其黏度近似于气体,比液体黏度小两个数量级;
(3)其扩散系数介于气体和液体之间,比液体大几百倍,因此具有很好的溶解能力。

表1 输送 CO_2 相态对比

参数 相态	温度变化	压力变化	密度变化	保温	安全	经济
密相	最终与地面持平	逐渐降低	逐渐降低	不保温	较危险	结合具体情况
超临界	逐渐降低	逐渐降低	逐渐升高	保温	较危险	较低
液相	温降较大	压降较大	逐渐降低	保温	较安全	贵
气相	温降较大	压降较大	先增大后减小	不保温	较安全	较贵

2. 超临界 CO_2 管道输送工艺

超临界 CO_2 管道输送工艺流程如图3所示。

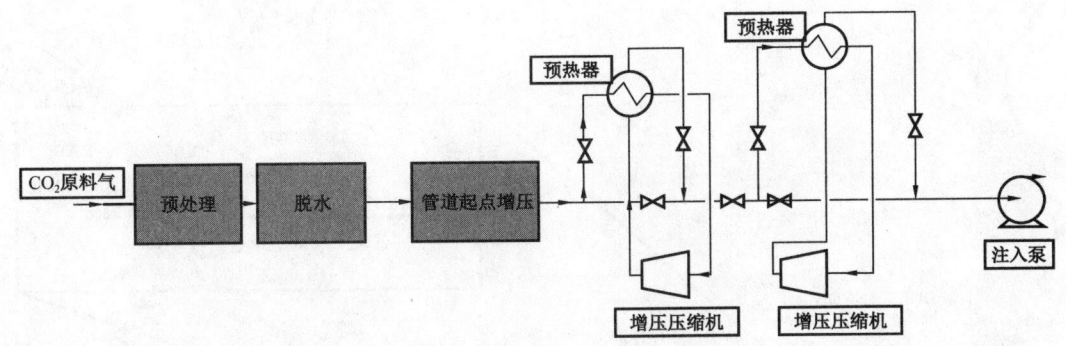

图3 超临界 CO_2 管道输送工艺流程

输送过程中 CO_2 在管道内保持超临界状态（温度、压力均高于临界值），通过压缩机压缩升高输送压力，管道需要敷设保温层使温度始终处于临界点以上。随着管输距离的增长，CO_2 的温度和压力均降低，当达到临界状态时，即需要进行加温加压处理。

1) 发展历程

自从20世纪60年代早期，提高原油采收率工业中就已经开始使用管道输送纯 CO_2，Danberry 建立管道用于输送纯 CO_2。1972年，Canyon Reef Carriers（CRC）公司建成第一条较大规模的 CO_2 管道并投产，以便将天然 CO_2 输送到美国得克萨斯州 SACROC 油田。1984年，现存最长的 CO_2 管道为808km 的 Cortez 管道[API 5LX-65 碳钢，NPS30（外径762mm）]，从科罗拉多州 Cortez 输送天然 CO_2 到得克萨斯州丹佛市，输送能力为 20×10^6 t/a。1988年美国建立长660km 的 Sheep Mountain 管道输量达 9.5×10^6 t/a，2000年韦本 CO_2 管道建立，连通美国—加拿大间 CO_2 输送，全长328km，输量达 5.05×10^6 t/a。

尽管 CO_2 管道一直存在，但其覆盖面和互联设施却不能与天然气和原油管网相媲美。国际上超临界 CO_2 管道里程不足石油、天然气及其他危险化学品管道总里程的1%，因全球环保形势日趋严峻，未来将呈现增加趋势。美国是最早采用管道输送 CO_2 的国家，有超过40年的历史，全球只有小部分的 CO_2 输送管道分布于加拿大、土耳其、阿尔及利亚、匈牙利及挪威等国家，大部分分布在美国，其管输 CO_2 主要用于 CO_2 驱油，基本是位于人口密度较低区域的陆地管道，只有北海的部分 CO_2 管道采用海底管道。

2）领军人物

据 Global CCS 和文献数据表明，Kinder Morgan 公司是最大的 CO_2 输送公司，大约有 2092km 的 CO_2 管道用于提高原油采收率，他们不仅将部分 CO_2 用于自身的 EOR 项目，并且还向第三方出售 CO_2。其中，Cortez 管道是该公司最大的 CO_2 管道，每天运输约 $0.34 \times 10^8 m^3$ 的 CO_2。Kinder Morgan 公司在 CO_2 运输并将其利用到提高采收率方面是全球的领导者。其 CO_2 源主要来自 Bravo Dome、Doe Canyon Deep 和 McElmo Dome，提高采收率的油田位于新墨西哥州东南部、得克萨斯州西部和犹他州东南部。除 CO_2 管道外，Kinder Morgan 公司的 CO_2 属于 Kinder Morgan Wink 管道系统，为公司所有。其中，McElmo Dome 为全球已知的最大的 CO_2 气田，含有超过 $20 \times 10^8 m^3$ 的 CO_2。Kinder Morgan 公司在美国的 CO_2 管道分布如图 4 所示。

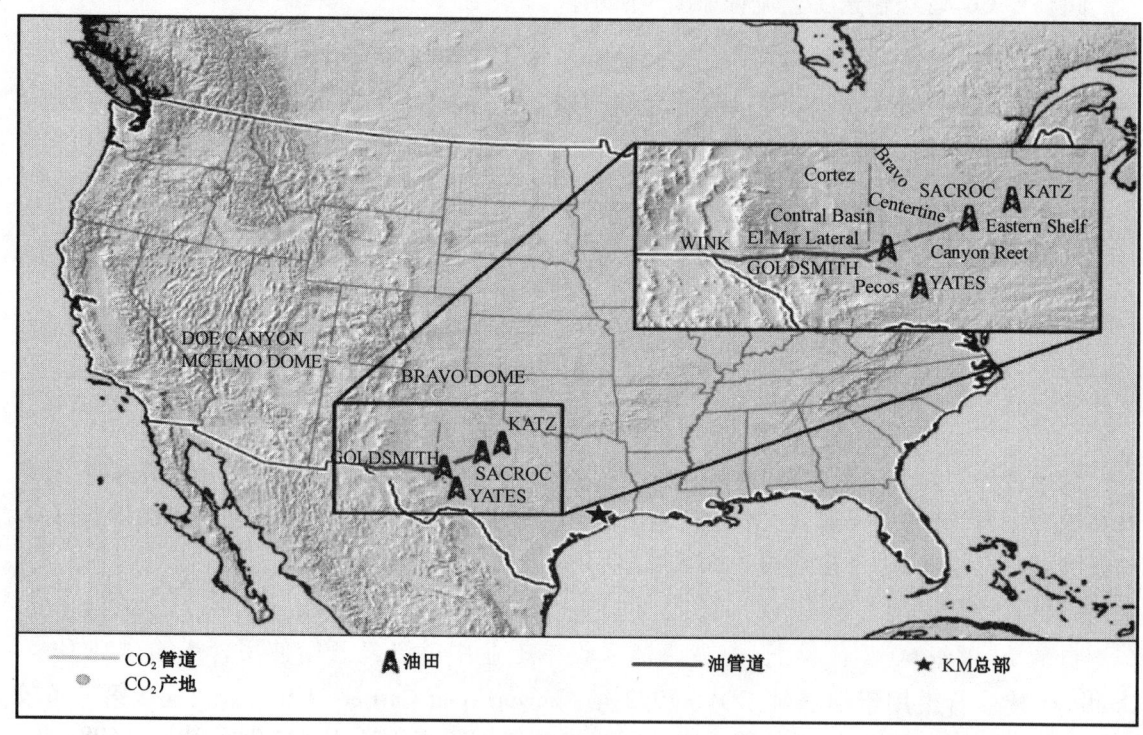

图 4 Kinder Morgan 公司 CO_2 管道分布

（二）应用现状与前景

1. 应用现状

目前，加拿大和美国占据了世界上大部分的 CO_2 管道，其中主要的几条管道也是仅有几家公司来运营管理。从全球主要的 CO_2 管道分布来看，北美地区的管道项目一般较大，而欧洲偏小。全球管道长度排名前十的 CO_2 管道见表 2。

表2 全球 CO_2 管道长度前十名

管道/项目	运营公司	管长(km)
Cortez	Kinder Morgan	808
Sheep Mountain	Oxy Permian	656
Green Line	Denbury	502
Longannet	ScottishPower	380
Bravo	Oxy Permian	351
Dakota Gasification	Dakota Gasification	328
Choctaw	Denbury	294
Kingsnorth	E. ON	270
Raven Ridge	Chevron	257
Canyon Reef Carriers	Kinder Morgan	224

2. 应用效果

2014年,大约有 $354 \times 10^8 m^3$ 的 CO_2 流经美国管道,其中大约80%是自然气源。在未来几年中,将有很多新的企业建设新的 CO_2 输送管道,到2020年预计新建总长约965.4km,新增输量达 $311 \times 10^8 m^3$。到那时,企业所产生的 CO_2 所占比例将超过自然气源所占比例。目前,在美国只有4%的原油产品是通过提高采收率项目采出的,到2030年这一比例将提升到7%,这将会需要更多的 CO_2 管道运输。

从2000年开始,便有 $110920 m^3/h$ 的 CO_2 运输到坐落在加拿大萨斯喀彻温省泛加拿大公司(PanCanadian)所属的Weyburn地区。这一举措将使泛加拿大公司的原油产量显著提升。现今大约有 $177000 m^3/h$ 的 CO_2 提供到Cenovus Energy公司和Apache公司用来提高原油采收率。

因此可以看出,将 CO_2 用于驱油将有较好的收益,其中 CO_2 管道的基础建设是尤为重要的。

3. 应用前景

现今全世界有很多国家的研究机构都在致力于CCS的研究,其中一个重要的环节便是 CO_2 运输,包括英国的UKCCS、GeoEnergy研究中心,澳大利亚的Peter Cook中心,欧洲的零排放平台,全球CCS机构和BIGCCS等研究机构。与BIGCCS合作的有挪威科技大学、奥斯陆大学、慕尼黑工业大学、挪威工业大学等大学以及壳牌、ENGIE集团、挪威国家石油公司等企业。由此可见,CCS是一项全球性的研究,开展 CO_2 运输研究意义深远。

4. 应用案例分析

1) Weyburn油田项目

Weyburn油田注入 CO_2 提高采收率项目是世界上注入 CO_2 提高采收率比较成功的案例之一。该项目为一大型国际合作项目,实施机构包括以加拿大能源技术研究中心(PTRC)为首的来自加拿大、美国和欧洲的16家研究单位。自开始 CO_2 混相驱后,油田产量快速增长。

该项目采用的 CO_2 运输管线横跨美国和加拿大,是目前世界上距离最长的跨国 CO_2 输送管线。CO_2 输送采用高压的超临界状态,管线长约330km,直径为305~356mm,管输能力超过 5000t/d。管输气体的典型组分为:CO_2 96%,H_2S 0.9%,CH_4 0.7%,C_{2+} 2.3%,CO 0.1%,N_2 浓度小于300mg/L,O_2 浓度小于50mg/L,H_2O 浓度小于20mg/L(英国贸易和工业部,2002年公布的数据)。CO_2 到达 Weyburn 油田的压力为15.2MPa,中间没有加压站。1997年开始修建该管线,耗资1.10亿美元,2000年投入运行。

2)Quest 项目

该管道价值约13.5亿加元(CAD),在艾伯塔省由加拿大的石油公司与政府共同出资建造:

(1)加拿大壳牌公司(项目的运营商及设备管理者)(60%股份)。
(2)加拿大雪佛龙公司(20%股份)。
(3)加拿大马拉松石油公司(20%股份)。
(4)该项目包含80km的 CO_2 管道,由艾伯塔政府、美国能源部(来源于20亿加元的CCS基金)出资7.45亿加元,由加拿大联邦政府出资1.2亿加元。

3)Snøhvit 项目

由挪威政府支持集 CO_2 捕集、运输和封存于一体的 Snøhvit 项目,除财政支持的1.8亿挪威克朗外,挪威政府认为CCS是一项义务项目。若不是CCS项目,挪威政府不会同意建立 Snøhvit LNG 工厂。

4)Cortez 项目

项目由壳牌公司出资建立,并与工程公司签订设计及建设合同。因此参照案例可以发现,大多数的CCS项目并不是由某家公司单独建立的,而是由多家公司联合及政府出资建设的,国家在CCS项目中的支持十分重要。

(三)技术发展趋势与前景展望

1. 技术发展趋势

CCS技术对减少 CO_2 排放具有明显贡献,各国都在致力于 CO_2 管道运输研究。美国预计到2050年在不同的环境政策下完成3倍或5倍于现在 CO_2 管道长度的建设(图5)。在WRE450政策下,CO_2 的排放成本到2020年为29美元/t(CO_2),到2035年为64美元/t(CO_2),到2050年为140美元/t(CO_2)。在WRE550政策下价格增幅相对缓慢,但也在持续增加,到2020年为5美元/t(CO_2)、到2035年为10美元/t(CO_2)、到2050年为21美元/t(CO_2)。欧洲预计在2050年完成20374km CO_2 管道的建设。中国计划在2020年建成长度200km、输送能力大于 100×10^4t/a 的 CO_2 输送管线示范工程及配套设备,到2030年完成 CO_2 输送干线长度不低于1000km的技术示范工程。

2. 技术发展前景展望

就中国而言,技术链等各环节都已具备一定的研发基础。但CCS是一项多学科领域综合发展技术,技术链等各环节需平衡发展,不仅技术层面需要创新,项目的协调管理也是一项挑

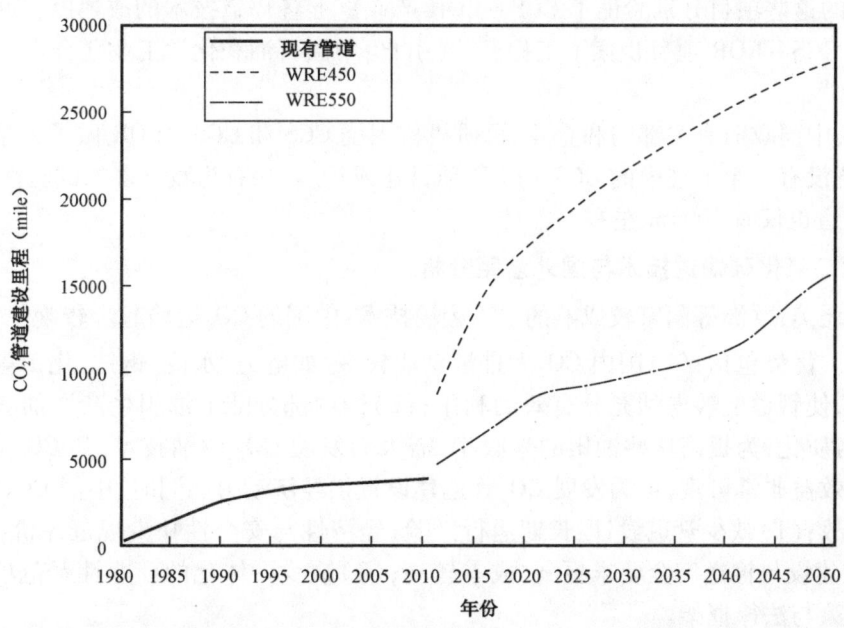

图 5 不同气候政策下美国预计 CO_2 管道建设里程

战。中国土地面积大,CO_2 排放源距封存地跨度大,因此,采用大规模长距离管道输送 CO_2 成为高效可行的选择。

在国内 CO_2 管输工程研究中,大连理工大学教授李昕、中国石化青岛安全工程研究院蒋秀、中国石油大学(华东)张亮等学者从不同方面说明了管道在 CCS 技术中的重要性。根据经验,大规模 CO_2 管道输送以超临界方式运行成本低且效率高,但中国的 CO_2 管道运输工程应用尚处于低压气体输送阶段,高压、低温和超临界输送方面都刚刚起步。为此,一些技术应优先发展,如超临界 CO_2 流动特性与模拟研究、站场泄漏检测与安全保障技术、管网设计工艺与输送标准规范研究等。

(四)国内外技术对比分析

CO_2 管道是未来减少温室气体排放的重要基础设施,CO_2 管道是将电厂及其他来源的 CO_2 运输至封存点及 EOR 地点中的重要一环,建设 CO_2 管道运输尤为重要。

1. 中国二氧化碳输送技术发展现状

中国 CCS - EOR 工作起步较晚,但近几年随着稠油和低渗透油藏开采,CCS - EOR 试验性项目呈快速发展态势。中国石油吉林油田系统开展了二氧化碳驱油与埋存技术研究和试验,建成注气井组 69 个,年埋存二氧化碳能力 50×10^4 t,年产油能力 10×10^4 t。神华集团鄂尔多斯煤制油公司 10×10^4 t/a 二氧化碳捕集和封存示范项目于 2010 年投产,是中国首个全流程煤基二氧化碳捕集和在低孔隙度、低渗透深部盐水层进行多层注入、分层检测的二氧化碳封存示范项目,已累计埋存二氧化碳 30×10^4 t。陕西延长石油集团捕集其醋酸厂副产二氧化碳,用于靖边采油厂二氧化碳驱油试验,已实施 26 个井组,2015 年底扩展为 51 个井组规模的试验区。

中国已开展的这些项目分别验证了 CCS-EOR 产业链上各环节技术的成熟度,为建设跨行业较大规模的 CCS-EOR 项目积累了工程经验(引自:中国石油和化学工业联合会《产业重大问题研究》)

多年来,中国政府有关部门和企业、科研机构围绕 CCS 和 CCS-EOR 做了大量的工作,但迄今为止,还没有一个上规模的 CCS-EOR 项目建成投运,只有为数不多的试验性 CCS-EOR 项目,CO_2 管道也仅有 200km 左右。

2. 中国二氧化碳输送技术与国外差距分析

相对于北美、欧洲等国家较成熟的 CO_2 运输技术,中国的 CO_2 运输起步较晚。但也是优势与劣势并存。优势包括:(1)国内 CO_2 大排量企业较多,如电力、水泥、钢铁、化工等行业,形成集中排放源,使管道能够得到充分有效的利用;(2)国内部分陆上油田生产原油 API 重度低,含硫量高,劣质化,为提高这些油田的采收率,需大力发展 CO_2 驱油技术,其 CCS 技术的推广前景与经济效益非常可观,可为发展 CO_2 管道建设提供经济动力。同时,中国 CO_2 管道建设也存在诸多挑战:(1)缺少管道设计、长期运行经验,经济性与安全性缺少规范评价;(2)人口较多,CO_2 管道建设与输送安全要求更高,成本较高;(3)缺少一体化的商业性示范项目,缺少一个明确的政策与法律框架。

3. 启示与建议

(1)积极开展国际交流,学习国外先进技术,引进成熟工艺和设备,派出专业人员进修培训,在引进、消化、吸收的基础上,迅速提升中国现有技术水平,填补国内空白。

(2)通过参考国外项目经验,建立国内示范项目,找到可行的独立运营商务模式降低高昂的运营成本,使超临界 CO_2 管道输送技术在中国科学发展。

(3)发展 CO_2 管道输送技术,应在超临界 CO_2 流动特性与模拟、站场泄漏检测与安全保障技术、管网设计工艺与输送标准规范等方面优先进行研究。超临界 CO_2 兼有气体和液体的属性,使其管道运输不同于一般的油气管道,因此要尤其注意输送的安全性问题。

(4)发展适合国情的 CCS 技术,使中国实现发展经济与改善气候变化的双赢。

十、储能技术发展新趋势

近年来,随着环境问题的日益突出,气候变化已从单纯的环境保护问题上升为人类生存与发展问题,推进能源结构向低碳化和清洁化方向转型已成全球重要共识。规模开发可再生能源是实现能源转型的关键,为此全球已有173个国家制定了可再生能源发展目标,146个国家出台了支持政策。近两年来,尽管受到全球化石燃料价格大跌的不利影响,但可再生能源投资并未受此影响,并在2015年创下新高。

为降低对化石能源依赖和促进全球能源安全,2015年9月26日国家主席习近平在联合国发展峰会上提出,倡议探讨构建全球能源互联网,推动以清洁和绿色方式满足全球电力需求。能源互联网主要是通过大范围的电网互联,使能源发展摆脱资源、时空和环境约束,并推动太阳能、风能、水电等可再生能源成为主导能源。能源互联网已获得越来越多国际共识和积极响应。

能源转型和全球能源互联网的基础在于规模开发可再生能源,而全球可再生资源十分丰富,特别是太阳能、风能。如果我们获得太阳辐射到地球能量的1/6000或风能的1/500,就能满足目前全球经济所需的能量。

(一)储能技术在能源转型、能源互联网中的地位和作用

尽管可再生能源发展潜力巨大,但其不稳定性制约其大规模的发展,并由此导致了大量的弃风、弃光现象。储能是有效调节可再生能源发电引起的电网电压、频率及相位的变化,促使其大规模发电并入常规电网的必要条件。而全球能源互联网的实质是"智能电网+特高压电网+清洁能源"。智能电网是基础,特高压电网是关键,清洁能源是根本,而大规模储能系统是智能电网建设的关键一环。从某种程度上来说,储能技术应用程度既决定了可再生能源发展水平,也决定了能源互联网的成败。西方国家在10年前就已经开始重视储能技术研发和产业化。美国政府以美国国防部先进研究计划署(DARPA)为范本,成立先进能源研究计划署(Advanced Research Projects Agency – Energy,ARPA – E),集结全美最好的科学家、工程师和企业家对可再生能源技术进行研究,而储能技术是其重中之重。德国能源转型令世界瞩目,德国可再生能源占电力来源的比例从2000年的6%增长到2015年的30%,部分时日这一比例甚至达到70%~90%。德国能源转型颇为重视储能技术,德国政府除了资助相关的技术研发外,还每年设立5000万欧元的补助金,专门帮助居民购买储能系统,德国光伏发电量有1/3来自居民。

中国储能产业刚刚起步,国家相关部门公布了一系列支持储能产业的文件。国家发改委和国家能源局在2016年3月下发了《能源技术革命创新行动计划(2016—2030年)》,在该文件15项重点任务之一的"先进储能技术创新"中明确指出:研究面向可再生能源并网、分布式发电及微网、电动汽车应用的储能技术,掌握储能技术各环节的关键核心技术,完成示范验证,整体技术达到国际领先水平,引领国际储能技术与产业发展。国际石油公司已经开始布局储能领域,比如,道达尔高价收购锂电池公司Saft,埃克森美孚与Fuel Cell Energy公司合作研发

燃料电池技术，挪威国家石油公司将投资海上风电场及相关的储能技术。

（二）储能技术应用现状及新进展

储能技术包括物理储能、电化学储能和电磁储能三大类（图1），以及发电及辅助服务、可再生能源并网、用户侧、电力输配、电动汽车五大类应用领域。

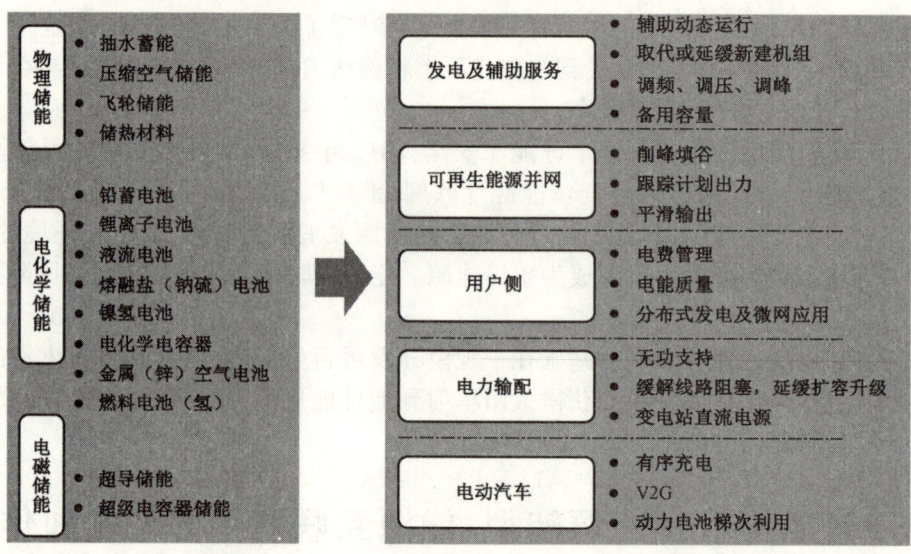

图1　储能技术分类

截至2015年底，全球累计运行储能项目（不含抽水蓄能、压缩空气和储热）327个，装机规模从2005年的50MW增长到2015年的950MW，规划和在建项目180个（图2）。

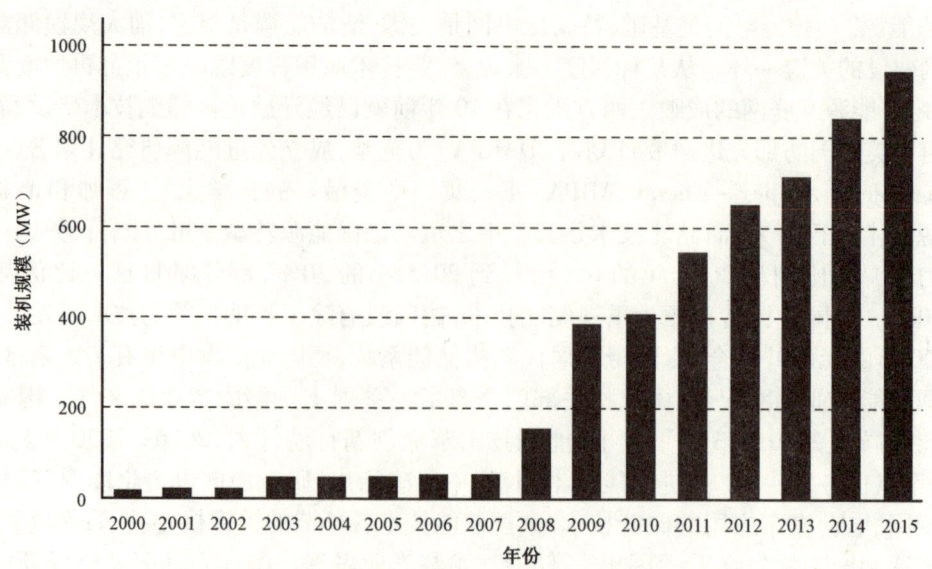

图2　全球2000—2015年储能项目累计装机规模

从各项技术应用分布情况来看,锂离子电池在各个领域中都获得了应用,钠硫电池在电力输配、可再生能源并网中应用比例最大,飞轮储能在辅助服务(调频)中具有一定的应用优势。液流电池主要应用于可再生能源领域(可再生能源并网、分布式微网),铅蓄电池在分布式发电及微网中应用占比较大。

1. 压缩空气储能技术正向产业化迈进

压缩空气储能技术作为目前除抽水蓄能外,容量最大、技术最成熟的一种储能技术备受业界关注,国际上接近等温压缩空气储能技术已经取得突破。小型空气压缩车处于小规模试用阶段。中国科学院工程热物理研究所已成功研制出国内首台具有自主知识产权的1.5兆瓦级超临界压缩空气储能系统,比传统压缩空气储能系统的效率高10%以上,为中国电网级的储能应用开辟了发展空间。

2. 液流电池仍然是研究和应用的重点

目前,液流电池技术已经从全钒、锌溴体系扩展到成本更低、能量密度更高的有机体系和水溶性体系,研究首次证明了碘化锂—硫/碳半固液两相复合新型液流电池的可行性,可大大提高电池容量、安全性和使用寿命。液流电池概念车也已经问世,最高时速可达到300km以上,续航里程超过800km。

3. 锂离子电池依然是当前储能领域研究的热点

对于正极材料,磷酸铁锂和镍钴锰三元材料是重点;对于负极材料,纳米硅和石墨烯是重点。正负极材料类型越来越多,应用范围越来越广泛。家用锂电池储能系统已经商业化。电动汽车成为带动电池技术研发的重要因素,锂离子电池作为当前电动汽车主流电池,能量密度尚有待提高。目前,电动汽车电池能量密度最高仅为170W·h/kg,续航里程最多400km。

4. 锂硫电池是目前最接近产业化的高能量密度电池技术

锂硫电池理论上能量密度超过2700W·h/kg,实际能量密度能达到400~600W·h/kg。目前,国外达到商用水平的锂硫电池的能量密度已达到300W·h/kg。中国科学院大连化学物理研究所研制的锂硫电池能量密度已经达到520W·h/kg。锂—空气电池、铝空气电池、镁电池等高能量密度电池已成为当前积极攻关的重点。

5. 氢燃料电池依然是燃料电池主流方向,应用规模逐渐扩大

氢燃料电池相关技术已基本达到产业化要求,并且已经小规模应用在火车、乘用车、自行车、叉车、小型直升机等交通工具上。乘用车续航里程达到500~700km,100km能耗仅相当于3.3L汽油。当前,在部分国家利用化石燃料改质制氢成本跟汽油大致相当。可再生能源制氢、生物制氢和常温常压陆路输氢成为研究重点。

6. 储热技术发展迅速,市场重视程度逐渐提高

目前,部分热储能技术已经非常成熟,特别是显热储能,但是热储能市场规模依然不大,主要是由于热储能成本高以及社会对热储能缺乏足够的重视。据估算,储热系统可以为全球节约30%~40%能源。业界正在研究利用储热电池吸收车内热量或捕存太阳热能,将热能转换为电能,为车厢供热制冷,降低电动汽车电池成本,预计能提高汽车续航里程40%以上。

(三)储能产业及技术发展前景

在可再生能源产业、电动汽车产业和能源互联网产业快速发展的推动下,储能产业有望呈爆发性增长态势。可再生能源电力储存成本将持续降低,储能系统性能和技术成本会进入一个良性循环发展新阶段。未来10年,电动汽车电池技术有望迎来重大突破,电动汽车市场前景广阔。储能技术的突破叠加全球能源转型加速,将给全球油气行业带来巨大的压力。

1. 太阳能、风能发电装机容量继续呈快速增长趋势

从过去20年太阳能、风能装机容量来看,太阳能装机容量每两年翻一番,风能装机容量每四年翻一番。全球太阳能装机容量从2005年的5.1GW增长到2015年的227GW(图3),风能装机容量从2005年的59GW增长到2015年的433GW。预计2025年、2030年太阳能装机容量将分别达到1500GW、2400GW(图4),同期风能装机容量将分别达到1200GW、2000GW。储能技术作为支撑可再生能源并网的关键技术,市场潜力巨大。

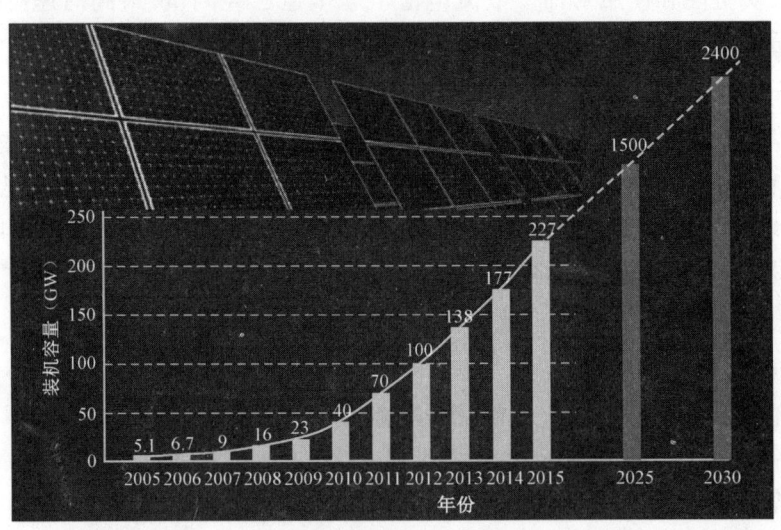

图3 全球太阳能装机容量统计及预测

2. 太阳能、风能发电成本继续呈下降趋势

晶体硅光伏电池的价格已经从1977年的76美元大幅下降至2015年的0.3美元。过去5年,太阳能、风能发电成本下降了50%~60%。当前,太阳能光伏发电、陆上风电已经在部分国家具有竞争力。按照目前的发展趋势,2025年风电光伏发电将在很多国家成为最便宜的发电方式。

3. 居民住宅储能将呈快速增长趋势

2020年后,储能系统将成为电力生产运营的必备部分,而工业、商业、尤其是居民储能的增长速度会高过电网储能,2025年储能技术应用有望进入大规模发展期。

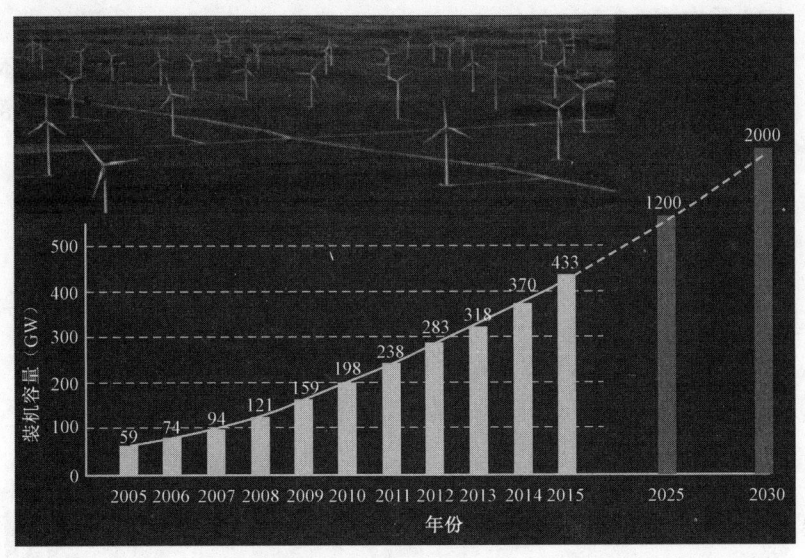

图 4　全球风能装机容量统计及预测

4. 电池技术未来 10 年有望取得重大突破

目前,电动汽车电池的能量密度范围为 80～180W·h/kg,从当前电池的研发进展及产业投资、相关扶持政策来看,未来 10 年电池技术有望取得重大突破,能量密度有望达到 300～350W·h/kg,从而使得电动汽车续航里程达到 600～800km。从图 5 中可以看出,随着能量密度的增加,电池的体积在不断减小。

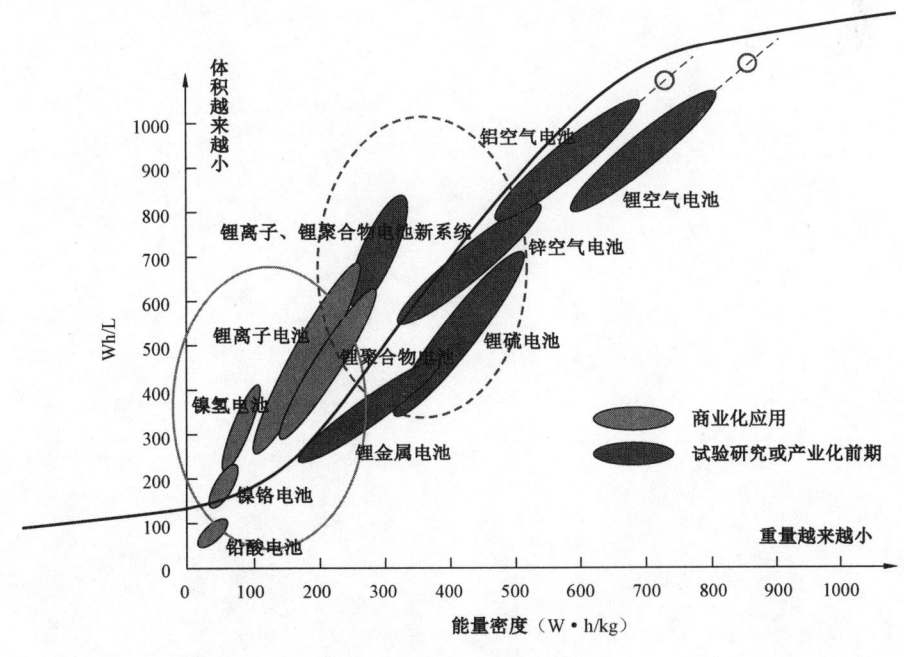

图 5　各种电池性能参数

5. 电动汽车前景广阔

电动汽车电池成本占到整车成本的 1/3～1/2，而过去 5 年锂电池组成本已经下降了 55%，至 2020 年将再下降 40%（图 6）。随着电动汽车电池能量密度提高带来的续航里程增加，加上成本的下降，全球电动汽车销量有望呈指数上升。

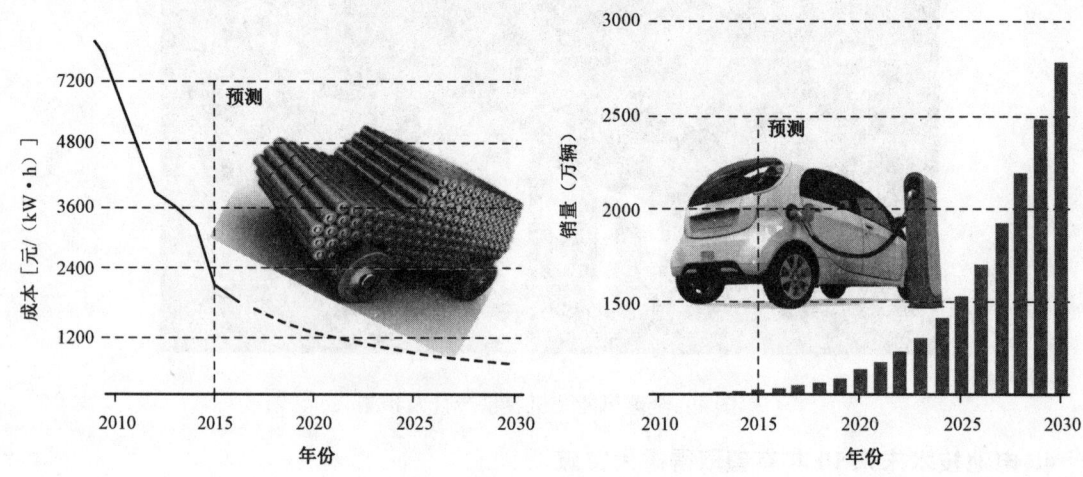

图 6　锂电池组成本和电动汽车销量

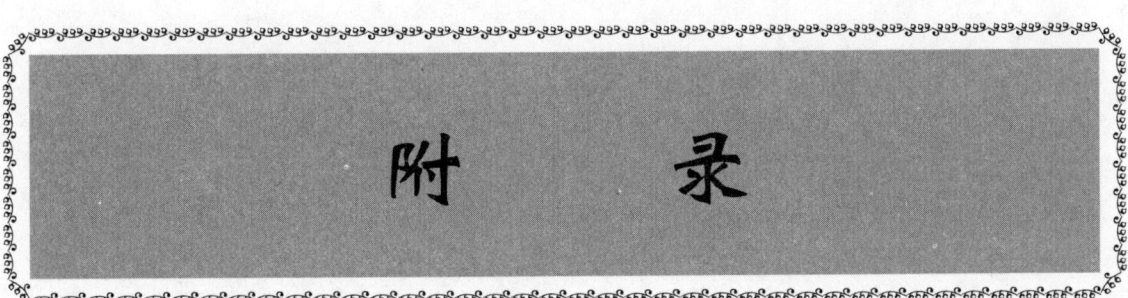

附录一 石油科技十大进展

一、2016年中国石油科技十大进展

(一)古老油气系统源灶多途径成烃理论突破有效指导深层勘探

中国石油依托国家和公司重点项目,在深层古老烃源岩发育机制、高—过成熟阶段生气潜力、有机—无机复合生烃以及天然气成因判识方法等方面取得原创性研究进展。

主要技术进展包括:(1)提出古老含气系统具有滞留烃、古油藏和"半聚半散"液态烃3类生气物质,从而提升高—过成熟区天然气成藏地位;(2)发现地球轨道力、大气环流和分层海洋化学环境控制着元古代—早古生代富有机质页岩沉积,微生物类型与氧化还原条件决定了古老生烃母质的生油气性,元古代7套优质烃源岩的发育为古老油气系统资源潜力评价和勘探前景预测提供了科学依据;(3)高温高压条件下有机—无机复合生烃机制,揭示了不同水—岩体系加氢反应机制及其对天然气生成的贡献量,过渡金属元素促进微生物繁殖及生烃演化,为深层古老油气系统生油气潜力提供了新途径;(4)提出古老地层中多源灶裂解气晚期生成是下古生界天然气规模成藏的关键因素,"多黄金带"富气理论拓展高—过成熟区勘探潜力,裂解气充注与气洗分馏作用是次生凝析气藏形成的重要机制。

该研究为西南油气田震旦—寒武系新增天然气探明储量$2200\times10^8m^3$、控制储量$2038\times10^8m^3$做出重要贡献,有效支撑塔里木盆地2013年以来新增油气地质储量21.9×10^8t,首次在《美国科学院院刊》连发3篇文章,被美国地球化学学会评为"十大最高关注度"成果。

(二)深层碳酸盐岩气藏开发技术突破有力支撑安岳大气田规模开发

全球寒武系大型碳酸盐岩气藏屈指可数,国内无开发先例。通过攻关研究试验,创新形成大型碳酸盐岩气藏开发核心技术,支撑国内单体规模最大的整装碳酸盐岩气藏高效开发。

主要技术创新:(1)深层低孔隙度碳酸盐岩富集区预测技术,小尺度裂缝及厘米级溶蚀孔洞发育区预测符合率超过88%;(2)裂缝—孔洞型强非均质高压有水气藏动态预测技术,生产效果预测符合率超过90%;(3)深层非均质储层改造技术,自主研制可降解暂堵球、纤维转向剂、转向酸、耐温180℃的胶凝酸和压裂液,形成3种适应不同储层特点、井型的分层转向技术,作业成功率100%,产量提高1.5~8.6倍;(4)高产含硫气田快速建产核心技术,在国内首次实现大型含硫气田地面工程标准化、模块化、橇装化、工厂化建设。

大型碳酸盐岩气藏开发技术成功应用于磨溪龙王庙组气藏开发,平均单井日产量在百万立方米以上,快速建成年产能达$110\times10^8m^3$的现代化大气田。

(三)全可溶桥塞水平井分段压裂技术工业试验取得重大突破

桥塞是水平井多段体积压裂核心技术之一。传统可钻式桥塞存在钻塞费用高、风险大、投产慢等难题。第四代桥塞即全可溶桥塞在国内多个油气田成功开展工业试验,效果显著。

主要技术创新:(1)高强可溶材料技术,可溶金属材料体系抗压强度达600MPa,可溶高分

子密封材料体系耐温50～150℃、耐压90MPa；(2)预制破片可溶卡瓦技术,确保桥塞承压可靠,压裂后自行破碎；(3)仿生结构和材质组分优化技术,桥塞溶解速度精准可控,可实现同一井不同层段溶解可控,也可实现不同区块、不同油气田压裂的个性化需求。该技术具有以下优点：可实现无限级压裂,风险低,溶解产物对储层无伤害,对环境无污染；遇卡可快速溶解,减少压裂施工总时间和总成本,作业效率提高50%,施工成本降低1/3；规模化生产后,制造成本与传统桥塞价格基本相当。

在威远204H11平台完成首次页岩气全可溶桥塞压裂,最高25段,泵压达86MPa,压裂后平均日产气达到$27.5\times10^4m^3$。仅钻塞费用就节省近千万元,同时大幅降低了作业风险。该项创新成果打破了国外公司的技术垄断。

(四)PHR系列渣油加氢催化剂工业应用试验获得成功

中国石油自主研发的PHR系列渣油加氢催化剂通过专家验收,认为该系列催化剂在加氢脱硫、脱氮、脱残炭和床层压降的性能方面优于进口剂,脱金属性能优异,总体达到国际先进水平。

该技术开发了催化剂形状级配、孔结构级配、活性级配的设计与制备方法,形成了"定制"催化剂孔结构特征与活性分布特征的理论创新,国内领先的双峰孔结构氧化铝载体等核心制备技术的技术创新,以及自主设计催化剂级配方案并利于长周期稳定运行的应用创新。在大连西太平洋石油化工有限公司的工业应用试验结果表明,在渣油加工量及提温操作完全相同的情况下,PHR系列催化剂累计脱除的硫、氮和残炭分别高出另一系列进口催化剂2.8%、24.7%和6.2%,在装置运行过程中,总压降始终低于进口催化剂0.2～0.4MPa。

PHR系列渣油加氢催化剂的应用成功,将为中国石油高硫劣质原油的加工提供有力的技术支撑和保障。

(五)满足国Ⅴ标准汽油生产系列成套技术有效支撑汽油质量升级

中国石油自主创新研制了催化裂化汽油选择性加氢脱硫等9个牌号系列催化剂,开发了分段加氢脱硫、烯烃定向转化等5项核心技术,形成了选择性加氢脱硫(DSO)和加氢脱硫—改质组合(M-DSO、GARDES)两大技术系列,成功破解了催化裂化汽油同步实现深度脱硫、降烯烃和保持辛烷值这一制约汽油清洁化的难题。

开发的催化剂级配装填和开工过程催化剂硫化、钝化等新技术,提高了催化剂脱硫活性及选择性,减少了辛烷值损失,延长了装置运行周期,缩短了开工时间。与引进技术相比,节省投资15%左右,降低能耗20%左右。

截至2016年底,10多家采用上述自主技术的企业全部顺利生产出国Ⅴ清洁汽油,总产能超过$1000\times10^4t/a$,总体技术经济指标达到国际先进水平,为保障中国石油顺利实现国Ⅴ标准汽油质量升级提供了有效技术支撑。

(六)医用聚烯烃树脂产业化技术开发及安全性评价取得重大突破

中国石油于2016年7月在兰州石化建成了中国首个医用聚烯烃树脂产业化基地,研发生产的两个牌号聚烯烃树脂(LD26D、RP260)通过了国家药品监督管理局评审,发布了产品企业标准"QSY LS0196—2016"和"QSY LS0197—2016"；国家药监局颁发了注册号(国药包字20160379、20160413),使中国医药树脂包装材料摆脱了对国外技术、原料和评价标准的依赖,率先在国内医用聚烯烃行业拥有了话语权。

该技术满足了医药树脂包装制品的物理、化学和医用聚烯烃安全性要求;制定了医用聚烯烃原料产品标准、生产工艺、包装储运及其管理体系的 GMP 规范。其创新性包括:(1)新型低温引发剂、新型调节剂开发及反应体系建立,以调整聚乙烯分子链微观结构及其分子量分布。(2)新型减震及高压分离技术研发,实现了低聚物分离和装置在超高压下的稳定生产。(3)复配给电子体系开发,协调催化剂活性、氢调敏感性、分子链立构规整度三者间的关系,以控制聚丙烯微观结构、分子量分布及溶出物含量。(4)医用聚烯烃树脂专用助剂体系开发及应用。

兰州石化洁净化医用聚烯烃生产线通过了科伦药业的药包材供应商审计,2016 年量产销售达 3000t。

(七)微地震监测技术规模化应用取得重大进展

中国石油经过多年攻关,攻克速度模型优化、事件识别、初至拾取、现场实时定位等技术难题,开发出具有自主知识产权的微地震实时监测软件,实现了微地震井中和地面监测的采集、处理、解释一体化,对非常规资源的经济开采具有重要的指导作用,填补了国内空白。

在采集方面创新了基于微地震震源机制、信号传播效应、接收条件等多属性的微地震事件可探测距离分析方法;在处理方面创新了基于 VSP 的速度模型优化技术,纵横波联合的精细速度模型校正技术,基于射孔信号的微地震事件识别和拾取技术,融合纵横波时差法与多尺度能量扫描的微地震定位技术;在解释方面创新了基于椭圆拟合的裂缝几何形态描述技术、融合多学科数据的综合解释技术和微地震天然断层检测技术。

自 2012 年至今,该技术在多个油气田、页岩气及煤层气区块应用,完成了近 20 个用户 300 多口井的井中监测和 10 多口井的地面监测及井地联合监测,成功实施了 3000 多压裂层段的微地震监测,为直井、丛式井、水平井等压裂工程提供了有力指导,节约成本 3 亿多元。GeoEast – ESP 和 GeoMonitor 软件达到国际先进水平,成为中国微地震监测的主流软件,提高了中国石油的技术核心竞争力。

(八)三品质测井评价技术突破有力支撑非常规油气勘探开发

非常规油气的测井评价难以沿用常规油气评价思路与技术,严重制约了新领域的油气勘探开发。中国石油经过多年攻关,形成了以烃源岩品质、储层品质和工程品质为核心的三品质测井评价技术,开发了配套的测井处理评价软件。

主要创新包括:(1)首次提出了非常规油气储层的"七性参数"概念,形成了"七性参数"计算方法。特别是建立了静态脆性指数测井表征新方法,解决了静态脆性指数准确计算的世界性难题;提出了页岩气双分子层吸附理论及高压吸附气含量计算模型,有效提升了深层页岩气含气量计算的准确性。(2)首次建立了生排烃效率测井计算新模型,形成全深度剖面烃源岩品质评价新技术。(3)形成了宏观与微观相结合的储层品质评价新技术,有效解决了致密储层精细评价及产能级别预测的技术难题。(4)形成了以可压性指数为核心的工程品质评价新技术,形成了地质工程一体化油气"甜点"测井评价方法。

该技术已在鄂尔多斯、松辽、准噶尔等盆地致密油及蜀南页岩气的 1000 余口探井与开发井中应用,致密油解释符合率提高 26%,页岩气解释符合率达到 94%,为中国石油非常规油气储量发现及产能建设发挥了不可替代的作用。

(九)膨胀管裸眼封堵技术治理恶性井漏取得重大进展

恶性井漏是制约钻井速度、质量和效率的世界性难题,中国石油经过多年攻关,成功开发出膨胀管裸眼封堵技术,可在不改变原有井身结构的情况下,有效封堵复杂地层、治理恶性井漏,为安全钻达设计目的层、实现勘探开发目标,提供了经济有效的技术手段。

膨胀管裸眼封堵技术是在全面掌握膨胀管材料、连接螺纹、膨胀系统工具及工艺技术的基础上,通过管材、连接、膨胀等关键技术的升级配套,形成了可实现小直径下入、大直径膨胀的膨胀锥,以及膨胀率大于20%的膨胀螺纹等核心技术。

2016年6月,国内首次在新疆油田CH3725井进行膨胀管裸眼封堵技术先导试验,采用127m直径为203mm、壁厚为10mm的膨胀管对285~398m泥岩井段进行了有效封堵,膨胀后内径达220mm,保证了$8\frac{1}{2}$in钻头继续钻进。在此基础上先后在川渝蒲西001-X1井和辽河哈31-H3井进行工业应用试验,成功封堵了常规堵漏技术无法封堵的恶性漏失层段,实现了在不改变井身结构的条件下钻达目的层。膨胀管裸眼封堵技术的重大突破,为未来等直径钻井技术奠定了良好的发展基础。

(十)天然气管道全尺寸爆破试验技术取得重大突破

为了满足中国天然气管道安全运行技术需求,中国石油自主建设了一座可以开展最大直径1422mm、最大压力20MPa的管道全尺寸实物爆破试验场,并成功开展了3次高钢级、大口径天然气管线爆破试验,实现了在亚洲首次开展此类试验的突破。

主要技术突破:(1)完成多种实验条件模拟计算,创新双管列实验系统结构、工艺等设计计算,自主完成试验场设计、建设和运行;(2)开展测量管道断裂速度、减压波等参数的传感器研究,以及600个数据同步高速连续数据采集设备的设计安装;(3)开发应用天然气云团自动点燃装置和用于管道爆破启裂的线性聚能切割器;(4)形成管道全尺寸气体爆破试验成套技术,制定了相关规范,形成数据分析处理技术;(5)采用天然气介质,成功实施了1422mm/X80/12MPa直缝焊管、1422mm/X80/13.3MPa螺旋焊管、1219mm/X90/12MPa焊管的3次实物爆破试验,其中后两次试验均为世界首次。

该技术填补了中国在高压、高钢级天然气管道全尺寸断裂行为以及管道爆炸对环境造成影响研究领域的空白,摆脱了对国外试验机构的完全依赖。

二、2016年国际石油科技十大进展

(一)"源—渠—汇"系统研究有效指导多类沉积盆地油气勘探

"源—渠—汇"系统研究是国际地质领域的重大前沿科学问题,强调从物源地貌、搬运通道及沉积体系的分布、耦合以及演化规律分析地质历史过程中的沉积作用与机理,为生、储、盖及岩性—地层油气藏的分布预测提供重要依据,有效指导油气勘探。

物源区基岩性质、年龄及汇水面积决定母岩风化程度与沉积物供源能力,古地貌特征与沟谷体系确定沉积物汇聚方向与搬运总量,边界断裂、构造坡折及变换带类型控制沉积物堆积方式与砂体分布规律,预测受物源与搬运通道控制的沉积体系发育规律,明确源渠汇要素之间的耦合关系与主控因素。

该系统将地球表面的物源—汇聚沉积过程作为整体来研究,成为油气勘探中重要的预测理论与方法技术,在国际多类型沉积盆地及中国渤海湾盆地沉积体系研究与勘探工作应用中成效明显。该系统作为地质学领域的重要研究方向,为提高岩性—地层油气藏勘探准确性和效率起到重大作用。

(二)非常规"甜点"预测技术有望大幅提高勘探效率

非常规油气"甜点"预测技术是油气勘探的重要环节,快速精准布井,可大幅提高储层钻遇率和产量,降低开发成本。

预测新技术包括:(1)"甜点"综合识别技术。利用地球物理方法,联合微地震及岩心数据,通过大数据分析识别"甜点",有效降低成本。(2)页岩资源评价综合方法。利用三维含油气系统模拟油气生成和预测剩余油气分布,量化评价区带圈闭质量、充注条件等重要参数,以确定有利区面积,计算资源量。(3)人工神经网络法。将已知井的井位坐标、地震、测井、储层等油田数据应用于训练集,根据工作流程生成模型,可客观确定未钻目标区,提高工作效率和经济效益。(4)GeoSphere 油藏随钻测绘技术。可对 30m 范围内的地层进行全方位的连续成像,在井眼四周空间内探测油藏"甜点"并优化井眼轨迹,降低钻井风险。(5)核磁共振(NMR)因子分析技术。通过核磁共振测井和先进的光谱数据把干酪根中的液态烃分离出来,可识别流体类型和孔隙特征,计算含油量,识别"甜点"。

该技术提高了资源预测精度,显著提高了工作效率,为油气资源勘探部署提供重要的支持。

(三)内源微生物采油技术研发与试验取得突破

内源微生物采油技术是通过注入营养物等激活地层中的有益微生物,利用其在油藏环境下的生长繁殖和代谢活动,产生有利于驱油的代谢物质,作用于油藏和油层流体,实现提高油井产量和原油采收率的目的。

技术创新与进展:利用现有生产设备和基础设施,在注入水中连续添加低浓度无机营养物质,激活油藏内微生物使其快速繁殖,降低油水界面张力,改变水流方向,扩大波及体积,以较低的成本开采剩余油。先前,在北美地区 35 口生产井应用 38 次,30 口注水井应用 68 次,成功率 89%,产油量平均提高 127%。近年来,在堪萨斯、南加利福尼亚和艾伯塔的商业化试验表明,水驱后应用该技术,单井产量提高 4 倍以上,增产原油的成本约为 10 美元/bbl,提高原油采收率 9%~12%。

该技术已在地层温度 20~93℃、渗透率 10~1000mD、原油相对密度 0.82~0.96、地层水矿化度 18000~140000mg/L,甚至双孔介质油藏条件下成功试验,其成本低、见效快,为老油田提供了经济有效的开采技术。

(四)太阳能稠油热采技术实现商业化规模应用

太阳能热采技术改变了目前需要燃烧大量天然气的传统热采方式,直接利用太阳能产生高温水蒸气,其节能环保特性符合当今绿色发展潮流和需求。

主体技术包括:(1)槽式集热技术,封闭式结构类似于玻璃温室,由玻璃和钢结构组成,内部由数十列轻质槽式反射镜组成。阳光被反射到水循环管线上,生成符合热采要求干度 80% 的蒸汽,昼夜采用不同的注汽量,降低天然气消耗量。在美国和阿曼现场应用中,系统生产功率达 7MW,每天可产生 50t 蒸汽,蒸汽压力达 10MPa,温度为 312℃,全年运行效率为 98.6%;

百万英热单位蒸汽总成本为4.5美元,与传统燃烧天然气生产蒸汽价格持平,可以稳定的价格供应蒸汽30年。(2)机器人全自动清洁技术。生产装置可耐受海湾地区特有的高浓度粉尘和沙尘暴,清洁后性能可100%恢复,90%的清洁用水可重复利用。

目前,在阿曼建设了世界上最大的太阳能集热工厂用于稠油热采,占地面积近$3km^2$,峰值输出功率高达1GW,每天产生6000t蒸汽,每年节约燃气消耗约$1.58×10^8 m^3$,减少碳排放超过$30×10^4 t$。

(五)新型烷基化技术取得重要进展

固体酸烷基化技术和复合离子液体碳四烷基化技术,分别采用固体酸沸石催化剂和离子液体催化剂替代了传统的硫酸和氢氟酸催化剂,消除了酸油、废酸对环境的污染以及废酸泄漏造成的安全问题。

固体酸烷基化技术(AlkyClean)由CB&I Lummus公司和Albemarle公司联合开发,该技术核心是AlkyStar^{TM}固体酸催化剂,AlkyStar^{TM}以铂为活性载体,在铝沸石催化剂载体上形成酸性中心。全球首套$20×10^4 t/a$ AlkyClean工业示范装置在山东汇丰石化投产,生产出的烷基化油辛烷值在96左右,硫含量低于$1\mu g/g$。

复合离子液体碳四烷基化技术(CILA)由中国石油大学(北京)自主研发,该技术创新性地设计合成了兼具高活性和高选择性的双金属复合离子液体,发明了催化剂活性监测方法和再生技术,研制了新型管道式反应器、旋液分离器等专用设备。全球首套$10×10^4 t/a$ CILA装置在山东德阳化工投产,生产出的烷基化油辛烷值高达97以上,烯烃转化率为100%。

固体酸烷基化技术和复合离子液体碳四烷基化技术,为汽油清洁化和全面质量升级提供了崭新的解决方案,有广阔的应用前景和推广价值。

(六)低成本天然气制氢新工艺取得突破

工业制氢方式中应用最多的是利用化石燃料制氢,而由澳大利亚Hazer公司和悉尼大学合作开发的Hazer工艺可以采用天然气和铁矿石生产氢气,并副产纯度高达99%的石墨,极大地降低了氢气的生产成本。

常规的甲烷裂解制氢气是在高温下(750℃以上)热裂解甲烷,制氢成本高。而Hazer工艺通过将铁矿石用作催化剂,能够将天然气和类似原料有效转化为氢,并通过一次化学提纯生产出纯度高达99%的石墨。该工艺成本低,催化剂无须再生并可重复使用。Hazer工艺的氢气制取成本为0.5~0.75美元/kg,每使用1t铁矿石进行催化反应,能够制造10t的氢气。

Hazer工艺工业试验装置于2017年投产,年产氢气30t。该工艺将有效促进用氢工业的发展,是一项开创性的革新技术。

(七)逆时偏移成像技术研发与应用取得新进展

逆时偏移(RTM)成像技术采用双程波动方程,可以精确描述波的传播过程,已成为复杂地质构造成像的主要技术手段。常规RTM技术受采集数据质量约束,在处理深层成像问题时存在低频噪声、分辨率有限、深部幅值弱且振幅不均衡等问题,很难实现保幅成像,制约了逆时偏移技术在深层勘探中的推广应用。

国际上在逆时偏移成像领域开展了大量研究,随着精细各向异性速度建模的实现,发展了VTI、TTI、正交晶格等各向异性介质的RTM成像方法,在世界各地广泛应用,更好地发挥了

RTM成像技术的优势,更有效地提高了复杂地层的成像精度;最小二乘逆时偏移技术研究不断深入,相较于克西霍夫、单程波动方程及逆时偏移方法具有更好的保幅性和更高的精度,并对不规则数据具有更强的适应性;基于频率峰值位移法的Q层析成像,解决了TTI逆时偏移中Q补偿问题;结合高斯束的高效灵活和逆时偏移的高精度,发展了高斯束逆时偏移,保留了克西霍夫偏移方法的灵活性及波动方程偏移对陡倾角等的成像优势。

目前,最小二乘逆时偏移(LSRTM)技术、Q补偿RTM技术已经完成测试应用,良好的应用效果已引起业内重视。随着速度建模技术及计算方法的不断进步,RTM技术将更加完善,为地震解释与静态油藏描述提供有力的技术支撑。

(八) 随钻前探电阻率测井技术取得突破

随钻前探电阻率测井技术能够在水平井钻井过程中"看到"钻头前方地层的电阻率特性,有利于在更靠近油气藏顶部的位置钻进,降低上覆层坍塌的风险;在钻入目的层前,更准确地选择取心点;同时探测钻头前方多个地层界面,减少非生产时间,降低钻井风险和保持井眼的完整性。

目前,国际上研制出适用于$12\frac{1}{4} \sim 14$in井眼的随钻前探电阻率测井仪样机,并进入现场试验。样机采用模块式结构,将多频发射天线(距钻头1.8m)集成到旋转导向系统中,电磁波电阻率测量传感器距钻头3m,2~3个倾斜接收天线短节置于旋转导向上方钻柱的不同位置。测量原理类似于现有的远探测方位电磁波电阻率测井仪,通过海量测量数据反演来获取钻头前方地层特性。仪器前探能力取决于发射—接收天线距离、频率、周围地层电阻率、目标层厚度以及钻头前方各层电阻率对比度。

该样机已进行多口井模拟测试及现场试验,特别是近期在墨西哥湾的盐下储层试验获得成功。盐层极高的电阻率为随钻前探电阻率仪器提供了极佳的试验环境,仪器采用3个频率准确探测到了钻头前方30m的盐层界面。测试结果显示,仪器可大幅提高钻头前面数米岩石特性变化的探测精度,利于在钻入潜在的灾害地层之前做出快速、准确反应。

(九)"一趟钻"技术助低油价下页岩油气效益开发

低油价下,北美非常规油气开发通过进一步降本增效求生存,其中"一趟钻"技术的普遍应用起到了关键作用。2015年,美国主要非常规产区的钻井成本较2014年下降了7%~22%,较3年前下降了25%~30%,所钻水平段长度显著延长,钻遇率显著提升,成本不断下降。

"一趟钻"技术是指用一只钻头、一套井下钻具组合、一次性下入钻完全部目标进尺的钻井技术,具有节省起下钻时间、减少钻头用量等综合降本增效的特点。其技术核心是优化的钻井方案设计、"等寿命"高效钻头、螺杆及井下钻具组合、旋转导向系统、优质钻井液等,高造斜率旋转导向系统的技术进步推动了"一趟钻"效果的进一步提升。

在北美页岩油气开发中,大量水平井最后开次的钻进都可以"一趟钻"完成,使作业效率大幅提升、作业成本大幅降低。2016年,美国Utica页岩产区利用"一趟钻"技术,仅耗时17.6d就完成近6000m的井段钻进,其中水平段长度达5652.2m,创下美国陆上水平井水平段长度新纪录。

(十)天然气水合物储气技术取得突破

天然气水合物储气是指水和天然气在高压低温情况下(8.27~10.34MPa、2~10℃)形成的类似于冰晶状固体,在其形成的孔洞中储存轻烃或其他气体分子,1m³ 水合物可储存 150～180m³ 的气体,可以实现常压、-15～-5℃储运。

该技术目前的难题是如何提高水合物生成速率和增加储气密度,近年研究发现超声波、初始压力、含水率等参数在一定条件下可促进水合物的生成,添加活性炭、十二烷基硫酸钠和氧化铜纳米颗粒可有效提高天然气水合物的转化率。其中,最为重大的发现是与纯水体系相比,添加石墨烯纳米颗粒可使水合物的诱导时间缩短 61.07%,储气量增加 12.9%。日本、美国、英国、挪威等加大了该技术研发力度,日本已经拥有日产 600t 天然气水合物的技术,将在 2020 年使天然气水合物储运占 LNG 份额的 8%～12%。美国国家天然气水合物研究中心正在开展使用表面活性剂的储气中试研究以及与天然气水合物汽车相关的探索研究。

与 LNG 相比较,水合物的运输成本降低 25%,生产成本降低 3%,气化成本降低 9%,同时对温度、压力要求较低,储运过程中能源损耗少,运输安全性高,在小型、分散、边缘油田伴生气的开采、运输方面具有很大的优越性。

三、2006—2015 年中国石油与国外石油科技十大进展汇总

(一)2006 年中国石油与国外石油科技十大进展

1. 中国石油科技十大进展

(1)碳酸盐岩油气藏勘探技术及应用取得重大突破。
(2)蒸汽辅助重力泄油技术在辽河油田应用获得突破进展。
(3)水平井技术及应用规模取得历史性进展。
(4)叠前时间偏移技术成为地震数据处理主导技术。
(5)EILog-06 测井成套装备研制取得重要技术突破。
(6)近钻头地质导向钻井系统研制成功。
(7)四川龙岗井创多项国内钻井纪录。
(8)直径 1016mm 大口径管道高清晰度智能化漏磁检测器研制和工业应用获得成功。
(9)LIP 新型催化剂进一步提高汽油质量。
(10)大连石化海水淡化技术国内领先。

2. 国外石油科技十大进展

(1)Petrel 自动构造解释模块取得重要进展。
(2)新型解释软件 Recon 成为真正三维交互式油藏地质综合研究工具。
(3)应用多学科综合方法促进水平井水驱技术进步。
(4)CO_2 驱提高采收率技术成为世界研发和应用热点。
(5)AVO 技术成为研发应用新热点。
(6)地震数据采集系统研发获得快速发展。
(7)低伤害地层流体采样技术取得新进展。
(8)旋转导向钻井技术向综合应用方向发展。
(9)因特网监视控制和数据采集系统进一步提升管道自动化管理水平。

(10) LC-FINING 技术成为满足欧盟超低硫标准的解决方案。

(二) 2007 年中国石油与国外石油科技十大进展

1. 中国石油科技十大进展

(1) 渤海湾石油勘探理论与配套技术指导南堡油田获得重大发现。
(2) 岩性油气藏地质勘探理论与技术获多项创新成果。
(3) 叠前储层描述技术工业化应用取得显著成果。
(4) 苏里格气田技术集成与规模开发取得突破进展。
(5) 扶余油田开发综合调整配套技术研究与应用成效显著。
(6) 酸性火山岩测井解释理论与方法取得重大突破。
(7) 中国首台 12000m 钻机及配套顶驱装置研制成功。
(8) 超深井钻井技术应用连续创造多项公司新纪录。
(9) 西气东输二线用 X80 钢级大口径螺旋埋弧焊管研制成功。
(10) 石蜡高压加氢催化剂及工艺首次成功工业应用。

2. 国外石油科技十大进展

(1) 新的石油储量/资源评价体系的建立获重要进展。
(2) 挪威提出油气勘探黄金地带理论。
(3) 可控源电磁技术成为地球物理勘探新亮点。
(4) 水平井防砂控水技术取得新进展。
(5) 智能化开发集成技术应用取得进展。
(6) 随钻低频四极横波测井技术取得突破。
(7) 高导流聚能射孔技术。
(8) 控压钻井技术在快速钻井应用中取得重要进展。
(9) 美国利用玉米棒芯制成天然气储存装置。
(10) 全球单套规模最大的 65×10^4 t/a 聚乙烯装置开工建设。

(三) 2008 年中国石油与国外石油科技十大进展

1. 中国石油科技十大进展

(1) 中国天然气成因及大气田形成机制研究成果显著。
(2) 柴达木盆地油气勘探开发关键技术研究取得重要进展。
(3) 含 CO_2 气田开发及 CO_2 驱油技术取得重大进展。
(4) 特低渗透油田高效开发技术重大突破支撑长庆油田快速上产。
(5) 复杂地表地震工程遥感配套技术在西部地区应用效果显著。
(6) 多项钻井技术集成助力中国石油水平井年钻井规模突破 1000 口。
(7) 成像测井、数字岩心、处理解释一体化技术研究获突破性进展。
(8) 西气东输二线关键技术重大突破有力支撑了西气东输二线工程建设。
(9) 最大化多产丙烯催化裂化工业试验获得成功。
(10) 丁苯和聚丁二烯橡胶技术开发取得重大突破。

2. 国外石油科技十大进展

(1)深水盐下油气地质勘探理论技术应用取得重要进展。
(2)北极地区油气资源评价获突破性进展。
(3)重油就地改质开发技术矿场试验获突破性进展。
(4)高含水油田改善水驱新技术取得重要进展。
(5)随钻地震技术在精确高效低成本勘探钻井方面发挥重要作用。
(6)连续管钻井技术进一步拓展应用领域。
(7)测量横向弛豫时间的核磁共振随钻测井仪器研制成功。
(8)"血小板"技术解决油气田集输管道泄漏定位与修复难题。
(9)渣油悬浮床加氢裂化工业试验成功。
(10)第二代生物柴油生产技术开发成功,首套装置建成投产。

(四)2009年中国石油与国外石油科技十大进展

1. 中国石油科技十大进展

(1)歧口富油气凹陷整体勘探配套技术取得重要进展。
(2)邦戈尔盆地石油地质研究获乍得两个亿吨级油田新发现。
(3)三元复合驱技术助力大庆油田持续稳产 4000×10^4 t。
(4)松辽盆地和准噶尔盆地火山岩气藏勘探开发技术取得重大突破。
(5)中国首个超万道级地震数据采集记录系统研制成功。
(6)分支井和鱼骨井钻完井技术应用大幅度提高单井产量。
(7)多极子阵列声波测井仪研制成功。
(8)输油管道减阻剂及多项减阻增输核心技术达国际先进水平。
(9)高性能碳纤维及原丝工业化成套技术开发成功。
(10)加氢异构脱蜡生产高档润滑油基础油成套技术应用成功。

2. 国外石油科技十大进展

(1)复杂地质环境油气勘探分析技术解决多种储层钻探难题。
(2)页岩气开采技术取得突破性进展。
(3)油藏数值模拟能力达到10亿网格。
(4)双程逆时偏移技术取得新进展。
(5)融合四维地震技术的高密度宽方位地震勘探能力得到有效提高。
(6)有缆钻杆技术突破钻井自动化信息传输瓶颈。
(7)井间电磁测井仪器研发取得新进展。
(8)过钻头测井系统投入商业应用。
(9)有效进行管道完整性检测的非接触式磁力断层摄影术。
(10)多产丙烯/联产1-己烯的组合技术工业应用效果显著。

(五)2010年中国石油与国外石油科技十大进展

1. 中国石油科技十大进展

(1)变质基岩油气成藏理论及关键技术指导渤海湾盆地发现亿吨级储量区带。

(2)高煤阶煤层气勘探开发理论和技术突破推动沁水盆地实现煤层气规模化开发。
(3)"二三结合"水驱挖潜及二类油层聚合物驱油技术突破支撑大庆油田保持稳产。
(4)超稠油热采基础研究及新技术开发取得重大突破。
(5)逆时偏移成像技术突破大幅提高成像精度。
(6)水平井钻完井和多段压裂技术突破大大改善低渗透油田开采效果。
(7)新一代一体化网络测井处理解释软件平台开发成功。
(8)多品种原油同管道高效安全输送技术有效解决长距离混输难题。
(9)满足国Ⅳ标准的催化裂化汽油加氢改质技术开发成功。
(10)1-己烯工业化试验及万吨级成套技术开发成功助力提升聚乙烯产品性能。

2. 国外石油科技十大进展

(1)浅水超深层勘探技术不断创新与应用推动墨西哥湾成熟探区巨型气藏新发现。
(2)有望探测剩余油分布的油藏纳米机器人首次成功通过现场测试。
(3)宽频地震勘探技术加大频谱采集范围有效解决复杂构造成像难题。
(4)微地震监测成为油气勘探开发研究应用热点技术。
(5)先进技术集成推动超大位移井不断突破钻井极限。
(6)导向套管尾管钻井技术实现钻井新突破。
(7)元素测井技术获得突破性进展。
(8)高精度数字式第三代地震监测系统在阿拉斯加管道投入运行。
(9)纤维素乙醇生物燃料开发取得重要进展。
(10)世界最大的煤制烯烃装置建成投产。

(六)2011年中国石油与国外石油科技十大进展

1. 中国石油科技十大进展

(1)勘探理论和技术创新指导发现牛东超深潜山油气田。
(2)陆上大油气区成藏理论技术突破支撑储量高峰期工程。
(3)油田开发实验研究系列新技术、新方法获重大进展。
(4)复杂油气藏开发关键技术突破支撑"海外大庆"建设。
(5)中国石油首套综合裂缝预测软件系统研发成功。
(6)精细控压钻井系统研制成功解决安全钻井难题。
(7)随钻测井关键技术与装备研发取得重大突破。
(8)输气管道关键设备和LNG接收站成套技术国产化。
(9)委内瑞拉超重油轻质化关键技术完成首次工业化试验。
(10)单线产能最大丁腈橡胶技术工业应用实现长周期。

2. 国外石油科技十大进展

(1)储层物性纳米级实验分析技术投入应用。
(2)致密油开发关键技术突破实现工业化生产应用。
(3)近3000m超深水油气藏开发技术取得重大突破。
(4)综合地球物理方案提高非常规油气勘探开发效益。

(5)水平井钻井技术创新推动页岩气大规模开发。
(6)介电测井技术取得重大进展改善储层评价效果。
(7)管道激光视觉自动焊机提高焊接效率和质量。
(8)微通道技术成功用于天然气制合成油。
(9)石脑油催化裂解万吨级示范装置建成投产。
(10)新型车用碳纤维增强塑料取得重大突破。

(七)2012年中国石油与国外石油科技十大进展

1. 中国石油科技十大进展

(1)复杂油气成藏分子地球化学示踪技术获重要突破。
(2)海相碳酸盐岩油气勘探理论技术突破助推高石梯—磨溪气区重大发现。
(3)低压超低渗透油气藏勘探开发技术突破强力支撑"西部大庆"建设。
(4)超深层超高压凝析气藏开发技术突破开辟油气开发新领域。
(5)复杂山地高密度宽方位地震技术突破支撑柴达木盆地亿吨级油田发现。
(6)超深井钻井技术装备研发取得重大进展和突破。
(7)自主研发的成像测井装备形成系列实现规模应用。
(8)高钢级高压大口径长输管道技术和装备国产化支撑西气东输二线工程全线贯通。
(9)自主研发的加氢裂化催化剂取得成功并实现工业应用。
(10)中国首套自主研发的国产化大型乙烯工业装置一次开车成功。

2. 国外石油科技十大进展

(1)非常规油气资源空间分布预测技术有效规避勘探风险。
(2)深层油气"补给"论研究获得重要进展。
(3)注气提高采收率技术取得新进展。
(4)新型压裂工艺取得重要进展。
(5)无缆、节点地震数据采集装备与技术快速发展。
(6)工厂化钻完井作业推动非常规资源开发降本增效。
(7)无化学源多功能随钻核测井仪器问世。
(8)管道三维超声断层扫描技术取得新突破。
(9)无稀土与低稀土催化裂化催化剂实现规模应用。
(10)甲苯甲醇烷基化制对二甲苯联产低碳烯烃流化床技术取得重大进展。

(八)2013年中国石油与国外石油科技十大进展

1. 中国石油科技十大进展

(1)深层天然气理论与技术创新支撑克拉苏大气区的高效勘探开发。
(2)被动裂谷等理论技术创新指导乍得、尼日尔等海外风险探区重大发现。
(3)自主研发大规模精细油藏数值模拟技术与软件取得重大突破。
(4)浅层超稠油开发关键技术突破强力支撑风城数亿吨难采储量规模有效开发。
(5)自主知识产权的"两宽一高"地震勘探配套技术投入商业化应用。
(6)工厂化钻井与储层改造技术助推非常规油气规模有效开发。

(7)地层元素测井仪器研制获重大突破。

(8)大型天然气液化工艺技术及装备实现国产化。

(9)催化汽油加氢脱硫生产清洁汽油成套技术全面推广应用支撑公司国Ⅳ汽油质量升级。

(10)中国石油首个高效球形聚丙烯催化剂成功实现工业应用。

2. 国外石油科技十大进展

(1)海域深水沉积体系识别描述及有利储层预测技术有效规避勘探风险。

(2)地震沉积学分析技术大幅提高储层预测精度和探井成功率。

(3)天然气水合物开采试验取得重大进展。

(4)深水油气开采海底工厂系统取得重大进展。

(5)百万道地震数据采集系统样机问世。

(6)钻井远程作业指挥系统开启钻井技术决策支持新模式。

(7)三维流体采样和压力测试技术问世。

(8)大型浮式液化天然气关键技术取得重大进展。

(9)世界首创中低温煤焦油全馏分加氢技术开发成功。

(10)天然气一步法制乙烯新技术取得突破性进展。

(九)2014年中国石油与国外石油科技十大进展

1. 中国石油科技十大进展

(1)古老海相碳酸盐岩天然气成藏地质理论技术创新指导安岳特大气田战略发现和快速探明。

(2)非常规油气地质理论技术创新有效指导致密油勘探效果显著。

(3)三元复合驱大幅度提高采收率技术配套实现工业化应用。

(4)三相相对渗透率实验平台及测试技术取得重大突破。

(5)LFV3低频可控震源实现规模化应用。

(6)多频核磁共振测井仪器研制成功。

(7)四单根立柱9000m钻机现场试验取得重大突破。

(8)油气管道重大装备及监控与数据采集系统软件实现国产化。

(9)超低硫柴油加氢精制系列催化剂和工艺成套技术支撑国Ⅴ车用柴油质量升级。

(10)合成橡胶环保技术工业化取得重大突破。

2. 国外石油科技十大进展

(1)细粒沉积岩形成机理研究有效指导油气勘探。

(2)CO_2压裂技术取得重大突破。

(3)低矿化度水驱技术取得重大进展。

(4)声波全波形反演技术走向实际应用。

(5)地震导向钻井技术有效降低钻探风险。

(6)岩性扫描成像测井仪器提高复杂岩性储层评价精度。

(7)多项钻头技术创新大幅度提升破岩效率。

(8)干线管道监测系统成功应用于东西伯利亚—太平洋输油管道。

(9)炼厂进入分子管理技术时代。

(10)甲烷无氧一步法生产乙烯、芳烃和氢气的新技术取得重大突破。

(十)2015年中国石油与国际石油科技十大进展

1. 中国石油科技十大进展

(1)致密油地质理论及配套技术创新支撑鄂尔多斯盆地致密油取得重大突破。

(2)含油气盆地成盆—成烃—成藏全过程物理模拟再现技术有效指导油气勘探。

(3)大型碳酸盐岩油藏高效开发关键技术取得重大突破,支撑海外碳酸盐岩油藏高效开发。

(4)直井火驱提高稠油采收率技术成为稠油开发新一代战略接替技术。

(5)开发地震技术创新为中国石油精细调整挖潜提供有效技术支撑。

(6)随钻电阻率成像测井仪器研制成功。

(7)高性能水基钻井液技术取得重大进展,成为页岩气开发油基钻井液的有效替代技术。

(8)1422mm/X80钢级大口径管道建设技术为中俄东线管道建设提供了强有力的技术保障。

(9)千万吨级大型炼厂成套技术开发应用取得重大突破。

(10)稀土顺丁橡胶工业化成套技术开发试验成功。

2. 国际石油科技十大进展

(1)多场耦合模拟技术大幅提升地层环境模拟真实性。

(2)重复压裂和无限级压裂技术大幅改善非常规油气开发经济效益。

(3)全电动智能井系统取得重大进展。

(4)低频可控震源推动"两宽一高"地震采集快速发展。

(5)高分辨率油基钻井液微电阻率成像测井仪器提高成像质量。

(6)钻井井下工具耐高温水平突破200℃大关。

(7)经济高效的玻璃纤维管生产技术将推动管道行业发生革命性变化。

(8)全球首套煤油共炼工业化技术取得重大进展。

(9)加热炉减排新技术大幅降低氮氧化物排放。

(10)人工光合制氢技术取得进展。

附录二 国外石油科技主要奖项

一、美国《E&P》杂志评出 2016 年世界 18 项工程技术创新特别贡献奖

由油田工程技术服务公司和作业公司提交，经多家石油公司和咨询机构专家组成的评委会评审，美国《E&P》杂志评选出 2016 年度 18 项石油工程技术创新特别贡献奖。获奖的新产品和新技术包括理念、设计和应用等方面的技术创新。它们大多是单项的新技术，但却解决了有关专业的一些关键问题，在提高油气勘探、钻井、生产、陆海设施、HSE 的效率和盈利能力等方面发挥了重要作用。

(一)钻头奖——贝克休斯公司的 Talon Force PDC 钻头

Talon Force PDC 钻头设计综合考虑了钻头的特性和响应以及需要解决的钻井难题，采用最新的 HT/TP 金刚石合成技术，结合最新的合成切削齿技术和特定的切削结构以及 StaySharp 2.0 PDC 技术，使钻头更耐磨、坚固，提高切削齿的耐磨性和寿命，提高侧向和扭转稳定性，最大化机械钻速和进尺，降低底部钻具组合的震动损害，提高钻速。

(二)钻井流体/增产作业奖——斯伦贝谢公司的 BroadBand 合成压裂液

BroadBand 非常规油藏完井服务采用具有新一代纤维和流体添加剂的合成压裂液，利于在复杂裂缝网络中传送支撑剂，使其覆盖最大范围的裂缝，克服常规水力压裂液的局限性。合成压裂液可以与复合基流体一起使用，用于裸眼和套管井完井、重复压裂、页岩、碳酸盐岩、致密砂岩、煤层甲烷气藏，井底温度为 43~149℃。

(三)钻井系统奖——斯伦贝谢公司的 ICE 超高温旋转导向系统(RSS)和 TeleScope ICE 超高温 MWD 服务

PowerDrive ICE 超高温旋转导向系统和 TeleScope ICE 超高温 MWD 服务对关键元件进行改造，将多芯片电子线路镶嵌在密闭于惰性气体中的 100% 陶瓷基片中，新的芯片模块既耐热又抗震。ICE 底部钻具组合的耐温达 200℃，能够准确地将井眼导向到超高温(UHT)油藏。

(四)勘探奖——哈里伯顿公司的射孔流动实验室

射流研究中心通过动态流体和压力响应测试帮助了解不同类型岩石地层中的射孔深度、破碎带状况和孔道的趋肤效应值。这些研究利于针对特定井眼条件确定或开发最佳射孔系统，能够在短时间内确定最佳射孔系统和射孔方法，达到预期的生产效果。

(五)浮动系统和钻机奖——Trelleborg 海洋工程公司的防火系统

海上防火系统是确保人员安全、保护资产、避免事故升级的关键。Trelleborg 公司的 Firestop 防火系统采用无源、耐腐蚀的橡胶材料，能够减缓火势蔓延速度，利于人员撤离、关闭关键设备以及控制火势。橡胶材料正在成为海洋工业的普遍选择，可以用于防火和防腐、机械保护、隔

热和防尘。

（六）浮动系统和钻机奖——ZENTECH 公司的 R-550D 自升式钻井平台

R550-D 具有较高的甲板载荷和极高的作业效率：轻型设计及宽敞的甲板空间意味着甲板上能容纳更多的设备，减少设备运输次数，提高了钻机利用率和钻井效率；可以在全预载情况下抬升，桩腿超强的搬运能力提升了钻机搬迁的安全性；具有最长的悬臂（24m），准许钻更多的井，具有更高的投资回报率。

（七）地层评价奖——贝克休斯公司的 FTEX 地层压力测试技术

FTEX 电缆地层压力测试技术通过井下自动操作和实时控制，能够提供准确可靠的压力数据，首次测井即可提供关键的地层数据，包括压力剖面、流体界面及流动性信息，降低总的测井作业时间，利于油藏工程师和岩石物理学家及时做出下一步作业的决策，完成油气评价目标。新型压力测试技术通过智能井下平台可消除人工操控，降低测量的人为误差，大幅降低测试时间及仪器遇卡风险。

（八）地层评价奖——贝克休斯公司的 eXplorer 水泥完整性评价系统

通常用水泥压缩强度作为水泥胶结质量的关键指标，但现今的挑战环境需要更详细的水泥评价。eXplorer 水泥评价系统以电磁—声波传感器技术为基础，能够在任何井眼环境或混合水泥情况下直接评价水泥胶结质量。与常规的声波传感器相比，电磁—声波传感器技术能够产生横波，利于精确评价各类水泥，真实评价套管后面固体水泥的质量。

（九）HSE 奖——威德福公司的手伤预防项目

威德福公司的统计数据显示，35% 的工伤事故与手和手指有关。因此，公司开展了一项新的手及手指损伤预防项目，研究成果包括常见的手伤类型分析、展示正确和错误操作手位的视频文件、补充手册等。模拟曾经发生的事故场景，让员工利用层级控制预防将来发生类似事故。此外，这个项目还鼓励员工在工作场所排查事故隐患，以便采用层级控制预防手及手指损伤事故。

（十）水力压裂/完井奖——TAM 国际公司的 PosiFrac 趾端滑套系统

PosiFrac 趾端滑套系统（PTS）可以在不影响套管完整性测试（CIT）的情况下建立流动通道并完成一级压裂。新的阀门设计使作业者能够在必要的情况下测试套管最大值，以便在不超过 CIT 验证值或不增加辅助工具的前提下建立油藏的流动通道，减少不必要的成本并简化操作。PTS 具有极大的内径，不需要非常昂贵的专用桥塞装置和尾管，能够使用各种符合业内标准的封隔器，大大降低了成本。

（十一）智能系统与完井奖——斯伦贝谢公司和沙特阿美石油公司的 Manara 生产与油藏管理系统

Manara 生产与油藏管理系统可以用一种更简便的方法改善井的监测与控制，它通过单一电缆同步、连续实时控制与监测多油层、多井段的智能完井系统，利于提高主井眼和相关分支的部署能力，实时提供井的动态，更新油藏和生产模型，不断优化油气开采。Manara 系统内置电感耦合器，提供双向供电和数据传输，可以同时对多个目标储层进行管理。在提高采收率的同时降低钻井、生产测井和修井成本。

（十二）IOR/EOR/修井奖——哈里伯顿公司的 SmartPlex 井下控制系统

在当前的经济形势下，老井侧钻、钻多分支井、钻大位移水平井等方法成为老油田开发中优化油气开采、降本增效的关键技术。但控制主井眼的多个分支或水平井的多个层段都面临着巨大挑战，且成本昂贵。SmartPlex 井下控制智能完井系统通过 3 条控制线能够远程控制 12 个分支或层段，提高油藏开采和管理效率。

（十三）海上设施建造奖——Trelleborg Sealing Solutions 公司的 SealWelding 技术

SealWelding 技术包含了独立的便携式密封焊接设备，可放置于船上，无须回坞作业，即可在现场实现密封件的更换和修复，可以缩短工期，减少停产时间，提高生产时率，并降低成本。利用 SealWelding 技术修复直径 3m 的滑环上的裂缝，不影响其他滑环生产。如果 FPSO 进坞修复，入坞日费平均为 50 万美元，修复时间通常是 2 周，造成油气生产损失在 700 万美元以上。

（十四）陆上钻机奖——FLEXGEN 电力系统公司的 FLEXGEN 固态发电机

FlEXGEN 固态发电机融合了储能电池和/或电容器、能量转换以及钻机动力系统和专用控制器等多项先进技术，具有减少燃料消耗与排放，降低发动机维护频率，提高钻机可靠性，并减少停机时间等特点。与柴油发电机、双燃料发电机或天然气发电机组合使用，可减少发电机组的数量和大小，增加双燃料系统的替代率，改善电能质量增加总可用功率，并提高可靠性，节省燃料成本及维护成本。

（十五）海底系统奖——DEEP TREKKER 公司的 DTG2 水下机器人

水下机器人（ROVs）在海洋作业中的成功应用，提高了海底作业的安全性及作业效率。DEEP TREKKER 公司开发的 DTG2 小型水下机器人便携性非常高，电池可持续使用 6～8h，布设时间在 3min 之内，特别适用于海底发动机泄漏事故地点等敏感环境。DTG2 采用的定位系统只用两个推进器完成水平或垂直移动，增加了可操作性。

（十六）水管理奖——贝克休斯公司的 Brinecare 压裂液体系

Brinecare 压裂液体系将溶解固体总量（TDS）较高的采出水作为压裂液的一部分，先对采出水样进行快速综合分析，将压裂液成分调整到每口井的 TDS 水平，这个快速、有效的筛选过程能够确定是否需要对产出水进行过滤等处理，以达到压裂液性能与成本效益的平衡。Brinecare 系列压裂液通过将采出水进行转化替代淡水资源，确保在一口井或油田的生命周期内提高产能，大幅节省成本，并满足短期和长期的环境和经济需求。

（十七）水管理奖——斯伦贝谢公司的 xWATER 压裂液服务

xWATER 压裂液服务利用了耐盐聚合物和化学品、水处理技术等一系列流体化学的最新进展，能够根据可利用的水资源、井况及储层特性为作业者提供定制的压裂液方案，通过在采出水中增加定制的流体改善储层的完整性并提高产能。xWATER 服务 100% 利用产出水，保留了流体的本性，利于稳定黏土，减少储层伤害，提高产能，并减少水资源获得、运输和处理等相关成本。

（十八）水管理奖——Select 能源服务公司的 AquaView 系统

AquaView 系统是一个技术与服务平台，利于改善水资源团队和完井项目团队之间的沟通,基本不需要传统的水追踪和测量工具,减少了停工时间。系统可以实时提供精确的水资产的容量分析结果,在完井过程中通过实时的无线技术实现对水的有效监测,在任何时间和地点追踪水的使用情况。这种即时监测能力能够对现场问题做出快速响应,避免突发事件。自动追踪可以密切监控水质、降低作业成本和减少管理成本。

二、2016年OTC评出13项"聚焦新技术奖"

2016年5月2—5日,第47届美国海洋石油技术大会(OTC)在美国休斯敦召开,会上为13项新技术颁发了"聚焦新技术奖"(Spotlight on New Technology Awards),这是OTC大会自2004年以来第13次推出该奖项,评选的主要标准是时效性、创新性、可行性、广泛性和影响力。

(一)立管气侵处理系统——AFGlobal公司

深水钻井过程中立管气侵往往会给钻井作业带来极大的隐患,AFGlobal公司推出的新一

代立管气侵处理系统采用独特的设计,可以有效地处理深水钻井作业过程中出现的立管气侵现象,降低钻井平台人员和设备的安全风险。该系统包含特制的立管接头及其他零部件,其专有的立管法兰可承受 $35 \times 10^4 \text{lbf}$ 的轴向拉力以及 2000psi 的组合载荷,同时能在弯曲时实现平稳应力过渡。该系统通过使井筒流体远离钻井平台、减少钻井液滤失量、井筒流体转向以及控制气体排出立管等措施,有效地减少立管气侵。与此同时,系统独特的接头设计使得系统与隔水管及钻机更加匹配。此外,该系统不会对钻井作业产生任何不利的影响,可以有效地实现常规钻井和控压钻井的切换,为钻井平台锚定系统的气侵问题提供了更为可靠的解决方案。

(二)Integrity eXplorer™ 固井评价服务——贝克休斯公司

作业者们通常基于水泥胶结测井的结果来对井下作业做出关键性的决策,然而在固井过程中很多因素会导致水泥被井筒内的钻井液污染,进而降低水泥的密度和声阻抗特性,这就使以声学为基础的现有评价技术的准确性受到影响。针对此状况,贝克休斯公司推出了Integrity eXplorer™ 这一新型的固井评价仪器。

Integrity eXplorer™ 采用最新专利电磁/声波换能传感器技术,可以评价不同密度水泥浆的胶结质量。水泥浆密度可以低至 7lb/gal,因此这项技术可应用于评价受污染水泥浆、低密度水泥浆和泡沫水泥浆的固井质量。该技术不受井筒中流体性质的影响,即使井筒中流体是空气钻井液或气侵钻井液体系都可进行固井质量测井。此外,该技术只需单趟测井便可以有效探测水泥胶结中微环隙的存在,省去了昂贵且费时的加压程序,仪器的传感器安装在垫片上,保证了其在套管有一定偏心的状况下也具备较高的测量准确性。通过分析利用该服务获得的数据,可以有效地帮助作业者判断固井效果,进而指导他们制定相应的决策。

(三) T40 运动补偿起重机——Barge Master 公司

在海上作业过程中,海水的波动给起重机的吊装作业造成了一定的困难,Barge Master 公司针对这一状况为维修辅助船及平台补给船设计制造了 T40 运动补偿起重机。T40 运动补偿起重机可从运动中的驳船向海上平台安全起吊货物,转移人员。该起重机可适应高度 0~3m、周期 4~18s 的海浪,能补偿 95% 的横摇、纵摇和升沉运动,配备的动态定位系统可以有效限制船体的运动。起重机 10m 作业半径起吊能力为 15t,20m 作业半径起吊能力为 5t,在一定程度上可代替平台式起重机。起重机起吊的典型物件包括软管、工具、备件、维护设备、小型风力发电机替换零件和质量达 1.5~5t 的太阳能电池板。此外,BM-T40 起重机还适用于灌浆作业,Barge Master 公司凭借该产品获得了 2016 年 OTC 大会的小型企业奖。

(四) InLineElectroCoalescer 油水分离装置——FMC 技术公司

在深水油气资源开发过程中,稠油由于较高的密度和黏度导致油水分离难度较大,目前普遍使用的静电水分离装置分离效率较低且使用场景有限,因而无法满足稠油油水分离的需求。

FMC 技术公司推出的 InLineElectroCoalescer 油水分离装置具有紧凑的管式结构,该装置利用高频高压的交流电使油水混合物中的小水滴带有极性,从而改变其在电场中无规则的运动状态,并促使它们互相凝结形成更大的水滴,而更大体积的水滴更易于从产出流体中分离出来。通过在分离装置的上游安装 InLineElectroCoalescer 分离器,可以显著提高其分离能力。对于陈旧的分离装置,InLineElectroCoalescer 可有效减少破乳剂注入量并降低能耗。此外 InLineElectroCoalescer 的体积较小,只有其他静电聚合器的 1/4~1/2,可以方便地应用于深水处理系统中。该装置可以提高现有油水分离系统的分离效率,减少能耗和化学剂的用量,从而达到降本增效的目的。

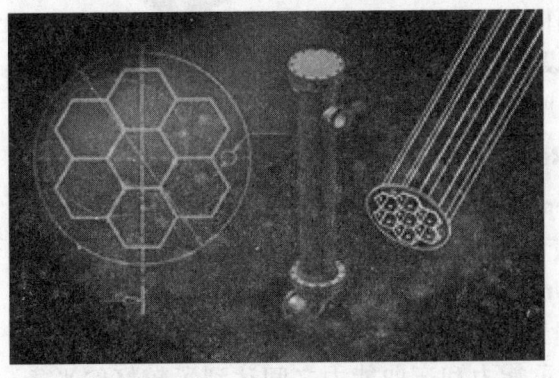

（五）SeaPrime™ I Subsea MUX 防喷器控制系统——通用电气公司

全球约有 250 台浮式钻机依靠水下多相控制单元对防喷器进行控制，由于控制单元结构越来越复杂，该部分发生故障后很容易导致防喷器停工，在深水钻井作业过程中，水下防喷器控制箱的意外失效和上提维修通常会产生数百万美元的额外费用。

通用电气公司推出的 SeaPrime™ I Subsea MUX 防喷器控制系统具有以下特点：首先，配备了智能容错单元，水下控制箱功能失效后可通过水下机器人进行重新配置以恢复功能，从而避免上提维修导致的停工时间增加。其次，该系统在初期研发时就采用了较为可靠且易于维修的设计，先进的制造工艺简化了零部件的设计。同时，GE 全球研究中心使用先进的模拟技术使系统热效率和水力学性能得以提高。最后，系统采用了"由内而外"的设计，通过取消管线接头降低了 40% 的潜在泄漏，系统还为八箱 15000psi 和 20000psi 的防喷器能力设计提供了可能。此外，该系统还可与 SeaONYX 水上控制系统配合使用，该控制系统基于 Mark Vie 控制技术，是世界上第一个也是唯一一个专为油气行业打造的云平台，通过 Predix 提供的大数据分析功能可以使设备得到及时的维修，从而减少钻井停工时间。

（六）BaraLogix™ 密度及流变仪——哈里伯顿公司

在钻井过程中，实时且准确的钻井液性质数据对于维持井壁稳定、提高钻井成功率具有重要作用。然而，目前常规的钻井液检测方法往往需要耗费大量时间，一方面不能提供实时的数据，另一方面由于耗时过长，数据的准确性也无法保障。

哈里伯顿公司推出的 BaraLogix™ 密度及流变仪是一款全自动钻井液实时监测设备，可以在钻井过程中对钻井液的密度、流变性质进行监测，从而协助作业人员及时对钻井方案进行调整。该设备安装在钻井液罐附近并由钻进液供应和回收管线进行连接，对钻井液密度和流变性能的检测间隔分别为 1min 和 15min，所测的数据由哈里伯顿公司的 InSite® 数据采集系统进行收集，并可根据用户需求进行数据的筛选和实时查看。利用以上信息，作业人员可以对当前的钻井液性能数据进行分析并对钻井效率进行评估，同时还可以通过实时调整钻井液性能达到优化钻井流程、提高作业效率、减少停工时间的目的。此外，该设备采用模块化设计，具有结构紧凑、空间占用小、维修方便等优势，可广泛应用于各种钻井方案。

（七）LankoDeep 软绳系统——Lankhorst Ropes 公司

LankoDeep 软绳系统由 Lankhorst Ropes、Deep Trek 公司和 DSM Dyneema 公司合作研发，该系统可以在水下 3000m 以深处承受重载荷，该系统主要集成了 Lankhorst Ropes 公司的 Lanko® Deep rope 技术，DSM Dyneema 公司的 Dyneema 技术以及 Deep Tek 公司的主动升沉补偿（AHC）滚筒绞车系统。其中，Lanko® Deep 绳索由 3 组纤维绳组成，同钢丝绳相比自重较小，在水中可达到平衡浮力。同时，该绳索在载重能力和弯曲能力之间达到了较好的平衡；

Dyneema 技术是一种涂层专利技术,在 Lanko® Deep 绳索的基础上,可有效减少固定绳索时所需的拉力、绳索内部的磨损及摩擦产生的热量;Deep Tek 公司的主动升沉补偿滚筒绞车系统专利性的设计保证了绳索在滚筒上缠绕时不会被切断。经 DNV – GL 认证,该绳索在空气中和在水中均可承受 110Te[①] 的电动机转矩,能承受 165Te 和 275Te 的绳索系统正在研发中。

(八)远程遥控及自动控制技术(RPACT)——Oceaneering 国际公司

RPACT 技术可通过卫星、无线网及海底光缆等多种方式同水下机器人连接,可以在任何地方对其实施远程操控。辅以预设的程序,RPACT 可以通过分析视频画面来确定距离,判断物体形状,进而对水下机器人发送合适的指令,以帮助其顺利完成运输、停靠等操作。RPACT 技术可减少对工具、控制器及水下设备的潜在伤害,从而降低操作及环境风险。

 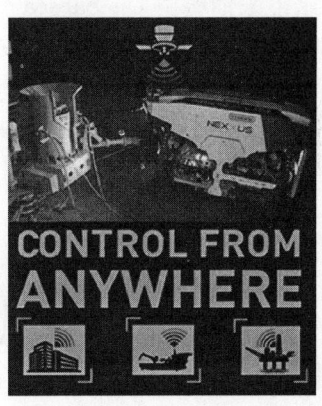

(九)DOPP 坠物防控平台——OES 油服集团

在油气生产过程中,作业现场出现的坠物往往会对人员及设备安全造成极大的伤害。OES 油服集团在坠物防控和管理方面有着丰富的经验,该公司针对作业现场推出了一系列风险管理产品,DOPP 坠物防控平台就是这一系列产品中的第一个。

DOPP 坠物防控平台是一个技术上极具创新性的工作平台,通过 4 个阶段的流程控制可以实现对每个井场坠物的实时控制,同时可减少这些坠物造成的伤害。通过坠物信息的管理,可以为每个井场量身定做坠物风险识别信息包,并以授课和现场培训的方式分享给井场上所有的员工,帮助他们随时了解设备所处的状态,从而提高他们的安全指数。此外,OES 还提供了坠物防控的技术查询应用,用户可以轻易地获取坠物的相关信息。

(十)AquaWatcher™ 水分析传感器——OneSubsea 公司

在油田开发过程中,水质测量和分析一直发挥着重要作用,应用范围包括地层水性质分析、注入水突破时间检测、矿化度以及化学剂含量测量等,尤其在当前低油价环境下,业界对于水质测量分析仪器的精度提出了更高的要求。

AquaWatcher™ 水分析传感器通过监测生产系统中流体的电磁特征快速精确地测量微量流体的流量、矿化度以及化学剂含量,从而为整个水下生产系统流体性质的调整方案提供借

[①] Te 指额定电磁转矩。

鉴。该系统可在任何气体体积系数下对采出水性质进行分析测定。在应用于水驱开发时,该设备不仅能对注水中的微量浓度物质进行检测,还可以对采出水进行检测,从而为水驱开发方案调整提供关键的信息。此外,该传感器同水下生产系统兼容性较高,可以独立安装,也能同凝析天然气流量计进行集成安装,因而具有广泛的适用性。

(十一) HyFleX™水下采油树——OneSubsea 公司

水下采油树是水下生产系统中必不可少的组成部分,是水下生产和安全保障的重要设备。目前使用的水下采油树分为传统的立式采油树和卧式采油树,这两种采油树以油管挂的位置进行区分并各具优缺点:立式采油树体积小、成本低,但入井作业不方便;卧式采油树入井作业方便,能与防喷器相连,但体积较大、成本较高。

HyFleX™水下采油树由 OneSubsea 公司在 2015 年的 OTC 展会上推出,其特点在于油管挂置于油管头四通中,可进行立式或卧式安装,因而兼具了垂直采油树和卧式采油树的优点,安装作业相对简单,完井出现问题时采油树不需要提起,其质量也小于40t。此外,由于采用了模块化设计,采油树主体和油管头可以分别被提起,降低了修井成本。

(十二) 水下回压控制器——SkoFlo 公司

SkoFlo 公司的水下回压控制器通过在化学剂注入管线中制造回压,防止化学剂流入低压生产井。该控制器可以由水下机器人安装在水下数千英尺的地方,当井口压力低于某一设定值时,水下回压控制器将自动开启并调整整个化学剂注入管线的压力。

(十三) 光电引线(EOFL)——Teledyne 油气公司

长时间以来,引线都被认为是一种无源元件,即只能被动地对电力和数据进行传输而无法对它们进行干预。Teledyne 油气公司开发了一个技术平台,用于升级海底引线的功能,其推出的主动式引线产品系列通过将电子元件集成在连接器或跳线中,将引线变成可用于海底数据传输的有效元件。

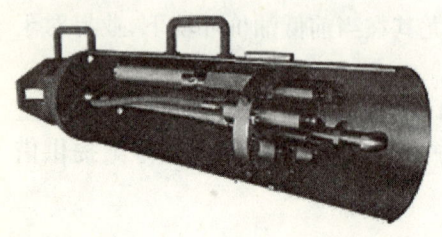

EOFL 是主动式引线产品系列的最新成员,该引线采用单根光纤进行传输,设备将电子信号转化为光纤信号,适用于海底控制模块、数据传输系统、脐带终端、电

气接线盒以及其他海底设施,数据传输速率最高可达 100Mbps。同时,EOFL 配备功率转换器,能够在无须重新设计的前提下在不同的输入功率条件下工作,增加了设备应用的灵活性,减少了开发时间和成本。此外,EOFL 适用范围较广,使用寿命长达 30
年,在海底传输设备的设计中引进 EOFL 能够提供更大的功能灵活性,同时为系统增加更多的传输空间,提高可靠性,降低成本。

三、海洋技术会议亚洲年会首次评选 5 项创新技术

低油价下,海洋油气产业更加重视技术创新。在 2016 年 3 月 25 日召开的海洋技术会议亚洲年会(OTC Asia)上,OTC 组委会首次在参展的项目中评选出 5 项创新技术,颁发 OTC 新技术奖。这些"亮点"技术体现了最新、最先进的软硬件技术进展,显示出业界在挑战性的油价环境中提高产量、增进效率的决心,也指引了行业创新的方向。获奖的 5 项技术如下。

(一) Airborne 油气公司的热塑复合管

热塑复合管(TCP)是一种全纤维黏结加固管,其特点为重量轻、可卷曲、坚固、抗腐蚀能力强。管件类型包括 TCP 下游管线、TCP 流体管线和 TCP 跨接管,内径为 1.5~7in。

管件制造使用单一材料设计理念,即内管、复合层以及外覆层全部采用同一种聚合热塑材料制造。制造工艺则采用先进的现场固结工艺,即将所有管层就地热熔为一体,形成坚固的刚性管壁。通过该工序制造的管件不仅重量轻、防腐能力强、抗压能力强,而且易于盘卷,尤其适用于生产管线。

出于解决微生物腐蚀问题的需求,巴西国家石油公司最早对 Airborne 公司的这项技术进行了资助,之后授权该公司用 TCP 管替换掉部分已经受到腐蚀的钢管。近期,巴西国家石油公司还向 Airborne 公司授予了首个柔性管线安装合同。

TCP 管线解决了海洋油气开发和运输中的管道腐蚀问题,并减少了管道泄漏风险。此外,较低的安装费用使 TCP 管比传统钢管及非黏结管线具有更多优势。

(二) Frigstad 工程公司的 D90 钻机

Frigstad 工程公司的 D90 钻机是为超深水半潜式平台设计的新型钻机,其设计包含多项创新。首先,该钻机采用双井架双作业钻机设计,两个钻机具有等同的作业能力(钩载均为 250×10^4 lbf),大幅提高了海上钻井的效率。其次,通过精确的钻台布放设计,将钻台摆放能力大幅提升,可垂直放置 50000ft 的钻完井管柱,并能垂直放置 1000ft、水平放置 2000ft 的隔水管柱。再次,通过 DATS 液压升降/滑行系统、"钻台高速公路"材料装卸系统、管柱上卸扣系统等自动化设计减少非生产时间,并有效提高了人员和设备的作业安全性。最后,创新设计了一体化钻屑储存和处理系统,使该钻机在排放要求严格的海上作业中能够最小化环境影响。

(三) 哈里伯顿公司的 CoreVault 系统

CoreVault 系统可以在一次下井过程中,采集 10 个岩样并密封于容器中,从而消除取心过程中的流体损失。将岩石流体 100% 保留有利于获取最精确的地层信息,有助于关键决策的

制定,特别是使低渗透油藏中进行流体采样成为可能。

在采用传统方法取心过程中,由于压力变化会造成岩心中的流体损失,为了进行校正,一般采用基于经验的数学模型来估算流体损失,但由于不同地层、不同井段中的非均质性,估值法结果并不准确,从而直接导致了储量评估的准确度。而采用 CoreVault 技术可以更准确地评估油气藏中的地质储量,尤其是非常规油气藏。

(四) MIT 技术公司的智能随钻循环工具

智能随钻循环工具(iCWD)是一种远程控制的钻井阀系统。可以根据需要在钻具上间隔安装多个 iCWD,这些工具可以按照设定的工具转速、流体流速、压力等模式分别进行单独启动,达到提升井的可控性和钻井经济性的目的。

在旁通阀模式下,iCWD 通过打开旁通和正压密封进行随钻堵漏操作和下水泥塞操作,从而免除了传统作业中的破坏底部钻具组合(BHA)或起出钻柱操作。该操作可在正循环和反循环模式下进行。

在井眼清洁模式下,操作者须将钻井液以非常高的流速泵入,通过 iCWD 进行分流,部分流向旁通,部分流向 BHA。在安装多个 iCWD 的情况下,该操作对于改善大位移井的井眼清洁度和环空流速非常有益。

在封隔模式下,iCWD 可以作为井下封隔器使用,进行管柱和工具的隔离。这一特性使其非常适用于特定的井控作业。

(五) 威德福公司的井再生系统

井再生系统是一套针对衰竭油田的技术组合,包含安全阀、井口、完井工具等部分,主要服务于老油田的稳产和增产。

该系统的主要组成部分为损坏控制管线安全阀系统(WDCL)。WDCL 主要针对老油田中由于老旧控制管线损坏造成的关井停产现象。解决方法是从原有的生产管柱内部安装新的控制管线,从而避免了费时、昂贵的大修作业。

标准的 WDCL 使用的是威德福公司专有的 Optimax 电缆可回收安全阀,使用电缆将安全阀下入现有安全阀处或联顶接头处,组合安装后,通过控制管线与地面连接。控制管线坐放在油管挂处或井口接头处,开启 RenGate 管线控制主阀后,井口即可恢复生产。

WDCL 系统适应性强,应用尺寸和工作压力范围较广。